**实验实践类与创新创业类系列教材**

地球环境科学专业 综合实验

主编 刘宗宽 王文东 李 进

西安交通大学出版社
XI'AN JIAOTONG UNIVERSITY PRESS

图书在版编目(CIP)数据

地球环境科学专业综合实验/刘宗宽,王文东,李进主编.—西安:
西安交通大学出版社,2021.12
ISBN 978 - 7 - 5693 - 2371 - 9

Ⅰ.①地… Ⅱ.①刘… ②王… ③李… Ⅲ.①全球环
境-实验 Ⅳ.①X21 - 33

中国版本图书馆 CIP 数据核字(2021)第 244000 号

书　　名	地球环境科学专业综合实验
	DIQIU HUANJING KEXUE ZHUANYE ZONGHE SHIYAN
主　　编	刘宗宽　王文东　李　进
责任编辑	王　欣
责任校对	陈　昕

出版发行	西安交通大学出版社
	(西安市兴庆南路1号　邮政编码710048)
网　　址	http://www.xjtupress.com
电　　话	(029)82668357　82667874(市场营销中心)
	(029)82668315(总编办)
传　　真	(029)82668280
印　　刷	西安日报社印务中心

开　　本	787mm×1092mm　1/16　印张 20.375　字数 491千字
版次印次	2021 年 12 月第 1 版　　2021 年 12 月第 1 次印刷
书　　号	ISBN 978 - 7 - 5693 - 2371 - 9
定　　价	49.80 元

前　言

目前,地球环境科学正处于创新、飞速发展的阶段,学科发展日新月异。与学科专业理论课程教学内容相匹配的实验课程教学内容也在不断更新变化之中,本教材中的实验就是为了适应学科发展进步,体现地球环境科学专业自身发展需求与专业特色要求的实验项目。综合地球环境科学专业的各课程实验,精炼实验教材内容,建立适合地球环境科学专业本科生的实验教学内容与课程教材体系,旨在为地球环境科学专业本科生介绍特色创新实验、新技术、新方法,引导其领会地球环境科学的基本理念,建立可持续发展思想,掌握地球环境科学交叉学科领域中环境生物学、环境化学、环境地学和环境生态学等方面的基本理论和实验方法,获得环境系统监测、环境微生物学、环境工程学等的测量与分析、生态评估、环境规划与管理、环境质量评价等基本技能与实验研究方法训练,使学生具备基础研究和应用研究基本能力,富有社会责任感,培养能够在科研机构、高等院校、企事业单位及行政部门等从事科研、教学、环境保护和环境管理等工作的具有国际视野和竞争力的创新型高素质人才。

地球环境科学专业实验内容涉及环境科学、环境工程学、环境生物学、环境化学、环境系统监测、土壤环境污染修复等众多学科交叉知识的综合创新技术与实验方法,支撑地球环境科学专业本科生教学大纲实践教学课程要求,体现教学的实践性、实用性、创新性和系统性,致力于培养学生实践创新能力。

教材体现了学科内容交叉、实验教学内容与方法创新,补充了新知识、新技术、新方法,既阐明了基础环境问题具有的共性基本现象和基本原理,又系统论述了解决地球环境问题的主要技术手段和方法,使学生具备较强的综合调查分析与实践能力,能够应用现代环境科学理论和实验技术手段(如各种先进环境监测分析仪器)解决实际问题;指导学生依据任务要求,独立设计实验方法、步骤,进行结果分析,充分发挥自身专业知识潜能,创造性地独立完成实验任务,并给出高质量的实验研究报告;实验内容具有综合性、研究性、创新性。

本书是西安交通大学环境科学与工程专业课程实验教学配套教材,主要内容包括环境微生物学实验、环境工程学实验、环境监测实验、土体污染修复技术实验及专业综合实验等。本书可作为高等院校环境科学、环境工程等相关专业的实验教学用书,也可供从事环境保护的科研人员与技术人员参考。

　　本书由刘宗宽、王文东和李进共同编写,其中第 1 章、第 2 章和第 3 章由刘宗宽编写,第 4 章、第 5 章和第 7 章由王文东编写,第 6 章、第 8 章和第 9 章由李进编写,最终由刘宗宽统稿。

　　由于时间仓促,书中疏漏之处在所难免,欢迎广大读者批评指正。

编者

2022 年 1 月

目　录

第 1 章　环境微生物学实验

1.1　基础知识

环境微生物学(Environmental Microbiology)是重点研究污染环境中的微生物学,是环境科学中的一个重要分支,是 20 世纪 60 年代末兴起的一门边缘学科,它主要以微生物学的理论与技术为基础,研究有关环境现象、环境质量及环境问题,与其他学科如土壤微生物学、水及污水处理微生物学、环境化学、环境地学、环境工程学等学科互相影响,互相渗透,互为补充。环境微生物学研究自然环境中的微生物群落、结构、功能与动态;研究微生物对不同环境中的物质转化及能量变迁的作用与机理,进而考察其对环境质量的影响。

在当前环境污染日益严重的情况下,环境微生物学主要深入研究并阐明微生物、污染物与环境三者间的相互关系与作用规律,为保护环境、造福人类服务。

由于微生物个体微小,有很大的细胞比表面积,生理生化功能多样,代谢能力强,易适应新环境,遗传功能易于改造,繁殖速度快,能彻底净化环境污染物,不会造成二次污染,处理污染物时只需在常温、常压下进行,不需特殊的设备,在处理污染物过程中还会产生许多有用的产物,所以利用有关的混合微生物群体净化环境污染物有重要的实际和经济意义。生物工程技术的不断发展和基因工程技术的广泛使用,使构建新的能降解多种污染物的微生物菌株成为可能,为更有效地净化日趋严重的环境污染带来了新的希望。

许多环境污染物和由微生物转化某些污染物产生的一些中间产物对人体和生态平衡危害极大,有些污染物或它们的代谢中间产物甚至可以导致人体细胞癌变,所以开展对污染生态中微生物降解污染物的途径、降解程度和降解速率的研究,可以给环境医学和环境保护对策提供理论依据。

自然界有许多微生物是人、动物和植物的病原菌,有些微生物在自然界生长和代谢过程中,会产生一些毒物或改变局部的自然条件,结果不利于其他生物的生长和生存,像这样的微生物我们应当设法控制它们的生长和扩散。

由于科学技术的发展、人们生活和工作的需要,排放到自然环境中的人工合成化合物越来越多,这些化合物在自然界停留的时间应引起我们高度重视。在许多发达国家,每一种人工合成化合物排放到自然界之前,都会经过微生物可降解试验,以便判断该化合物将对环境产生的影响。

1.1.1　环境微生物学的定义

环境微生物学是研究微生物与环境之间的相互关系和作用规律,并将其应用于污染防治的学科。环境微生物学原理的应用可追溯到 19 世纪末城市污水生物处理的实践。20 世纪 60 年代末,美国将《应用微生物学》杂志更名为《应用与环境微生物学》,可作为环境微生物学从其母体学科(微生物学)脱颖而出的标志。20 世纪 70 年代以后,环境微生物学得到了飞速发展。

环境微生物学飞速发展的主要原因有以下几点。

1)污染物质剧增

随着工农业生产的发展和人民生活水平的提高,污染物的种类和数量迅猛增加,给人类环境带来了巨大的冲击,而这些污染物的降解和转化主要依靠微生物的作用。

2)生物危害显现

微生物中所含的病原体、微生物所致的水体富营养化及微生物所形成的毒性产物,给人类带来了不少危害,迫切需要深入研究并加以有效控制。

3)检测方法改进

分子生物学技术的发展一日千里,为环境微生物检测和分析创建了很好的工作平台,有力推动了环境微生物学的发展。

1.1.2　环境微生物学的研究内容

1.自然环境中的背景微生物

自然环境中的背景微生物是研究环境微生物的出发点。它反映了微生物与环境之间的动态平衡,可作为考察环境质量变化的基准。对其研究主要包括微生物与自然环境的相互关系及其在生物地球化学循环中的各种作用。

2.微生物对环境的污染与危害

微生物污染是指对人类和其他生物有害的微生物(如病原体)污染水体、大气、土壤和食品,影响生物产量和质量,危害人类健康的现象。

1)饮用水安全

例如,1993 年美国密尔沃基市出现了原生动物(隐孢子虫,Cryptosporidium Parvum)所致的介水传染病爆发流行,造成 40 多万人患病,100 多人死亡。

2)食物(饲料)中毒

有害微生物污染食品(包括饲料),使其腐败或产生毒素,造成食物中毒。

3)水体富营养化

例如,"水华""赤潮"引起水体溶解氧下降,水质恶化,鱼类及其他生物大量死亡。

4)微生物转化增强某些污染物毒性

例如,1953 年日本水俣病事件,微生物将无机汞转化为毒性更大的甲基汞。水俣市居民因食用被甲基汞污染的鱼而患病,到 1999 年底,患者多达 2263 人。

3.微生物对"污染环境"的净化与修复

1)生物降解(Biological Degradation)

生物降解是指土壤、水体和处理系统中的微生物对天然或合成有机物的破坏或矿化作用。污染物的可生物降解性是评判其污染性质和程度的重要指标。

2)生物净化(Biological Purification)

生物净化是指生物通过代谢作用使环境中的污染物数量减少、浓度下降、毒性减弱,直至消失的过程,其中微生物起着独特而重要的作用。与传统的理化法净化(修复)相比,生物净化(修复)具有明显的经济优势。

4.微生物在污染控制工程中的应用

1)废水处理

对环境微生物的应用,始于废水生物处理。对废水处理微生物的研究,推动了环境微生物学的发展。

2)废气/废渣处理

环境微生物的应用已从废水处理拓展到废气处理和废渣处理等领域。

5.微生物在污染控制工程中的应用

1)环境监测与评价

每种微生物对环境因素的变化都有一定的适应范围和反应特点。微生物的适应范围越小、反应特点越显著,对环境因素变化的指示越有意义。

2)了解微生物在原位环境中的行为

以核酸为基础的分子生物学技术[如聚合酶链式反应(Polymerase Chain Reaction,PCR)技术、基因探针技术、DNA 序列分析技术、生物芯片技术等],为探索微生物的原位环境中的秘密提供了高效的检测工具。

1.2　基础实验

1.2.1　光学显微镜的使用

光学显微镜(Light Microscope)是生物科学和医学研究领域常用的仪器,可用于观察生物切片、生物细胞、细菌,以及进行活体组织培养、流质沉淀等的观察和研究,同时可以观察其他透明或者半透明物体及粉末、细小颗粒等物体,是研究人体及其他生物细胞结构的有力工具。

1.实验目的

(1)熟悉光学显微镜的构造;

(2)了解光学显微镜的维护方法;

(3)掌握光学显微镜的使用方法及注意事项;

(4)掌握低、高倍镜的镜检技术和操作步骤;

(5)掌握物镜的使用方法。

2.基本原理

普通光学显微镜的基本性能包括数值孔径、分辨率、放大率和焦深。普通光学显微镜的构造详见附录1。

1)数值孔径

数值孔径(Numerical Aperture)又称开口率,是指介质折射率与 $\frac{1}{2}$ 镜口角正弦的乘积,可用公式(1-1)表示。

$$NA = n\sin(\alpha/2) \qquad\qquad (1-1)$$

式中:n 为物镜与标本之间介质的折射率;α 为镜口角(通过标本的光线延伸到物镜边缘所形成的夹角,见图 1-1)。

　　物镜的性能与物镜的数值孔径密切相关,数值孔径越大,物镜的性能越好。因为镜口角总是小于 180°,所以 $\sin(\alpha/2)$ 的最大值不可能超过 1。又因为空气的折射率为 1,所以以空气为介质的数值孔径不可能大于 1,一般为 0.05~0.95。根据公式(1-1),要提高数值孔径,一个有效途径就是提高物镜与标本之间介质的折射率(见图 1-2)。使用香柏油(折射率为 1.515)浸没物镜(即油镜),理论上可将数值孔径提高至 1.5 左右,实际的数值孔径值也可达 1.2~1.4。

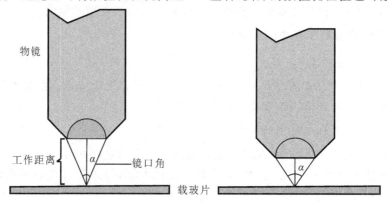

图 1-1　物镜的镜口角示意图

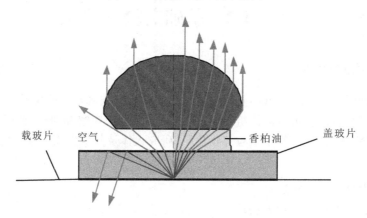

图 1-2　介质折射率对光路的影响

2)分辨率

　　分辨率是指分辨物像细微结构的能力。分辨率常用可分辨出的物像两点间的最小距离(D)来表征。D 值愈小,分辨率愈高。

$$D = \frac{\lambda}{2n\sin\alpha/2} \qquad\qquad (1-2)$$

式中:λ 为光波波长。

　　由公式(1-1)和公式(1-2)可知,D 可表示为

$$D = \frac{\lambda}{2NA} \qquad\qquad (1-3)$$

根据公式(1-3)，在物镜数值孔径不变的条件下，D 值的大小与光波波长 λ 成正比。要提高物镜的分辨率，可通过两条途径：①采用短波光源。普通光学显微镜所用的照明光源为可见光，其波长范围为 $400\sim700$ nm。缩短照明光源的波长可以降低 D 值，提高物镜分辨率。②加大物镜数值孔径。增大镜口角 α 或提高介质折射率 n 都能提高物镜分辨率。若用可见光作为光源(平均波长为 550 nm)，并用数值孔径为 1.25 的油镜来观察标本，能分辨出的两点距离约为 0.22 μm。

3)放大率

普通光学显微镜利用物镜和目镜两组透镜来放大成像，故又被称为复式显微镜。采用普通光学显微镜观察标本时，标本先被物镜第一次放大，再被目镜第二次放大(见图1-3)。放大率是指放大物像与原物体的大小之比。显微镜的放大率(V)是物镜放大倍数(V_1)和目镜放大倍数(V_2)的乘积，即：

$$V = V_1 \times V_2 \tag{1-4}$$

如果物镜放大 40 倍，目镜放大 10 倍，则显微镜的放大率是 400 倍。常见物镜(油镜)的最高放大倍数为 100 倍，目镜的最高放大倍数为 15 倍，因此一般显微镜的最高放大率是 1500 倍。

4)焦深

一般将焦点所处的像面称为焦平面。在显微镜下观察标本时，焦平面上的物像比较清晰，但除了能看见焦平面上的物像外，还能看见焦平面上面和下面的物像，这两个面之间的距离称为焦深。物镜的焦深与数值

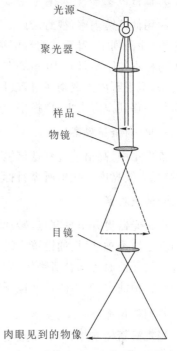

图 1-3　普通光学显微镜的成像原理

孔径和放大率成反比，数值孔径和放大率越大，焦深越小。因此，在使用油镜时需要细心调节，否则物像极易从视野中滑过而不能找到。

3.实验仪器和用具

1)实验仪器

普通光学显微镜。

2)实验用具

标本片，香柏油，二甲苯，擦镜纸。

4.实验步骤

1)检查显微镜

从显微镜箱中取出显微镜时，用右手紧握镜臂，左手托住镜座，直立平移，轻轻放置在实验台上，以镜座的前端离实验台边缘 $6\sim10$ cm 为宜。首先，检查显微镜的各部件是否齐全，镜头是否清洁。如果是镜筒直立式光镜，可使镜筒倾斜一定角度(一般不应超过 45°)以方便观察(观察临时装片时禁止倾斜镜臂)。

2)调节光源

良好的照明是保证显微镜使用效果的重要条件。将低倍镜旋转到工作位置,用粗调螺旋提升镜筒,使镜头距离载物台10 mm左右,降低聚光器的位置,完全打开虹彩光阑,一边看目镜,一边调节反光镜镜面的角度(在正常情况下,一般用平面反光镜;若自然光线较弱,则可用凹面反光镜)。然后,调节聚光器的位置(酌予升降),直至视野内得到均匀适宜的亮度。

3)低倍镜观察

使用低倍镜观察,视野较广,焦深较大,便于搜寻目标,因此宜从低倍镜开始观察。将载玻片标本(涂面朝上)置于载物台中央,用压片夹固定,并将标本部位移到正中,转动粗调螺旋,使镜头与标本的距离降到10 mm左右。然后,一边看目镜内的视野,一边调节粗调螺旋缓慢升高镜头,至视野内出现物像时,改用细调螺旋,继续调节焦距和照明,以获得清晰的物像,并将所需部位移到视野中央,再换中、高倍镜观察。

4)中、高倍镜观察

依次用中、高倍镜观察低倍镜下锁定的部位,并随着物镜放大倍数的增加,逐步提升聚光器、增强光线亮度。找出所需目标,将其移至视野中央。

5)油镜观察

将聚光器提升至最高点,转动转换器移开高倍镜,使高倍镜和油镜成"八"字形,在标本中央滴一小滴香柏油,把油镜镜头浸入香柏油中,微微转动细调螺旋,直至看清物像。如果油镜上升至离开油面还未看清物像,则需重新调节。可从侧面观察,小心地转动粗调螺旋将油镜重新浸在香柏油中,但不能让油镜压在标本上,更不能用力过猛,否则将击碎玻片,损坏镜头。

6)调换标本

当观察新标本片时,必须重新从第3)步开始依次操作。

7)用后复原

观察完毕,转动粗调螺旋提升镜筒,取下载玻片,先用擦镜纸擦去镜头上的香柏油,然后用擦镜纸蘸取少许二甲苯(香柏油可溶于二甲苯)擦去镜头上的残留油迹,再用干净的擦镜纸擦去残留的二甲苯,最后用细软的绸布擦去机械部件上的灰尘和冷凝水。降低镜筒,将物镜转成"八"字形置于载物台上。降低聚光器,避免聚光器与物镜相碰。反光镜须垂直于镜座,以防受损。将显微镜放回显微镜箱中锁好,并放入指定的显微镜柜内。

5.注意事项

(1)在低倍镜聚焦的状态下直接转换到高倍镜,有时会发生高倍镜碰擦盖玻片而不能转换到位的情况(这种情况,主要是高倍镜、低倍镜不配套,即不是同一型号的显微镜上的镜头),此时不能硬转,应检查玻片是否放反、低倍镜的焦距是否调好,以及物镜是否松动等情况后重新操作。如果调整后仍不能转换,则应将镜筒升高(或使载物台下降)后再转换,然后在眼睛的注视下使高倍镜贴近盖玻片,一边观察目镜视野,一边用粗调螺旋使镜头缓慢地上升(或载物台下降),看到物像再用细调螺旋准焦。

(2)取用显微镜时,应一手紧握镜臂、一手托住镜座直立平移,不要用单手提拿,以避免目镜或其他零部件滑落。

(3)在使用镜筒直立式显微镜时,镜筒倾斜的角度不能超过45°,以免重心后移使显微镜倾倒。在观察带有液体的临时装片时,不要使用倾斜关节,以避免由于载物台的倾斜而使液体流到显微镜上。

(4)不可随意拆卸显微镜上的零部件,以避免发生丢失、损坏或者使灰尘落入镜内。

(5)显微镜的光学部件不可用纱布、手帕、普通纸张或手指揩擦,以避免磨损镜面,需要时只能用擦镜纸轻轻擦拭,机械部分可用纱布等擦拭。

(6)在任何时候,特别是使用高倍镜或油镜时,都不要一边在目镜中观察,一边下降镜筒(或上升载物台),以避免镜头和玻片相撞,损坏镜头或玻片标本。

(7)显微镜使用完后应及时复原。先升高镜筒(或下降载物台),取下玻片标本,使物镜转离通光孔。如镜筒、载物台是倾斜的,应恢复直立或水平状态,然后,下降镜筒(或上升载物台),使物镜与载物台相接近。垂直反光镜,下降聚光器,关闭虹彩光阑,最后放回镜箱中锁好。

6.思考题

(1)使用显微镜的油镜时,为什么必须使用镜头油?

(2)镜检标本时,为什么先用低倍镜观察,而不直接用高倍镜或油镜观察?

1.2.2　微生物的形态观察

1.实验目的

(1)巩固显微镜的使用方法,重点练习油镜的使用;

(2)认识细菌、放线菌和霉菌的基本形态和特殊结构;

(3)练习手绘微生物图片。

2.实验原理

1)细菌基本形态

细菌是单细胞生物,一个细胞就是一个个体。细菌的基本形态有 3 种:球状、杆状和螺旋状,分别称为球菌、杆菌和螺旋菌。球菌可根据细胞分裂后排列方式的不同分为单球菌、双球菌、四联球菌、八叠球菌、链球菌、葡萄球菌等;杆菌可分为单杆菌、双杆菌、链杆菌等,是细菌中种类最多的;螺旋菌可分为弧菌和螺菌等。除此之外,还有一些特殊形态的细菌。

2)细菌特殊结构

细菌的特殊结构包括荚膜、鞭毛、菌毛、芽孢等。荚膜是某些细菌向细胞壁表面分泌的一层厚度不定的胶状物质,具有抗干燥、抗吞噬和附着的作用。鞭毛是某些细菌表面着生的 1 至数根由细胞内伸出的细长、波曲的丝状体,具有运动功能,在菌体上的着生位置、数目因菌种而异。菌毛(又称纤毛)是在细菌体表的比鞭毛更细、更短、直硬,且数量较多的丝状体。芽孢又称内生孢子,是某些细菌生长到一定阶段,在菌体内部产生的圆形、椭圆形或圆柱形休眠体,具有极强的抗热、抗辐射、抗化学药物和抗静水压等特性。

3)真菌的结构特征

菌丝是构成真菌营养体的基本单位,是一种管状细丝,可伸长并产生许多分枝,许多分枝的菌丝相互交织在一起就叫菌丝体。根据菌丝中是否存在隔膜可分为无隔膜菌丝和有隔膜菌丝。为适应不同的环境条件和更有效地摄取营养满足生长发育的需要,许多真菌的菌丝可以分化成一些特殊的形态,这些特化的形态称为菌丝变态,如吸器、假根、子实体。

4)放线菌的结构特征

放线菌的形态比细菌复杂,但仍属于单细胞生物。链霉菌是典型的放线菌,其细胞呈丝状分枝,菌丝直径很小,在营养生长阶段,菌丝内无隔,故一般为多核细胞。当其孢子落在固体基质表面并发芽后,就不断伸长、分枝并以放射状向基质表面和内层扩展,形成大量色浅、较细的具有吸收营养和排泄代谢废物功能的基内菌丝,同时在其上又不断向空间方向分化出颜色较深、直径较粗的分枝菌丝,这就是气生菌丝。不久,大部分气生菌丝成熟,分化成孢子丝,并通过横隔分裂方式,产生成串的分生孢子。

5)微生物菌落

菌落是在固体培养基上(内)以母细胞为中心的一团肉眼可见的、有一定形态和构造等特征的子细胞集团。细菌的菌落有其自身的特征,一般呈现湿润、较光滑、较透明、较黏稠、易调取、质地均匀,以及菌落正反面或边缘与中央部位的颜色一致等特征。不同形态、生理类型的细菌,在其菌落形态、构造等特征上也有许多明显的差别。

3.实验仪器和用具

1)实验仪器

普通光学显微镜。

2)实验用具

镜油,镜头纸,擦镜液;微生物装片 15 张,分为细菌、霉菌、放线菌、酵母菌等几类;微生物单菌落划线平板 6 块,分别为大肠杆菌、酵母菌、泾阳链霉菌、枯草杆菌、金黄色葡萄球菌、黏质塞氏杆菌。

4.实验步骤

(1)调节显微镜,观察微生物装片,主要包括以下内容。

a.细菌基本形态观察。

b.细菌特殊结构观察:荚膜、鞭毛和芽孢。

c.霉菌的特征结构观察。

d.酵母菌的基本形态观察:出芽酵母形状和出芽方式。

e.放线菌的特殊结构观察。

(2)选择其中 6 张微生物装片通过数字摄影系统拍照,选择另外 6 张手绘微生物形态图。

(3)观察 6 块菌落平板特征,描述菌落的形状、大小、颜色、含水状态和透明度等。

(4)整理仪器,清洁桌面。

5.实验结果处理

(1)数字摄影照片。

(2)手动绘图。

6.思考题

(1)细菌、霉菌、放线菌和酵母菌在细胞大小、细胞结构上有何区别?

(2)如何从菌落的差异来区分细菌、霉菌、放线菌和酵母菌?

1.2.3　微生物的计数

1.实验目的

(1)学习并掌握用测微尺测定微生物细胞大小的方法;

(2)了解血球计数板的构造及计数原理;

(3)掌握使用血球计数板进行微生物计数的方法。

2.实验原理

测定微生物细胞数量的方法很多,通常采用的有显微直接计数法和平板计数法。

显微直接计数法适用于各种含单细胞菌体的纯培养悬浮液,如有杂菌或杂质,常不易分辨。菌体较大的酵母菌或霉菌孢子可采用血球计数板,一般细菌则采用彼得罗夫·霍泽(Petrof Hausser)细菌计数板。两种计数板的原理和部件相同,只是细菌计数板较薄,可以使用油镜观察,而血球计数板较厚,不能使用油镜,否则计数板下部的细菌不易看清。

血球计数板(以下简称计数板)是一块特制的厚型载玻片,载玻片上有四条槽而构成 3 个平台。中间的平台较宽,其中间又被一短横槽分隔成两半,每个半边上面各有一个计数区,如图 1-4 所示。计数区的刻度有两种:一种是计数区分为 16 个中方格(中方格用三线隔开),而每个中方格又分成 25 个小方格;另一种是一个计数区分成 25 个中方格(中方格之间用双线分开),而每个中方格又分成 16 小方格,如图 1-5 所示。但是不管计数区是哪一种构造,它们都有一个共同特点,即计数区都由 400 个小方格组成。计数区边长为 1 mm,则计数区的面积为 1 mm^2,每个小方格的面积为 1/400 mm^2,盖上盖玻片后,计数区的高度为 0.1 mm,所以每个计数区的体积为 0.1 mm^3,每个小方格的体积为 1/4000 mm^3。使用血球计数板计数时,先要测定每个小方格中微生物的数量,再换算成每毫升菌液(或每克样品)中微生物细胞的数量。

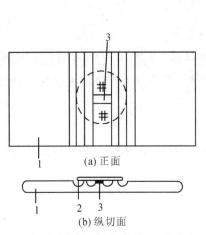

(a) 正面

(b) 纵切面

1-血细胞计数板;2-盖玻片;3-计数室。

图 1-4　血球计数板外观

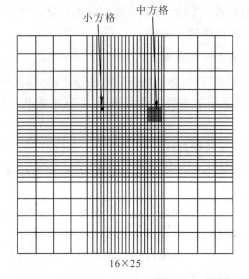

小方格　中方格

16×25

图 1-5　血球计数板构造

3.实验仪器和用具

1)实验仪器

普通光学显微镜。

2）实验用具

啤酒酵母，目镜测微尺，镜台测微尺，血球计数板，盖玻片，载玻片，滴管，试管，无菌水。

4.实验步骤

1）菌悬液制备

用无菌生理盐水将啤酒酵母制成浓度适当的菌悬液。

2）镜检计数室

在加样前先对计数板的计数室进行镜检。若有污物，则需清洗，吹干后才能进行计数。

3）加样品

将洁净干燥的血球计数板盖上盖玻片，再用无菌的毛细滴管将摇匀的啤酒酵母菌悬液向盖玻片边缘滴一小滴，让菌悬液沿缝隙靠毛细渗透作用自动进入计数室，一般计数室均能充满菌悬液。取样时先要摇匀菌悬液，加样时计数室不可有气泡产生。

4）显微镜计数

加样后静置约 5 min，然后将血细胞计数板置于显微镜载物台上，先用低倍镜找到计数室所在位置，然后换成高倍镜进行计数。

调节显微镜光线的强弱，对于用反光镜采光的显微镜还要注意光线不要偏向一边，否则视野中不易看清楚计数室方格线，只见竖线或只见横线。

在计数前若发现菌液太浓或太稀，需重新调节稀释度后再计数。一般样品稀释度要求：以每小格内有 5～10 个菌体为宜。每个计数室选 5 个中格（可选 4 个角和中央的 1 个中格）中的菌体进行计数。位于格线上的菌体一般只数上方和右边线上的。如遇酵母出芽，芽体大小达到母细胞的一半时，即作为两个菌体计数。计数一个样品时，要以两个计数室中计得的平均数值来计算样品的含菌量。

5）清洗血球计数板

使用完毕后，将计数板用水冲洗干净，切勿用硬物洗刷，洗完后自行晾干或用吹风机吹干。镜检，观察每个小格内是否有残留菌体或其他沉淀物。若不干净，则必须重复洗涤至干净为止。

5.实验结果处理

假设 5 个中方格中的总菌数为 A，菌液稀释倍数为 B，如果使用的是 25 个中方格的计数板，则：

$$菌量（1 mL 中菌数）＝(A/5)×25×10^4×B＝50000AB（个） \tag{1-5}$$

如果使用的是 16 个中方格的计数板，则：

$$菌量（1 mL 中菌数）＝(A/5)×16×10^4×B＝32000AB（个） \tag{1-6}$$

6.注意事项

(1)加酵母菌液时，量不应过多，不能产生气泡；

(2)由于酵母菌菌体无色透明，计数观察时应仔细调节光线；

(3)血球计数板用后在水龙头上用水柱冲洗干净，切勿用硬物洗刷或抹擦，以免损坏网格刻度。洗净后自行晾干或用吹风机吹干。

7.思考题

(1)用血球计数板计数的误差主要来自哪些方面？应如何尽量减少误差,力求准确？

(2)对微生物血球计数板直接计数的精确度的影响因素有哪些？

(3)为什么必须使用干燥而洁净的血球计数板？

1.2.4　微生物的染色

1.实验目的

(1)掌握简单染色法、革兰氏染色法的原理及操作步骤;

(2)学习微生物涂片染色操作技术;

(3)学习环境中微生物的检查方法,并加深对微生物分布广泛性的认识。

2.实验原理

一般微生物(特别是细菌)是无色透明的,在光学显微镜下,菌体和背景的反差很小,难以分辨其形态与结构,染色后可增加其反差,利于观察。

1)单染(普通染色)

单染是只用一种染料使菌体着色,以便观察菌体的形态。菌体内含有大量的蛋白质,使微生物细胞具有两性电解质性质,在某一 pH 值时,菌体所带的正负电荷相等,该 pH 值即为细胞的等电点(Isoelectric Point,常用 pI 表示)。通常细菌的等电点为 2～5。

当环境的 pH 值比菌体的等电点低时,菌体带正电荷,易与带负电荷的酸性染料结合。在细菌所要求的 pH 值(中性或略大于中性)条件下,细菌带负电荷,故多以碱性染料染色。常用的碱性染料有结晶紫、亚甲基蓝、碱性品红、孔雀绿、番红及中性红等。

2)革兰氏染色(复染色法或鉴别染色法)

革兰氏染色法是细菌学中重要的鉴定方法。该方法是 1884 年由丹麦学者革兰(Hans Christain Gram)提出的,此后人们在实践中又做了一些改进。通过这种方法可将细菌分为革兰氏阳性菌(G＋)和革兰氏阴性菌(G－)两大类。

G－菌的细胞壁中含有较多容易被乙醇溶解的类脂质,而且肽聚糖层较薄、交联度低,故用乙醇脱色时溶解了类脂质,增加了细胞壁的通透性,使初染的结晶紫和碘的复合物易于渗出,细菌就被脱色,再经番红复染后就成红色。G＋菌细胞壁中肽聚糖层厚且交联度高,类脂质含量少,经脱色剂处理后反而使肽聚糖层的孔径缩小,通透性降低,因此细菌保留初染时的颜色。

3.实验仪器和用具

1)实验仪器

普通光学显微镜。

2)实验用具

E.coli\B.subtilis\S.aureus 的斜面培养物(18～24 h)和菌落平板各一个,草酸铵结晶紫染液,革兰氏染液,卢戈氏碘,95％的乙醇,番红复染液,无菌水,载玻片,滤纸,液体石蜡,擦镜纸,接种环。

4.实验步骤

(1)实验室环境中微生物的检查。

(2)革兰氏染色法染色(见图1-6)。

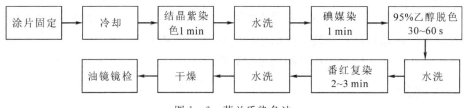

图1-6 革兰氏染色法

(3)芽孢染色(见图1-7)。

图1-7 芽孢染色

5.结果和分析

实验结果被染成紫色者即为革兰氏阳性菌,被染成红色者为革兰氏阴性菌;菌体被染成红色,芽孢被染成绿色。结果如图1-8至图1-10所示。

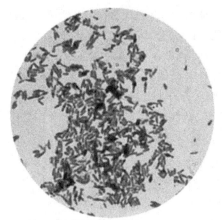

图1-8 大肠杆菌,放大100×10(×5)倍,染色反应呈红色(阴性)

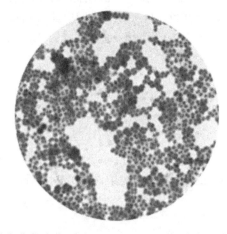

图1-9 金黄色葡萄球菌,放大100×10(×5)倍,染色反应呈紫色(阳性)

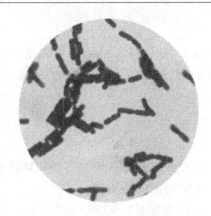

图1-10　枯草芽孢杆菌,放大100×10(×5)倍,染色反应呈紫色(阳性)

6.注意事项

(1)严格掌握脱色程度是成败的关键。若脱色时间过长,则阳性菌初时的紫色脱出,复染成红色,被误认为是阴性菌;反之,脱色时间不足,阴性菌在初染时的紫色未能脱出,复染时不能染成红色,被误以为是阳性菌。

(2)涂片不能太厚。

(3)卢戈氏碘即用即配。

7.思考题

(1)哪些因素会影响到革兰氏染色结果的正确性? 其中最关键的一步是什么?

(2)怎样对未知菌进行革兰氏染色,以证明结果的正确性?（与已知菌混合涂片比较。）

1.2.5　培养基的制备和灭菌

1.实验目的

(1)掌握微生物实验室常用玻璃器皿的清洗及包扎方法;

(2)掌握培养基的配置原则和方法;

(3)掌握高压蒸汽灭菌的操作方法和注意事项。

2.实验原理

牛肉膏蛋白胨培养基是一种应用最广泛和最普通的细菌基础培养基,有时又称为普通培养基。由于这种培养基中含有一般细胞生长繁殖所需要的最基本的营养物质,所以可供细菌生长繁殖之用。

高压蒸汽灭菌主要是通过升温使蛋白质变性从而达到杀死微生物的目的。将灭菌的物品放在一个密闭和加压的灭菌锅内,通过加热,使灭菌锅内的水沸腾而产生蒸汽。待蒸汽将锅内冷空气从排气阀中趋尽,关闭排气阀继续加热。此时蒸汽不溢出,压力增大,沸点升高,获得高于100 ℃的温度,使菌体蛋白凝固变性,而达到灭菌的目的。其他常见的灭菌技术详见附录2。

3.实验仪器、用具及试剂配制

1)实验仪器

万分之一分析天平,高压蒸汽灭菌锅。

2)实验用具

牛肉膏,蛋白胨,氯化钠(NaCl),琼脂,1 mol/L 的氢氧化钠(NaOH)和盐酸(HCl)溶液,移液管,试管,烧杯,量筒,三角瓶,培养皿,玻璃漏斗,玻棒,药匙,称量纸,pH 试纸,记号笔,棉花等。

3)试剂配制

(1)NaOH 溶液($c_{(NaOH)}$ =1 mol/L)的配制。准确称取 40.00 g 的 NaOH(分析纯)颗粒置于 500 mL 烧杯中,加入 300 mL 左右的去离子水溶解,然后转移至 1000 mL 容量瓶中稀释至刻度线,然后倒入 1000 mL 塑料瓶中储存,备用。

(2)HCl 溶液($c_{(HCl)}$ =1 mol/L)的配制。先取一个洁净的 1000 mL 容量瓶加入多半的去离子水,然后在通风橱中用 100 mL 量筒量取 84 mL 质量分数为 36% 的浓盐酸,缓慢倒入 1000 mL 容量瓶中,轻摇几次,冷却至室温后再稀释至刻度线,然后倒入 1000 mL 棕色细口玻璃瓶中储存,备用。

(3)无菌水的制备。在 250 mL 的三角瓶内装 100 mL 的去离子水并塞上棉塞或硅胶塞。在试管内装 4.5 mL 去离子水,塞上棉塞或硅胶塞,再在棉塞上包一张牛皮纸,高压灭菌(0.1 MPa灭菌 20~30 min)。

4.操作步骤

1)玻璃器皿的洗涤和包扎

(1)玻璃器皿的洗涤。玻璃器皿在使用前必须洗刷干净。将三角瓶、试管、培养皿、量筒等浸入含有洗涤剂的水中,用毛刷刷洗,然后用自来水及去离子水冲净。移液管先用含有洗涤剂的水浸泡,再用自来水及去离子水冲洗。洗刷干净的玻璃器皿置于烘箱中烘干后备用。

(2)灭菌前玻璃器皿的包扎。

a.培养皿的包扎。培养皿由一盖一底组成一套,可用报纸将几套培养皿包成一包,或者将几套培养皿直接置于特制的铁皮圆筒内,加盖灭菌。包扎后的培养皿须经灭菌之后才能使用。

b.移液管的包扎。在移液管的上端塞入一小段棉花(勿用脱脂棉),它的作用是避免外界及口中杂菌进入管内,并防止菌液等吸入口中。塞入此小段棉花应距管口约 0.5 cm,棉花段自身长度 1~1.5 cm。塞棉花时可用一外围拉直的曲别针将少许棉花塞入管口内。棉花要塞得松紧适宜,以吹气时能通气而又不使棉花滑下为准。

先将报纸裁成宽约 5 cm 的长纸条,然后将已塞好棉花的移液管尖端放在长条报纸的一端,约成 45℃ 角,折叠纸条包住尖端,用左手握住移液管身,用手将移液管压紧,在桌面上向前搓转,螺旋式包扎起来。上端剩余纸条折叠打结,准备灭菌。

2)液体及固体培养基的配制过程

(1)液体培养基配制。

a.称量(以配制 1000 mL 培养基为例)。按培养基配方比例依次准确地称取 3.0 g 牛肉膏、10.0 g 蛋白胨、5.0 g NaCl 放入 1000 mL 烧杯(或 1000 mL 刻度搪瓷杯)中。牛肉膏常用玻棒挑取,放在小烧杯或表面皿中称量,用热水溶化后倒入烧杯。

b.溶化。在上述烧杯中先加入少于所需要的水量(如约 700 mL),用玻棒搅匀,然后在石棉网上加热使其溶解,将药品完全溶解后,补充水到所需的总体积(1000 mL);配制固体培养基时,将称好的琼脂放入已溶的药品中,再加热溶化,最后补足损失的水分。

　　c.调节 pH。一般用 pH 试纸测定培养基的 pH。取一小段 pH 试纸,在培养基中蘸一下,与标准比色卡对比,观察其 pH 范围,如培养基偏酸或偏碱时,可用 1 mol/L 的 NaOH 或 1 mol/L的 HCl 溶液进行调节。调节 pH 时,应逐滴加入 NaOH 或 HCl 溶液,边加边搅拌,防止局部过酸或过碱破坏培养基中成分,并不时用 pH 试纸测试,直至 pH 达 7.4～7.6。

　　(2)固体培养基的配制。配制固体培养基时,应将已配好的液体培养基加热煮沸,再将称好的琼脂(质量分数 1.5%～2%)加入,并用玻棒不断搅拌,以免糊底、烧焦。继续加热至琼脂全部溶化,最后补足因蒸发而失去的水分。

　　3)培养基的分装

　　根据不同需要,可将已配好的培养基分装入试管或三角瓶内,分装时注意不要使培养基沾污管口或瓶口,造成污染。如操作不小心,培养基沾污管口或瓶口时,可用镊子夹一小块脱脂棉,擦去管口或瓶口的培养基,并将脱脂棉弃去。

　　(1)试管的分装。取一个玻璃漏斗装在铁架上,漏斗下连一根橡皮管,橡皮管下端与一玻璃管相接,橡皮管的中部加一弹簧夹。分装时,用左手拿住空试管中部,并将漏斗下端的玻璃管嘴插入试管内,以右手拇指及食指开放弹簧夹,中指及无名指夹住玻璃管嘴,使培养基直接流入试管内。装入试管的培养基量视试管大小及需要而定,若所用试管规格为 $\phi15$ mm×150 mm,液体培养基分装至试管高度 1/4 左右为宜;如分装固体或半固体培养基时,在琼脂完全溶化后,应趁热分装于试管中。用于制作斜面的固体培养基的分装量为管高的 1/5(3～4 mL),半固体培养基分装量为管高的 1/3 为宜。

　　(2)三角瓶的分装。振荡培养微生物时,可在 250 mL 三角瓶中加入 50 mL 的液体培养基;制作平板培养基时,可在 250 mL 三角瓶中加入 150 mL 培养基,然后再加入 3 g 琼脂粉(按 2%计算),灭菌时瓶中琼脂粉同时溶化。

　　4)棉塞的制作

　　为了培养好氧微生物,需提供优良通气条件,同时为防止杂菌污染,则必须对通入试管或三角瓶内的空气预先进行过滤除菌。通常的方法是在试管及三角瓶口加上棉塞等。

　　(1)试管棉塞的制作。制棉塞时,应选用大小、厚薄适中的普通棉花一块,铺展于左手拇指和食指扣成的团孔上,用右手食指将棉花从中央压入团孔中制成棉塞。然后直接压入试管或三角瓶口。也可借用玻棒塞入,或可用折叠卷入法制作棉塞。制作的棉塞应紧贴管壁,不留缝隙,以防外界微生物沿缝隙侵入,棉塞不宜过紧或过松,塞好后以手提棉塞,试管不下落为准。棉塞的 2/3 在试管内,1/3 在试管外。目前也可采用硅胶塞代替棉塞直接盖在试管口上。将装好培养基并塞好棉塞或硅胶塞的试管捆成一捆,外面包上一层牛皮纸。用记号笔注明培养基名称及配制日期,灭菌待用。

　　(2)三角瓶棉塞制作。通常在棉塞外包一层纱布,再塞在瓶口上。当为了进行液体振荡培养而加大通气量时,可用八层纱布代替棉塞包在瓶口上,目前也可采用硅胶塞直接盖在瓶口上。在装好培养基并塞好棉塞、或包扎八层纱布、或盖好硅胶塞的三角瓶口上,再包上一层牛皮纸并用线绳捆好,灭菌待用。

　　5)培养基的灭菌

　　将上述培养基在 0.103 MPa、121 ℃条件下高压蒸汽灭菌 20 min。灭菌过程如下。

　　(1)加水。首先将内层锅取出,再向外层锅内加入适量水,使水面没过加热蛇管,以与三角搁架相平为宜。切记要检查水位,若加水量过少,灭菌锅会发生干烧引起炸裂事故。

(2)装料。放回内层锅,并装入待灭菌的物品。注意不要装得太挤,以免妨碍蒸汽流通而影响灭菌效果。装有培养基的容器放置时要防止液体溢出,三角瓶与试管口端均不能与锅壁接触,以免冷凝水淋湿包扎的纸而透入棉塞。

(3)加盖。将盖上与排气孔相连的排气软管插入内层锅的排气槽内,摆正锅盖,对齐螺口,然后以对称方式同时旋紧相对的两个螺栓,使螺栓松紧一致,勿漏气,并打开排气阀。

(4)排气。打开电源加热灭菌锅,将水煮沸,使锅内的冷空气和水蒸气一起从排气孔中排出。一般认为当排出的气流很强并伴有"嘘"声时,表明锅内的空气已排尽(沸腾后约需 5 min)。

(5)升压。冷空气完全排尽后,关闭排气阀,继续加热,锅内压力开始上升。

(6)保压。当压力表指针达到所需压力时,控制热源,开始计时并维持压力至所需的时间。

(7)降压。达到灭菌所需的时间后,切断电源,让灭菌锅温度自然下降,当压力表的压力降至"0"后方可打开排气阀,排尽余下的蒸汽,旋松螺栓,打开锅盖,取出灭菌物品,倒掉锅内剩水。注意:一定要待压强降到"0"后才能打开排气阀,开盖取物,否则就会因锅内压力突然下降,使容器内的培养基或试剂由于内外压力不平衡而冲出容器口,造成瓶口被污染,甚至灼伤操作者。

6)斜面和平板的制作

(1)斜面的制作。将已灭菌、装有琼脂培养基的试管趁热置于木棒或玻棒上,使成适当斜度,凝固后即成斜面。斜面长度以不超过试管长度 1/2 为宜。如制作半固体或固体深层培养基时,灭菌后则应垂直放置至凝固。

(2)平板的制作。将装在三角瓶或试管中已灭菌的琼脂培养基溶化,待冷至 50 ℃左右时倾入无菌培养皿中。因为温度过高时,皿盖上的冷凝水太多;温度低于 50 ℃,培养基易于凝固而无法制作平板。平板的制作应在火旁进行,左手拿培养皿,右手拿三角瓶的底部或试管,同时用左手小指和手掌将棉塞打开,灼烧瓶口;用左手大拇指将培养皿盖打开一缝,至瓶口正好伸入,倾入10～15 mL 培养基,迅速盖好皿盖,置于桌上,轻轻旋转培养皿,使培养基均匀分布于整个培养皿中,冷凝后即成平板。

7)培养基的灭菌检查

灭菌后的培养基,一般需进行无菌检查。最好取出 1～2 管(瓶),置于 37 ℃恒温箱中培养1～2 d,确定无菌后方可使用。

5.思考题

(1)为什么微生物实验室所用的移液管口或滴定口的上端均需塞入一段棉花,再用报纸包起来,经高压蒸汽灭菌后才能使用?

(2)为什么微生物实验室所用的三角瓶口或试管口都要塞上棉塞(硅胶塞)才能使用?

(3)配制培养基时为什么要调节 pH?

(4)高压蒸汽灭菌为什么比干热灭菌的温度低、时间短?

1.2.6 紫外线杀菌实验

1.实验目的

(1)了解紫外线杀菌作用的原理;

(2)学习紫外线杀菌实验的步骤;

(3)掌握紫外线杀菌实验的实验方法。

2.实验原理

紫外线(Ultraviolet,UV)杀菌属于射线杀菌的一种。杀菌波长 240～280 nm,其中 265～266 nm 范围杀菌作用最强,此范围与 DNA 吸收光谱接近。紫外线的杀菌机制是:短波的紫外线引起细胞核酸变性导致微生物死亡。不同的细菌,紫外线的杀菌时间不同、杀菌的效果不同。例如,对于一般的细菌只要很短的杀菌时间,而有芽孢的细菌的抗逆性非常强,因此杀灭的时间会相对长一些。紫外线杀菌的特点是杀菌作用强、穿透能力很弱,适用于空间消毒和表面消毒。消毒效果由微生物所接受的 UV 剂量决定,UV 剂量越高,消毒效果越好。

$$UV 剂量(J/m^2)=照射时间(s)\times UV 强度(W/m^2) \tag{1-7}$$

3.实验仪器和用具

1)实验仪器

酒精灯,紫外灯,等等。

2)实验用具

培养 24～48 h 的大肠杆菌培养皿,牛肉膏蛋白胨琼脂培养基,接种环。

4.实验步骤

1)制平板

取无菌平皿 5 个,将已融化并冷却至 50 ℃左右的牛肉膏蛋白胨琼脂培养基按无菌操作法倒入平皿中,使其冷凝成平板。

2)标记

在平板底部标记日期及紫外照射时间(30、60、90、120 和 150 s)。

3)接种

用接种环取细菌密集接种于培养基上。

4)紫外线处理

将紫外灯开启预热 3 min。再将上述平皿置于紫外灯下,将平板按照时间顺序在紫外灯下方摆成一排,并用平皿盖遮住细菌涂布面的一半。

5)培养

每隔 30 s 取出一块平皿,放入 37 ℃温箱中孵育 18～24 h。

5.注意事项

(1)在使用过程中,应保持紫外灯表面的清洁。

(2)紫外线对皮肤和眼睛有损伤作用,应注意防护。

(3)用紫外线消毒物品表面时,应使照射表面受到紫外线的直接照射,且应达到足够的照射剂量。

(4)用紫外线灯消毒室内空气时,房间内应保持清洁干燥,减少尘埃和水雾。

(5)灯管老化的影响可以通过减少照射距离和增加照射时间来弥补。

1.2.7 微生物的分离、培养和接种技术

自然界中的微生物总是杂居在一起,即使一粒土或者一滴水中都生存着多种多样的微生

物。要想研究其中的某一种微生物,首先必须将它分离出来。在受污染的土壤或水体中,微生物的数量和污染物的降解之间存在着显著的关系。为了提高污染物降解速率,常需接种一些能降解目标污染物的高效菌。从经过富集、驯化培养的样品中筛选目标菌株,往往是获得高效降解菌的有效方法。根据目标微生物特定的营养要求,设计相应的选择培养基,是快速高效获得目标菌的关键步骤。土壤是微生物生活的大本营,有"微生物的天然培养基"之称,同其他生物环境相比,它所含的微生物无论是数量还是种类都是极其丰富的。因此,土壤是反映微生物多样性的重要场所,是发掘微生物资源的重要基地,可以从中分离纯化得到许多有价值的菌株。事实上,在生产和工程中很多有益菌株都是从土壤中分离得到的。

1.实验目的

(1)学习从环境(土壤、水体、活性污泥、垃圾、堆肥等)中分离、培养微生物的方法;

(2)掌握几种常用的分离和纯化微生物的方法;

(3)掌握常用的几种接种技术,建立无菌操作的概念,掌握无菌操作的基本环节。

2.实验原理

从复杂的微生物群体中获得一种或某一株微生物的过程称为微生物的分离与纯化。微生物纯种分离的方法有很多,常用的方法有两类。一类是单细胞挑取法,采用这种方法能获得微生物的克隆纯种,但对仪器条件要求较高,一般实验室不能进行;另一类是单菌落分离(平板分离法),该方法简便,是微生物学实验中常采用的方法。通过形成单菌落获得纯种的方法有平板划线法、平板浇注(稀释混合平板法)、平板表面涂布法等平板分离法。

此次实验采取的是平板分离法,该方法操作简单,普遍用于微生物的分离与纯化。其原理包括以下两方面。

(1)在适合于待分离微生物的生长条件(如营养、酸碱度、温度与含氧量等)下培养微生物,或加入某种抑制剂造成只利于待分离微生物的生长、而抑制其他微生物生长的环境,从而淘汰一些不需要的微生物。

(2)微生物在固体培养基上生长形成的单个菌落可以是由一个细胞繁殖而成的集合体。因此可通过挑取单菌落而获得纯培养。

但是从微生物群体中经分离生长在平板上的单个菌落并不一定是纯培养。因此,纯培养的确定除观察其菌落的特征外,还要结合显微镜检测个体形态特征后才能确定。有的微生物的纯培养要经过一系列分离与纯化过程和多种特征鉴定才能得到。

3.实验仪器、用具及土样采集

1)实验仪器

普通光学显微镜,电炉,恒温培养箱,高温灭菌锅,移液枪(枪头),电子天平。

2)实验用具

滤纸,pH试纸,玻棒,接种环,镊子,搪瓷杯,量筒,滴管,吸水纸,烧杯,三角瓶,培养皿,载玻片,盖玻片,配制牛肉膏蛋白胨培养基的原料(牛肉膏、NaCl、琼脂、蛋白胨),结晶紫染液,番红染液,碘液,95%乙醇,5%孔雀绿染液,0.5%番红水染液,3%过氧化氢水溶液,去离子水等。

3)土样采集

选择肥沃的土壤,去表层土,挖表层下 5~20 cm 深度的土壤,装入已灭菌的牛皮纸袋,封好袋口,带回实验室。

4.实验步骤

1)玻璃器皿的准备

玻璃器皿在实验前必须洗涤干净,根据实验要求准备相应数量;移液管、培养皿等扎好后灭菌,可采用干热灭菌法处理。

2)配制牛肉膏蛋白胨培养基

将牛肉膏 0.3%(质量分数,1.5 g)、蛋白胨 1%(质量分数,5 g)、NaCl 0.5%(质量分数,2.5 g)、琼脂 2%(质量分数,10 g)、水(500 mL)充分混合后加热溶解,调整 pH 至 7.0～7.2。配制好的培养基分装好后,必须马上进行灭菌处理(高压蒸汽法)。

3)准备稀释水

稀释水也必须灭菌,可与培养基灭菌一起进行。

4)制备土壤稀释液

称取土样 10 g,放入盛有 90 mL 无菌水的带有玻璃珠的三角瓶中,放入振荡培养箱中振荡摇匀 20 min,使土样和水充分混合;取 1 支 1 mL 无菌移液管从三角瓶中吸取 1 mL(此操作要求无菌操作)加入另一盛有 9 mL 无菌水的试管中,混合均匀;依此类推,分别制成 0.01、0.001、0.0001 等不同稀释度的土壤溶液。稀释过程如图 1-11 所示。

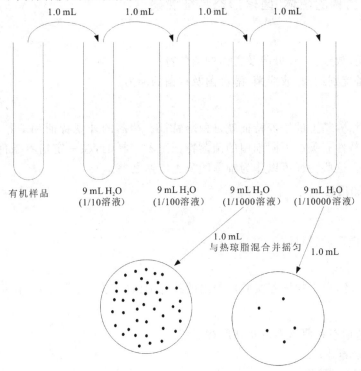

图 1-11　稀释过程示意图

5)平板分离法分离

(1)浇注平板法(稀释混合平板法)。分别取上述不同稀释液少许(0.5～1 mL),与已融化并冷却至 50 ℃左右的琼脂培养基混合,摇匀后倾入灭过菌的培养皿中,待琼脂凝固后,制成可能含菌的琼脂平板,保温培养一定时间即可出现菌落。如果稀释得当,在平板表面或琼脂培养基中就可出现分散的单个菌落,这个菌落可能就是由一个细菌细胞繁殖形成的。随后挑取该单个菌落,或重复以上操作数次,便可得到纯培养。

(2)平板划线分离。将已经融化的培养基倒入培养皿中制成平板,用接种环蘸取少量待分离的材料,在培养基表面平行或分区划线,然后将培养皿放入恒温箱里培养。在划线的开始部分,微生物往往连在一起生长,随着线的延伸,菌数逐渐减少,最后可能形成纯种的单个菌落。划线法的特点是快速、方便。注意:分区划线适用于浓度较大的样品,连续划线适用于浓度较小的样品。

(3)涂布平板法。由于将含菌材料先加到还较烫的培养基中再倒平板易造成某些热敏感菌的死亡,而且采用稀释倒平板法也会使一些严格好氧菌被固定在琼脂中间缺乏氧气而影响生长,因此在微生物学研究中更常用的纯种分离方法是涂布平板法。其做法是先将已融化的培养基倒入无菌培养皿制成无菌平板,冷却凝固后,将一定量的某一稀释度的样品悬液滴加在平板表面,再用无菌玻璃涂棒将菌液均匀分散至整个平板表面,经培养后挑取单个菌落。

5.思考题

(1)如何从环境中分离目标微生物?

(2)如何理解选择性抑制剂在分离细菌中的作用?

1.2.8　纯培养菌种的菌体、菌落形态特征观察

1.实验目的

(1)了解细菌、放线菌、酵母菌及霉菌的菌落特征;

(2)初步具备鉴别细菌、放线菌、酵母菌及霉菌的能力。

2.实验原理

细菌在固体培养基上的培养特征就是菌落特征。菌落的外观特征和培养条件有关,也与细菌自身的遗传特性有关。不同细菌的菌落特征是不一样的,在一定培养条件下它们表现出不同的培养特征。这些特征可以作为细菌的分类依据之一。

3.实验仪器和用具

1)实验仪器

普通光学显微镜,酒精灯。

2)实验用具

载玻片,接种环,微生物培养实验培养出的各种细菌(实验1.2.7),革兰氏染色液一套。

4.实验步骤

(1)细菌菌落形态和菌体染色及其形态观察。

a.接种斜面培养基;

b.菌落形态特征观察;

c.微生物个体形态观察。

(2)细菌、放线菌、酵母菌及霉菌的菌落特征的比较。

5.实验结果处理

记录观察细菌菌落形态结果。

6.思考题

试比较以上四大类微生物的菌落特征。

1.3　综合实验

1.3.1　水体中细菌菌落总数的测定

生活饮用水及其水源水等水体受到生活污水、工农业废水或人和动物粪便的污染后,水中的细菌数量可大量增加,其中病原菌也随之增加,引发传染,危害人类健康。水中细菌总数和大肠菌群数量可反映水体受微生物污染的程度。水中细菌总数往往同水体受有机物污染的程度呈正相关。故水的细菌学检验对了解水体被污染的程度,以及在流行病学和提供水质标准中具有重要意义和价值,是评价水质污染程度的重要指标之一。

我国现行的《生活饮用水标准检测方法(GB/T 5750—2006)》规定,水样中细菌总数是指1 mL 水样在营养琼脂培养基中,于 37 ℃经 24 h 培养后所生长的细菌菌落的总数(Colony Forming Units,CFU)。我国《生活饮用水卫生标准(GB/T 5749—2022)》中规定,1 mL 生活饮用水中的细菌总数不得超过 100 CFU。

1.实验目的

(1)了解水样稀释的步骤;

(2)掌握水中细菌总数的平板计数测定法。

2.实验原理

本实验应用平板计数法测定水中细菌总数。由于水中细菌种类繁多,它们对营养和其他生长条件的要求差别很大,不可能找到一种培养基在一种条件下,使水中所有的细菌都生长繁殖。因此,以一定的培养基平板上生长出来的菌落计算出来的水中细菌总数仅是一种近似值。目前,一般是采用普通牛肉膏蛋白胨琼脂培养基。

平板计数法的优点是能测出样品中的活菌数。此法常用于某些成品(如杀虫菌剂)和生物制品检定,以及食品、水污染程度的检定等。平板计数法的缺点是程序较繁琐,而且测定值常受各种因素的影响。

3.实验仪器、用具及培养基配制

1)实验仪器

高压蒸汽灭菌锅,恒温培养箱。

2)实验用具

9 cm 培养皿,1 mL、5 mL 移液管,45 mL 烧杯,250 mL 三角瓶,放大镜,营养琼脂培养基。

3)营养琼脂培养基的配制

分别称取蛋白胨 10 g、牛肉膏 3 g、氯化钠(NaCl)5 g、琼脂 10~20 g,量取去离子水1000 mL。然后将上述成分充分混合后加热溶解,调整 pH 为 7.4~7.6,分装于玻璃容器中,于0.103 MPa,121 ℃灭菌 20 min,放置于冷暗处备用。

4.实验步骤

1）水样的采集

（1）自来水。先将自来水龙头用火焰灼烧 3 min 灭菌，再打开水龙头使水流 5 min，以灭过菌的三角瓶接取水样，以待分析。若水样内含有余氯，则在未灭菌前按采 500 mL 水样加 3% 硫代硫酸钠($Na_2S_2O_3$)溶液 1 mL 的量，预先加入三角瓶内，用以中和水样内的余氯，以防止余氯的杀菌作用。

（2）江水、河水、湖水、塘水、水库水等水源水。可应用采样器，器内的采样瓶应先灭菌。采样时，将采样器置于水体中所需的深度，水即注入采样瓶中。待注满后取出水面，立即送检，一般不应超过 4 h，否则需放入冰箱中保存，但不能超过 24 h。

2）水样的稀释

根据水被污染的程度的不同，按无菌操作进行 10 倍系列稀释。

3）细菌总数的测定

（1）自来水。

a.用灭菌移液管吸取 1 mL 水样，注入灭菌培养皿中。

b.分别倾注 15 mL 已融化并冷却到 45 ℃左右的灭菌营养琼脂培养基，并立即在桌面上做平面旋摇，使水样与培养基充分混匀。

c.另取一空的灭菌培养皿，倾注 45 ℃左右的灭菌营养琼脂培养基 15 mL，作空白对照。

d.培养基凝固后，倒置于 37 ℃温箱中，培养 24～48 h，进行菌落计数。两个平板的菌落数平均值即为 1 mL 水样的细菌总数。

（2）水源水。

a.稀释水样。取 4 个灭菌试管，分别加入 4.5 mL 灭菌水。取 0.5 mL 水样注入盛有 4.5 mL灭菌水的第一试管中，摇匀成 10^{-1} 稀释液，再从第一试管取 0.5 mL 至下一试管灭菌水中，如此稀释到第三试管，稀释度分别为 10^{-1}、10^{-2}、10^{-3}。稀释倍数依水样污染程度而定，以培养后平板的菌落数在 30～300 个为最合适。若三个稀释度的菌落数都多到或少到无法计数，则需加大或减少稀释倍数。一般中等污染的水样取 10^{-1}、10^{-2}、10^{-3} 三个稀释度；污染严重的取 10^{-2}、10^{-3}、10^{-4} 三个连续稀释度。水样稀释过程如图 1-12 所示。

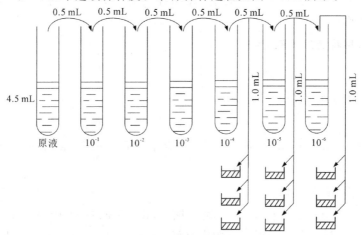

图 1-12　水样稀释过程示意图

b.自最后三个稀释度的试管中各取 1.0 mL 稀释水样加入空的灭菌培养皿中,每一稀释度做三个培养皿。

c.各倾注 15 mL 已融化并冷却到 45 ℃ 左右的灭菌营养琼脂培养基,立即放在桌面上摇匀。

d.凝固后倒置于 37 ℃ 培养箱中培养 24～48 h。

5.细菌总数计算方法

(1)先计算相同稀释度的平均菌落数。若其中一个平板有较大片状菌苔生长时,则不应采用,而应以无片状菌苔生长的平板计算该稀释度的平均菌落数。若片状菌苔的大小不到平皿的一半,而其余的一半菌落分布又很均匀时,则将此一半菌落数乘 2 代表平板的全部菌落数,然后再计算该稀释度的平均菌落数。

(2)首先选择平均菌落数在 30～300 之间,当只有一个稀释度的平均菌落数符合此范围时,则以该平均菌落数乘其稀释倍数,报告该水样的细菌总数(表 1-1 中例 1)。

(3)若有两个稀释度的平均菌落数均在 30～300 之间,则应按两者菌落总数之比值来决定。若其比值小于 2 应报告两者的平均数,若大于 2 则报告其中较小的菌落总数(表 1-1 中例 2 及例 3)。

(4)若所有稀释度的平均菌落数均大于 300,则应按稀释度最高的平均菌落数乘以稀释倍数报告之(表 1-1 中例 4)。

(5)若所有稀释度的平均菌落数均小于 30,则应按稀释度最低的平均菌落数乘以稀释倍数报告之(表 1-1 中例 5)。

(6)若所有稀释度的平均菌落数均不在 30～300 之间,则以最接近 300 或 30 的平均菌落数乘以稀释倍数报告之(表 1-1 中例 6)。

表 1-1　稀释度选择及菌落总数报告方式

例次	不同稀释度的平均菌落数			两个稀释度菌落数之比	菌落总数/(个·mL^{-1})	报告方式/(个·mL^{-1})
	10^{-1}	10^{-2}	10^{-3}			
1	1365	164	20	—	16400	16000 或 1.6×10⁴
2	2760	295	46	1.6	37750	37750 或 3.8×10⁴
3	2890	271	60	2.2	27100	27100 或 2.7×10⁴
4	无法计数	10650	513	—	513000	510000 或 5.1×10⁵
5	27	11	5	—	270	270 或 2.7×10²
6	无法计数	305	12	—	30500	30500 或 3.1×10⁴

6.注意事项

(1)严格无菌操作,防止污染。

(2)注意正确培养方法。

7.思考题

(1)测定水中细菌菌落总数有什么实际意义?

(2)根据我国《生活饮用水卫生标准(GB/T 5749—2022)》,讨论本次的检测结果。

(3)本实验中哪些步骤属于无菌操作? 为什么?

1.3.2　水体中大肠菌群数的测定

1.实验目的

(1)了解大肠菌群数量在评价饮用水安全中的重要性；

(2)熟悉大肠菌群数的检测原理；

(3)掌握多管发酵法和滤膜法测定大肠菌群数的方法。

2.实验原理

若水源被粪便污染,则有可能也被肠道病原菌污染,然而肠道病原菌在水中容易死亡与变异,数量较少。因此,要从水中特别是自来水中分离出病原菌常较困难与费时,这样就要找到一个合适的指示菌,要求此指示菌是大量出现在粪便中的非病原菌,并且和水源病原菌相比是较易检出的。若指示菌在水中不存在或数量很少,则大多数情况可保证没有病原菌。

目前,最广泛应用的指示菌是大肠菌群。大肠菌群被定义为一群好氧和兼性厌氧、革兰氏阴性、无芽胞的杆状细菌,在乳糖培养基中,经 37 ℃、24～48 h 培养能产酸、产气。可根据水中大肠菌群的数目来判断水源是否被粪便所污染,并间接推测水源受肠道病原菌污染的可能性。我国规定每升自来水中大肠菌群不得检出。若只经过加氯消毒即供作生活饮用水的水源水,大肠菌群数平均每升不得超过 1000 CFU;经过净化处理及加氯消毒后供作生活饮用水的水源水,其大肠菌群数平均每升不得超过 10000 CFU。

检查大肠菌群的方法有多管发酵法与滤膜法两种。多管发酵法使用历史较久,又称水的标准分析方法,为我国大多数卫生单位与水厂所采用;滤膜法是一种快速的替代方法,而且结果重复性好,又能测定大体积的水样,目前国内已有很多大城市的水厂采用此法。多管发酵法适用于饮用水、水源水,特别是浑浊度高的水中的大肠菌群测定。滤膜法适用于测定饮用水和低浊度的水源水。滤膜是一种微孔薄膜,孔径 0.45～0.65 μm,能滤过大量水样并将水中含有的细菌截留在滤膜上。将滤膜贴在选择性培养基上,经培养后,直接计数滤膜上生长的典型大肠菌群菌落,算出每升水样中含有的大肠菌群数。

3.实验仪器、用具及水样

1)实验仪器

普通光学显微镜。

2)实验用具

锥形瓶(500 mL),试管,大试管,1 mL、10 mL 移液管,培养皿(直径 90 mm),接种环,试管架,革兰氏染色液一套,草酸铵结晶紫,革氏碘液,95％乙醇(C_2H_5OH),番红染液,蛋白胨,乳糖,磷酸氢二钾(K_2HPO_4),琼脂,无水亚硫酸钠(Na_2SO_3),牛肉膏,氯化钠(NaCl),1.6％溴甲酚紫乙醇溶液,5％碱性品红乙醇溶液,2％伊红水溶液,0.5％亚甲基蓝水溶液,10％氢氧化钠(NaOH),10％盐酸(HCl),精密 pH 试纸(6.4～8.4),过滤器,抽滤设备,无菌镊子,滤膜(直径 3.5 cm 和 4.7 cm)。常用培养基配制方法详见附录 3。

3)水样

自来水(或受粪便污染的河、湖水)400 mL。

4.实验步骤

1）大肠菌群的测定

（1）多管发酵法（按三个步骤进行）。

①生活饮用水的测定。

a.初步发酵试验。在 2 支各装有 50 mL 三倍浓缩乳糖蛋白胨培养液的大发酵管中，以无菌操作各加入 100 mL 水样。在 10 支各装有 5 mL 三倍浓缩乳糖蛋白胨培养液的发酵管中，以无菌操作各加入 10 mL 水样，混匀后置于 37 ℃恒温箱中培养 24 h，观察其产酸产气情况。

情况分析：

（a）若培养基红色不变为黄色，小导管内没有气体，即不产酸不产气，为阴性反应，表明无大肠菌群存在。

（b）若培养基由红色变为黄色，小导管内有气体产生，即产酸又产气，为阳性反应，说明有大肠菌群存在。

（c）若培养基由红色变为黄色，小导管内没有气体，说明产酸但不产气，仍为阳性反应，表明有大肠菌群存在。

结果为阳性者，说明水可能被粪便污染，需进一步检验。

（d）若小导管内有气体，培养基红色不变，也不浑浊，则是操作技术上有问题，应重新检验。

b.确定性试验。用平板划线分离。将经培养 24 h 后产酸（培养基呈黄色）产气或只产酸不产气的发酵管取出，以无菌操作，用接种环挑取一环发酵液于品红亚硫酸钠培养基（或伊红、亚甲基蓝培养基）平板上划线分离，共制三个平板。置于 37 ℃恒温箱内培养 18～24 h，观察菌落特征。如果平板上长有如下特征的菌落并经涂片和革兰氏染色，结果为革兰氏阴性的无芽孢杆菌，则表明有大肠菌群存在。

在品红亚硫酸钠培养基平板上的菌落特征：

（a）紫红色，具有金属光泽的菌落；

（b）深红色，不带或略带金属光泽的菌落；

（c）淡红色，中心色较深的菌落。

在伊红、亚甲基蓝培养基平板上的菌落特征：

（a）深紫黑色，具有金属光泽的菌落；

（b）紫黑色，不带或略带金属光泽的菌落；

（c）淡紫红色，中心色较深的菌落。

c.复发酵试验。以无菌操作，用接种环在具有上述菌落特征、革兰氏阴性的无芽孢杆菌的菌落上挑取一环置于装有 10 mL 普通浓度乳糖蛋白胨培养基的发酵管内，每管可接种同一平板上（即同一初发酵管）的 1～3 个典型菌落的细菌。盖上棉塞置于 37 ℃恒温箱内培养 24 h，有产酸、产气者证明有大肠菌群存在。

根据证实有大肠菌群存在的阳性菌（瓶）数查表 1－2，报告每升水样中大肠菌群数。

②水源水中大肠菌群的测定（方法一）。

a.稀释水样。根据水源水的清洁程度确定水样的稀释倍数，除严重污染外，一般稀释倍数为 10^{-1} 及 10^{-2}，稀释方法如实验 1.2.1 中所述的 10 倍稀释法，详见图 1－12（均需无菌操作）。

b.初步发酵试验。以无菌操作，用无菌移液管吸取 1 mL 的 10^{-2}、10^{-1} 的稀释水样及 1 mL 原水样，分别注入装有 10 mL 普通浓度乳糖蛋白胨培养基的发酵管中。另取 10 mL 原水样注入装有 5 mL 三倍浓缩乳糖蛋白胨培养基的发酵管中(注:如果为较清洁的水样,可再取 100 mL 水样注入装有 50 mL 三倍浓缩乳糖蛋白胨培养基的发酵瓶中)。置 37 ℃恒温箱中培养 24 h 后观察结果。以后的测定步骤与生活饮用水的测定方法相同。

根据证实有大肠菌群存在的阳性管数或瓶数查表 1-3、表 1-4 和表 1-5,报告每升水样中的大肠菌群数。

1-2　生活饮用水大肠菌群检索表

10 mL 水样量的阳性管数	每升水样中大肠菌群数			备注
	100 mL 水样量的阳性管数为 0	100 mL 水样量的阳性管数为 1	100 mL 水样量的阳性管数为 3	
0	<3	4	11	
1	3	8	18	
2	7	13	27	
3	11	18	38	
4	14	24	52	接种水样总量 300 mL(100 mL 2 份,10 mL 10 份)
5	18	30	70	
6	22	36	92	
7	27	43	120	
8	31	51	161	
9	36	60	230	
10	40	69	>230	

表 1-3　严重污染水大肠菌群检索表

接种水样量/mL				每升水样大肠菌群数	备注
1	0.1	0.01	0.001		
−	−	−	−	<900	
−	−	−	+	900	
−	−	+	−	900	
−	+	−	−	950	
−	−	+	+	1800	
−	+	−	+	1900	
−	+	+	−	2200	
+	−	−	−	2300	接种水样总量 1.111 mL(1、0.1、0.01,以及 0.001 mL 各一份)
−	+	+	+	2800	
+	−	−	+	9200	
+	−	+	−	9400	
+	−	+	+	18000	
+	+	−	−	23000	
+	+	−	+	96000	
+	+	+	−	238000	
+	+	+	+	>238000	

注:"+"表示大肠菌群发酵阳性;"−"表示大肠菌群发酵阴性。

表 1－4　中度污染水大肠菌群检索表

接种水样量/mL				每升水样大肠菌群数	备注
10	1	0.1	0.01		
－	－	－	－	<90	
－	－	－	＋	90	
－	－	＋	－	90	
－	＋	－	－	95	
－	－	＋	＋	180	
－	＋	－	＋	190	
－	＋	＋	－	220	接种水样总量 11.11 mL（10、1、0.1、0.01 mL 各一份）
＋	－	－	－	230	
－	＋	＋	＋	280	
＋	－	－	＋	920	
＋	－	＋	－	940	
＋	－	＋	＋	1800	
＋	＋	－	－	2300	
＋	＋	＋	－	9600	
＋	＋	＋	－	23800	
＋	＋	＋	＋	＞23800	

注："＋"表示大肠菌群发酵阳性；"－"表示大肠菌群发酵阴性。

表 1－5　轻度污染水大肠菌群检索表

接种水样量/mL				每升水样大肠菌群数	备注
100	10	1	0.1		
－	－	－	－	<9	
－	－	－	＋	9	
－	－	＋	－	9	
－	＋	－	－	9.5	
－	－	＋	＋	18	
－	＋	－	＋	19	
－	＋	＋	－	22	
＋	－	－	－	23	接种水样总量 111.1 mL（100、10、1、0.1 mL 各一份）
－	＋	＋	＋	28	
＋	－	－	＋	92	
＋	－	＋	－	94	
＋	－	＋	＋	180	
＋	＋	－	－	230	
＋	＋	－	＋	960	
＋	＋	＋	－	2380	
＋	＋	＋	＋	＞2380	

注："＋"表示大肠菌群发酵阳性；"－"表示大肠菌群发酵阴性。

③水源水中大肠菌群的测定(方法二)。

a.稀释水样:将水样作 10 倍稀释。

b.于 5 个装有 5 mL 三倍浓缩乳糖蛋白胨培养液的试管中,各加入 10 mL 水样。于 5 个装有 10 mL 乳糖蛋白胨培养液的试管中,各加 1 mL 水样。于 5 个装有 10 mL 乳糖蛋白胨培养液的试管中,各加 1 mL 的 10^{-1} 的稀释水样。三个稀释度,共计 15 管。将各管充分混匀,置于 37 ℃恒温箱中培养 24 h。

c.平板分离和复发酵试验的检验步骤同"①生活饮用水的测定"。

d.根据证实大肠菌群存在的阳性管数查表 1 - 3、表 1 - 4 和表 1 - 5,即可求得每 100 mL 水样中存在的大肠菌群数,乘以 10 即为 1 L 水中的大肠菌群数。

(2)滤膜法。首先要作好准备工作,然后再过滤水样。准备工作主要是滤膜和滤器的灭菌。

滤膜灭菌:将滤膜放入烧杯中,加入去离子水,置于沸水浴中煮沸灭菌 3 次,每次 15 min;前两次煮沸后需更换去离子水洗涤 2~3 次,以除去残留溶剂。

滤器灭菌:使用高压蒸汽灭菌锅在 121 ℃下灭菌 20 min。

过滤水样:用无菌镊子夹住滤膜边缘,将粗糙面向上,贴在滤器上,稳妥地固定好滤器,将 333 mL 水样(如果水样中含菌量多,可减少过滤水样)注入滤器中,加盖,打开滤器阀门,在 -500 Pa(绝对压强)下抽滤;水样滤毕,再抽气 5 s,关上滤器阀门,取下滤器,用镊子夹住滤膜边缘移放在品红亚硫酸钠培养基平板上,滤膜截留细菌面向上,滤膜应与培养基完全贴紧,两者间不得留有气泡,然后将平皿倒置,放入 37 ℃恒温箱内培养 22~24 h 后观察结果。挑取具有大肠菌群菌落特征的菌落(菌落特征见上述多管发酵法)进行涂片、革兰氏染色、镜检。

将具有大肠菌群菌落特征、革兰氏阴性的无芽孢杆菌接种到乳糖蛋白胨培养液或乳糖蛋白胨半固体培养基上。经 37 ℃培养,前者经 24 h 产酸产气者,或后者经 6~8 h 培养后产气者,则判定为大肠菌群阳性。

计算每升水样中大肠菌群数,即将平板上长出的大肠菌落总数乘以 3。

5.思考题

(1)测定大肠菌群数有何实际意义?

(2)为什么选用大肠菌群数作为水的卫生指标?

1.3.3　空气中微生物的测定

1.实验目的

(1)掌握检测和计数空气中微生物的基本方法;

(2)掌握无菌操作技术和微生物实验的基本操作;

(3)学习对室内空气进行初步的微生物学评价。

2.实验原理

采集空气中微生物的方法很多,主要有用空气微生物采样器采样和用自然沉降采样法进行采样。空气微生物采样主要涉及采样器、采样介质、采样方法及检验程度 4 个方面。空气微生物采样器主要有撞击式采样器、过滤式采样器、离心式采样器、气旋式采样器和静电沉降采样器等。

当空气中个体微小的微生物落到适合于它们生长繁殖的固体培养基的表面,在适温下培养一段时间后,每一个分散的菌体或孢子就会形成一个个肉眼可见的细胞群体即菌落。观察大小、形态各异的菌落,就可大致鉴别空气中存在的微生物的种类。

空气中携有微生物的气溶胶粒子在地心引力的作用下,以垂直的自然方式沉降到琼脂培养基上,经过 48 h、37 ℃恒温培养箱培养,可计算出菌落数。此法简单方便,但稳定性差,直径 1~5 μm 的粒子在 5 min 内沉降距离有限,使小粒子采集率较低。

3.实验仪器和培养基制备

1)实验仪器

高压蒸汽灭菌器,恒温培养箱,冰箱,平皿,制备培养基用一般设备。

2)培养基的制备

分别称取蛋白胨 10 g、牛肉膏 3 g、氯化钠(NaCl)5 g,琼脂 15~20 g 和去离子水 1000 mL 混合均匀,加热溶解,将 pH 调整至 7.4,过滤分装,121 ℃下高压灭菌 20 min。用自然沉降法采样时倾注约 15 mL 培养基于灭菌平皿内,制成营养琼脂平板。

4.实验步骤

(1)设置采样点时,应根据现场大小选择有代表性的位置作为空气细菌检测的采样点。通常设置 5 个采样点,即室内墙角对角线交点为 1 采样点,该点与四墙角连线的中点为另 4 个采样点。采样高度为 1.2~1.5 m。采样点应远离墙壁 1 m 以上,应避开空调、门窗等空气流通处。

(2)将营养琼脂平板置于采样点处,打开皿盖暴露 5 min,盖上皿盖翻转平板,置于(36±1)℃恒温培养箱中培养 48 h。

(3)计数每块平板上生长的菌落数,求全部采样点的平均菌落数。以每个平皿菌落数(CFU/皿)报告结果。

5.实验结果处理

根据奥梅梁斯基的建议,面积为 100 cm² 的平皿培养基暴露于空气中 5 min、于(36±1)℃恒温培养箱中培养 48 h 后所生长的菌落数,相当于 10 L 空气中的细菌数。

$$空气中细菌数(CFU/m^3)=1000×[(100/A)×(5/T)×(1/10)]×N$$
$$=50000N/(A×T) \tag{1-8}$$

式中:A 为平皿面积,cm²;T 为暴露时间,min;N 为平均菌落数,CFU/皿。

6.思考题

(1)空气中微生物检测的意义是什么?

(2)影响空气中微生物检测结果的因素有哪些?

(3)如何利用空气中微生物检测结果来评价环境空气质量?

1.3.4　土壤中微生物的测定

1.实验目的

(1)了解土壤中细菌、真菌和放线菌的稀释方法;

（2）掌握土壤取样的方法。

2.实验原理

采用稀释平板计数法定量分析土壤中细菌、真菌、放线菌数量。其中，土壤中细菌数量测定采用营养琼脂平板稀释法；真菌数量测定采用虎红琼脂平板稀释法；放线菌数量测定采用高氏1号琼脂平板稀释法。每个菌群设3次重复实验，选取3个稀释度，分别接种后置无菌培养室培养。其中，细菌37 ℃下培养1 d，真菌28 ℃下培养4 d，放线菌28 ℃下培养7 d。

3.实验仪器和试剂

1）实验仪器

恒温水浴锅，高压蒸汽灭菌锅，恒温培养箱，三角烧瓶，培养皿，吸管，试管，涂布棒，酒精灯等。

2）培养基

营养琼脂培养基；高氏1号合成培养基；虎红琼脂培养基。

3）土壤样品

采用棋盘法或蛇形取样法采集土壤样品，每个样地采集2个混合土样。取样时，先除去表层枯叶、表面1 cm左右的表土，以避免地面微生物与土样混杂，然后取向下0～15 cm处的土壤置于无菌自封袋中，带回实验室，当日分析，以免微生物区系组成发生变化。

4.实验步骤

（1）将装有200 mL去离子水的三角瓶、装好培养基的三角瓶、27个培养皿、13只试管、1只10 mL的移液管放入高温蒸汽灭菌锅中，在121 ℃中灭菌20 min。

（2）在超净工作台上，把试管分成A、B两组（除一只对照），分别对应不同的两份土壤。对试管进行标号，分别标1、2、3、4、5和6，对应土壤稀释成不同的浓度（分别为0.1、0.01、0.001、0.0001、0.00001和0.000001）。

（3）点燃酒精灯，把灭菌后的培养基分别加到各培养皿中，一种培养基加入9个培养皿，对培养皿进行编号，做最后两个浓度，分别做两个重复。

（4）用移液枪从各试管中分别取100 μL加入到各自编好号的培养皿中，然后在培养基上用涂布棒进行涂布，留一个为对照。

5.思考题

（1）影响土壤微生物多样性的因素是什么？

（2）土壤中微生物的作用是什么？

第 2 章　环境监测实验

2.1　基础知识

2.1.1　环境污染

人与环境的关系是密切的,由于人类活动(生产活动和生活活动)引起的环境质量下降,有害于人类及其他生物正常生存和发展,产生环境污染。那些进入环境后能使环境的正常组成和性质发生直接或间接变化、有害于人类和其他生物的物质,称为污染物。

环境污染分不同的类型。按环境要素可分为大气污染、水体污染、土壤污染和生物污染等;按照污染物的性质可分为生物污染、化学污染和物理污染;按污染物的形态可分为废气污染、废水污染、固体废物污染以及噪声污染、辐射污染等;按污染产生的原因可分为生产污染和生活污染,其中生产污染又可分为工业污染、交通污染;按污染物的分布范围可分为全球性污染、区域性污染和局部污染。环境污染是一个十分复杂的问题,而且环境污染物以化学、物理和生物的形式时刻影响着人类和其他生物,通过各种渠道直接或间接地危害人体健康。概括起来,环境污染具体有以下特点。

(1)环境污染物浓度范围很宽(从污染源到环境质量,本底值浓度可在 $10^{-2} \sim 10^{-12}$ 范围),而且也可能是多种有害物质同时存在,并起协同作用;

(2)环境污染物稳定性差异很大,由于稀释、扩散作用的不同,在环境中污染物时空分布差别悬殊,产生危害作用反应急缓程度也不相同;

(3)环境污染物在环境中可能通过物理的、化学的或生物的作用发生转化、增毒、降解或富集,从而改变原有的性状和浓度,产生不同的危害作用;

(4)环境污染物可通过大气、水和食物等多种途径,对人体或其他生物产生长期或急性影响,受影响的对象非常广泛。

2.1.2　环境监测

为了有效控制污染、保护环境,就需要了解环境质量及其变化,监视、测定、控制污染物的浓度和变化趋势。间接或连续地测定环境中污染物的浓度、观察分析其变化和对环境影响的过程称为环境监测。它是测定代表环境质量的各种标志数据、监控环境质量及其变化趋势的过程。对任何一个污染问题,要对污染物的性质、含量、状态进行分析测定,即以环境监测的方法和手段得到环境污染数据之后,进行数据模拟,然后进行评价,找出控制方法。可见通过环境监测能及时了解污染现状,侦察污染物分布、来源、数量及迁移转化,为制定治理计划和对策提供数据。所以环境监测是环境科学的基础,也是环境科学的重要分支。

1.环境监测的特点

环境监测与环境污染密切相关,具有与环境污染相对应的特点。

(1)环境监测的测定方法本身具有较高的灵敏度,选择性较好,同时还要适应较宽浓度范围的需要,并使分析测定过程的预处理简化。

(2)环境监测要多点位、高频数采样,使测定试样数量大、监测项目多,有时试样需要固定或需现场测定,以使得到的数据更符合实际情况,便于进行统计处理,分析相关关系,因此最好进行自动连续测定。

(3)监测内容多、涉及面广、项目复杂多变,监测手段包括化学法、物理法、物理化学法和生物技术等,具有综合性。

(4)环境监测从布点采样、样品处理、测定到数据处理是一个系统工程,应有完整的质量保证体系才能得到满意的监测结果,同时也应具有相应的快速测定方法,以适应突发事件的需要。

2.环境监测方法

环境监测中有物理量的测定,但更多的是污染物组分测定。一般来说,物理量测定比较简单、快速,易于实现自动连续测定;污染物组分测定比较复杂,其测定方法主要包括分析化学法、仪器法和生物法。各种方法分属类别及应用测定项目如表 2-1 所示。

表 2-1　常用环境监测方法

测定方法			测定对象或项目
分析化学法		重量法	残渣、悬浮物、油脂、硫酸盐化速率、大气总悬浮颗粒物、降尘等
		容量法	生化需氧量、溶解氧、化学需氧量、挥发酚类、氰化物、硫化物、六价铬及铜锌离子等金属离子、非金属离子、有机化合物等
仪器法	光学分析法	分光光度法	金属离子、非金属离子、有机物
		荧光法	苯并芘等多环芳烃、农药、矿物油、硫化物及硼、硒、铍等
		化学发光法	氮氧化物、臭氧等
		发射光谱	多种金属元素
		原子吸收	水、飘尘、土壤及生物样品中多种金属元素
		X 射线荧光光谱	飘尘中痕量金属化合物、二氧化硫、气溶胶吸附硫、水体悬浮粒子中重金属及溶解于水中的痕量元素
		光散射法	混浊度、悬浮物、粉尘量等
	电化学分析法	离子选择电极法	pH、氯、氟、氰、镉等
		极谱法	铜、铅、镉、铋、砷、铟、锡等
		阳极溶出伏安法	铜、铅、镉、铋、砷、铟、锡等
		库仑法	大气中二氧化硫、氮氧化物、臭氧、总氧化剂及水中生化需氧量、化学需氧量、卤素、酚、氰、砷、锰、铬等

续表

测定方法			测定对象或项目
仪器法	色谱法	气相色谱法	有机氯农药、有机磷农药、多氯联苯、多环芳烃、苯胺类化合物、硫氧化物、氮氧化物、一氧化碳等,以及可转化为挥发性的化合物
		液相色谱法	多环芳烃、除草剂、杀虫剂等
		离子色谱法	阴离子及氨类和一些金属离子
		薄层色谱法	亚硝胺类、多环芳烃、多氯联苯、农药、大分子量有机化合物等
		色谱质谱法	多种有机物
		电子能谱法	对尘埃、土壤、底质存有潜在危胁的有害物质进行多种元素的状态分析
		电子探针法	对尘埃、土壤、底质存有潜在危胁的有害物质进行多种元素的状态分析
	中子活化法		可测 68 种元素
生物法	水污染指示生物		指示水体清洁及污染程度
	大气污染指示生物		二氧化硫、二氧化氮、臭氧、过氧乙酰硝酸酯、氟化氢、氯气等

　　环境监测新技术应用发展较快,例如联机技术(如色谱-质谱、色谱-红外、色谱-原子吸收)、遥测新技术、连续测定新技术,以及小型便携、简单快速测定技术等,在解决污染物分布状态、低含量测定、现场测定等难题上均有长足进展。

3.环境监测的内容

　　环境监测是研究、监测影响环境质量的各种污染物及其变化的一门科学分支,具体监测内容如下。

　　1)水质污染监测

　　水质污染监测分为水环境质量监测和废水监测,其中水环境质量监测包括地表水和地下水质量监测。我国规定了多种水质标准和排放标准。主要监测项目包括物理性质、化学污染指标和有关生物指标。此外还包括流速、流量等水文参数。

　　2)大气污染监测

　　大气污染监测分为大气环境质量监测和污染源监测,其中污染源包括固定污染源和流动污染源。目前已有百余种污染物被列为大气污染监测项目,这些污染物常常是监测的主要项目,我国发布了多种标准,对大气污染物的最高允许浓度和排放量作了规定。酸雨、臭氧及温室效应气体均被列为全球性大气污染监测内容。大气污染与气象条件密切相关,因此在进行大气污染监测时常需要测定气象参数。

　　3)土壤污染监测

　　土壤污染主要是由工业废弃物、污罐和不适当的使用化肥、农药、除草剂所致。重点监测项目是影响土壤生态平衡的重金属元素、有害非金属元素和难于降解的有机物。

　　4)生物污染监测

　　生物污染监测是对生物体内的污染物质进行监测。因为通过大气、水、土壤或食物吸取营养的同时,某些污染物也会进入生物体,并在生物体内富集,破坏生态平衡,直接或间接影响着人体健康。监测项目主要为重金属元素、有害非金属元素、农药及某些有害化合物等。

5)固体废物监测

固体废物是指在生产、生活和其他活动中产生的丧失原有利用价值或者虽未丧失利用价值但被抛弃或者放弃的固态、半固态和置于容器中的气态的物品、物质,以及法律、行政法规规定纳入固体废物管理的物品、物质。固体废物来源于人类的生产或消费活动。主要监测项目有固体废物的毒性、易燃易爆性、腐蚀性和反应性,也包括有毒有害物质的组成含量测定和毒性试验。

6)噪声污染监测

噪声污染监测主要是环境噪声和噪声源监测。环境噪声包括城市环境噪声、交通噪声等。

2.2 基础实验

2.2.1 水中悬浮固体含量测定

1.实验目的

(1)了解悬浮物的基本概念;

(2)掌握重量法测定水中悬浮物的原理和方法。

2.实验原理

水中的悬浮物是指水样通过孔径为 $0.45~\mu m$ 的滤膜截留在滤膜上并于 $103\sim105$ ℃烘干至恒重的固体物质。按重量分析要求,对通过水样前后的滤膜进行称量,算出一定量水样中颗粒物的质量,从而求出悬浮物的含量。

3.实验仪器和材料

1)实验仪器

全玻璃微孔滤膜过滤器或玻璃漏斗,吸滤瓶,真空泵,万分之一分析天平,恒温箱。

2)实验材料和试剂

干燥器和无齿扁嘴镊子,CN－CA 滤膜(孔径 $0.45~\mu m$、直径 $60~mm$)或中速定量滤纸,去离子水或同等纯度的水。

4.实验步骤

1)采样

按采样要求采取具有代表性的水样 $500\sim1000~mL$。

2)滤膜准备

将微孔滤膜放于事先恒重的称量瓶里,移入烘箱中于 $103\sim105$ ℃烘干 $1~h$ 后取出置于干燥器内冷却至室温,称其质量。反复烘干、冷却、称量,直至两次称量的质量差≤0.2 mg。

3)测定

量取 $100~mL$ 充分混合均匀的试样,将试样全部通过上述称至恒重的滤膜过滤,再用去离子水洗残渣 3~5 次,之后仔细取出载有悬浮物的滤膜放在已恒重的称量瓶里,移入烘箱中于 103~105 ℃烘干 1 h 后移入干燥器中,冷却到室温,称其质量。反复烘干、冷却、称量,直到两次称量的质量差≤0.4 mg 为止。

5.实验结果处理

悬浮物含量 c(mg/L)按下式计算:

$$c = \frac{(A-B) \times 10^6}{V} \qquad (2-1)$$

式中:c 为水中悬浮物浓度,mg/L;A 为悬浮物+滤膜+称量瓶的质量,g;B 为滤膜+称量瓶质量,g;V 为试样体积,mL。

6.注意事项

(1)采集的水样应尽快分析测定。如需放置,应贮存在 4 ℃冷藏箱中,但最长不得超过 7 d。

(2)所取水样不能加入任何保护剂,以防破坏物质在固、液间的分配平衡;漂浮和浸没的不均匀固体物质不属于悬浮物质,应从水样中除去。

(3)滤膜上截留过多的悬浮物可能夹带过多的水分,除延长干燥时间外,还可能造成过滤困难,遇此情况,可酌情少取试样;滤膜上悬浮物过少,则会增大称量误差,影响测定精度,必要时,可增大试样体积,一般以悬浮物大于 2.5 mg 作为量取试样体积的适当范围。

7.思考题

(1)在悬浮物的测定中,如何保证称量恒重?

(2)过滤时要注意什么?

2.2.2　水的电导率测定

1.实验目的

(1)了解电导仪的原理和使用方法;

(2)熟悉电极的维护方法;

(3)掌握电导率的测量方法。

2.实验原理

电导率可以反映溶液传导电流的能力。纯水的电导率很小,当水中含无机酸、碱或盐时电导率增加。电导率常用于间接推测水中离子成分的总浓度。水溶液的电导率取决于离子的性质和浓度、溶液的温度和黏度等。

由于电导是电阻的倒数,因此,将两个电极插入溶液中,可以测出两电极间的电阻 R,根据欧姆定律,温度一定时,这个电阻值与电极的间距 L(cm)成正比,与电极的截面积 A(cm^2)成反比,即:

$$R = \frac{\rho L}{A} \qquad (2-2)$$

由于电极的截面积 A 和间距 L 都是不变的,故 L/A 是一常数,称为电导池常数(以 Q 表示)。比例常数 ρ 称为电阻率,其倒数 $1/\rho$ 称为电导率,以 γ 表示,即

$$\gamma = 1/\rho = Q/R \qquad (2-3)$$

式中:γ 为电导率,反映物质导电能力的强弱,单位是 $\mu S/cm$ 或 S/cm。已知电导池常数,并测出电阻后,即可求出电导率。

在电场作用下,水中离子所产生电导的强弱(电导率),用电导仪可直接测出。

3.实验仪器和试剂

1)实验仪器

电导仪(以及仪器配套的标准溶液),温度计(0~50 ℃,精确至±0.1 ℃),恒温水浴锅。

2)实验材料和试剂

烧杯,容量瓶,纯水(电导率小于 10 $\mu S/cm$)。

3)氯化钾(KCl)标准溶液[c(KCl)=0.0100 mg/L]的配制

称取于 105 ℃干燥 2 h 并冷却的氯化钾 0.7456 g,溶于去离子水中,完全转移至 1000 mL 容量瓶中,于 25 ℃下用去离子水稀释至标线,此溶液在 25 ℃时的电导率为 1413 $\mu S/cm$。

必要时可适当稀释,各种浓度下氯化钾溶液的电导率(25 ℃)见表 2-2。

表 2-2 不同浓度氯化钾溶液的电导率(25℃)

浓度/(mol·L^{-1})	电导率/(mS·m^{-1})	电导率/(μS·cm^{-1})
0.0001	1.494	14.94
0.0005	7.39	73.90
0.001	14.7	147.0
0.005	71.78	717.8

4.实验步骤

(1)在烧杯内倒入足量电导率标准溶液,使标准溶液浸入电极上的小孔。

(2)将电极和温度计同时放入溶液中,电极触底,确保排除电极套内的气泡,几分钟后温度达到平衡。

(3)记录测出的标准溶液的温度。

(4)按下"on/off"键,打开电导仪。

(5)按下"cond/temp"键,显示温度,调整温度旋钮,直至显示值为记录的标准溶液温度值。

(6)再按下"cond/temp"键,显示电导率测量挡位,选择适当的测量范围。注意:如果仪器显示超出范围,需要选择下一个测量挡。

(7)调整仪器的校准钮,直到显示校准溶液温度时的电导率值。

(8)仪器校准完成后即可开始测量,测量完毕需关闭仪器,清洗电极。

5.实验结果处理

恒温 25 ℃下测定水样的电导率,仪器的读数即为水样的电导率(25 ℃),以单位 $\mu S/cm$ 表示。

在任意水温下测定时必须记录水样温度,样品测定结果按下式计算:

$$\gamma_{25} = \gamma_t / [1 + a(t - 25)] \tag{2-4}$$

式中:γ_{25} 为水样在 25 ℃时的电导率,$\mu S/cm$;γ_t 为水样在温度 t (℃)时的电导率,$\mu S/cm$;a 为各种离子电导率的平均温度系数,取值 0.022/℃;t 为测定时水样的温度,℃。

6.注意事项

(1)确保测量前仪器已经校准过。

(2)最好使用塑料容器盛装待测水样。

(3)将电极插入水样中。注意:电极上的小孔必须浸泡在水面以下。

(4)为确保测量精度,电极使用前应用电导率小于 0.5 $\mu S/cm$ 的蒸馏水(或去离子水)冲洗两次,然后用待测溶液冲洗三次方可测量。

2.2.3　碘量法测定水中溶解氧

1.实验目的

(1)熟悉并掌握碘量法测定溶解氧的基本原理;

(2)熟悉并掌握标准溶液的配置和标定方法;

(3)练习实际测量及滴定的操作,并了解碘量法滴定的注意事项。

2.实验原理

水样中加入硫酸锰和碱性碘化钾,水中溶解氧将低价锰氧化成高价锰,生成四价锰的氢氧化物棕色沉淀。加酸后,氢氧化物沉淀溶解,并与碘离子反应而释放出游离碘。以淀粉为指示剂,用硫代硫酸钠标准溶液滴定释放出的碘,据滴定溶液消耗量计算溶解氧含量。

3.实验仪器和试剂

1)实验仪器

万分之一分析天平,250～300 mL 溶解氧瓶,250 mL 锥形瓶,烧杯,磁力搅拌器。

2)实验试剂

硫酸锰($MnSO_4 \cdot 4H_2O$ 或 $MnSO_4 \cdot 2H_2O$),碘化钾(KI),氢氧化钠(NaOH),浓硫酸($\rho = 1.84$ g/mL),可溶性淀粉,水杨酸,氯化锌($ZnCl_2$),重铬酸钾($K_2Cr_2O_7$),碳酸钠(Na_2CO_3),硫代硫酸钠($Na_2S_2O_3 \cdot 5H_2O$)。

3)实验溶液的配制

(1)硫酸锰溶液。称取 48.0 g 的 $MnSO_4 \cdot 4H_2O$ 或 40.0 g 的 $MnSO_4 \cdot 2H_2O$ 溶于约 50 mL 去离子水中,转移至 100 mL 容量瓶中,用去离子水稀释至标线,摇匀。将此溶液加至酸化的 KI 溶液中,遇淀粉不得产生蓝色。

(2)碱性碘化钾溶液。称取 50.0 g 的 NaOH 溶解于 30～40 mL 去离子水中;另外称取 15.0 g 的 KI 溶于 20 mL 去离子水中,待 NaOH 溶液冷却后,将两溶液合并混匀,转移至 100 mL 容量瓶中,用去离子水稀释至标线,混匀。如有沉淀,则放置过夜后倾出上层清液,贮于棕色瓶中,用橡皮塞塞紧,避光保存。此溶液酸化后,遇淀粉应不呈蓝色。

(3)(1+5)硫酸溶液。准确量取 500 mL 去离子水倒入 1000 mL 烧杯中,再准确量取 100 mL 浓硫酸($\rho = 1.84$ g/mL)缓慢加入到容量瓶中,轻微振荡,待冷却至室温后混匀。

(4)1%(质量浓度)淀粉溶液。称取 1 g 可溶性淀粉,用少量水调成糊状,再用刚煮沸的水稀释至 100 mL。冷却后,加入 0.1 g 水杨酸或 0.4 g 的 $ZnCl_2$ 防腐。

(5)重铬酸钾标准溶液[$c(1/6K_2Cr_2O_7)=0.1000$ mol/L]。称取于 $105\sim110$ ℃烘干 2 h 并冷却的重铬酸钾 4.9031 g 溶于去离子水中,移入 1000 mL 容量瓶中,用去离子水稀释至标线,摇匀。

(6)硫代硫酸钠溶液。称取 25 g 的 $Na_2S_2O_3\cdot5H_2O$ 溶于煮沸放冷的去离子水中,加 0.2 g 的 Na_2CO_3,转移至 1000 mL 容量瓶中,用煮沸放冷的去离子水稀释至标线,摇匀,贮于棕色瓶中。此溶液浓度约为 0.1 mol/L,使用前用 0.1000 mol/L 重铬酸钾标准溶液标定。标定方法如下:于 250 mL 碘量瓶中加入 100 mL 去离子水和 1g 碘化钾,用移液管吸取 10 mL 的 0.1000 mol/L 重铬酸钾标准溶液、5 mL 的(1+5)硫酸溶液,密塞,摇匀。置于暗处 5 min,取出后用待标定的硫代硫酸钠溶液滴定至由棕色变为淡黄色时,加入 1 mL 淀粉溶液,继续滴定至蓝色刚好褪去为止,记录用量。用公式(2-5)计算硫代硫酸钠的浓度。

$$M=10.00\times0.1/V \qquad (2-5)$$

式中:M 为硫代硫酸钠的浓度,mol/L;V 为滴定时消耗硫代硫酸钠的体积,mL。

将计算的准确浓度标记在装硫代硫酸钠溶液的瓶上,并以此溶液作为配制 0.0250 mol/L 硫代硫酸钠溶液的原液。

(7)0.0250 mol/L 硫代硫酸钠标准溶液。取一定量上述硫代硫酸钠原液放入 1000 mL 容量瓶中,用刚煮沸并冷却的去离子水稀释至标线,摇匀,加 0.2 g 碳酸钠以便保存。所需硫代硫酸钠原液的体积可按公式(2-6)计算求得。

$$V=25/c_0 \qquad (2-6)$$

式中:V 为配制 0.0250 mol/L 硫代硫酸钠标准溶液所需硫代硫酸钠原液的体积,mL;c_0 为硫代硫酸钠原液的物质的量浓度,mol/L。

4.实验步骤

(1)采集水样。采集水样时,先用水样冲洗溶解氧瓶,然后沿瓶壁直接注入水样或用虹吸法将细管插入溶解氧瓶底部,注入水样至溢流出瓶容积的 $1/3\sim1/2$ 左右。注意不要使水样曝气或有气泡残存在溶解氧瓶中。

(2)溶解氧的固定。用吸液管插入溶解氧的液面下,加入 1 mL 硫酸锰溶液、2 mL 碱性碘化钾溶液,颠倒混合数次,静置。一般在取样现场固定。

(3)打开瓶塞,立即将吸管插入液面下加入 2 mL 硫酸。盖好瓶塞,颠倒混合摇匀,至沉淀物全部溶解,放于暗处静置 5 min。

(4)吸取 100 mL 上述溶液于 250 mL 锥形瓶中,用硫代硫酸钠标准溶液滴定至溶液呈淡黄色,加入 1 mL 淀粉溶液,继续滴定至蓝色刚好退去,记录硫代硫酸钠溶液用量。

5.实验结果处理

$$溶解氧(O_2,mg/L)=\frac{MV\times8\times1000}{100} \qquad (2-7)$$

式中:M 为硫代硫酸钠标准溶液的浓度,mol/L;V 为滴定消耗硫代硫酸钠标准溶液体积,mL。

6.注意事项

(1)当水样中含有亚硝酸盐时会干扰测定,可加入叠氮化钠使水中的亚硝酸盐分解而消除干扰。方法是预先将叠氮化钠加入碱性碘化钾溶液中。

(2)如水样中含 Fe^{3+} 达 100～200 mg/L 时,可加入 1 mL 40% 氟化钾溶液消除干扰。

(3)如水样中含有氧化性物质(如游离氯等),应预先加入相当量的硫代硫酸钠去除。

7.思考题

(1)水样中加入硫酸锰和碱性碘化钾溶液后,如发现白色沉淀,测定还须继续吗?试说明理由。

(2)在上述测定和计算中未考虑因试剂加入而损失的水样体积,你认为这样做对于试验结果的影响如何?

2.2.4　水中浊度测定

1.实验目的

(1)掌握水中浊度的测定方法;

(2)掌握浊度计的使用方法。

2.实验原理

浊度表现了水中悬浮物对光线透过所发生的阻碍程度。水中含有的泥土、粉尘、微细有机物、浮游生物和其他微生物等悬浮物和胶体物都可使水呈现浊度。

光电比浊法的原理是当光束通过悬浮物时,在入射光的光强与水样厚度不变的情况下,透射光的光强与水样的浑浊度有关。水样的浑浊度越高,投射光的光强越弱。也就是将通过纯净水的光强与水样的透射光光强相比较,从而得出水样的浑浊度。

3.实验仪器和试剂

1)实验仪器

浊度仪。

2)实验材料和试剂

样品池,擦镜纸,烧杯,100 mL 容量瓶,移液管,玻璃棒,六次甲基四胺($C_6H_{12}N_4$,临用前取适量平布于表面皿上,置于硅胶干燥器中放置 48 h 去除湿存水),硫酸肼($N_2H_6SO_4$,临用前取适量平布于表面皿上,置于硅胶干燥器中放置 48 h 去除湿存水),滤膜(孔径≤0.45 μm,水相微孔滤膜,临用前应先用 100 mL 实验用水浸泡 1 h,以免滤膜碎屑影响空白)。

3)浊度标准储备液(4000 NTU)

称取 5.0 g(准确至 0.01 g)六次甲基四胺和 0.5 g(准确至 0.01 g)硫酸肼,分别溶解于 40 mL 去离子水中,合并转移至 100 mL 容量瓶中,用去离子水稀释至标线,摇匀。在(25±3)℃下水平放置 24 h,制备成浊度为 4000 NTU 的浊度标准储备液。该储备液在室温条件下避光可保存 6 个月。

4)浊度标准使用液(400 NTU)

将浊度标准储备液摇匀后,用 10 mL 移液管准确移取 10.00 mL 至 100 mL 容量瓶中,用去离子水稀释定容至标线,摇匀。制备成浊度为 400 NTU 的浊度标准使用液。该使用液在

4 ℃以下冷藏条件下避光可保存 1 个月。

4.实验步骤

1)样品的采集

按采样要求采取具有代表性水样 500～1000 mL。

2)仪器自检

按照仪器说明书打开仪器预热,进行仪器自检,仪器进入测量状态。

3)浊度仪校准

将去离子水倒入样品池内,对仪器进行零点校准。按照浊度仪使用说明书将标准使用液稀释成不同浓度,分别润洗样品池数次后,缓慢倒至样品池刻度线。按仪器提示或仪器使用说明书的要求进行标准系列校准。

4)样品测定

将样品摇匀,待可见的气泡消失后,用少量样品润洗样品池数次。将完全均匀的样品缓慢倒入样品池内,至样品池的刻度线即可。持握样品池位置尽量在刻度线以上,用擦镜纸擦去样品池外的水和指纹。将样品池放入仪器读数时,应将样品池上的标识对准仪器规定的位置。按下仪器测量键,待读数稳定后记录。

超过浊度仪量程范围的样品,可用去离子水稀释后再测量。

5)空白测定

按照与样品测定相同的测量条件进行去离子水的测定。

5.实验结果处理

$$浊度 = A(B+C)/C \qquad\qquad (2-8)$$

式中:A 是稀释后的浊度值,NTU;B 为稀释水体积,mL;C 为水样体积,mL。

当测定结果小于 10 NTU 时,保留小数点后一位;测量结果大于等于 10 NTU 时,保留至整数位。

6.注意事项

(1)经冷藏保存的样品应放置至室温后测量,测量时应充分摇匀,并尽快将样品倒入样品池内,倒入时应沿着样品池缓慢倒入,避免产生气泡。

(2)仪器样品池的洁净度及是否有划痕会影响浊度的测量,应定期进行检查和清洁,有细微划痕的样品池可通过涂抹硅油薄膜并用擦镜纸擦拭去除。

(3)10 NTU 以下样品建议选择入射光波长为 400～600 nm 的浊度计,有颜色样品选择入射光波长为(860±30) nm 的浊度计。

(4)为了使测量结果更具可比性,应记录所用仪器的型号及入射光波长。

7.思考题

(1)实验的影响因素主要有哪些?

(2)浊度与悬浮物的质量浓度有无关系?为什么?

2.2.5　水样色度的测定

1.实验目的

(1)了解铂钴标准比色法测定水样色度的基本原理；

(2)掌握铂钴标准比色法测定水和废水色度的方法。

2.实验原理

测定水样色度的方法有铂钴(或铬钴)标准比色法和稀释倍数法。前者适用于测定较清洁的、带有黄色色调的天然水和饮用水的色度(以度数表示结果)；后者适用于测定受工业废水污染的地面水和工业废水的色度(以稀释倍数表示结果)。

水的色度单位是度,即在每升溶液中含有 2 mg 六水合氯化钴(Ⅱ)(相当于 0.5 mg 钴)和 1 mg 铂[以六氯铂(Ⅳ)酸的形式]时产生的颜色为 1 度。

使用稀释倍数法时,将工业废水按一定的比例用光学纯水稀释到接近无色,记录实际稀释倍数,此数值即为该水样的色度。

3.实验仪器、工具和试剂

1)实验仪器

便携式 pH 计(精度±0.1)。

2)实验工具

250 mL、1000 mL 容量瓶,量筒,移液管(1、2 和 5 mL),1 L 棕色细口玻璃瓶,50 mL 具塞比色管(规格一致,光学透明玻璃底部无阴影),烧杯,0.2 μm 滤膜。

3)实验试剂

除另有说明外,测定中仅使用光学纯水及分析纯试剂。

(1)光学纯水。将 0.2 μm 滤膜(细菌学研究中所采用的)在 100 mL 蒸馏水或去离子水中浸泡 1 h,用它过滤 250 mL 蒸馏水或去离子水,弃去最初的 250 mL 以后用这种水配制全部标准溶液并作为稀释水。

(2)铂钴标准储备液(相当于 500 度)。将(1.245±0.001)g 六氯铂(Ⅳ)酸钾(K_2PtCl_6)及(1.000±0.001)g 六水氯化钴(Ⅱ)($CoCl_2 \cdot 6H_2O$)溶于约 500 mL 光学纯水中,加(100±1)mL 盐酸($\rho = 1.19$ g/mL)并在 1000 mL 的容量瓶内用光学纯水稀释至标线。

将溶液放在密封的 1 L 棕色细口玻璃瓶中,存放在暗处,温度不能超过 30 ℃。该溶液至少能稳定 6 个月。

4.实验步骤

1)采样

所用与样品接触的玻璃器皿都要用盐酸或表面活性剂溶液清洗,最后用光学纯水洗净、沥干。

将样品采集在容积至少为 1 L 的玻璃瓶内,在采样后要尽早进行测定。如果必须贮存,则将样品于 4 ℃低温贮于暗处。在有些情况下还要避免样品与空气接触。同时要避免温度的变化。

2)标准色列的配制

在 50 mL 比色管中加入 0、0.50、1.00、1.50、2.00、2.50、3.00、3.50、4.00、4.50、5.00、6.00 和 7.00 mL 铂钴标准储备液,用水稀释至标线,混匀。各管的色度依次为 0、5、10、15、20、25、30、35、40、45、50、60 和 70 度。密塞保存。

3)水样的测定

分取 50.0 mL 澄清水样于比色管中。如水样色度较大,可酌情少取水样,用水稀释至50.0 mL。

将水样与标准色列进行目视比较。观察时,可将比色管置于白瓷板或白板上,使光线从管底向上透射液柱,目光自管口垂直向下观察。记下与水样色度相同的铂钴标准色列的色度。

5.实验计算

稀释过的水样色度按下式计算:

$$色度 = \frac{A \times 50}{B} \qquad (2-9)$$

式中:A 为稀释后水样相当于铂钴标准色列的色度;B 为水样的体积,mL。

6.注意事项

(1)可用铬钴标准溶液代替铂钴标准溶液。称取 0.0437 g 重铬酸钾和 1.000 g 硫酸钴,溶于少量水中,加入 0.5 mL 硫酸,用水稀释至 500 mL,此溶液色度即为 500 度。该溶液不宜久存。

(2)如水样浑浊,则放置澄清,亦可用离心法或用孔径 0.45 μm 的滤膜过滤以去除悬浮物。但不能用滤纸过滤,因为滤纸可吸附部分溶解于水的有色颗粒。

(3)如水样有泥土或其他分散的很细的悬浮物,经预处理得不到透明水时,则只测表色。

2.2.6 水中氨氮的测定

氨氮的测定方法通常有纳氏试剂比色法、苯酚-次氯酸盐(或水杨酸-次氯酸盐)比色法、电极法和滴定法等。纳氏试剂比色法具有简便、灵敏等特点,但钙、镁、铁等金属离子、硫化物、醛、酮类,以及水中色度和混浊等会干扰测定,需要相应的预处理。苯酚-次氯酸盐比色法具有灵敏、稳定等优点,干扰情况和消除方法同纳氏试剂比色法。电极法通常具有不需要对水样进行预处理和测量范围宽等优点。氨氮含量较高时,可采用蒸馏-酸滴定法。

1.实验目的

(1)掌握氨氮测定最常用的三种方法——纳氏试剂比色法、电极法和滴定法;
(2)掌握氨气敏电极的使用方法。

2.实验原理

1)纳氏试剂比色法

碘化汞和碘化钾的碱性溶液与氨反应生成淡红棕色胶态化合物,其色度与氨氮成正比,通常可在 410~425 nm 波长范围内测其吸光度,计算其含量。

本法最低检出浓度为 0.025 mg/L(光度法),测定上限为 2 mg/L。采用目视比色法,最低检出浓度为 0.02 mg/L。若对水样进行适当的预处理,本法可用于地面水、地下水、工业废水和生活污水中氨氮的测定。

2）滴定法

滴定法仅适用于已进行蒸馏预处理的水样。调节水样至 pH 在 6.0～7.4 范围,加入氧化镁使其呈微碱性。加热蒸馏,释放出的氨被吸收入硼酸溶液中,以甲基红-亚甲基蓝为指示剂,用酸标准溶液滴定馏出液中的铵。

当水样中含有在此条件下可被蒸馏出、并在滴定时能与酸反应的物质,如挥发性胺类等,则将使测定结果偏高。

3）电极法

氨气敏电极为复合电极,以 pH 玻璃电极为指示电极,银-氯化银电极为参比电极。此电极对置于盛有 0.1 mol/L 氯化铵内充液的塑料套管中,管端部紧贴指示电极敏感膜处装有疏水半透膜,使内电解液与外部试液隔开,半透膜与 pH 玻璃电极间有一层很薄的液膜。当水样中加入强碱将溶液 pH 提高到 11 以上时,铵盐转化为氨,生成的氨由于扩散作用而通过半透膜(水和其他离子则不能通过),使氯化铵电解质液膜层内 $NH_4^+ \rightleftharpoons NH_3 + H^+$ 的反应向左进行,引起氢离子浓度改变,由 pH 玻璃电极测得其变化。在恒定的离子强度下,测得的电动势与水样中氨氮浓度的对数呈一定的线性关系。由此,可由测得的电位值确定样品中氨氮的含量。

电极法可用于测定饮用水、地面水、生活污水及工业废水中的氨氮的含量。色度和浊度对测定没有影响,水样不必进行预蒸馏;挥发性胺会产生正干扰;汞和银因同氨络合力强而会产生干扰;高浓度溶解离子会影响测定。标准溶液和水样的温度应相同,含有溶解物质的总浓度也要大致相同。该方法的氨氮最低检出浓度为 0.03 mg/L,测定上限为 1400 mg/L。

3.实验用具和试剂

1）纳氏试剂比色法

(1)实验用具。紫外可见分光光度计(具 2 cm 或 1cm 比色皿),pH 计,万分之一分析天平,磁力搅拌器,干燥器,烘箱,移液管,量筒,烧杯,容量瓶,移液枪,中速定量滤纸和定性滤纸。

(2)实验试剂。浓盐酸($\rho = 1.19$ g/mL),浓硫酸($\rho = 1.84$ g/mL),无水乙醇(C_2H_5OH),轻质氧化镁(MgO)(将氧化镁在 500 ℃下加热,以除去碳酸盐),氢氧化钠(NaOH),可溶性淀粉,碘化钾(KI),碘化汞(HgI_2),氢氧化钾(KOH),二氯化汞($HgCl_2$),酒石酸钾钠($KNaC_4H_6O_6 \cdot 4H_2O$),硫代硫酸钠($Na_2S_2O_3$),硼酸(H_3BO_3),碳酸钠(Na_2CO_3),氯化铵(NH_4Cl)。

(3)实验溶液制备。

①纳氏试剂。可选用下列方法之一制备。

a.HgI_2-KI-NaOH 溶液。称取 16.0 g 的 NaOH 颗粒,溶于用烧杯盛放的 50 mL 去离子水中,充分冷却至室温。再分别称取 7.0 g 的 KI 和 HgI_2 溶于去离子水中,然后将此溶液在搅拌下缓慢加入上述 50 mL 的 NaOH 溶液中,用水稀释至 100 mL,贮于聚乙烯瓶中,密封保存,存放于暗处,有效期一年。

b.$HgCl_2$-KI-KOH 溶液。称取 5.0 g 的 KI 溶于约 10 mL 水中,边搅拌边分次加入 2.50 g 的 $HgCl_2$ 粉末,直到溶液呈深黄色,或淡红色沉淀溶解缓慢时,充分搅拌混合,并改为滴加

$HgCl_2$ 饱和溶液,当少量朱红色沉淀不再溶解时,停止滴加。称取 15.0 g 的 KOH 溶于水,并稀释至 50 mL,冷却至室温后,将上述溶液缓慢加入到 KOH 溶液中,用水稀释至 100 mL,混匀。于暗处静置 24 h,倾出上清液,贮存于聚乙烯瓶中,密塞保存,存于暗处,可稳定 1 个月。

②酒石酸钾钠溶液[$c(KNaC_4H_4O_6) = 500$ g/L]。称取 50.0 g 的 $KNaC_4H_4O_6 \cdot 4H_2O$ 溶于 100 mL 水中,加热煮沸以除去氨,充分冷却后,转移至 100 mL 容量瓶,用去离子水稀释至刻度线,混匀。

③硫代硫酸钠溶液[$c(Na_2S_2O_3) = 3.5$ g/L]。称取 3.5 g 的 $Na_2S_2O_3$,溶于用烧杯盛放的 500 mL 去离子水中,转移至 1000 mL 容量瓶中,用去离子水稀释至刻度线,混匀。

④硫酸锌溶液[$c(ZnSO_4) = 100$ g/L]。称取 10.0 g 的 $ZnSO_4$ 溶于用烧杯盛放的 50 mL 去离子水中,转移至 100 mL 容量瓶中,用去离子水稀释至刻度线,混匀。

⑤氢氧化钠溶液[$c(NaOH) = 250$ g/L]。称取 25.0 g 的 NaOH 颗粒,溶于用烧杯盛放的 50 mL 去离子水中,冷却至室温后转移至 100 mL 容量瓶中,用去离子水稀释至刻度线,混匀。

⑥氢氧化钠溶液[$c(NaOH) = 1$ mol/L]。称取 4.0 g 的 NaOH 颗粒,溶于用烧杯盛放的 50 mL 去离子水中,冷却至室温后转移至 100 mL 容量瓶中,用去离子水稀释至刻度线,混匀。

⑦盐酸溶液[$c(HCl) = 1$ mol/L]。先在 100 mL 容量瓶中加入 50 mL 左右的去离子水,再用移液管量取 8.3 mL 盐酸缓慢加入到容量瓶中,轻轻振荡混合,待冷却至室温后,再用去离子水稀释至刻度线,混匀。

⑧硫酸溶液[$c(H_2SO_4) = 0.01$ mol/L]。先在 1000 mL 容量瓶中加入 500 mL 左右的去离子水,再用移液管量取 5.43 mL 浓硫酸缓慢加入到容量瓶中,轻轻振荡混合,待冷却至室温后,用去离子水稀释至刻度线,混匀,配制成 0.1 mol/L 的硫酸溶液。用移液管准确移取 50 mL 的 0.1 mol/L 硫酸溶液至 500 mL 容量瓶中,用去离子水稀释至刻度线,混匀,配制成 0.01 mol/L的硫酸溶液。

⑨硼酸溶液[$c(H_3BO_3) = 20$ g/L]。称取 20.0 g 的 H_3BO_3 溶于用烧杯盛放的 50 mL 去离子水中,转移至 100 mL 容量瓶中,用去离子水稀释至刻度线,混匀。

⑩溴百里酚蓝指示剂($c = 0.5$ g/L,pH=6.0～7.6)。称取 0.05 g 溴百里酚蓝溶于用烧杯盛放的 50 mL 去离子水中,转移至 100 mL 容量瓶中,用去离子水稀释至刻度线,混匀。

⑪淀粉-碘化钾试纸。称取 1.5 g 可溶性淀粉,于烧杯中用少量水调成糊状,加入 200 mL 沸水,搅拌均匀放冷。再加入 0.50 g 的 KI 和 0.50 g 的 K_2CO_3,用去离子水稀释至 250 mL。将滤纸条浸渍后取出晾干,于棕色瓶中密封保存。

⑫氨氮标准储备液[$c(N) = 1000$ μg/mL]。称取 3.8190 g 经 100～105 ℃ 干燥 2 h 的 NH_4Cl 溶于去离子水中,移入 1000 mL 容量瓶中,稀释至标线,摇匀。此溶液在 4 ℃ 以下可稳定保存 1 个月。

⑬氨氮标准工作液[$c(N) = 10$ μg/mL]。用移液管移取 5.00 mL 氨氮标准储备溶液于 500 mL 容量瓶中,用去离子水稀释至标线,摇匀。临用前配制。

2)滴定法

(1)实验试剂。95％无水乙醇,亚甲基蓝,甲基红,浓硫酸($\rho = 1.84$ g/mL),无水碳酸钠,甲基橙。

(2)实验溶液的配制。

①混合指示液。称取 200 mg 甲基红溶于 100 mL 的 95％无水乙醇中,再称取 100 mg 亚

甲基蓝溶于 50 mL 的 95% 无水乙醇中,以两份甲基红溶液与一份亚甲基蓝溶液混合后备用。混合液一个月配制一次。

②0.05% 甲基橙指示液。称取 0.5 g 甲基橙溶于 1000 mL 去离子水中,摇匀。

③(1+9) 硫酸溶液。用 100 mL 量筒量取 100 mL 浓硫酸缓慢加入到 900 mL 去离子水中,边加搅拌。

④硫酸标准溶液 $[c(1/2H_2SO_4)=0.02 \text{ mol/L}]$。将 5.6 mL 的 (1+9) 硫酸溶液置于 1000 mL 容量瓶中,稀释至标线,混匀。按下列操作进行标定。

称取 180 ℃ 干燥 2 h 的基准试剂级无水碳酸钠 $(Na_2CO_3)0.5 \text{ g}$(称准至 0.0001 g),溶于新煮沸放冷的水中,移入 500 mL 容量瓶中,加 25 mL 水,加 1 滴 0.05% 甲基橙指示液,用硫酸溶液滴定至淡橙红色为止。记录用量,用下式计算硫酸溶液的浓度。

$$c(1/2H_2SO_4)(\text{mol/L}) = \frac{W \times 1000}{V \times 52.995} \times \frac{25}{500} \qquad (2-10)$$

式中:W 为碳酸钠的质量,g;V 为消耗 (1+9) 硫酸溶液的体积,mL。

3)电极法

(1)实验仪器。离子活度计或带扩展毫伏的 pH 计,氨气敏电极,电磁搅拌器。

(2)实验溶液配制。

①氨氮标准储备液 $[c(N)=1000 \text{ μg/mL}]$。同纳氏试剂比色法氨氮标准储备液配制。

②氨氮标准使用液。用移液管分别移取 50.0、5.00 mL 氨氮标准储备溶液于 500 mL 容量瓶中,用去离子水稀释至标线,摇匀,分别配制成 100、10 μg/mL 氨氮标准使用液。再用移液管移取 1.00、0.10 mL 氨氮标准储备溶液于 1000 mL 容量瓶中,用去离子水稀释至标线,摇匀,分别配制成 1.0 和 0.1 μg/mL 氨氮标准使用液。临用前配制。

③电极内充液(0.1 mol/L 的氯化钠溶液)。称取 5.844 g 的 NaCl 固体,溶于用烧杯盛放的 500 mL 去离子水中,转移至 1000 mL 容量瓶中,用去离子水稀释至刻度线,混匀。

④氢氧化钠溶液 $[c(NaOH)=10 \text{ mol/L}]$。称取 40.0 g 的 NaOH 颗粒,溶于用烧杯盛放的 50 mL 去离子水中,冷却至室温后转移至 100 mL 容量瓶中,用去离子水稀释至刻度线,混匀。

4.实验步骤

1)纳氏试剂比色法

(1)水样保存。水样采集在聚乙烯或玻璃瓶内,要尽快分析。如需保存,应加硫酸使水样酸化至 pH<2,4 ℃ 下可保存 7 d。

(2)水样的预处理。

①除余氯。若样品中存在余氯,可加入适量的硫代硫酸钠溶液去除。每加 0.5 mL 硫代硫酸钠溶液可去除 0.25 mg 余氯。可用淀粉-碘化钾试纸检验余氯是否除尽。

②絮凝沉淀。100 mL 水样中加入 1 mL 硫酸锌溶液和 0.1~0.2 mL 氢氧化钠溶液,调节 pH 为约 10.5,混匀,放置使之沉淀,倾取上清液分析。必要时,用经水洗的中速滤纸过滤,弃去初滤液 20 mL。也可对絮凝后水样离心处理。

③水样的预蒸馏。将 50 mL 吸收剂移入接收瓶内,确保冷凝管出口在吸收剂溶液液面之下。用量筒量取 250 mL 水样(如氨氮含量较高,可取适量水样加水稀释至 250 mL,使氨氮含

量不超过 2.5 mg),移入凯氏烧瓶中,加几滴溴百里酚蓝指示液,必要时用氢氧化钠溶液或盐酸溶液调整 pH 至 6.0(指示剂呈黄色)～7.4(指示剂呈蓝色)之间,加入 0.25 g 轻质氧化镁和数粒玻璃珠,立即连接氮球和冷凝管,导管下端插入吸收液液面下。加热蒸馏,使馏出液速率约为 10 mL/min,待馏出液达 200 mL 时,停止蒸馏,定容至 250 mL。

采用酸滴定法或纳氏比色法时,以 50 mL 硼酸溶液为吸收剂;采用水杨酸-次氯酸盐比色法时,改用 50 mL 的 0.01 mol/L 硫酸溶液为吸收剂。

(3)标准曲线的绘制。吸取 0、0.50、1.00、3.00、5.00、7.00 和 10.00 mL 铵标准使用液于 50 mL 比色管中,加水至标线,加 1.00 mL 酒石酸钾钠溶液,混匀。再加 1.50 mL 纳氏试剂,混匀。放置 10 min 后,在波长 420 nm 处,用光程 2 cm 或 1 cm 比色皿以去离子水作参比测定吸光度。

由测得的吸光度减去零浓度空白管的吸光度后,得到校正吸光度,绘制氨氮含量(mg)对校正吸光度的标准曲线(曲线的线性要求在 0.999 以上)。

(4)水样的测定。

①取适量经絮凝预处理后的水样(使氨氮含量不超过 0.1 mg)加入 50 mL 比色管中,稀释至标线,加 0.1 mL 酒石酸钾钠溶液。

②分取适量经蒸馏预处理后的馏出液,加入 50 mL 比色管中,加一定量的 1 mol/L 氢氧化钠溶液以中和硼酸,稀释至标线,加入 1.5 mL 加纳氏试剂,混匀。放置 10 min 后,按"(3)标准曲线的绘制"步骤所述测量吸光度。

(5)空白实验。以去离子水代替水样,做全程序空白测定。

2)滴定法

(1)水样保存和预处理。同纳氏比色法。

(2)水样的测定。向硼酸溶液吸收的、经预处理后的水样中加 2 滴混合指示液,用 0.02 mol/L 硫酸溶液滴定至绿色转变成淡紫色为止,记录硫酸溶液的用量。

(3)空白实验。以去离子水代替水样,同水样的全程序步骤进行测定。

3)电极法

(1)仪器和电极的准备。按使用说明书调试仪器。

(2)标准曲线的绘制。分别吸取 10.00 mL 浓度为 0.1、1.0、10、100 和 1000 mg/L 的氨氮标准使用液于 5 个 25 mL 小烧杯中,浸入电极后加入 1.0 mL 氢氧化钠溶液,在搅拌下读取稳定的电位值(1 min 内变化不超过 1 mV 时,即可读数)。在半对数坐标线上绘制 E-$\lg c$ 的标准曲线。

(3)水样的测定。取 10.00 mL 水样,以下步骤与"(2)标准曲线的绘制"所述相同。由测得的电位值,在标准曲线上直接查得水样中的氨氮含量(mg/L)。

5.实验结果处理

1)纳氏试剂比色法

由水样测得的吸光度减去空白实验的吸光度后,从标准曲线上查得氨氮含量(mg)。

$$氨氮含量(N,mg/L) = 1000\, m/V \qquad\qquad (2-11)$$

式中:m 为由校准曲线查得的氨氮质量,mg;V 为水样体积,mL。

2)滴定法

$$氨氮含量(N,mg/L) = \frac{(A-B) \times M \times 14 \times 1000}{V} \qquad (2-12)$$

式中：A 为滴定水样时消耗的硫酸溶液体积，mL；B 为空白实验消耗的硫酸溶液体积，mL；M 为硫酸溶液浓度，mol/L；V 为水样体积，mL；14 是氨氮(N)摩尔质量，g/mol。

6.注意事项

1)纳氏试剂比色法

(1)纳氏试剂中碘化汞与碘化钾的比例对显色反应的灵敏度有较大影响。静置后生成的沉淀应除去。

(2)滤纸中常含痕量铵盐，使用时应注意用无氨水洗涤。所用玻璃器皿应避免被实验室空气中的氮污染。

2)电极法

(1)绘制标准曲线时，可以根据水样中氨氮含量自行取舍三或四个标准点。

(2)实验过程中，应避免由于搅拌器发热而引起被测溶液温度上升，影响电位值的测定。

(3)当水样酸性较大时，应先用碱液调至中性，再加离子强度调节液进行测定。

(4)水样保存时不要加氯化汞。

(5)搅拌速度应适当，不可形成涡流，避免在电极处产生气泡。

(6)水样中盐类含量过高时，将影响测定结果。必要时，应在标准溶液中加入相同量的盐类以消除误差。

2.2.7　水中硝酸盐氮的测定

1.实验目的

(1)熟悉并掌握紫外分光光度计的原理及使用方法；

(2)学习运用紫外分光光度法测定水中硝酸盐氮的原理。

2.实验原理

水中的有机氮、氨氮、亚硝酸盐氮和硝酸盐氮等的相对含量，在一定程度上反映了含氮有机物存在于水体的时间长短，从而对探讨水体污染历史、这些成份的分解趋势和水体自净情况有一定的参考价值。

可利用硝酸根离子在 220 nm 波长处的吸收来定量测定硝酸盐氮。溶解的有机物在 220 nm 波长处也会有吸收，而硝酸根离子在 275 nm 波长处没有吸收。因此，可在 275 nm 波长处测量吸光度，以校正硝酸盐氮的值。

3.实验仪器和试剂

1)实验仪器

紫外分光光度计(波长范围 220～1100 nm)，万分之一分析天平。

2)实验材料和试剂

硫酸铝钾[$KAl(SO_4)_2 \cdot 12H_2O$]，硫酸铝铵[$NH_4Al(SO_4)_2 \cdot 12H_2O$]，浓氨水($NH_4OH$)，

硫酸锌($ZnSO_4$),氢氧化钠($NaOH$),硝酸钾(KNO_3,优级纯),浓盐酸($\rho = 1.19$ g/mL),甲醇(CH_3OH),氨基磺酸(NH_2SO_3H),大孔径中性树脂(CAD-40),1 cm 石英比色皿,50 mL 具塞比色管,移液管,烧杯,容量瓶,称量纸。

3)实验试剂配制

(1)氢氧化铝悬浮液。溶解 125 g 的 $KAl(SO_4)_2 \cdot 12H_2O$ 或 $NH_4Al(SO_4)_2 \cdot 12H_2O$ 于 1000 mL 水中,加热至 60 ℃,在不断搅拌中,徐徐加入 55 mL 浓氨水,放置约 1 h 后移入 1000 mL 量筒内,用去离子水反复洗涤沉淀,至洗涤液中不含硝酸盐氮为止。澄清后,尽量把上清液全部倾出,只留浓稠的悬浮液,最后加入 100 mL 去离子水,使用前应振荡均匀。

(2)10%硫酸锌溶液。准确称取 10 g 的 $ZnSO_4$ 颗粒溶于 90 mL 去离子水中。

(3)NaOH 溶液[$c(NaOH) = 5$ mol/L]。准确称取 20.0 g 的 NaOH 颗粒,溶于 50 mL 去离子水中,待冷却至室温后转移至 100 mL 容量瓶中,加去离子水稀释至标线,摇匀。

(4)盐酸溶液[$c(HCl) = 1$ mol/L]。首先在 1000 mL 容量瓶中加入 500 mL 左右去离子水,然后准确量取 84 mL 浓盐酸($\rho = 1.19$ g/mL)缓慢倒入容量瓶中,边倒边振荡,完全倒入后轻微振荡,待冷却至室温后,加入去离子水稀释至标线。

(5)0.8%氨基磺酸溶液。准确称取 0.8 g 氨基磺酸(NH_2SO_3H)溶于 100 mL 去离子水中。此溶液需避光保存于冰箱中。

(6)硝酸盐氮标准储备液。称取 0.722 g 经 105～110 ℃干燥 2 h 的优级纯 KNO_3 溶于去离子水中,转移至 1000 mL 容量瓶中,加去离子水稀释至标线,加 2 mL 三氯甲烷作保存剂,混匀,至少可稳定保存 6 个月。该标准储备液每毫升含 0.100 mg 硝酸盐氮。

(7)硝酸盐氮标准使用液。准确量取 10.0 mL 硝酸盐氮标准储备液置于 100 mL 容量瓶中,加去离子水稀释至标线,摇匀。该标准使用液每毫升含 10 μg 硝酸盐氮,该溶液现配现用。

4.实验步骤

1)干扰的消除

溶解的有机物、表面活性剂、亚硝酸盐氮、六价铬、溴化物、碳酸氢盐和碳酸盐等会干扰测定,需要进行适当的预处理。采用絮凝共沉淀和大孔中性吸附树脂进行处理,以排除水样中大部分常见有机物、浊度和 Fe^{3+}、Cr^{6+} 对测定的干扰。

(1)吸附柱的制备。新的大孔径中性树脂先用 200 mL 水分两次洗涤,用甲醇浸泡过夜,弃去甲醇,再用 40 mL 甲醇分两次洗涤,然后用新鲜去离子水洗到柱中流出液滴落于烧杯中无乳白色为止。树脂装入柱中时,树脂间绝不允许存在气泡。

(2)量取 200 mL 水样置于锥形瓶或烧杯中,加入 2 mL 硫酸锌溶液,边搅拌边滴加氢氧化钠溶液,调至 pH=7。或将 200 mL 水样调至 pH=7 后,加入 4 mL 氢氧化铝悬浮液。待絮凝胶团下沉(或经离心分离)后,吸取 100 mL 上清液分两次洗涤吸附树脂柱,以每秒 1～2 滴的流速流出,各个样品间流速保持一致,洗液弃去。再继续使水样上清液通过树脂柱,收集 50 mL 于比色管中,备用。树脂用 150 mL 水分三次洗涤,备用。树脂吸附容量较大,可处理 50～100 个地表水水样,视有机物含量而异。使用多次后,可用未接触过橡胶制品的新鲜去离子水作参比,在 220 nm 和 275 nm 波长处检验,测得的吸光度接近零。超过仪器允许误差时,需以甲醇再生。

2）标准曲线的绘制

取 7 支 50 mL 具塞比色管或容量瓶，分别加入硝酸盐氮标准使用液 0、1.0、2.0、4.0、10.0、20.0 和 40.0 mL，各加入 1 mol/L 盐酸溶液 1 mL，再加去离子水稀释至标线，摇匀。此时 7 支 50 mL 具塞比色管或容量瓶中的硝酸盐氮的含量分别为 0、10、20、40、100、200 和 400 μg。室温下静置 15 min 后用试剂空白作参比，分别在 220 nm 和 275 nm 处用 1 cm 石英比色皿测吸光度。

由 220 nm 和 275 nm 处测得的吸光度根据公式（2-13）得到校正吸光度 $A_{校}$，绘制以硝酸盐氮含量（μg）对校正吸光度的标准曲线（曲线的线性要求在 0.999 以上）。

3）水样的测定

水样中若存在溶解的有机物、表面活性剂、亚硝酸盐氮、六价铬、溴化物、碳酸氢盐和碳酸盐等会产生干扰，需先对水样进行干扰消除。若不存在干扰因素，则取适量的水样加入 50 mL 具塞比色管或容量瓶中，加入 1 mol/L 的盐酸溶液 1 mL、0.8% 氨基磺酸溶液 0.1 mL（当水样中亚硝酸盐氮低于 0.1 mg/L 时可不加氨基磺酸溶液），用去离子水稀释至标线，摇匀。室温下静置 15 min 后用试剂空白作参比，分别在 220 nm 和 275 nm 处用 1 cm 石英比色皿测水样的吸光度。

5. 实验结果与数据处理

吸光度的校正值（$A_{校}$）按下式计算：

$$A_{校} = A_{220} - 2A_{275} \qquad (2-13)$$

式中：A_{220} 为 220 nm 波长处测定的吸光度；A_{275} 为 275 nm 波长处测定的吸光度。

求得吸光度的校正值（$A_{校}$）以后，从校准曲线中查得相应的硝酸盐氮含量 m，再根据公式（2-14）计算得到水样中硝酸盐氮浓度（mg/L）。

$$c = \frac{m}{V} \times n \qquad (2-14)$$

式中：m 为校准曲线上查得的硝酸盐氮含量，μg；V 为加入试样体积，mL；n 为稀释倍数。

6. 注意事项

（1）所加入试样体积 V 中硝酸盐氮的含量应该在标准曲线范围内（0～400 μg），可根据预测的水样中硝酸盐氮的浓度选择合适的加入试样体积，若浓度过高且不能预测水样中硝酸盐氮的浓度范围，应该进行梯度稀释，再测定吸光度值。

（2）所有实验用的烧杯、容量瓶和具塞比色管等都必须清洗干净，至少用自来水冲洗 3 遍再用去离子水冲洗 3 遍。

7. 思考题

（1）如何避免干扰因素对硝酸盐氮测定的影响？

（2）如何确定加入试样的体积和稀释倍数？

（3）该方法的适用范围和测定上限是什么？

2.2.8　水中亚硝酸盐氮的测定

1. 实验目的

（1）了解水中亚硝酸盐氮的测定意义；

（2）掌握水中亚硝酸盐氮的测定方法和原理。

2.实验原理

在磷酸介质中,pH值为1.8时,试样中的亚硝酸根离子与4-氨基苯磺酰胺反应生成重氮盐,重氮盐与N-(1-萘基)-乙二胺盐酸盐偶联生成红色染料,在540 nm波长处测定吸光度。如果使用光程长为1 cm的比色皿,亚硝酸盐氮的浓度在0.2 mg/L以内其呈色符合朗伯-比尔定律。

3.实验仪器和试剂

1）实验仪器

紫外可见分光光度计(具1 cm的石英比色皿),50 mL具塞比色管,容量瓶,烧杯等常用玻璃仪器。

2）实验材料和试剂

浓磷酸($\rho=1.70$ g/mL),浓硫酸($\rho=1.84$ g/mL),4-氨基苯磺酰胺($NH_2C_6H_4SO_2NH_2$),N-(1-萘基)-乙二胺二盐酸盐($C_{10}H_7NHC_2H_4NH_2 \cdot 2HCl$);亚硝酸钠($NaNO_2$),高锰酸钾($KMnO_4$),草酸钠($Na_2C_2O_4$,优级纯),酚酞,硫酸铝钾[$KAl(SO_4)_2 \cdot 12H_2O$]或硫酸铝铵[$NH_4Al(SO_4)_2 \cdot 12H_2O$]。

3）实验试剂配制

（1）氢氧化铝悬浮液。溶解125 g硫酸铝钾[$KAl(SO_4)_2 \cdot 12H_2O$]或硫酸铝铵[$NH_4Al(SO_4)_2 \cdot 12H_2O$]于1000 mL水中,加热至60 ℃,在不断搅拌中徐徐加入55 mL浓氨水,放置约1 h后移入1000 mL量筒内,用去离子水反复洗涤沉淀,至洗涤液中不含亚硝酸盐氮为止。澄清后,把上清液尽量全部倾出,只留浓稠的悬浮液,最后加入100 mL去离子水。使用前应振荡均匀。

（2）高锰酸钾标准溶液[$c(1/5KMnO_4)=0.050$ mol/L]。将1.6 g高锰酸钾($KMnO_4$)溶解于1.2 L去离子水中,煮沸0.5~1 h,使体积减少至1 L,放置过夜,用G-3号玻璃砂芯滤器过滤后,滤液贮存于棕色试剂瓶中避光保存。

（3）草酸钠标准溶液[$c(1/2Na_2C_2O_4)=0.0500$ mol/L]。称取3.3500 g经105 ℃烘干2 h的优级纯无水草酸钠($Na_2C_2O_4$)置于1000 mL烧杯中,然后加入500 mL左右去离子水溶解,定量转移至1000 mL容量瓶中,用去离子水稀释至标线,摇匀。

（4）酚酞指示剂($c=10$ g/L)。称取0.5 g酚酞,将其溶解于50 mL的95%(体积分数)乙醇中。

（5）(1+9)磷酸溶液(1.5 mol/L)。准确量取100 mL浓磷酸($\rho=1.70$ g/mL)缓慢加入到900 mL去离子水中,边加入边搅拌,贮存于1 L棕色细口瓶中。此溶液至少可以稳定保存6个月。

（6）显色剂。在500 mL烧杯中加入250 mL去离子水和50 mL浓磷酸($\rho=1.70$ g/mL),加入20.0 g的4-氨基苯磺酰胺。再将1.00 g的N-(1-萘基)-乙二胺二盐酸盐溶于上述溶液中,然后转移至500 mL容量瓶中,用去离子水稀释至标线,摇匀。此溶液贮存于棕色试剂瓶中,在2~5 ℃至少可稳定保存1个月。

注意:本试剂有毒性,应避免与皮肤接触或吸入体内。

（7）亚硝酸盐氮标准储备液($c_N=250$ mg/L)。准确称取1.232 g亚硝酸钠($NaNO_2$)溶于

150 mL 去离子水中,定量转移至 1000 mL 容量瓶中,用去离子水稀释至标线,摇匀。本溶液贮存在棕色试剂瓶中,加入 1 mL 氯仿,在 2～5 ℃至少可稳定保存 1 个月。

储备溶液的标定方法为:在 300 mL 具塞锥形瓶中,移入 50 mL 的高锰酸钾标准溶液、5 mL 的浓硫酸,将 50 mL 无分度吸管下端插入高锰酸钾溶液液面下,加入 50 mL 的亚硝酸盐氮标准储备液,轻轻摇匀,置于水浴上加热至 70～80 ℃,按每次 10.00 mL 加入足够的草酸钠标准溶液,使高锰酸钾标准溶液褪色并使草酸钠过量,记录草酸钠标准溶液用量 V_2,然后用高锰酸钾标准溶液滴定过量草酸钠至溶液呈微红色,记录高锰酸钾标准溶液总用量 V_1。

再以 50 mL 去离子水代替亚硝酸盐氮标准储备液,如上操作,用草酸钠标准溶液标定高锰酸钾溶液的浓度 c_1。

按公式(2-15)计算高锰酸钾标准溶液浓度 c_1:

$$c_1 = \frac{0.0500 \times V_4}{V_3} \tag{2-15}$$

式中:V_3 为滴定去离子水时加入高锰酸钾标准溶液总量,mL;V_4 为滴定去离子水时加入草酸钠标准溶液总量,mL;0.0500 是草酸钠标准溶液浓度 $c(1/2Na_2C_2O_4)$,mol/L。

按公式(2-16)计算亚硝酸盐氮标准储备液的浓度 c_N。

$$c_N = \frac{(V_1 c_1 - 0.0500V_2) \times 7.00 \times 1000}{50.00} = 140V_1 c_1 - 7.00V_2 \tag{2-16}$$

式中:V_1 为滴定亚硝酸盐氮标准储备液时加入高锰酸钾标准溶液的总量,mL;V_2 为滴定亚硝酸盐氮标准储备液时加入草酸钠标准溶液的总量,mL;c_1 为经标定的高锰酸钾标准溶液的浓度,mol/L;7.00 为亚硝酸盐氮(1/2N)的摩尔质量;50.00 为亚硝酸盐氮标准储备液取样量,mL;0.0500 为草酸钠标准溶液浓度 $c(1/2Na_2C_2O_4)$,mol/L。

(8)亚硝酸盐氮中间标准液($c_N = 50.0$ mg/L)。取亚硝酸盐氮标准储备液 50.00 mL 置于 250 mL 容量瓶中,用去离子水稀释至标线,摇匀。此溶液贮存于棕色瓶内,在 2～5 ℃可稳定保存一个星期。

(9)亚硝酸盐氮标准使用液($c_N = 1.00$ mg/L)。取亚硝酸盐氮中间标准液 10.00 mL 于 500 mL 容量瓶内,加入去离子水稀释至标线,摇匀。此溶液在使用当天配制。

注:亚硝酸盐氮中间标准液和标准工作液的浓度值,应采用储备液标定的准确浓度的计算值。

4.实验步骤

1)采样和样品保存

实验室样品应用玻璃瓶或聚乙烯瓶采集,并在采集后尽快分析,不要超过 24 h。若需要短期保存(1～2 d),可以在每升实验室样品中加入 40 mg 氯化汞,并保存于 2～5 ℃。

2)试样的制备

当试样 pH>11 时可能遇到某些干扰,遇此情况,可向试样中加入 1 滴酚酞溶液,边搅拌边逐滴加入(1+9)磷酸溶液,至红色刚好消失,经此处理,在加入显色剂后体系 pH 值为 1.8±0.3,而不影响测定。

试样中如有颜色和悬浮物,可向每 100 mL 试样中加入 2 mL 氢氧化铝悬浮液,搅拌,静置,过滤,弃去 25 mL 初滤液后,再取试样测定。

3）标准曲线绘制

取 6 支 50 mL 比色管（或容量瓶）分别加入亚硝酸盐标准使用液 0、1.00、3.00、5.00、7.00 和 10.00 mL，用去离子水稀释至标线，加入显色剂 1.0 mL，塞紧塞子，摇匀，静置 20 min 后，且在 2 h 之内，在 540 nm 波长处用光程长 1 cm 的比色皿以空白实验作参比，测量溶液吸光度。其中，加入亚硝酸盐氮标准使用液 0 mL 的比色管用于空白实验。

测得的各溶液的吸光度减去空白实验的吸光度，得到校正吸光度 $A_{校}$，绘制亚硝酸盐氮含量（μg）对校正吸光度的校准曲线，亦可按线性回归方程的方法计算校准曲线方程。

4）试样测定

试样最大体积为 50.0 mL，可测定亚硝酸盐氮浓度高至 0.20 mg/L。浓度更高时，可相应用较少量的样品或将样品稀释后再取样。

用移液管吸取选定体积的试样移入 50 mL 具塞比色管或容量瓶中，用去离子水稀释至标线，加入显色剂 1.0 mL，摇匀，静置 20 min 后，且在 2 h 以内，在 540 nm 波长处用光程长 1 cm 的比色皿以空白实验作参比测量溶液吸光度。

5.实验结果处理

试样中亚硝酸盐氮浓度按公式（2-17）计算。

$$c_N = \frac{m_N}{V} \times n \qquad (2-17)$$

式中：c_N 为亚硝酸盐氮浓度，mg/L；m_N 为相应于校正吸光度 $A_{校}$ 的亚硝酸盐氮含量，μg；V 为取试样体积，mL；n 为稀释倍数。

6.注意事项

如果水样经预处理后还有颜色，则分取两份体积相同的经预处理的水样，一份加 1.0 mL 显色剂，另一份加 1 mL 的（1+9）磷酸溶液。加显色剂的水样测得的吸光度减去空白实验测得的吸光度，再减去改加磷酸溶液的水样所测得的吸光度后，获得校正吸光度，以进行色度校正。

2.2.9 水中总氮的测定

1.实验目的

（1）掌握碱性过硫酸钾消解紫外分光光度法测定总氮的原理；
（2）熟练掌握使用紫外分光光度计测定总氮的方法。

2.实验原理

在 120～124 ℃ 的碱性介质条件下，用过硫酸钾作氧化剂不仅可将水样中的氨氮和亚硝酸盐氮氧化为硝酸盐，同时可将水样中大部分有机氮化合物氧化为硝酸盐。而后，采用紫外分光光度法于波长 220 nm 和 275 nm 处分别测定吸光度 A_{220} 和 A_{275}，按照公式 $A_{校} = A_{220} - 2A_{275}$ 计算校正吸光度 $A_{校}$，总氮含量与校正吸光度 $A_{校}$ 成正比。

3.实验仪器和试剂

1）实验仪器

紫外分光光度计（具 1 cm 的石英比色皿），高压蒸汽灭菌器或民用压力锅（压强为 0.11～

0.13 MPa，相应温度为 120～124 ℃)，25 mL 具塞比色管，烧杯，容量瓶等常用玻璃仪器。

2）实验试剂

氢氧化钠(NaOH)，过硫酸钾($K_2S_2O_8$)，浓盐酸($\rho = 1.19$ g/mL)，硝酸钾(KNO_3，优级纯)。

3）实验试剂配制

(1)20% 氢氧化钠溶液。称取 20 g 氢氧化钠(NaOH)，溶于 50 mL 左右的去离子水中，待冷却至室温后转移至 100 mL 容量瓶中，用去离子水稀释至标线，摇匀。

(2)碱性过硫酸钾溶液。称取 40 g 过硫酸钾($K_2S_2O_8$)和 15 g 氢氧化钠(NaOH)，溶于 300 mL 左右去离子水中，然后转移至 1000 mL 容量瓶中，用去离子水稀释至标线，摇匀。溶液存放在聚乙烯瓶内，可贮存一周。

(3)(1+9)盐酸。移取 100 mL 浓盐酸($\rho = 1.19$ g/mL)缓慢加入 900 mL 去离子水中，边加入边搅拌。

(4)硝酸钾标准储备液。称取 0.7218 g 经 105～110 ℃烘干 4 h 的优级纯硝酸钾(KNO_3)溶于 300 mL 左右的去离子水中，转移至 1000 mL 容量瓶中，用去离子水稀释至标线，摇匀。此溶液每毫升含 100 μg 硝酸盐氮。加入 2 mL 二氯甲烷作保护剂，至少可稳定保存 6 个月。

(5)硝酸钾标准使用液。准确移取 10.00 mL 硝酸钾标准储备液放入 100 mL 容量瓶中，加去离子水稀释至标线，摇匀，此溶液每毫升含 10 μg 硝酸盐氮。

4.实验步骤

1）标准曲线的绘制

(1)分别移取 0、0.50、1.00、2.00、3.00、5.00、7.00 和 8.00 mL 硝酸钾标准使用液于 25 mL 具塞比色管中，用去离子水稀释至 10 mL 标线。

(2)加入 5 mL 碱性过硫酸钾溶液，塞紧磨口塞，用纱布或纱绳裹紧管塞，以防进溅。

(3)将比色管置于高压蒸汽灭菌器中，加热 0.5 h，放气使压力指针回零。然后升温至 120～124 ℃，开始计时(或将比色管置于民用压力锅中，加热至顶压阀吹气，开始计时)，使比色管在过热水蒸气中加热 0.5 h。

(4)自然冷却，开阀放气，移去外盖，取出比色管并冷却至室温。

(5)加入(1+9)盐酸 1 mL，用去离子水稀释至 25 mL 标线。

(6)在紫外分光光度计上，用去离子水作参比，用 1 cm 石英比色皿分别在 220 nm 及 275 nm 波长处测定吸光度。由 220 nm 和 275 nm 处测得的吸光度根据公式 $A_{校} = A_{220} - 2A_{275}$ 得到校正吸光度 $A_{校}$，绘制以总氮含量(μg)对校正吸光度的标准曲线(曲线的线性要求在 0.999 以上)。

2）样品测定步骤

取 10 mL 水样，或取适量水样(使氮含量为 20～80 μg)，按照"1)标准曲线的绘制"步骤操作。

5.实验结果处理

根据水样的校正吸光度 $A_{校}$ 在标准曲线上查出相应的总氮含量，再用公式(2-18)计算总氮浓度。

$$总氮浓度（mg/L）＝m/V \qquad (2-18)$$

式中：m 为从标准曲线上查得的含氮量，μg；V 为所取水样体积，mL。

6.注意事项

(1)玻璃具塞比色管的密合性应良好。使用高压蒸汽灭菌器时，冷却后放气要缓慢；使用民用压力锅时，要充分冷却后方可揭开锅盖，以免比色管塞崩出。

(2)所有玻璃器皿用 10％盐酸浸洗，用蒸馏水冲洗后再用去离子水冲洗。

(3)使用高压蒸汽灭菌器时，应定期校核压力表；使用民用压力锅时，应检查橡胶密封圈，使不至漏气而减压。

(4)测定悬浮液较多的水样时，在过硫酸钾氧化后可能出现沉淀。遇此情况可吸取氧化后的上清液进行紫外分光光度法测定。

(5)若水样的总氮浓度较高时，可对水样进行稀释，与此同时，计算出的总氮含量需要乘以相应的稀释倍数。

7.思考题

(1)水样中含有六价铬离子及三价铁离子时，对于水样中总氮含量的测定有何影响？如何消除其在测量中的影响？

(2)水样中含有的碘离子及溴离子对总氮含量的测定有何影响？

2.2.10　水中总磷的测定

1.实验目的

(1)了解总磷的来源；

(2)掌握钼酸铵分光光度法测定总磷的原理；

(3)掌握钼酸铵分光光度法测定总磷的基本操作。

2.实验原理

在中性条件下，过硫酸钾溶液在 120 ℃以上产生如下反应，从而将水中的有机磷、无机磷、悬浮物内的磷氧化成正磷酸。

$$K_2S_2O_8+H_2O \longrightarrow 2KHSO_4+[O]$$

$$[O]+有机磷/无机磷 \longrightarrow PO_4^{3-} \qquad (2-19)$$

在酸性条件下，正磷酸盐与钼酸铵、酒石酸锑钾反应，生成磷钼杂多酸，被还原剂抗坏血酸还原则变成蓝色络合物，通常被称为磷钼蓝。

3.实验仪器和试剂

1)实验仪器

紫外分光光度计（具 1 cm 的石英比色皿），高压蒸汽灭菌器或民用压力锅（压强为 0.11～0.13 MPa，相应温度为 120～124 ℃），50 mL 具塞比色管，烧杯，容量瓶等常用玻璃仪器。

2)实验试剂

浓硫酸（$\rho＝1.84$ g/cm³），过硫酸钾（$K_2S_2O_8$），抗坏血酸，钼酸铵［$(NH_4)_6Mo_7O_{24} \cdot 4H_2O$］，酒石酸锑钾（$KSbC_4H_4O_7 \cdot 1/2H_2O$），磷酸二氢钾（$KH_2PO_4$）。

3）实验试剂的配制

(1)(1+1)硫酸。量取 100 mL 缓慢加入到 100 mL 去离子水中,边加边搅拌。

(2)过硫酸钾溶液[$c(K_2S_2O_8)=50$ g/L]。称取 5.0 g 过硫酸钾($K_2S_2O_8$)溶于 50 mL 左右去离子水中,转移至 100 mL 容量瓶中,并用去离子水稀释至标线,摇匀。

(3)抗坏血酸溶液($c=10.0$ g/L)。称取 10.0 g 抗坏血酸溶解于 50 mL 去离子水中,转移至 100 mL 容量瓶中,并用去离子水稀释至标线,摇匀。

(4)钼酸盐溶液。称取 13.0 g 钼酸铵溶解于 100 mL 去离子水中。称取 0.35 g 酒石酸锑钾溶解于 100 mL 去离子水中。在不断搅拌下将上述钼酸铵溶液徐徐加入 300 mL(1+1)硫酸中,加入上述酒石酸锑钾溶液并且混合均匀。贮存在棕色的玻璃瓶中,在 4 ℃ 以下保存,至少可以稳定两个月。

(5)浊度-色度补偿液。混合两份体积的(1+1)硫酸和一份体积的 10.0g/L 抗坏血酸溶液。此补偿液当天配制。

(6)磷酸盐储备液。将优级纯磷酸二氢钾(KH_2PO_4)于 110 ℃ 干燥 2 h,在干燥器中放冷,然后准确称取 0.2197 g 溶解于 300 mL 左右去离子水中,移入 1000 mL 容量瓶中。加(1+1)硫酸 5 mL,用去离子水稀释至标线,摇匀。此溶液每毫升含 50.0 μg 磷。

(7)磷酸盐标准溶液。准确移取 10.00 mL 磷酸盐储备液于 250 mL 容量瓶中,用去离子水稀释至标线,摇匀。此溶液每毫升含 2.00 μg 磷。使用时现配。

4.实验步骤

1）标准曲线的绘制

取 7 支 50 mL 具塞比色管,分别加入磷酸盐标准溶液 0、0.50、1.00、3.00、5.00、10.0 和 15.0 mL,加去离子水稀释至 25 mL 标线,加入 4.0 mL 过硫酸钾溶液,盖紧瓶塞,用纱布或者纱绳将其裹紧,以防迸溅。放入高压蒸汽灭菌器或民用压力锅中,待锅内压强达到 0.11 MPa 或蒸汽相对温度达到 120 ℃ 时开始计时,30 min 后停止加热,待压强指针降至零后,取出放冷。如溶液混浊,则用滤纸过滤,洗涤后定容至 50 mL。依次加入 1 mL 抗坏血酸、2 mL 钼酸盐,充分混匀,显色 15 min 后以零浓度溶液参比,于 700 nm 处测量吸光度,以磷含量(μg)为横坐标、吸光度为纵坐标绘制标准曲线。

2）样品测定

取 25.00 mL 样品于具塞比色管中(取样时应将样品摇匀,使悬浮或有沉淀,能得到均匀取样,如果样品中含磷量高可相应减少取样量并用去离子水稀释至 25 mL 标线),加入 4 mL 过硫酸钾(如果试样是酸化贮存的应预先中和成中性)。然后按照"1)标准曲线的绘制"的步骤进行消解和显色,然后以零浓度溶液参比,于 700 nm 处测量吸光度。

5.实验结果处理

根据测得的校正后的吸光度在标准曲线上查得相应的磷含量,按照公式(2-20)计算水样中总磷浓度。

$$\text{磷酸盐中磷浓度(P,mg/L)}=m/V \tag{2-20}$$

式中:m 为从标准曲线上查得的含磷量,μg;V 为所取水样体积,mL。

6.注意事项

(1)如试样中色度影响测量吸光度,则需要做补偿校正。在 50 mL 比色管中,分别取样品测定相同量的水样,定容后加入 3 mL 浊度-色度补偿液,然后从水样的吸光度中减去校正吸光度。

(2)当室温低于 13 ℃时,可在 20～30 ℃水浴中显色 15 min。

(3)实验中所用的玻璃器皿,可用(1+5)盐酸浸泡 2 h,或用不含磷酸盐的洗涤剂刷洗。

(4)比色皿用后应以硝酸或铬酸洗液浸泡片刻,以除去吸附的磷钼蓝有色物。

(5)过硫酸钾溶解比较困难,可于 40 ℃左右的水浴锅上加热溶解,但切不可将烧杯直接放在电炉上加热,否则局部温度到达 60 ℃将导致过硫酸钾分解失效。

7.思考题

(1)过硫酸钾消解的作用是什么?

(2)用紫外分光光度计测吸光度时,如果比色皿中有气泡对结果有什么影响?

2.2.11 化学需氧量(COD_{Cr})的测定

化学需氧量(Chemical Oxygen Demand,COD)是指在一定的条件下,用强氧化剂处理水时所消耗氧化剂的量。COD 反映了水体受还原性物质污染的程度。水中的还原性物质有有机物、亚硝酸盐、亚铁盐、硫化物等,所以 COD 测定又可反映水中有机物的含量。

1.实验目的

(1)了解 COD 的基本含义;

(2)学习酸性重铬酸钾测定水的 COD 的方法;

(3)掌握移液管使用和滴定的基本技能。

2.实验原理

化学需氧量又称化学耗氧量,是表示水体或污水污染程度的重要综合性指标之一,也是环境保护和水质监测中经常需要测定的项目。通常可利用化学氧化剂(如高猛酸钾)将废水中可氧化物质(如有机物、亚硝酸盐、亚铁盐、硫化物等)氧化分解,然后根据残留的氧化剂的量计算出氧的消耗量。COD 的值越高,说明水体污染程度越重。COD 的测定方法有高锰酸钾高温氧化法、高锰酸钾低温氧化法(氧吸收量)和重铬酸钾法。由于氧化剂的种类、浓度及氧化条件等的不同,常导致对有机物质的氧化率的不同。因此,在排水中存在有机物的情况下,必须在同一条件下测定才可进行对比。

本实验采用酸性重铬酸钾高温氧化法测定 COD。在酸性条件下,向被测水样中定量加入重铬酸钾溶液,加热水样,使重铬酸钾与水样中有机污染物充分反应,过量的重铬酸钾可加入一定量的草酸钠还原。最后用重铬酸钾溶液返滴过量的草酸钠(对于反应较慢或溶解较慢的固体试样采用返滴定法可以得到较满意的结果),由此计算水样的耗氧量。

在强酸性溶液中,准确加入过量的重铬酸钾标准溶液,加热回流,将水样中还原性物质(主要是有机物)氧化,过量的重铬酸钾以试亚铁灵作指示剂,用硫酸亚铁铵标准溶液返滴,根据所消耗的重铬酸钾标准溶液量计算水样化学需氧量。

3.实验仪器和试剂

1)实验仪器

500 mL 全玻璃回流装置,加热装置(电炉)。

2)实验材料和试剂

25 mL 或 50 mL 酸式滴定管,锥形瓶,移液管,容量瓶,硫酸汞($HgSO_4$ 结晶或粉末),重铬酸钾($K_2Cr_2O_7$),邻菲啰啉($C_{12}H_8N_2 \cdot H_2O$),硫酸亚铁($FeSO_4 \cdot 7H_2O$),硫酸银(Ag_2SO_4),硫酸亚铁铵$[(NH_4)_2Fe(SO_4)_2 \cdot 6H_2O]$,浓硫酸($\rho=1.84$ g/mL)。

3)实验试剂配制

(1)重铬酸钾标准溶液。称取预先在 120 ℃烘干 2 h 的基准纯或优质纯重铬酸钾 12.258 g 溶于去离子水中,移入 1000 mL 容量瓶,用去离子水稀释至刻度线,摇匀。

(2)试亚铁灵指示液。称取 1.485 g 的邻菲啰啉和 0.695 g 的硫酸亚铁溶于去离子水中,移入 100 mL 容量瓶中,用去离子水稀释至刻度线,摇匀,储于棕色瓶内。

(3)硫酸亚铁铵标准溶液。称取 39.5 g 的硫酸亚铁铵溶于去离子水中,边搅拌边缓慢加入 20 mL 浓硫酸,冷却后移入 1000 mL 容量瓶中,加去离子水稀释至刻度线,摇匀。临用前,用重铬酸钾标准溶液标定。标定方法为:准确吸取 10.00 mL 重铬酸钾标准溶液于 500 mL 锥形瓶中,加水稀释至 110 mL 左右,缓慢加入 30 mL 浓硫酸,混匀。冷却后,加入 3 滴试亚铁灵指示液(约 0.15 mL),用硫酸亚铁铵溶液滴定,溶液的颜色由黄色经蓝绿色变至红褐色即为终点。

$$c = 0.2500 \times 10.00/V \tag{2-21}$$

式中:c 为硫酸亚铁铵标准溶液的浓度,mol/L;V 为硫酸亚铁铵标准溶液的用量,mL。

(4)硫酸-硫酸银溶液。于 500 mL 浓硫酸($\rho=1.84$g/mL)中加入 5 g 硫酸银(Ag_2SO_4)。放置 1~2 d,不时摇动使其溶解。

4.实验步骤

(1)取 20.00 mL 混合均匀的水样(或适量水样稀释至 20.00 mL)置于 250 mL 磨口的回流锥形瓶中,准确加入 10.00 mL 重铬酸钾标准溶液及数粒小玻璃珠或沸石,连接磨口的回流冷凝管,从冷凝管上口慢慢地加入 30 mL 硫酸-硫酸银溶液,轻轻摇动锥形瓶使溶液混匀,加热回流 2 h(自开始沸腾时计时)。对于化学需氧量高的废水水样,可先取上述操作所需体积 1/10 的废水水样和试剂于 ϕ15 mm×150 mm 硬质玻璃试管中,摇匀,加热后观察是否呈绿色。如溶液呈绿色,适当减少废水取样量,直至溶液不变绿为止,从而确定废水水样分析时应取用的体积。稀释时,所取废水水样量不得少于 5 mL,如果化学需氧量很高,则废水水样可经多次稀释。废水中氯离子含量超过 30 mg/L 时,应先把 0.4 g 硫酸汞加入到回流锥形瓶中,再加 20.00 mL 废水(或加适量废水稀释至 20.00 mL),摇匀。

(2)冷却后,用 90 mL 水冲洗冷凝管壁,取下锥形瓶。溶液总体积不得少于 140 mL,否则会因酸度太大,使滴定终点不明显。

(3)溶液再度冷却后,加 3 滴试亚铁灵指示液,用硫酸亚铁铵标准溶液滴定,溶液的颜色由黄色经蓝绿色至红褐色即为终点,记录硫酸亚铁铵标准溶液的用量。

(4)测定水样的同时,取 20.00 mL 去离子水,按同样的操作步骤做空白实验。记录测定空白时硫酸亚铁铵标准溶液的用量。

5.实验结果处理

$$\text{COD}_{\text{Cr}}(\text{O}_2, \text{mg/L}) = \frac{(V_0 - V_1) \times c \times 8 \times 1000}{V} \tag{2-22}$$

式中:c 为硫酸亚铁铵标准溶液的浓度，mol/L;V_0 为滴定空白时硫酸亚铁铵标准溶液的用量，mL;V_1 为滴定水样时硫酸亚铁铵标准溶液的用量，mL;V 为水样的体积，mL;8 是氧($1/2O$)的摩尔质量，g/mol。

6.注意事项

(1)使用 0.4 g 硫酸汞络合氯离子的最高量可达 40 mg,如取用 20.00 mL 水样,即最高可络合 2000 mg/L 氯离子浓度的水样。若氯离子的浓度较低,也可少加硫酸汞,保持硫酸汞:氯离子＝10∶1(质量比)。若出现少量氯化汞沉淀,并不影响测定。

(2)水样取用体积可在 10.00～50.00 mL 范围内,试剂用量及浓度需按表 2-3 进行相应调整,可得到满意的结果。

表 2-3　水样取用量和试剂用量表

水样体积 /mL	0.2500 mol/L $K_2Cr_2O_7$ 溶液 /mL	$H_2SO_4 - Ag_2SO_4$ 溶液/mL	$HgSO_4$/g	$[(NH_4)_2Fe(SO_4)_2]$ /(mol·L^{-1})	滴定前总体积/mL
10.0	5.0	15.0	0.2	0.050	70.0
20.0	10.0	30.0	0.4	0.100	140.0
30.0	15.0	45.0	0.6	0.150	210.0
40.0	20.0	60.0	0.8	0.200	280.0
50.0	25.0	75.0	1.0	0.250	350.0

(3)对于化学需氧量小于 50 mL 的水样,应改用 0.0250 mol/L 重铬酸钾标准溶液。与此同时,返滴时用 0.010 mol/L 硫酸亚铁铵标准溶液。

(4)水样加热回流后,溶液中重铬酸钾剩余量应为加入量的 1/5～4/5 为宜。

(5)用邻苯二甲酸氢钾标准溶液检查试剂质量和操作技术时,由于每克邻苯二甲酸氢钾的理论 COD_{Cr} 为 1.176 g,所以溶解 0.4251 g 邻苯二甲酸氢钾于去离子水中,转入 1000 mL 容量瓶,用去离子水稀释至刻度线,使之成为 500 mg/L 的 COD_{Cr} 标准溶液。用时新配。

(6)COD_{Cr} 的测定结果应保留三位有效数字。

(7)每次实验时,应对硫酸亚铁铵标准溶液进行标定,室温较高时应尤其注意其浓度的变化。

7.思考题

(1)水样中 Cl^- 含量高时为什么对测定有干扰？如有干扰应如何消除？

(2)测定水中的 COD 有何意义？除了本实验的测定方法,还有哪些测定方法？

2.2.12　五日生化需氧量(BOD_5)的测定

1.实验目的

(1)了解 BOD_5 测定的意义,以及稀释与接种法测 BOD_5 的基本原理。

(2)掌握稀释与接种法的操作技能,如稀释水的制备、稀释倍数选择、稀释水的校核和溶解氧的测定等。

2. 实验原理

生化需氧量(Biochemical Oxygen Demand,BOD)是在一定条件下,微生物分解存在于水中的某些可氧化物质(主要是有机物质)的生物化学过程中消耗溶解氧的量。根据参加反应的物质和最终生成的物质,可用下列的反应式来概括生物化学反应过程:

$$6C_6H_{12}O_6 + 16O_2 + 4NH_3 \xrightarrow{\text{酶}} 4C_5H_7O_2N + 16CO_2 + 28H_2O \qquad (2-23)$$

$$\text{有机污染物} \xrightarrow[O_2]{\text{微生物}} CO_2 + H_2O + NH_3 \qquad (2-24)$$

分别测定水样培养前的溶解氧含量和(20 ± 1) ℃培养五天后的溶解氧含量,二者之差即为五日生化过程中所消耗的溶解氧量(BOD_5)。

某些地面水及大多数工业废水、生活污水含较多的有机物,需要稀释后再培养测定,以降低其浓度,保证降解过程在有足够溶解氧的条件下进行。具体水样稀释倍数可借助于重铬酸盐指数或化学需氧量(COD_{Cr})推算。

3. 实验仪器和试剂

1) 实验仪器

便携式溶解氧测定仪,万分之一分析天平,恒温培养箱,5~20 L 细口玻璃瓶,1000 mL 容量瓶,500 mL 烧杯,1000~2000 mL 量筒,玻璃搅棒(棒长应比所用量筒高长 20 cm,在棒的底端固定一个直径比量筒直径略小,并带有几个小孔的硬橡胶板),溶解氧瓶(200~300 mL,带有磨口玻璃塞,并具有供水封用的钟形口),虹吸管(供分取水样和添加稀释水用)等。

2) 实验试剂

磷酸二氢钾,磷酸氢二钾,七水合磷酸氢二钠,氯化铵,七水合硫酸镁,六水合氯化铁,浓盐酸($\rho=1.19$ g/mL),氢氧化钠,亚硫酸钠,葡萄糖,谷氨酸。

3) 实验溶液的配制

(1) 磷酸盐缓冲溶液。准确称取 8.5 g 磷酸二氢钾(KH_2PO_4)、21.75 g 磷酸氢二钾(K_2HPO_4)、33.4 g 七水合磷酸氢二钠($Na_2HPO_4 \cdot 7H_2O$)和 1.7 g 氯化铵(NH_4Cl),将其溶于盛有 500 mL 去离子水的烧杯中,溶解后转移至 1000 mL 容量瓶中,并用去离子水稀释至标线,摇匀。此溶液的 pH 值应为 7.2,在 0~4 ℃可稳定保存 6 个月。

(2) 硫酸镁溶液[$c(MgSO_4)=11.0$ g/L]。准确称取 22.5 g 七水合硫酸镁($MgSO_4 \cdot 7H_2O$)溶于盛有约 500 mL 去离子水的烧杯中,溶解后转移至 1000 mL 容量瓶中,并用去离子水稀释至标线,摇匀。此溶液在 0~4 ℃可稳定保存 6 个月,若发现任何沉淀或微生物生长应弃去。

(3) 氯化钙溶液[$c(CaCl_2)=27.6$ g/L]。准确称取 27.6 g 无水氯化钙($CaCl_2$)溶于盛有约 500 mL 去离子水的烧杯中,溶解后转移至 1000 mL 容量瓶中,并用去离子水稀释至标线,摇匀。此溶液在 0~4 ℃可稳定保存 6 个月,若发现任何沉淀或微生物生长应弃去。

(4) 氯化铁溶液[$c(FeCl_3)=0.15$ g/L]。准确称取 0.25 g 氯化铁($FeCl_3 \cdot 6H_2O$)溶于盛有约 500 mL 去离子水的烧杯中,溶解后转移至 1000 mL 容量瓶中,并用去离子水稀释至标线,摇匀。此溶液在 0~4 ℃可稳定保存 6 个月,若发现任何沉淀或微生物生长应弃去。

(5) 盐酸溶液[$c(HCl)=0.5$ mol/L]。取一个洁净的 1000 mL 容量瓶,加入约 500 mL 去离子水,然后用量筒准确量取 41.5 mL 浓盐酸($\rho=1.19$ g/mL)缓慢加入到容量瓶中,轻微振荡,待容量瓶中盐酸溶液冷却至室温,加去离子水稀释至标线,摇匀。

(6)氢氧化钠溶液$[c(NaOH)=0.5\ mol/L]$。准确称取 20 g 氢氧化钠溶于盛有约 500 mL 去离子水的烧杯中,待冷却至室温转移至 1000 mL 容量瓶中,并用去离子水稀释至标线,摇匀。

(7)亚硫酸钠溶液$[c(1/2Na_2SO_3)=0.025\ mol/L]$。准确称取 1.575 g 亚硫酸钠溶于盛有约 500 mL 去离子水的烧杯中,溶解后转移至 1000 mL 容量瓶中,并用去离子水稀释至标线,摇匀。此溶液不稳定,需当天配制。

(8)葡萄糖-谷氨酸标准溶液。将葡萄糖$(C_6H_{12}O_6)$和谷氨酸钠$(HOOC—CH_2—CH_2—CHNH_2—COOH)$在 103 ℃干燥 1 h 后,各称取 150 mg 溶于盛有约 500 mL 去离子水的烧杯中,溶解后转移至 1000 mL 容量瓶中,并用去离子水稀释至标线,摇匀。此标准溶液临用前配制。

(9)接种液。可选用以下任一方法,以获得适用的接种液。

①城市污水。一般采用生活污水,在室温下放置一昼夜,取上层清液使用。

②表层土壤浸出液。取 100 g 花园土壤,加入 1 L 水,混合并静置 10 min,取上清液待用。

③用含城市污水的河水或湖水。

④污水处理厂的出水。

⑤当分析含有难于降解的废水时,在排污口下游 3~8 km 处取水样作为废水的驯化接种液。如无此种水源,可取中和或经适当稀释后的废水进行连续曝气,每天加入少量该种废水,同时加入适量表层土壤或生活污水,使能适应该种废水的微生物大量繁殖。当水中出现大量絮状物,或检查其化学需氧量的降低值出现突变时,表明适用的微生物已进行繁殖,可用作接种液。一般驯化过程需要 3~8 d。

4.实验步骤

1)稀释水和接种稀释水的制备

(1)稀释水的制备。在 5~20 L 细口玻璃瓶内装入一定量的水,控制水温在 20 ℃左右。然后用无油空气压缩机或薄膜泵将此水曝气 2~8 h,使水中的溶解氧接近饱和,也可以鼓入适量纯氧。瓶口盖以两层经洗涤晾干的纱布,置于 20 ℃培养箱内放置数小时,使水中的溶解氧量达到 8 mg/L。临用前加入配制好的氯化钙溶液、氯化铁溶液、硫酸镁溶液、磷酸盐缓冲溶液各 1 mL,并混合均匀。

稀释水的 pH 值应为 7.2,其 BOD_5 应小于 0.2 mg/L。

(2)接种稀释水的制备。取适量接种液,加于稀释水中,混匀。每升稀释水中接种液加入量:生活污水为 1~10 mL,表层土壤浸出液为 20~30 mL,河水、湖水为 10~100 mL。

接种稀释水的 pH 值应为 7.2,其 BOD_5 值在 0.3~1.0 mg/L 之间为宜。接种稀释水配制后应立即使用。

2)水样的预处理

(1)水样的 pH 值若超出 6.5~7.5 范围,可用 0.5 mol/L 盐酸或 0.5 mol/L 氢氧化钠溶液调节 pH 近于 7,但用量不要超过水样体积的 0.5%。若水样的酸度或碱度很高,可改用高浓度的碱或酸进行中和。

(2)水样中含有铜、铅、锌、镉、铬、砷、氰等有毒物质时,可使用经驯化的接种液的稀释水进行稀释,或提高稀释倍数以减少毒物的浓度。

(3)含有少量游离氯的水样一般放置 1～2 h 游离氯即可消失。对于游离氯在短时间不能消散的水样,可加入亚硫酸钠溶液,以除去之,加入量由下述方法决定。

取已中和的水样 100 mL,加入(1+1)乙酸 10 mL,10%(质量分数)碘化钾溶液 1 mL,混匀。以淀粉溶液为指示剂,用亚硫酸钠溶液滴定游离碘。由亚硫酸钠溶液消耗的体积计算出水样中应加入亚硫酸钠溶液的量。

(4)从水温较低的水域或富营养化的湖泊中采集的水样,可能含有过饱和溶解氧,此时应将水样迅速升温至 20 ℃左右,在不致满瓶的情况下,充分振摇,并时时开塞放气,以赶出过饱和的溶解氧。

从水温较高的水域或废水排放口所取得的水样,则应迅速冷却至 20 ℃左右,并充分振摇,使与空气中氧分压接近平衡。

3)不经稀释水样的测定

溶解氧含量较高、有机物含量较少的地面水,可不经稀释,而直接以虹吸法将约 20 ℃的混匀水样转移入两个溶解氧瓶内,转移过程中应注意不要产生气泡。以同样的操作使两个溶解氧瓶充满水样后溢出少许,加塞。瓶内不应有气泡。

其中一瓶随即测定溶解氧,另一瓶的瓶口进行水封后放入培养箱中,在(20±1)℃培养5 d。在培养过程中注意添加封口水。

从开始放入培养箱算起,经过五昼夜后,弃去封口水,测定剩余的溶解氧。

4)需经稀释水样的测定

(1)稀释倍数的确定。稀释比可参考表 2-4 来确定。

表 2-4　不同水样稀释比参考值

预期 BOD_5 值/$(mg \cdot L^{-1})$	稀释比	适用水样
2～6	1～2	R
4～12	2	R,E
10～30	5	R,E
20～60	10	E
40～120	20	S
100～300	50	S,C
200～600	100	S,C
400～1200	200	I,C
1000～3000	500	I
2000～6000	1000	I

表中:R 代表河水;E 代表生物净化过的污水;S 代表澄清过的污水或轻度污染的工业废水;C 代表原污水;I代表严重污染的工业废水。

对于不能预期 BOD_5 值的水样,稀释倍数可参考以下方法。

①地表水。由测得的高锰酸盐指数与一定系数的乘积可求得稀释比。具体高锰酸盐指数及对应系数如表 2-5 所示。

表 2-5 高锰酸盐指数及对应的系数

高锰酸盐指数/(mg·L^{-1})	系数
<5	—
5~10	0.2、0.3
10~20	0.4、0.6
>20	0.5、0.7、1.0

②工业废水。工业废水的稀释比可根据重铬酸钾法测得的 COD 值来确定。通常需做三个稀释比。

当使用稀释水稀释时,由 COD 值分别乘以系数 0.075、0.15 和 0.225 获得三个稀释比。

当使用接种稀释水稀释时,则由 COD 值分别乘以系数 0.075、0.15 和 0.25 获得三个稀释比。

(2)稀释操作。

①一般稀释法。按照选定的稀释比,用虹吸法沿筒壁先引入部分稀释水(或接种稀释水)于 1000 mL 量筒中加入需要量的均匀水样,再引入稀释水(或接种稀释水)至 800 mL,用带胶板的玻棒小心地上下搅匀。搅拌时勿使搅棒的胶板漏出水面,防止产生气泡。

按"3)不经稀释水样的测定"的操作步骤进行装瓶,测定当天溶解氧和培养 5 d 后的溶解氧。

另取两个溶解氧瓶,用虹吸法装满稀释水(或接种稀释水)作为空白实验。测定 5 d 前后的溶解氧。

②直接稀释法。直接稀释法是在溶解氧瓶内直接稀释。在已知两个容积相同(差值<1 mL)的溶解氧瓶内,用虹吸法加入部分稀释水(或接种稀释水),再加入根据瓶容积和稀释比计算出的水样量,然后用稀释水(或接种稀释水)稀释至刚好充满,加塞,勿留气泡于瓶内。其余操作与上述一般稀释法相同。

5.实验结果处理

1)不稀释直接培养的水样

$$BOD_5(以 O_2 计)=DO_1-DO_2 \qquad (2-25)$$

式中:BOD_5 为水样的 BOD_5 值,mg/L;DO_1 为水样培养前的溶解氧浓度,mg/L;DO_2 为水样培养五天后的溶解氧浓度,mg/L。

2)稀释后培养的水样

$$BOD_5(以 O_2 计)=\frac{(C_1-C_2)-(B_1-B_2)\cdot f_1}{f_2} \qquad (2-26)$$

式中:BOD_5 为水样的 BOD_5 值,mg/L;C_1 为水样培养前的溶解氧浓度,mg/L;C_2 为水样培养五天后的溶解氧浓度,mg/L;B_1 为稀释水(或接种稀释水)在培养前的溶解氧浓度,mg/L;B_2 为稀释水(或稀释接种水)在培养五天后的溶解氧浓度,mg/L;f_1 为稀释水(或稀释接种水)在培养液中所占比例;f_2 为水样在培养液中所占比例。

6.注意事项

(1)水样用稀释水稀释,确定合适的稀释倍数非常重要。稀释倍数太大会导致五天培养后剩余的溶解氧太多,而稀释倍数太小则会导致五天培养后剩余的溶解氧太少,甚至为零。这样都会导致得到的结果不可靠。稀释的程度应使五天培养中所消耗的溶解氧大于 2 mg/L,而剩余溶解氧在 1 mg/L 以上。

(2)对于不含或少含微生物的工业废水,在测定 BOD₅ 时应进行接种,以引入能分解废水中有机物的微生物。

(3)当废水中存在难于被一般生活污水中的微生物以正常速度降解的有机物或含有剧毒物质时,应接种经过驯化的微生物。

(4)在配制稀释水时应用具有饱和氧浓度的 20 ℃的去离子水进行配制,同时也需要注意营养盐及菌种。

(5)配制培养液时,在混匀搅拌的同时赶走空气泡,并用虹吸管进行装瓶。

(6)水样稀释倍数超过 100 倍时,应预先在容量瓶内用水初步稀释,再取适量进行最后的稀释培养。

7.思考题

(1)BOD₅ 的测定对于废水的处理有什么重要意义?

(2)如何利用 BOD₅ 判定废水是否可以采用生物法处理?

2.2.13　水中氟化物的测定

1.实验目的

(1)了解氟离子测定的干扰因素及其消除方法;

(2)掌握氟离子选择电极测定氟离子的原理和方法。

2.实验原理

氟离子选择电极是一种以氟化镧单晶片为敏感膜的传感器。由于单晶结构对能进入晶格交换的离子有严格的限制,故有良好的选择性。测量时,它与外参比电极(甘汞电极)、被测溶液组成原电池,原电池的电动势(E)随溶液中氟离子浓度的变化而变化(遵守能斯特方程),即:

$$E = E^{\ominus} - \frac{2.303RT}{F} \times \lg c_{F^-} \tag{2-27}$$

式中:$E^{\ominus}$ 为标准电极电势,V;R 为气体常数,8.3144 J/(K·mol);T 为温度,K;F 为法拉第常数,96.487 kJ/(V·mol);c_{F^-} 为 F⁻ 浓度。

利用电位计测量上述原电池的电动势,并与用氟离子标准溶液测得的电动势相比较,即可知水样中氟离子浓度。

用氟电极测定氟离子时,最适宜的 pH 范围为 5.5～6.5。pH 过低时,由于形成 HF,影响 F⁻的活度;当 pH 过高时,由于单晶膜中 La³⁺的水解,形成 La(OH)₃,而影响电极的响应,故通常用 pH=6 的柠檬酸钠缓冲液来控制溶液的 pH 值。Fe³⁺、Al³⁺对测定有严重的干扰,加入大量的柠檬酸钠可消除干扰。也有采用磺基水杨酸、CDTA(环己二胺四乙酸)等为掩蔽剂,但其效果不如柠檬酸钠。此外,用离子选择性电极测量的是溶液中离子的活度,因此,必须控制试液和标准溶液的离子强度使其相同。大量柠檬酸钠的存在,还可达到控制离子强度的目的。

3.实验仪器和试剂

1)实验仪器

氟离子选择电极,饱和甘汞电极或氯化银电极,离子活度计、毫伏计或 pH 计,(精确到 0.1 mV),磁力搅拌器,聚乙烯或聚四氟乙烯包裹的搅拌子,聚乙烯杯(100 mL、150 mL),容量瓶,烧杯,万分之一分析天平。

2)实验试剂

氟化钠(NaF),乙酸钠(CH_3COONa),柠檬酸钠($Na_3C_6H_5O_7 \cdot 2H_2O$),硝酸钠($NaNO_3$),冰乙酸($CH_3COOH$),氯化钠(NaCl),环己二胺四乙酸($C_{14}H_{22}N_2O_8$,Cyclohexanediaminetetraaceticacid,CDTA),氢氧化钠(NaOH),六次甲基四胺($C_6H_{12}N_4$),硝酸钾(KNO_3),钛铁试剂,浓盐酸($\rho = 1.19$ g/mL)。

3)实验溶液配制

(1)氟化物标准储备液。称取 0.2210 g 基准氟化钠(预先于 105~110 ℃ 干燥 2 h,或者于 500~650 ℃ 干燥约 40 min,冷却)溶解于 300~500 mL 去离子水中,然后转移至 1000 mL 容量瓶中,用去离子水稀释至标线,摇匀,贮存在聚乙烯瓶中。此溶液氟离子浓度为 100 μg/mL。

(2)氟化物标准溶液。用 10 mL 移液管移取 10.00 mL 的氟化钠标准储备液倒入 100 mL 容量瓶中,用去离子水稀释至标线,摇匀。此溶液氟离子浓度为 10 μg/mL。

(3)乙酸钠溶液。准确称取 15 g 的乙酸钠溶于 30~40 mL 去离子水中,转移至 100 mL 容量瓶中,用去离子水稀释至标线,摇匀。

(4)盐酸溶液[$c(HCl) = 2$ mol/L]。取 1000 mL 容量瓶加入 500~600 mL 去离子水,然后准确量取 166 mL 浓盐酸,缓慢倒入容量瓶中,轻微振荡,待冷却至室温,加去离子水稀释至标线,摇匀。

(5)总离子强度调节缓冲溶液(TISAB)。

①0.2 mol/L 柠檬酸钠-0.1 mol/L 硝酸钠溶液(TISAB I)。称取 58.8 g 二水柠檬酸钠和 85 g 硝酸钠,加去离子水溶解,然后用 2 mol/L 的盐酸调节 pH 至 5~6,然后转入 1000 mL 容量瓶中,用去离子水稀释至标线,摇匀。

②总离子强度调节缓冲溶液(TISAB II)。量取约 500 mL 去离子水置于 1000 mL 烧杯内,加入 57 mL 冰乙酸、58 g 氯化钠和 4.0 g 环己二胺四乙酸,搅拌溶解。置烧杯于冷水浴中,慢慢地在不断搅拌下加入 6 mol/L 氢氧化钠溶液(约 125 mL)使 pH 达到 5.0~5.5,转入 1000 mL 容量瓶中,用去离子水稀释至标线,摇匀。

③1.0 mol/L 六次甲基四胺-1.0 mol/L 硝酸钾-0.03 mol/L 钛铁试剂(TISAB III)。称取 142 g 的六次甲基四胺、85 g 的硝酸钾(或硝酸钠)和 9.97 g 的钛铁试剂加去离子水溶解,调节 pH 至 5~6,转移至 1000 mL 容量瓶中,用去离子水稀释至标线,摇匀。

4.实验步骤

1)水样的采集和保存

应使用聚乙烯瓶采集和贮存水样,如果水样中氟化物含量不高、pH 值在 7 以上,也可以用硬质玻璃瓶贮存。

2)仪器的准备

按测量仪器及电极的使用说明书进行操作。在测定前应使试液达到温室,并使试液和标准溶液的温度相同(温差不得超过±1 ℃)。

3)测定

吸取适量试液置于 50 mL 容量瓶中,用乙酸钠或盐酸溶液调节至近中性,加入 10 mL 总离子强度调节缓冲溶液,用去离子水稀释至标线,摇匀。将其移入 100 mL 聚乙烯杯中,放入一只聚四氟乙烯搅拌子,插入电极,连续搅拌溶液,待电位稳定后,在继续搅拌下读取电位值(E_x)。在每一次测量之前,都要用去离子水充分洗涤电极,并用滤纸吸去水分。根据测得的电位值(mV),由校准曲线上查得氟化物的含量。

4)空白实验

用去离子水代替试液,按测定样品的条件和步骤进行测定。

5)绘制标准曲线

分别取 0.00、1.00、3.00、5.00、10.00 和 20.00 mL 氟化物标准溶液置于 50 mL 容量瓶中,加入 10 mL 总离子强度调节缓冲溶液,用去离子水稀释至标线,摇匀。分别移入 100 mL 聚乙烯杯中,各放入一只聚四氟乙烯搅拌子,以浓度由低到高为顺序,分别依次插入电极,连续搅拌溶液,待电位稳定后,在继续搅拌下读取电位值(E),记录数据。在每一次测量之前,都要用水将电极冲洗干净,并用滤纸吸去水分。绘制 E(mV)-$\lg c_{F^-}$(mg/L)标准曲线。

5.实验结果处理

水中 F^- 的浓度计算可以按能斯特方程[式(2-27)]计算。根据测定结果,分析水样中氟的污染情况,评价氟污染水体对人体健康的影响。

6.思考题

(1)溶液的温度和离子强度对离子选择电极法测定水中氟有什么影响?
(2)水中氟化物对人体健康有什么影响?

2.2.14　水中铬的测定

1.实验目的

(1)掌握六价铬和总铬的测定方法;
(2)熟练应用分光光度计;
(3)掌握水和废水中金属化合物的测定原理和方法。

2.实验原理

废水中铬的测定常用分光光度法。在酸性溶液中,六价铬离子与二苯碳酰二肼反应,生成紫红色化合物,其最大吸收波长为 540 nm,吸光度与浓度的关系符合朗伯-比尔定律。如果测定总铬,需先用高锰酸钾将水样中的三价铬氧化为六价铬。

3.实验仪器和试剂

1)实验仪器

万分之一分析天平,磁力搅拌器,紫外分光光度计,比色皿(1 cm 和 3 cm),50 mL 具塞比色管,移液管,容量瓶,烧杯,量筒等。

2)实验试剂

浓硫酸($\rho=1.84$ g/mL),浓磷酸($\rho=1.69$ g/mL),重铬酸钾($K_2Cr_2O_7$,优级纯),二苯碳酰二肼($C_{13}H_{14}N_4O$),丙酮(C_3H_6O)。

3)实验溶液配制

(1)(1+1)硫酸。准确量取 500 mL 去离子水加入 1000 mL 容量瓶中,再准确量取 500 mL 浓硫酸($\rho=1.84$ g/mL)缓慢倒入 1000 mL 容量瓶中,轻微振荡,摇匀,冷却至室温,置于 1 L 棕色瓶中贮存。

(2)(1+1)磷酸。准确量取 500 mL 去离子水加入 1000 mL 容量瓶中,再准确量取 500 mL 浓磷酸($\rho=1.70$ g/mL)缓慢倒入 1000 mL 容量瓶中,轻微振荡,冷却至室温,置于 1 L 棕色瓶中贮存。

(3)铬标准储备液。称取于 120 ℃ 干燥 2 h 的重铬酸钾($K_2Cr_2O_7$,优级纯)0.2829 g,用去离子水溶解,移入 1000 mL 容量瓶中,用去离子水稀释至标线,摇匀。每毫升储备液含 0.100 mg 六价铬。

(4)铬标准使用液。吸取 10.00 mL 铬标准储备液于 100 mL 容量瓶中,用去离子水稀释至标线,摇匀。然后再从配制好的溶液中取出 10 mL 于 100 mL 容量瓶中,用去离子水稀释至标线,摇匀。每毫升标准使用液含 1.00 μg 六价铬。使用当天配制。

(5)二苯碳酰二肼溶液。称取二苯碳酰二肼(DPC)0.2 g,溶于 50 mL 丙酮中,加去离子水稀释至 100 mL,摇匀,贮于棕色瓶内,置于冰箱中保存。颜色变深后不能再用。

4.实验步骤

1)标准曲线的绘制

取 7 个 50 mL 具塞比色管,依次加入 0、1.00、2.00、4.00、6.00、8.00 和 10.00 mL 铬标准使用液,用去离子水稀释至标线,加入(1+1)硫酸 0.5 mL 和(1+1)磷酸 0.5 mL,摇匀。加入 2 mL 显色剂溶液,摇匀。显色 5~10 min 后,于 540 nm 波长处,用 1 cm 或 3 cm 比色皿,以水为参比测定吸光度作为空白校正。以吸光度为纵坐标,相应六价铬含量为横坐标绘制标准曲线。

2)水样的测定

取适量无色透明或经预处理的水样于 50 mL 具塞比色管中,用去离子水稀释至标线,加入(1+1)硫酸 0.5 mL 和(1+1)磷酸 0.5 mL,摇匀,加入 2 mL 显色剂溶液,摇匀。显色 5~10 min 后,于 540 nm 波长处,用 1 cm 或 3 cm 比色皿,以去离子水为参比测定吸光度。进行空白校正后根据所测吸光度从标准曲线上查得六价铬离子含量。

5.实验结果处理

$$Cr^{6+}(mg/L)=\frac{m}{V} \tag{2-28}$$

式中:m 为标准曲线上查得的六价铬离子含量,μg;V 为水样的体积,mL。

6.注意事项

(1)用于测定铬的玻璃器皿不应用重铬酸钾洗液洗涤。

(2)六价铬离子与显示剂的显色反应一般控制酸度在 0.05～0.3 mol/L(1/2H$_2$SO$_4$)范围,以 0.2 mol/L 时显色最好。显色前,水样应调至中性。显色温度和放置时间对显色有影响,在 15 ℃时,5～15 min 颜色即可稳定。

(3)如测定洁净地面水样,显色剂可按以下方法配制:溶解 0.2 g 二苯碳酰二肼于 100 mL 的 95%的乙醇中,边搅拌边加入(1+9)硫酸 400 mL。该溶液在冰箱可存放一个月。用此显色剂,在显色时直接加入 2.5 mL 即可,不必再加酸。但加入显色剂后,要立即摇匀,以免六价铬离子可能被乙酸还原。

7.思考题

(1)测定总铬时,如果加入 KMnO$_4$ 溶液颜色褪去,为什么还要继续补加 KMnO$_4$?

(2)如污水中含有较多有机物,应该如何处理?

(3)如加入 KMnO$_4$ 溶液过多,还原时应加入尿素溶液,然后再逐滴加入亚硝酸钠溶液,为什么?

2.2.15　水中酚类的测定

1.实验目的

(1)掌握水中酚类的测定原理和方法;

(2)了解水中酚类测定过程中的注意事项。

2.实验原理

酚类化合物于 pH=10.0±0.2 介质中,在铁氰化钾存在的情况下,与 4-氨基安替比林反应,生成橙红色的吲哚酚氨基安替比林染料,其水溶液在 510 nm 波长处有最大吸收。用光程长为 20 mm 比色皿测量时,酚的最低检出浓度为 0.1 mg/L。

3.实验仪器和试剂

1)实验仪器

500 mL 全玻璃蒸馏器,紫外分光光度计,万分之一分析天平,烧杯,容量瓶,量筒,移液管。

2)实验试剂

活性炭粉末,氢氧化钠(NaOH),高锰酸钾(KMnO$_4$),五水硫酸铜(CuSO$_4$·5H$_2$O),浓磷酸(ρ=1.69 g/mL),甲基橙(C$_{14}$H$_{14}$N$_3$SO$_3$Na),无色苯酚(C$_6$H$_5$OH),浓盐酸(ρ=1.19g/mL),溴化钾(KBr),溴酸钾(KBrO$_3$),碘化钾(KI),硫代硫酸钠(Na$_2$S$_2$O$_3$·5H$_2$O),碳酸钠(Na$_2$CO$_3$),可溶性淀粉,氯化铵(NH$_4$Cl),氨水(NH$_4$OH),4-氨基安替比林(C$_{11}$H$_{13}$N$_3$O),铁氰化钾(K$_3$[Fe(CN)$_6$])。

3)实验溶液配制

实验用水应为无酚水。

(1)无酚水。于 1 L 去离子水中加入 0.2 g 经 200 ℃活化 0.5 h 的活性炭粉末,充分振摇后,放置过夜。用双层中速滤纸过滤,或加入氢氧化钠使水呈强碱性,并滴加高锰酸钾溶液至紫红色,移入蒸馏瓶中加热蒸馏,收集馏出液备用。

注：无酚水应贮于玻璃瓶中，取用时应避免与橡胶制品（橡皮塞或乳胶管）接触。

（2）硫酸铜溶液。称取 50 g 硫酸铜溶于无酚水中，转移至 500 mL 容量瓶中，加无酚水稀释至标线，摇匀。

（3）磷酸溶液。量取 50 mL 磷酸（$\rho=1.69$ g/mL），倒入 500 mL 容量瓶中，用无酚水稀释至标线，摇匀。

（4）甲基橙指示液。准确称取 0.05 g 甲基橙溶于 100 mL 无酚水中。

（5）苯酚标准储备液。称取 1.00 g 苯酚溶于无酚水，移入 1000 mL 容量瓶中，用无酚水稀释至标线，摇匀。置于冰箱内保存，至少稳定一个月。

苯酚标准储备液的标定按以下步骤进行。

①吸 10.00 mL 苯酚储备液于 250 mL 碘量瓶中，加无酚水稀释至 100 mL，加 10.0 mL 的 0.1 mol/L 溴酸钾-溴化钾标准参考溶液，然后立即加入 5 mL 盐酸，盖好瓶盖，轻轻摇匀，于暗处放置 10 min。加入 1 g 碘化钾，密塞，再轻轻摇匀，放置于暗处 5 min。用 0.0125 mol/L 硫代硫酸钠标准滴定溶液滴定至淡黄色，加入 1 mL 淀粉溶液，继续滴定至蓝色刚好褪去，记录用量。

②同时以无酚水代替苯酚储备液做空白实验，记录硫代硫酸钠标准溶液滴定溶液用量。

③苯酚储备液浓度由下式计算：

$$苯酚储备液浓度（mg/mL）=15.68\times c\times(V_1-V_2)/V \qquad (2-29)$$

式中：V_1 为空白实验中滴定时硫代硫酸钠标准溶液用量，mL；V_2 为滴定苯酚储备液时，硫代硫酸钠标准溶液溶液用量，mL；V 为取用苯酚储备液体积，mL；c 为硫代硫酸钠标准溶液浓度，mol/L；15.68 为 $1/6C_6H_5OH$ 的摩尔质量，g/mol。

（6）苯酚标准中间液。量取适量苯酚储备液，用无酚水稀释至每毫升含 0.010 mg 苯酚。使用当天配制。

（7）溴酸钾-溴化钾标准参考溶液（$c(1/6KBrO_3)=0.1$ mol/L）。称取 2.784 g 溴酸钾溶于 300～500 mL 无酚水，加入 10 g 溴化钾使其溶解，移入 1000 mL 容量瓶中，用无酚水稀释至标线，摇匀。

（8）碘酸钾无酚水参考溶液[$c(1/6KIO_3)=0.0125$ mol/L]。称取预先经 180 ℃烘干的碘酸钾 0.4458 g 溶于无酚水，移入 1000 mL 容量瓶中，用无酚水稀释至标线，摇匀。

（9）硫代硫酸钠标准溶液[$c(Na_2S_2O_3)\approx0.0125$ mol/L]。称取 3.1 g 硫代硫酸钠溶于煮沸放冷的无酚水中，加入 0.2 g 碳酸钠，转移至 1000 mL 容量瓶中，加无酚水稀释至标线，摇匀。临用前，用碘酸钾溶液标定。

硫代硫酸钠标准溶液标定方法如下。

取 10.00 mL 碘酸钾溶液置于 250 mL 容量瓶中，加无酚水稀释至 100 mL，加 1 g 碘化钾，再加 5 mL（1＋5）硫酸，加塞，轻轻摇匀，置暗处放置 5 min，用硫代硫酸钠溶液滴定至淡黄色，加 1 mL 淀粉溶液，继续滴定至蓝色刚褪去为止，记录硫代硫酸钠溶液用量。按下式计算硫代硫酸钠溶液浓度（mol/L）

$$c(Na_2S_2O_3)=0.0125\times V_4/V_3 \qquad (2-30)$$

式中：V_3 为硫代硫酸钠标准溶液消耗量，mL；V_4 为移取碘酸钾无酚水参考溶液量，mL；0.0125 为碘酸钾无酚水参考溶液浓度，mol/L。

（10）淀粉溶液。称取 1 g 可溶性淀粉，用少量无酚水调成糊状，加沸水至 100 mL，冷后置冰箱内保存。

(11)缓冲溶液(pH 约为 10)。称取 20 g 的氯化铵(NH₄Cl)溶于 100 mL 氨水中,加塞,置冰箱中保存。

注:应避免氨挥发所引起的 pH 值改变,注意在低温下保存和取用后立即加塞盖严,并根据使用情况适量配置。

(12)2%(质量-体积浓度)的 4-氨基安替比林溶液。称取 2 g 的 4-氨基安替比林颗粒溶于无酚水,转移至 100 mL 容量瓶中,加无酚水稀释至标线,摇匀。置于冰箱中保存。可使用一周。

注:固体试剂易潮解、氧化,宜保存在干燥器中。

(13)8%(质量-体积浓度)铁氰化钾溶液。称取 8 g 铁氰化钾(K₃[Fe(CN)₆])溶于无酚水,转移至 100 mL 容量瓶中,用无酚水稀释至标线,摇匀。置于冰箱内保存,可使用一周。

4.实验步骤

1)水样预处理

(1)量取 250 mL 水样置于蒸馏瓶中,加数粒小玻璃珠以防暴沸,再加二滴甲基橙指示液,用磷酸溶液调节至 pH=4(溶液呈橙红色),加 5.0 mL 硫酸铜溶液(如采样时已加过硫酸铜,则补加适量)。

如加入硫酸铜溶液后产生较多量的黑色硫化铜沉淀,则应摇匀后放置片刻,待沉淀后,再滴加硫酸铜溶液,至不产生沉淀为止。

(2)连接冷凝器,加热蒸馏,至蒸馏出约 225 mL 时,停止加热,放冷。向蒸馏瓶中加入 25 mL 水,继续蒸馏至馏出液为 250 mL 为止。

蒸馏过程中,如发现甲基橙的红色褪去,应在蒸馏结束后再加 1 滴甲基橙指示液。如发现蒸馏后残液不呈酸性,则应重新取样,增加磷酸加入量,进行蒸馏。

2)标准曲线的绘制

于一组 8 支 50 mL 比色管中分别加入 0、0.50、1.00、3.00、5.00、7.00、10.00 和 12.50 mL 苯酚标准中间液,加水至 50 mL 标线。加 0.5 mL 缓冲溶液,混匀,此时 pH 值为 10.0±0.2,加 4-氨基安替比林 1 mL,混匀,再加 1 mL 铁氰化钾,充分混匀后放置 10 min,立即于 510 nm 波长处用光程为 1 cm 的比色皿以水为参比测量吸光度。经空白校正后,绘制吸光度对苯酚含量(mg)的标准曲线。

3)水样的测定

分取适量的馏出液放入 50 mL 比色管中,稀释至 50 mL 标线。用与"2)标准曲线的绘制"相同的步骤测定吸光度,最后减去空白实验所得吸光度。

4)空白实验

以水代替水样,经蒸馏后按"水样的测定"步骤进行测定,以其结果作为水样测定的空白校正值。

5.实验结果处理

$$挥发酚浓度(以苯酚计,mg/L)=1000\times m/V \qquad (2-31)$$

式中:m 为由水样的校正吸光度从标准曲线上查得的苯酚含量,mg;V 为移取馏出液体积，mL。

6.注意事项

如水样含挥发酚较高，移取适量水样并加至 250 mL 进行蒸馏，则在计算时应乘以稀释倍数。

2.2.16　水中油的测定

1.实验目的

(1)学习用萃取法对水样进行预处理，并掌握萃取的操作技巧；

(2)掌握重量法测定水中油的方法；

(3)掌握紫外分光光度法测定水中油的方法及适用范围。

2.实验原理

1)重量法

以硫酸酸化水样，用石油醚萃取矿物油，蒸发除去石油醚后，称其残渣质量，计算矿物油的含量。

该法测定的是水样中可被石油醚萃取物质的总量，在蒸发除去石油醚时，一些轻质油会因蒸发损失，加上未被萃取的较重石油成分，使测定产生误差。此方法适用于测定 10 mg/L 以上的含油水样。

2)紫外分光光度法

石油及其产品在紫外光区有特征吸收，带有苯环的芳香族化合物主要吸收波长为 250～260 nm；带有共轭双键的化合物主要吸收波长为 215～230 nm。一般原油的两个主要吸收波长为 225 nm 及 254 nm。石油产品，如燃料油、润滑油等的吸收峰与原油相近。因此，波长的选择应视实际情况而定，原油和重质油可选 254 nm，而轻质油及炼油厂的油品可选 225 nm。

标准油采用受污染地点水样中的石油醚萃取物。如有困难可采用 15 号机油、20 号重柴油或环保部门批准的标准油。水样加入 1～5 倍含油量的苯酚对测定结果无干扰，动、植物性油脂的干扰作用比红外线法小。用塑料桶采集或保存水样会引起测定结果偏低。

3.实验仪器和试剂

1)实验仪器与材料

万分之一分析天平，恒温箱，恒温水浴锅，紫外分光光度计，容量瓶，G3 型 25 mL 玻璃砂芯漏斗，1000 mL 分液漏斗，干燥器，直径 11 cm 中速定量滤纸，马弗炉，50 mL 具塞比色管。

2)实验试剂

标准油，石油醚(30～60 ℃馏分、60～90 ℃馏分，重蒸馏后使用，100 mL 石油醚的蒸干残渣<0.2 mg)，浓硫酸($\rho = 1.84$ g/mL)，氯化钠(NaCl)，无水硫酸钠(将 $Na_2SO_4 \cdot 10H_2O$ 在 300 ℃马弗炉中烘干 1 h，冷却后装瓶备用)。

3)实验溶液配制

(1)标准油储备液(含油量 1.00 mg/mL)。根据标准油的含油量移取一定体积的标准油，用石油醚(60～90 ℃馏分)稀释至含油量为 1.00 mg/mL 的标准油储备液。

（2）标准油使用液（含油量为 0.10 mg/mL）。量取 100 mL 标准油储备液放入 1000 mL 容量瓶中，用石油醚（60～90 ℃馏分）稀释至标线，摇匀。

（3）（1+1）硫酸。准确量取 500 mL 去离子水加入 1000 mL 容量瓶中，再准确量取 500 mL 浓硫酸（ρ=1.84 g/mL）缓慢倒入 1000 mL 容量瓶中，轻微振荡，摇匀，冷却至室温，置于 1 L 棕色瓶中贮存。

4.实验步骤

1）重量法

（1）在采集瓶上作容量记号（以便以后测量水样体积）后，将所收集的大约 1 L 已经酸化的水样（pH<2）全部转移至分液漏斗中，加入氯化钠，其量约为水样质量的 8%。用 25 mL 石油醚洗涤采样瓶并转入分液漏斗中，充分振摇 3 min，静置分层并将水层放入原采样瓶内，石油醚层转入 100 mL 锥形瓶中。用石油醚重复萃取水样两次，每次用量 25 mL，合并三次萃取液于锥形瓶中。

（2）向石油醚萃取液中加入适量无水硫酸钠（加入至不再结块为止），加盖后放置 0.5 h 以上，以便脱水。

（3）用预先以石油醚洗涤过的定性滤纸过滤，收集滤液于 100 mL 已烘干至恒重的烧杯中，用少量石油醚洗涤锥形瓶、硫酸钠和滤纸，洗涤液并入烧杯中。

（4）将烧杯置于（65±5）℃水浴上，蒸出石油醚。然后再置于（65±5）℃恒温箱内烘干 1 h，放入干燥器中冷却 30 min，称量。

2）紫外分光光度法

（1）取 7 个 50 mL 具塞比色管，分别加入 0、2.00、4.00、8.00、12.00、20.00 和 25.00 mL 标准油使用液，用石油醚（60～90 ℃馏分）稀释至标线，摇匀。在选定波长处，用 1 cm 石英比色皿以石油醚为参比测定吸光度，经空白校正后，绘制标准曲线。

（2）将已测量体积的水样仔细移入 1000 mL 分液漏斗中，加（1+1）硫酸 5 mL 酸化（若采样时已酸化，则不需加酸）。加入氯化钠，其量约为水量的 2%（质量分数）。用 20 mL 石油醚（60～90 ℃馏分）清洗采样瓶后，移入分液漏斗中。充分振摇 3 min，静置使之分层，将水层移入采样瓶内。

（3）将石油醚萃取液通过内铺约 5 mm 厚度的无水硫酸钠层的砂芯漏斗，滤入 50 mL 容量瓶内。

（4）将水层移回分液漏斗内，用 20 mL 石油醚重复萃取一次，同上操作。然后用 10 mL 石油醚洗涤漏斗，其洗涤液均收集于同一容量瓶内，并用石油醚稀释至标线。

（5）在选定的波长处，用 1 cm 石英比色皿以石油醚为参比测量其吸光度。

（6）取与水样相同体积的纯水，进行同样操作，做空白实验，测量吸光度。

（7）由水样测得的吸光度减去空白实验的吸光度后，即可从标准曲线上查出相应的油含量。

5.实验结果处理

1）重量法

水样含油量按下式计算：

$$含油量(mg/L) = \frac{(W_1 - W_2) \times 10^6}{V} \qquad (2-32)$$

式中：W_1 为烧杯＋油的总质量，g；W_2 为烧杯质量，g；V 为水样体积，mL。

2）紫外分光光度法

水样含油量按下式计算：

$$含油量(mg/L) = \frac{m \times 1000}{V} \qquad (2-33)$$

式中：m 为从标准曲线上查出的相应的含油质量，mg；V 为水样体积，mL。

6.注意事项

1）重量法

(1)分液漏斗的活塞不要涂凡士林。

(2)测定废水中石油类的含量时，若含有大量动、植物性油脂，应取内径 20 mm、长 300 mm、一端呈漏斗状的硬质玻璃管，填装 100 mm 厚活性层析性氧化铝(在 150～160 ℃活化 4 h，未完全冷却前装柱)，然后用 10 mL 石油醚清洗。将石油醚萃取液通过层析柱，除去动、植物性油脂，收集流出液于恒重的烧杯中。

(3)采样瓶应为清洁玻璃瓶，用洗涤剂清洗干净(不要用肥皂)。应定容采样，并将水样全部移入分液漏斗测定，以减少油附着于容器壁上引起的误差。

2）紫外分光光度法

(1)不同油品的特征吸收峰不同，如难以确定测定的波长，可向 50 mL 具塞比色管中移入标准油使用液 20～25 mL，用石油醚稀释至标线，在波长 215～300 nm 之间，用 1 cm 石英比色皿测得吸收光谱图(以吸光度为纵坐标、波长为横坐标的吸光度曲线)，得到最大吸收峰的位置(一般在 220～225 nm)。

(2)使用的器皿应避免有机污染。

(3)水样及空白测定所使用的石油醚应为同一批号，否则会由于空白值不同而产生误差。

(4)如石油醚纯度较低，或缺乏脱芳烃条件，亦可采用己烷作萃取剂。把己烷进行重蒸馏后使用，或用水洗涤 3 次，以除去水溶性杂质。用水作参比，于波长 225 nm 处测定，其透光率大于 80%方可使用。

2.2.17　水中苯系物的测定

一般意义上的苯系物通常包括苯、甲苯、乙苯、邻二甲苯、间二甲苯、对二甲苯、异丙苯、苯乙烯八种化合物，是生活饮用水、地表水质量标准和污水排放标准中控制的有毒物质。测定苯系物的方法有顶空气相色谱法、二硫化碳萃取气相色谱法和气相色谱-质谱(GC-MS)法。

1.实验目的

(1)掌握用顶空法预处理水样、用气相色谱法测定苯系物的原理和操作方法；
(2)掌握关于气相色谱分析的基本知识及色谱仪各组成部分的工作原理。

2.实验原理

本实验采用顶空气相色谱法。在恒温的密闭容器中，水样中的苯系物挥发进入容器上空气相中,当气、液两相间达到平衡后,取液上气相样品进行色谱分析。

3.实验仪器和试剂

1)实验仪器

气相色谱仪(具有 FID 检测器),带有恒温水浴的振荡器,100 mL 全玻璃注射器或气密性注射器(配有耐油胶帽,也可以用顶空瓶),5 mL 全玻璃注射器,10 μL 微量注射器,容量瓶,万分之一分析天平。

2)实验试剂

有机硅藻土(色谱固定液),邻苯二甲酸二壬酯(DNP,色谱固定液),101 白色担体,苯系物标准物质(苯、甲苯、乙苯、对二甲苯、间二甲苯、邻二甲苯、异丙苯和苯乙烯,均为色谱纯),氯化钠(NaCl,优级纯),高纯氮气(99.99%)。

3)实验溶液配制

(1)苯系物标准储备液。用 10 μL 微量注射器取苯系物标准物质,配制成浓度各为 10 mg/L 的混合水溶液。该储备液于冰箱内保存,一周内有效。

4.实验步骤

1)顶空样品的制备

称取 20 g 氯化钠,放入 100 mL 注射器中,加入 40 mL 水样,排出针筒内空气,再吸入 40 mL 氮气,用胶帽封好注射器。将注射器置于振荡器恒温水槽中固定,在约 30 ℃下振荡 5 min,抽出液上空间的气样 5 mL 进行色谱分析。当废水中苯系物浓度较高时,适当减少进样量。

2)标准曲线的绘制

用苯系物标准储备液配成浓度为 5、20、40、60、80 和 100 μg/L 的苯系物标准系列水溶液,吸取不同浓度的标准系列溶液,按"顶空样品的制备"方法处理,取 5 mL 液上空间气样进行色谱分析,绘制浓度-峰高标准曲线。

3)色谱条件

(1)色谱柱。长 3 m、内径 4 mm 螺旋形不锈钢柱或玻璃柱。

(2)柱填料。3% 有机硅藻土 - 101 白色担体与 2.5%DNP - 101 白色担体,其比例为 35∶65。

(3)温度。柱温 65 ℃,进样口温度 200 ℃,检测器温度 250 ℃。

(4)气体流量。氮气 400 mL/min,氢气 40 mL/min,空气 400 mL/min。应根据仪器型号选用最合适的气体流量。

5.实验结果处理

(1)根据测定苯系物标准系列溶液和水样得到的色谱图,绘制各组分浓度-峰高标准曲线;由水样中苯系物各组分的峰高,从各自的标准曲线上查得样品中苯系物的浓度。

(2)根据实验操作和条件控制等方面的实际情况,分析可能导致测定误差的因素。

6.注意事项

(1)用顶空法制备样品是准确分析的重要步骤之一,振荡时温度变化以及改变气、液两相的比例等因素都会使分析误差增大。如需要二次进样,应重新恒温振荡。进样时所用注射器应预热到稍高于样品温度。

(2)配制苯系物标准储备液时,可先将移取的苯系物加入到少量甲醇中,再配制成水溶液。配制工作要在通风良好的条件下进行,以免危害健康。

2.2.18 大气中总悬浮颗粒物(TSP)的测定

1.实验目的

(1)学习和掌握重量法测定大气中总悬浮颗粒物(Total Suspended Particles,TSP)的方法;

(2)了解 TSP 采样器的构造及工作原理;

(3)掌握大流量/中流量采样器的基本原理及采样方法。

2.实验原理

通过具有一定切割特性的采样器以恒速抽取一定体积的空气,使之通过已恒重的滤膜,则大气中粒径小于 100 μm 的悬浮微粒被阻后留在滤膜上,根据采样前后滤膜质量之差及采样体积,即可计算总悬浮颗粒物的浓度。

3.实验仪器

大流量或中流量采样器(流量分别为 1.1~1.7 m^3/min 和 50~150 L/min),滤膜[超细玻璃纤维滤膜,20 cm×25 cm(有效面积)或 ϕ8~10 cm],气压计,温度计,大盘分析天平(感量 0.1 mg),流量校准装置(量程 0.7~1.4 m^3/min,量程 70~160 L/min,经过罗茨流量计校准的孔口校准器或 1342 型便携式电子流量计),恒温恒湿箱。

4.实验步骤

1)滤膜准备

每张滤膜使用前均需用光照检查,不得使用有针孔或任何缺陷的滤膜采样。迅速称重在恒温恒湿箱已平衡 24 h 的滤膜(平衡温度取 15~30 ℃),记下滤膜的编号和质量 W_0,将其平展地放在光滑洁净的纸袋内,然后贮存于盒内备用。天平放置在平衡室内,平衡室温度在20~25 ℃之间,相对湿度小于 50%,湿度变化小于 5%。

2)采样

将已恒重的滤膜用小镊子取出,"毛"面向上,平放在采样夹的网托上,拧紧采样夹。采样口向下,使气流自上而下经过滤膜,单位面积滤膜在 24 h 内滤过的气体体量应满足 2(m^3/(cm^2・24 h))<Q<4.5(m^3/(cm^2・24 h))。安好采样顶盖,设置采样时间,启动采样。

采样 5 min 后和采样结束前 5 min 各记录一次 U 形压力计压差值,读数精确至 1 mm。若有流量记录器,则直接记录流量。测定日平均浓度时,一般从早 8:00 开始采样至第二天早8:00 结束。

3)称重

采样后,用镊子小心取下滤膜,使采样"毛"面朝内,以采样有效面的长边为中线对叠好,放回表面光滑的纸袋并贮于盒内,将滤膜放在恒温恒湿箱中平衡 24 h 后称量,记下采样后的滤膜质量 W_1。有关参数及现场温度、大气压强等记录填写在表 2-6 中。总悬浮颗粒物浓度测定数据记录于表 2-7 中。

表 2-6　总悬浮颗粒物采样记录

市(县)监测点

日期	时间	采样温度 /K	采样气压 /kPa	采样器 编号	滤膜 编号	压差值/(cm 水柱)			流量/(m³·min⁻¹)	
						开始	结束	平均	Q_2	Q_n

表 2-7　总悬浮颗粒物浓度测定记录

市(县)监测点

日期	时间	滤膜 编号	流量 Q_n/ (m³·min⁻¹)	采样体积 /m³	滤膜重量/g			总悬浮颗粒物浓度 /(mg·m⁻³)
					采样前	采样后	样品重	

5.实验结果处理

按下式计算总悬浮颗粒物含量。

$$TSP(mg/m^3) = \frac{(W_1 - W_0)K}{Q_n \times t} \tag{2-34}$$

式中：W_1 为采样后滤膜质量，g；W_0 为采样前滤膜质量，g；t 为累计采样时间，min；K 为常数(大流量 1×10^6，中流量 1×10^9)；Q_n 为标准状态下的采样流量，m³/min。

6.注意事项

(1)每张滤膜使用前均需用光照检查,不得使用有针孔或有任何缺陷的滤膜采样。

(2)采样时滤膜应"毛"面向上平放在采样夹的网托上,采样后滤膜应"毛"面朝内对叠好贮于盒内。

(3)称量已恒重的滤膜,大流量采样器滤膜称量精确到 1 mg,中流量采样器滤膜称量精确到 0.1 mg。称量好的滤膜平展放于滤膜保存盒中,采样前不得将其弯曲或折叠。

(4)采样高度应高于地面 3～5 m。

7.思考题

(1)大气中总悬浮颗粒物的来源有哪些?

(2)影响大气中总悬浮颗粒物的测定结果的因素有哪些?

2.2.19　空气中可吸入颗粒物的测定

1.实验目的

(1)了解可吸入颗粒物的基本概念;

(2)掌握用质量法测定可吸入颗粒物的原理和技术。

2.实验原理

可吸入颗粒物主要是指通过人的咽喉进入肺部的气管、支气管和肺泡的那部分颗粒物,空气动力学直径小于 $10~\mu m$,常用 PM10 表示。PM10 对人体健康影响大,是室内外环境空气质量的重要检测指标。

以恒速抽取定量体积的空气,使其通过具有 PM10 切割特性的采样器,PM10 被收集在已恒量的滤膜上。根据采样前、后滤膜的质量之差及采样体积计算 PM10 的质量浓度。方法检出限为 $0.001~mg/m^3$。

3.实验仪器

(1)大流量采样器(采样器采样口的抽气速度为 $0.3~m/s$,工作点采气流量为 $1.05~m^3/min$)或中流量采样器(采样器采样口的抽气速度为 $0.3~m/s$,工作点采气流量为 $100~L/min$)。

(2)大流量孔口流量计(量程为 $0.7\sim1.4~m^3/min$),中流量孔口流量计(量程为 $70\sim160~L/min$)。

(3)气压计、温度计($0\sim100~℃$),250 mL 锥形瓶,大盘分析天平(感量为 0.1 mg)。

(4)恒温恒湿箱:箱内空气温度要求在 $15\sim30~℃$ 范围内连续可调,控温精度 $\pm1~℃$;箱内空气湿度应控制在 $45\%\sim55\%$ 范围内。恒温恒湿箱可连续工作。

(5)滤膜:超细玻璃纤维滤膜或聚氯乙烯等有机滤膜,规格为 $20~cm\times25~cm$ (大流量采样器)或 $\phi=9~cm$ (中流量采样器)。

滤膜性能:滤膜对 $0.3~\mu m$ 标准粒子的截留效率不低于 99%,在气流速度为 $0.45~m/s$ 时,单张滤膜阻力不大于 $3.5~kPa$,在同样气流速度下,抽取经高效过滤器净化的空气 5 h,每平方厘米滤膜失重不大于 0.012 mg。

(6)滤膜袋:用于存放采样后对折的采尘滤膜。袋面印有编号、采样日期、采样地点、采样人等项目。

(7)滤膜盒:用于保存滤膜,保证滤膜在采样前处于平展不收折状态。

4.实验步骤

1)空白滤膜的准备

(1)每张滤膜均需用 X 光看片机进行检查,不得有针孔或任何缺陷。在选中的滤膜的光滑表面的两个对角上打印编号。滤膜袋上打印同样编号备用。

(2)将滤膜放在恒温恒湿箱中平衡24 h。平衡条件:温度取 $15\sim30~℃$ 任意一点,相对湿度控制在 $45\%\sim55\%$ 范围内。记录平衡温度和湿度。

(3)在上述平衡条件下称量滤膜,滤膜称量精确到 0.1 mg,记录滤膜质量 W_0。

(4)称量好的滤膜平展地放在滤膜盒中,采样前不得将滤膜弯曲或折叠。

2)采样

(1)打开采样头顶盖,取出滤膜夹,用清洁干布擦去采样头内及滤膜夹上的灰尘。

(2)将已编号并称量过的滤膜毛面向上,放在滤膜网托上,然后放滤膜夹,对正、拧紧,确保不漏气。盖好采样头顶盖,按照采样器使用说明操作,设置好采样时间,即可启动采样。

(3)当采样器不能直接显示标准状态下的累计采样体积时,需记录采样期间测试现场平均环境温度和平均大气压。

(4)采样结束后,打开采样头,用镊子轻轻取下滤膜,采样面向里,将滤膜对折,放入号码相同的滤膜袋中。取滤膜时,如发现滤膜损坏,或滤膜上尘的边缘不清晰、滤膜安装歪斜等,表示采样时漏气,则本次采样作废,需重新采样。

3)称重

(1)尘膜放在恒温恒湿箱中,用与空白滤膜平衡条件相同的温度、湿度平衡 24 h。

(2)在上述平衡条件下称量尘膜,尘膜称量精确到 0.1 mg,记录尘膜质量 W_1。

5.实验结果处理

$$\text{PM10 含量(mg/m}^3) = \frac{(W_1 - W_0) \times 1000}{V_n} \qquad (2-35)$$

式中:W_1 为尘膜质量,g;W_0 为空白滤膜质量,g;V_n 为标准状态下累计采样体积,m³。

若采样器不能直接显示标准状态下的累计采样体积 V_n,按下式计算:

$$V_n = Q \times \frac{P_2 T_n}{P_n T_2} \times t \times 0.06 \qquad (2-36)$$

式中:Q 为采样器流量,L/min;P_2 为采样期间测试现场平均大气压强,kPa;T_n 为标准状态下的热力学温度,273K;t 为累计采样时间,h;P_n 为标准状态下的大气压强,101.325 kPa;T_2 为采样期间测试现场平均环境温度,K。

6.注意事项

(1)采样器流量校准,按照标准进行。

(2)采样器应定期维护,通常每月维护一次,所有维护项目应详细记录。

(3)应注意检查采样头是否漏气,当滤膜安放正确、采样后滤膜上颗粒物与四周白边之间出现界限模糊时,表明应更换滤膜密封垫。

(4)当 PM10 含量很低时,采样时间不能过短,要保证足够的采尘量,以减少称量误差。

2.2.20　大气中二氧化硫的测定(盐酸副玫瑰苯胺分光光度法)

1.实验目的

(1)掌握二氧化硫测定的基本方法;

(2)熟练掌握大气采样器和分光光度计的使用方法。

2.实验原理

大气中的二氧化硫被四氯汞钾溶液吸收后,生成稳定的二氯亚硫酸盐络合物,此络合物再与甲醛及盐酸副玫瑰苯胺(Pararosaniline Hydrochloride,PRA,$C_{19}H_{19}N_3Cl \cdot 3HCl$,又名对品红、副品红)发生反应,生成紫红色的络合物,其最大吸收波长为 577 nm,用分光光度法测定。按照所用的盐酸副玫瑰苯胺使用液含磷酸多少,分为两种操作方法。方法一:含磷酸量少,最后溶液的 pH 值为 1.6 ± 0.1;方法二:含磷酸量多,最后溶液的 pH 值为 1.2 ± 0.1,这是我国暂定的环境监测系统的标准方法。

3.实验仪器和试剂

1)实验仪器

多孔玻板吸收管(用于短时间采样),多孔玻板吸收瓶(用于 24 h 采样),空气采样器(流量 0~1 L/min),分光光度计,万分之一分析天平,磁力搅拌器,烧杯,量筒,容量瓶,比色管,分液漏斗。

2)实验试剂

反式-1,2-环己二胺四乙酸二钠($C_{14}H_{20}N_2Na_2O_8$,1,2-cyclohexanediaminetetraacetic acid disodium,缩写为 CDTA-2Na),36%~38%甲醛溶液,氨基磺酸(H_2NSO_3H),邻苯二甲酸氢钾($HOOCC_6H_4COOK$),氢氧化钠(NaOH),碘化钾(KI),碘(I_2),可溶性淀粉,碘酸钾(KIO_3),硫代硫酸钠($N_2S_2O_3 \cdot 5H_2O$),亚硫酸钠(Na_2SO_3),正丁醇[$CH_3(CH_2)_3OH$],浓盐酸($\rho=1.19$ g/mL),乙酸钠(CH_3COONa),冰乙酸(CH_3COOH),85%浓磷酸($\rho=1.69$ g/mL)。

3)实验溶液配制

(1)氢氧化钠溶液[$c(NaOH)=1.50$ mol/L]。称取 6 g 氢氧化钠颗粒,溶于40~50 mL 去离子水中,移入 100 mL 容量瓶,用去离子水稀释至标线,摇匀。

(2)甲醛吸收液(甲醛缓冲溶液)。

①反式-1,2-环己二胺四乙酸二钠溶液[$c(CDTA-2Na)=0.050$ mol/L]。称取 1.82 g 的反式-1,2-环己二胺四乙酸二钠溶解于 6.5 mL 的 1.50 mol/L 的氢氧化钠溶液,转移至 100 mL 容量瓶,用去离子稀释至标线,摇匀。

②吸收储备液。量取 36%~38%甲醛溶液 5.5 mL,加入 2.0 g 邻苯二甲酸氢钾及 20.0 mL 的 0.050 mol/L CDTA-2Na 溶液,转移至 100 mL 容量瓶,用去离子水稀释至标线,摇匀。贮于冰箱中,可保存一年。

③甲醛吸收液。使用时,吸取吸收储备液 10 mL 放入 1000 mL 容量瓶中,用去离子水稀释至标线,摇匀。此溶液每毫升含 0.2 mg 甲醛。

(3)0.60%(质量分数)氨磺酸钠溶液。称取 0.60 g 氨磺酸,加入 1.50 mol/L 氢氧化钠溶液 4.0 mL,用水稀释至 100 mL,密封保存,可使用 10 d。

(4)碘储备液[$c(1/2\ I_2)=0.1$ mol/L]。称取 12.7 g 的碘于烧杯中,再加入 40 g 的碘化钾和 25 mL 水,搅拌至完全溶解后,用水稀释定容至 1000 mL 容量瓶,贮于棕色细口瓶中。

(5)碘使用液[$c(1/2\ I_2)=0.05$ mol/L]。用移液管量取 250 mL 的碘储备液,放入 500 mL 容量瓶中,用去离子水稀释至标线,摇匀,贮于棕色细口瓶中。

(6)淀粉指示剂。称取 0.5 g 可溶性淀粉,用少量水调成糊状(可加 0.2 g 二氧化锌防腐),慢慢倒入 100 mL 沸水中,继续煮沸至溶液澄清,冷却后贮于细口瓶中。

(7)碘酸钾溶液[$c(1/6\ KIO_3)=0.1000$ mol/L]。称取 3.567 g 碘酸钾(优级纯,105~

110 ℃干燥 2 h),溶解于 200~300 mL 去离子水中,移入 1000 mL 容量瓶中,用去离子水稀释至标线,摇匀。

(8)盐酸溶液[c(HCl)=1.0 mol/L]。量取 84 mL 浓盐酸(ρ=1.19 g/mL)缓慢倒入加有 500~600 mL 去离子水的 1000 mL 容量瓶中,轻微振荡,待冷却至室温,加去离子水稀释至标线,摇匀。

(9)(1+9)盐酸溶液。量取 100 mL 浓盐酸(ρ=1.19g/mL)缓慢加入 900 mL 去离子水中,边加入边搅拌。

(10)硫代硫酸钠储备液[c(Na$_2$S$_2$O$_3$)=0.10 mol/L]。称取 25.0 g 硫代硫酸钠,溶解于约 500 mL 去离子水中,加 0.20 g 无水碳酸钠,转入 1000 mL 容量瓶,用新煮沸并已冷却的去离子水稀释至标线,摇匀。贮于棕色细口瓶中,放置一周后标定其浓度,若溶液出现浑浊,应该过滤。

标定方法:吸取 0.1000 mol/L 碘酸钾溶液 10.00 mL,置于 250 mL 碘量瓶中,加 80 mL 新煮沸并已冷却的去离子水和 1.2 g 碘化钾,振摇至完全溶解,然后加(1+9)盐酸溶液 10 mL 或 (1+9)磷酸溶液 5~7 mL,立即盖好瓶塞,摇匀,置于暗处放置 5 min 后,用 0.10 mol/L 硫代硫酸钠储备液滴定至淡黄色,加淀粉溶液 2 mL,继续滴定至蓝色刚好褪去。记录消耗体积,按公式(2-37)计算浓度:

$$c(\text{Na}_2\text{S}_2\text{O}_3)=0.1000\times10.00/V \qquad (2-37)$$

式中:c(Na$_2$S$_2$O$_3$)为硫代硫酸钠储备液的浓度,mol/L;V 为滴定消耗硫的代硫酸钠溶液体积,mL。

平行滴定所用的硫代硫酸钠溶液体积之差不超过 0.05 mL。

(11)硫代硫酸钠标准溶液[c(Na$_2$S$_2$O$_3$)=0.05 mol/L]。取标定后的 0.10 mol/L 硫代硫酸钠储备液 250.0 mL,置于 500 mL 容量瓶中,用新煮沸并已冷却的去离子水稀释至标线,摇匀,贮于棕色细口瓶中。临用时现配。

(12)亚硫酸钠标准溶液。称取 0.200 g 亚硫酸钠,溶解于 0.05%EDTA-2Na 溶液 200 mL (用新煮沸并冷却的去离子水配制),缓缓摇匀使其溶解。放置 2~3 h 标定浓度,此溶液相当于每毫升含 320~400 μg 二氧化硫。

标定方法:吸取上述亚硫酸钠溶液 20.00 mL,置于 250 mL 容量瓶中,加入新煮沸并冷却的去离子水 50 mL、0.05 mol/L 碘溶液 20.00 mL 及冰乙酸 1.0 mL,盖塞,摇匀。置于暗处放置 5 min,用 0.05 mol/L 硫代硫酸钠标准溶液滴定至淡黄色,加入 0.5%淀粉溶液 2 mL,继续滴定至蓝色刚好褪去,记录消耗体积(V_1)。

平行滴定所用硫代硫酸钠标准溶液体积之差应不大于 0.04 mL,取平均值计算浓度。

$$c(\text{SO}_2)(\mu g/mL)=(V_0-V_1)\times c\times32.02\times1000/20.00 \qquad (2-38)$$

式中:V_0 为滴定空白溶液所消耗的硫代硫酸钠标准溶液体积,mL;V_1 为滴定亚硫酸钠溶液所消耗的硫代硫酸钠标准溶液体积,mL;c 为硫代硫酸钠标准溶液浓度,mol/L;32.02 为二氧化硫(1/2 SO$_2$)的摩尔质量,g/mol。

(13)0.25%盐酸副玫瑰苯胺储备液的配制及提纯。取正丁醇和 1.0 mol/L 盐酸溶液各 500 mL,放入 1000 mL 分液漏斗中,盖塞,振荡 3 min,使其互溶、达到平衡。静置 15 min,待完全分层后,将下层水相(盐酸溶液)和上层有机相(正丁醇)分别移入细口瓶中备用。称取 0.125 g 盐酸副玫瑰苯胺放入小烧杯中,加平衡过的 1.0 mol/L 盐酸溶液 40 mL,用玻璃棒搅拌至完全溶解后,移入 250 mL 分液漏斗中,再用 80 mL 平衡过的正丁醇洗涤小烧杯数次,洗涤液并入同一分液漏斗中,盖塞,振摇 3 min,静置 15 min,待完全分层后,将下层水相移入另一个 250 mL 分液漏斗中。再加 80 mL 平衡过的正丁醇,依上法提取,将水相移入另一分液漏斗中,加 40 mL 平衡过的正丁醇,依上法反复取 8～10 次,将水相滤入 50 mL 容量瓶中,用 1.0 mol/L 盐酸溶液稀释至标线,摇匀,此 PRA 储备液为橙黄色,应符合以下条件。

①PRA 溶液在乙酸-乙酸钠缓冲溶液中,于波长 540 nm 处有最大吸收峰。吸取 0.25% PRA 储备液 1.00 mL,置于 100 mL 容量瓶中,用去离子水稀释至标线,摇匀。吸取此稀释液 5.00 mL 置于 50 mL 容量瓶中,加入 1.0 mol/L 乙酸-乙酸钠缓冲溶液 5.00 mL[称取 13.6 g 乙酸钠($CH_3COONa \cdot 3H_2O$)溶解于水中,移入 100 mL 容量瓶中,加 5.7 mL 冰乙酸,用水稀释至标线,摇匀,此溶液 pH=4.7],1 h 后,测定吸收峰。

②用 0.25% PRA 储备溶液配制 0.05% PRA 使用溶液,在绘制标准曲线时,于波长 577 nm 处用 1 cm 比色皿测得的试剂空白液吸光度不超过表 2-8 所列数值。

表 2-8 各温度下空白液吸光度限制

温度/℃	吸光度
10	0.03
20	0.04
25	0.05
30	0.06

(14)0.05% 盐酸副玫瑰苯胺使用液。吸取经提纯的 0.25% PRA 储备液 20.00 mL(或 0.2% PRA 储备液 25.00 mL),移入 100 mL 容量瓶中,加 85% 浓磷酸 30 mL、浓硫酸 10 mL,用水稀释至标线,摇匀。放置过夜后使用。此溶液避光密封保存,可使用 9 个月。

4.实验步骤

1)采样

用多孔玻板吸收管(内装 10 mL 吸收液)以 0.5 L/min 流量采样 1 h。采样时吸收液温度应保持在 23～29 ℃并应避免阳光直接照射样品溶液。

2)标准曲线的绘制

取 14 支 10 mL 具塞比色管,分 A、B 两组,每组各 7 支,分别对应编号。A 组按表 2-9 配制亚硫酸钠标准色列。

表 2-9 亚硫酸钠标准色列

管号	0	1	2	3	4	5	6
$NaSO_3$ 标准溶液/mL	0	0.5	1.0	2.0	5.0	8.0	10.0
吸收液/mL							
二氧化硫含量/($\mu g \cdot mL^{-1}$)							

A 组各管再分别加入 0.60% 氨磺酸钠溶液 0.50 mL 和 1.50 mol/L 氢氧化钠溶液 0.50 mL,混匀。

B 组各管加入 0.05% 盐酸副玫瑰苯胺使用溶液 1.00 mL。

将 A 组各管逐个倒入对应的 B 管中,立即混匀放入恒温水浴中,在(20±2)℃显色 20 min。于波长 577 nm 处用 1 cm 比色皿以水为参比测定吸光度。

用最小二乘法计算标准回归方程,如式(2-39)所示。

$$y = bx + a \tag{2-39}$$

式中:y 为 $(A-A_0)$,即标准溶液的吸光度(A)与试剂空白液吸光度(A_0)之差;x 为二氧化硫含量,μg;b 为回归方程式的斜率;a 为回归方程式的截距。(相关系数应大于0.999)

3)样品测定

(1)样品溶液中浑浊物应离心分离除去。

(2)将样品溶液移入 10 mL 比色管中,用吸收液稀释至 10 mL 标线,摇匀。放置 20 min 使臭氧分解,加入 0.60%氨磺酸钠溶液 0.50 mL,混匀,放置 10 min 以除去氮氧化合物的干扰。以下步骤同"标准曲线的绘制"。

(3)样品测定时温度与绘制标准曲线时温度之差应不超过 2 ℃。

(4)在样品溶液测定的同时进行试剂空白测定,标准控制样品或加标回收样品各 1~2 个,以检查试剂空白值和校正因子,检查试剂的可靠性和操作的准确性,进行分析质量控制。

5.实验结果处理

$$二氧化硫含量(SO_2,mg/m^3) = \frac{(A-A_0)-a}{bV_n} \tag{2-40}$$

式中:A 为样品溶液吸光度;A_0 为试剂空白溶液吸光度;b 为回归方程式的斜率,吸光度/$\mu g \cdot$ 12 mL;a 为回归方程式的截距;V_n 为标准状态下采样体积,L。

6.注意事项

(1)温度对显色影响较大,温度越高,空白值越大,温度高时显色快、褪色也快。因此,在实验室中要注意观察和控制温度,一般需要用恒温水浴法进行控制,并注意使水浴水面高度超过比色管中溶液的液面高度,否则会影响测定准确度。显色温度与时间的关系如表 2-10 所示。

表 2-10　显色温度与时间的关系

显色温度/℃	10	15	20	25	30
显色时间/min	40	25	20	15	5
稳定时间/min	35	25	20	15	10

(2)盐酸副玫瑰苯胺的提纯很重要,因为提纯后可降低试剂空白值和提高方法的灵敏度。提高酸度虽可降低空白值,但灵敏度也有下降。

(3)六价铬能使紫红色络合物褪色,产生负干扰,所以应尽量避免用硫酸、铬酸洗液洗涤玻璃器皿,若已洗,则要用(1+1)盐酸浸泡 1 h,用水充分洗涤,去除六价铬。

(4)用过的比色管及比色皿应及时用酸洗涤,否则红色难以洗净。比色管用(1+1)盐酸溶液洗涤,比色皿用(1+4)盐酸加 1/3 体积乙醇的混合液洗涤。

(5)加盐酸副玫瑰苯胺使用液时,每加 3 份溶液,需间歇 3 min,依次进行,以使每个比色管中溶液显色时间尽量接近。

(6)采样时吸收液应保持在 23~29 ℃。用二氧化硫标准气进行吸收试验,23~29 ℃时吸收效率为 100%。

（7）二氧化硫气体易溶于水，故进气导管应内壁光滑，吸附性小，宜采用聚四氟乙烯管，并且管应尽量短，最长不得超过 6 cm。

2.2.21　大气中氮氧化物的测定

大气中的氮氧化物的主要形式为一氧化氮（NO）和二氧化氮（NO_2），在空气中 NO 易被氧化成为 NO_2。其主要来源于石化燃料高温燃烧和硝酸、化肥等生产排放的废气以及汽车尾气。其主要危害为参与光化学烟雾和酸雨的形成，引起支气管炎等呼吸道疾病。

1.实验目的

（1）掌握大气采样器的使用方法；

（2）掌握 N-(1-萘基)乙二胺盐酸盐比色法测定空气中 NO 和 NO_2 的原理及方法；

（3）掌握分光光度计的使用方法。

2.实验原理

空气中的 NO_2 被吸收液吸收转变成亚硝酸和硝酸，其中亚硝酸将与对氨基苯磺酸发生重氮化反应，然后再与 N-(1-萘基)乙二胺盐酸盐偶合，生成玫瑰红色偶氮染料，生成物质颜色的深浅与空气中 NO_2 浓度成正比。因此，可用分光光度法于 540 nm 波长处测定。反应过程如式（2-41）～（2-43）所示

$$NO_2 + H_2O \longrightarrow HNO_2 + HNO_3 \tag{2-41}$$

$$\tag{2-42}$$

$$\tag{2-43}$$

NO 不与吸收液发生反应，但是通过三氧化铬-石英砂氧化管可将 NO 氧化成 NO_2。因此，不通过三氧化铬-石英砂氧化管，测得的是 NO_2 含量；通过三氧化铬-石英砂氧化管，测得的是 NO 和 NO_2 的总量。而二者之差为 NO 的含量。

3.实验仪器和试剂

1）实验仪器

多孔玻板吸收管,KC-6D 型大气采样器,双球玻璃管（内装三氧化铬-石英砂）,滤水阱（缓冲管）,紫外可见分光光度计,10 mL 具塞比色管,温度计,气压表,分析天平,烘箱,烧杯,量筒,移液管,磁力搅拌器。

2）实验试剂

所用试剂除亚硝酸钠为优级纯（一级）外,其他均为分析纯。所用水为不含亚硝酸根的二次去离子水,用其配制的吸收液以水为参比的吸光度不超过 0.005（540 nm,1 cm 比色皿）。

N-(1-萘基)乙二胺盐酸盐[$C_{10}H_7NH(CH_2)_2NH_2 \cdot 2HCl$],冰乙酸($CH_3COOH$),对氨基苯磺酸($NH_2C_6H_4SO_3H$),亚硝酸钠($NaNO_2$,优级纯)。

3）实验溶液配制

(1)N-(1-萘基)乙二胺盐酸盐储备液。称取 0.50 g 的 N-(1-萘基)乙二胺盐酸盐溶解于 200 mL 左右去离子水中,然后转移至 500 mL 容量瓶中,再用二次去离子水稀释至标线,摇匀。此溶液贮于密闭棕色瓶中冷藏,可稳定贮存三个月。

(2)吸收液。称取 5.0 g 对氨基苯磺酸溶解于 200 mL 热水中,冷至室温后转移至 1000 mL 容量瓶中,加入 50.0 mL 的 N-(1-萘基)乙二胺盐酸盐储备液和 50 mL 的冰乙酸,用二次去离子水稀释至标线,摇匀,配制成吸收液原液。此溶液贮于密闭的棕色瓶中,25 ℃以下暗处可稳定存放三个月。若呈现淡红色,应弃之重配。

使用时,将吸收液原液和二次去离子水按 4:1（体积比）比例混合配成采样用的吸收液。

(3)亚硝酸钠标准储备液。称取 0.3750 g 优级纯亚硝酸钠（预先在干燥器放置 24 h）溶于二次去离子水中,然后移入 1000 mL 容量瓶中,再用二次去离子水稀释至标线,摇匀。此溶液每毫升含 250 μg 的 NO_2^-,贮于棕色瓶中于暗处,可稳定存放三个月。

(4)亚硝酸钠标准使用溶液。吸取亚硝酸钠标准储备液 1.00 mL 于 100 mL 容量瓶中,用二次去离子水稀释至标线,摇匀。此溶液每毫升含 2.5 μg 的 NO_2^-,在临用前配制。

4.实验步骤

1）标准曲线的绘制

取 6 支 10 mL 具塞比色管,按下列参数和方法配制 NO_2^- 标准溶液色列。

表 2-11　NO_2^- 标准溶液色列

管号	0	1	2	3	4	5
$NaNO_2$ 标准使用溶液/mL	0	0.40	0.80	1.20	1.60	2.00
水/mL	2.00	1.60	1.20	0.80	0.40	0
显色液/mL	8.00	8.00	8.00	8.00	8.00	8.00
NO_2^- 浓度/(μg·mL^{-1})	0	0.10	0.20	0.30	0.40	0.50

将各管溶液混匀,于暗处放置 20 min（室温低于 20 ℃时放置 40 min 以上）,用 1 cm 比色皿于波长 540 nm 处以水为参比测量吸光度,扣除试剂空白溶液吸光度后,用最小二乘法计算标准曲线的回归方程。

2)采样

吸取 10.0 mL 吸收液于多孔玻板吸收管中,用尽量短的硅橡胶管将其串联在三氧化铬-石英砂氧化管和空气采样器之间,以 0.4 mL/min 流量采气 4～24 L。在采样的同时,应记录现场温度和大气压强。

3)样品测定

采样后于暗处放置 20 min(室温低于 20 ℃时放置 40 min 以上)后,用水将吸收管中吸收液的体积补充至标线,混匀,按照绘制标准曲线的方法和条件测量试剂空白溶液和样品溶液的吸光度,记录实验数据。

5.实验结果处理

空气中 NO_x 的浓度按公式(2-44)计算。

$$c_{NO_x} = \frac{(A - A_0 - a) \times V}{b \times f \times V_0} \qquad (2-44)$$

式中:c_{NO_x} 为空气中 NO_x 的浓度,以 NO_2 计,mg/m^3;A、A_0 分别为样品溶液和试剂空白溶液的吸光度;b 为标准曲线的斜率,吸光度·$mL/\mu g$;a 为标准曲线的截距;V 为气样用吸收液体积,mL;V_0 为换算为标准状况下的采样体积,L;f 为 Saltzman 实验系数,0.88(空气中 NO_x 浓度超过 0.720 mg/m^3 时取 0.77)。

6.注意事项

(1)吸收液应避光,且不能长时间暴露在空气中,以防止光照时吸收液显色或吸收空气中的氮氧化物而使试剂空白值增高。

(2)氧化管适于在相对湿度为 30％～70％时使用。当空气相对湿度大于 70％时应勤换氧化管,小于 30％时,则在使用前用经过水面的潮湿空气通过氧化管,平衡 1 h。在使用过程中,应经常注意氧化管是否吸湿、板结,或者变为绿色。若板结会使采样系统阻力增大,影响流量;若变成绿色,表示氧化管已失效。

(3)亚硝酸钠(固体)应密封保存,防止空气及湿气侵入。部分氧化成硝酸钠的或呈粉末状的试剂都不能用直接法配制标准溶液。若无颗粒状亚硝酸钠试剂,可用高锰酸钾容量法标定出亚硝酸钠标准液的准确浓度后,再稀释为含 5.0 $\mu g/mL$ 亚硝酸根的标准溶液。

(4)溶液若呈黄棕色,表明吸收液已受三氧化铬污染,该样品应报废。

(5)绘制标准曲线,向各管中加亚硝酸钠标准使用溶液时,都应以均匀、缓慢的速度加入。

7.思考题

(1)三氧化铬-石英砂氧化管(双球玻璃管)中的石英砂的作用是什么?

(2)三氧化铬-石英砂氧化管(双球玻璃管)为何做成双球形?

(3)为什么在分光光度计测定吸光度时要选择参比溶液来调节仪器的零点?选择时应考虑哪些原则?

2.2.22　大气中一氧化碳的测定

1.实验目的

(1)掌握非色散红外吸收法的原理和测定一氧化碳的方法;

(2)学会非色散红外一氧化碳分析仪的调试与维护。

2.实验原理

一氧化碳对以 4.5 μm 为中心波段的红外辐射具有选择性吸收,在一定的浓度范围内,吸光度与一氧化碳浓度呈线性关系,故根据气样的吸光度可确定一氧化碳的浓度。

水蒸气、悬浮颗粒物会干扰一氧化碳的测定。测定时,气样需经硅胶、无水氯化钙过滤管除去水蒸气,经玻璃纤维滤膜除去悬浮颗粒物。

3.实验仪器和试剂

1)实验仪器

非色散红外一氧化碳分析仪,记录仪(0～10 mV),聚乙烯塑料采气袋、铝箔采气袋或衬铝塑料采气袋,弹簧夹,双联球。

2)实验试剂

高纯氮气(99.99%),变色硅胶,无水氯化钙($CaCl_2$),霍加拉特管,一氧化碳标准气体。

4.实验步骤

1)采样

用双联球将现场空气抽入采气袋内,吸 3～4 次,采气 500 mL,夹紧进气口。

2)测定步骤

(1)启动和调零。开启非色散红外一氧化碳分析化电源开关,稳定 1～2 h,将高纯氮气连接在仪器进气口,通入氮气,校准仪器零点。也可以用经霍加拉特管(加热至 90～100 ℃)净化后的空气调零。

(2)校准仪器。将一氧化碳标准气连接在仪器进气口,使仪表指针指示满刻度的 95%,重复 2～3 次。

(3)样品测定。将采气袋连接在仪器进气口,则样气被抽入仪器中,由指示表直接指示出一氧化碳的浓度($\times 10^{-6}$,体积分数)。

5.实验结果处理

$$\text{CO 浓度(mg/m}^3) = 1.25c \qquad (2-45)$$

式中:c 为实测空气中一氧化碳浓度,$\times 10^{-6}$;1.25 为一氧化碳浓度从 1×10^{-6} 换算为标准状态下质量浓度的换算系数,mg/m^3。

6.注意事项

(1)仪器启动后,必须预热,稳定一定时间再进行测定。仪器具体操作按仪器说明书规定进行。

(2)空气样品应经硅胶干燥、玻璃纤维滤膜过滤后再进入仪器,以消除水蒸气和颗粒物的干扰。

(3)仪器连接记录仪,将空气抽入仪器,可连续监测空气中一氧化碳浓度的变化。

7.思考题

(1)一氧化碳测定原理是什么?

(2)使用非色散红外一氧化碳分析仪时应注意哪些问题?

2.2.23　大气中臭氧含量的测定

1.实验目的

(1)掌握靛蓝二磺酸钠分光光度法测定环境空气中臭氧含量的原理和方法;

(2)熟练掌握滴定操作;

(3)熟练掌握采样仪器和分光光度计的操作。

2.实验原理

空气中的臭氧,在磷酸盐缓冲溶液存在的条件下与吸收液中蓝色的靛蓝二磺酸钠等摩尔反应,褪色生成靛红二磺酸钠。在 610 nm 处测定吸光度,根据蓝色减褪的程度定量空气中臭氧的浓度。

3.实验仪器和材料

1)实验仪器

(1)空气采样器。流量范围 0.0～1.0 L/min,流量稳定。使用时,用皂膜流量计校准采样系统在采样前和采样后的流量,相对误差应小于±5%。

(2)多孔玻板吸收管。内装 10 mL 吸收液,以 0.50 L/min 流量采气,玻板阻力应为 4～5 kPa,气泡分散均匀。

(3)具塞比色管,生化培养箱或恒温水浴锅(温度精度为±1 ℃),水银温度计(精度为±0.5 ℃),分光光度计(可于波长 610 nm 处测量吸光度),其他实验室常用玻璃仪器。

2)实验试剂

(1)溴酸钾标准储备溶液[$c(1/6KBrO_3)=0.1000$ mol/L]。用分析天平准确称取 1.3918 g 溴酸钾($KBrO_3$,优级纯,180 ℃烘干 2 h),置于 500 mL 烧杯中,加入少量去离子水溶解,移入 500 mL 容量瓶中,用去离子水稀释至标线。

(2)溴酸钾-溴化钾标准使用液[$c(1/6KBrO_3)=0.0100$ mol/L]。准确吸取 10.00 mL 溴酸钾标准储备溶液于 100 mL 容量瓶中,加入 1.0 g 溴化钾(KBr),用去离子水稀释至标线。

(3)硫代硫酸钠标准储备液[$c(Na_2S_2O_3)=0.1000$ mol/L]。用分析天平准确称取 24.818 g 的五水硫代硫酸钠($Na_2S_2O_3 \cdot 5H_2O$)(分析纯)或 15.809 g 无水硫代硫酸钠($Na_2S_2O_3$)置于 500 mL 烧杯中,加入 300 mL 左右的去离子水溶解,然后转移入 1000 mL 容量瓶中,用去离子水稀释至标线。

(4)硫代硫酸钠标准工作液[$c(Na_2S_2O_3)=0.00500$ mol/L]。在临用前,准确量取 5.0 mL 硫代硫酸钠标准储备液加入到 100 mL 容量瓶中,用去离子水稀释至标线。

(5)(1+6)硫酸溶液。准确量取 100 mL 浓硫酸($\rho=1.84$ g/mL)缓慢加入到 600 mL 去离子水中,边加边搅拌。

(6)淀粉指示剂溶液[c(淀粉)=2.0 g/L]。准确称取 0.20 g 可溶性淀粉,置于 100 mL 烧杯中,加少量去离子水,转入 100 mL 容量瓶中,用去离子水稀释至标线。

(7)磷酸盐缓冲溶液[$c(KH_2PO_4 - Na_2HPO_4)=0.050$ mol/L]。准确称取 6.8 g 磷酸二氢钾(KH_2PO_4)和 7.1 g 无水磷酸氢二钠(Na_2HPO_4),置于 500 mL 烧杯中,加入 300 mL 左右

去离子水溶解,然后转移至 1000 mL 容量瓶中,用去离子水稀释至标线。

(8)靛蓝二磺酸钠标准储备液。称取 0.25 g 靛蓝二磺酸钠($C_{16}H_8O_8Na_2S_2$)(简称 IDS,分析纯或化学纯)溶于去离子水中,转移入 500 mL 棕色容量瓶内,用去离子水稀释至标线,摇匀。在室温暗处存放 24 h 后标定。此溶液在 20 ℃以下暗处可稳定存放两周。标定方法如下:

用移液管准确吸取 20.00 mL 靛蓝二磺酸钠标准储备液于 250 mL 碘量瓶中,加入 20.00 mL 溴酸钾-溴化钾标准使用液,再加入 50 mL 去离子水,盖好瓶塞,在(16±1)℃生化培养箱(或恒温水浴)中放置至溶液温度与水浴温度平衡时,加入 5.0 mL 的(1+6)硫酸溶液,立即塞上瓶塞、混匀并开始计时,于(16±1)℃暗处放置(35±1)min 后,加入 1.0 g 碘化钾,立即塞上瓶塞,轻轻摇匀至溶解,暗处放置 5 min,用硫代硫酸钠标准工作液滴定至棕色刚好褪去呈淡黄色,加入 5 mL 淀粉指示剂溶液,继续滴定至蓝色消褪,终点为亮黄色,记录所消耗的硫代硫酸钠标准工作液的体积。

靛蓝二磺酸钠标准储备液平行滴定 3 次,平行滴定所消耗的硫代硫酸钠标准工作液体积不应大于 0.10 mL。每毫升靛蓝二磺酸钠标准储备液相对应的臭氧的质量浓度 ρ($\mu g/mL$)用下式计算:

$$\rho = \frac{(c_1 V_1 - c_2 V_2)}{V} \times 12.00 \times 1000 \qquad (2-46)$$

式中:ρ 为每毫升靛蓝二磺酸钠标准储备液相对应的臭氧的质量浓度,$\mu g/mL$;c_1 为溴酸钾-溴化钾标准使用液的浓度,mol/L;V_1 为加入溴酸钾-溴化钾标准使用液的体积,mL;c_2 为滴定时所用硫代硫酸钠标准工作液的浓度,mol/L;V_2 为滴定时所用硫代硫酸钠标准工作液的体积,mL;V 为靛蓝二磺酸钠标准储备溶液体积,mL;12.00 为臭氧的摩尔质量($1/4\ O_3$),g/mol。

(9)靛蓝二磺酸钠标准工作液。将标定后的靛蓝二磺酸钠标准储备液用磷酸盐缓冲溶液逐级稀释成每毫升相当于 1.00 μg 臭氧的靛蓝二磺酸钠标准工作溶液,此溶液在 20 ℃以下于暗处可稳定存放 1 周。

(10)靛蓝二磺酸钠吸收液。取适量靛蓝二磺酸钠标准储备液,根据空气中臭氧质量浓度的高低,用磷酸盐缓冲溶液稀释至每毫升相当于 2.5(或 5.0)μg 臭氧的靛蓝二磺酸钠吸收液,此溶液在 20 ℃以下于暗处可保存 1 个月。

4.实验步骤

1)标准曲线绘制

取 10 mL 具塞比色管 6 支,按表 2-12 制备 IDS 标准溶液系列。

表 2-12　IDS 标准溶液系列

管号	1	2	3	4	5	6
IDS 标准工作液/mL	10.00	8.00	6.00	4.00	2.00	0.00
磷酸盐缓冲溶液/mL	0.00	2.00	4.00	6.00	8.00	10.00
臭氧质量浓度/($\mu g \cdot mL^{-1}$)	0.00	0.20	0.40	0.60	0.80	1.00

将各个具塞比色管摇匀,用 1 或 2 cm 比色皿,以去离子水作参比,在波长 610 nm 下测量

吸光度。以标准系列中零浓度管的吸光度(A_0)与各标准系列管的吸光度(A)之差为纵坐标，臭氧质量浓度为横坐标，用最小二乘法计算校准曲线的回归方程：

$$y = bx + a \qquad (2-47)$$

式中：y 等于 $A_0 - A$，为空白样品的吸光度和各标准系列管的吸光度之差；x 为臭氧质量浓度，$\mu g/mL$；b 为回归方程的斜率，吸光度·$mL/\mu g$；a 为回归方程的截距。

2）样品的采集测定

（1）样品的采集与保存。为内装（10.00 ± 0.02）mL 靛蓝二磺酸钠吸收液的多孔玻板吸收管罩上黑色避光套，以 0.5 L/min 流量采气 5～30 L。当吸收液褪色约 60% 时（与现场空白样品比较），应立即停止采样。样品在运输及存放过程中应严格避光。当确定空气中臭氧的质量浓度较低，不会穿透时，可以用棕色玻板吸收管采样。样品于室温暗处至少可稳定存放 3 d。

（2）现场空白样品。将同一批配制的靛蓝二磺酸钠标准储备吸收液装入多孔玻板吸收管中，带到采样现场。除了不采集空白样品外，其他环境条件保持与采集空气的采样管相同。每批样品至少带两个现场空白样品。

（3）样品测定。采样后，在吸收管的入气口端串接一个玻璃尖嘴，在吸收管的出气口端用洗耳球加压将吸收管中的样品溶液移入 25 mL（或 50 mL）容量瓶中，加水多次洗涤吸收管，使总体积为 25.0 mL（或 50.0 mL）。用 20 mm 比色皿，以去离子水作参比，在波长 610 nm 下测量吸光度。

5.实验数据处理

空气中臭氧的质量浓度可按公式（2-48）计算：

$$\rho(O_3) = \frac{(A_0 - A - a)V}{b \times V_0} \qquad (2-48)$$

式中：$\rho(O_3)$ 为空气中臭氧的质量浓度，mg/m^3；A_0 为现场空白样品吸光度的平均值；A 为样品的吸光度；b 为标准曲线的斜率；a 为标准曲线的截距；V 为样品溶液的总体积，mL；V_0 是换算为标准状态（101.325 kPa、273.15 K）的采样体积，L。

所得结果精确至小数点后三位。

6.注意事项

1）干扰

空气中的二氧化氮可使臭氧的测定结果偏高，其质量浓度约为 6%。空气中二氧化硫、硫化氢、过氧乙酰硝酸酯（PAN）和氟化氢的质量浓度分别高于 750、110、1800 和 2.5 $\mu g/m^3$ 时，将干扰臭氧的测定。空气中氯气、二氧化氯的存在会使臭氧的测定结果偏高。

2）IDS 标准溶液的标定

市售 IDS 不纯，作为标准溶液使用时必须进行标定。用溴酸钾-溴化钾标准使用液标定 IDS 的反应需要在酸性条件下进行。加入硫酸溶液后反应开始，加入碘化钾后反应终止。为了避免副反应、使反应定量进行，必须严格控制培养箱（或恒温水浴）温度（16 ± 1 ℃）和反应时间（35 ± 1.0 min）。一定要等到溶液温度与培养箱（或恒温水浴）温度达到平衡时再加入硫酸溶液。加入硫酸溶液后应立即盖塞子，并开始计时。滴定过程中应避免阳光照射。

3）IDS 吸收液的体积

本实验方法利用了褪色反应，吸收液的体积直接影响测量的准确度，所以装入采样管中吸收液的体积必须准确,最好用移液管加入。采样后向容量瓶中转移吸收液应尽量完全(少量多次冲洗)。应防止装有吸收液的采样管在运输、保存和取放过程中倾斜或倒置,避免吸收液损失。

2.2.24　土壤中金属元素镉的测定

1.实验目的

(1)了解原子吸收分光光度法的基本原理;

(2)掌握原子吸收分光光度计的操作流程。

2.实验原理

土壤样品用 $HNO_3 - HF - HClO_4$ 或 $HCl - HNO_3 - HF - HClO_4$ 混酸体系消化后,将消化液直接喷入空气-乙炔火焰。在火焰中形成的 Cd 基态原子蒸气对光源发射的特征电磁辐射产生吸收。测得试液吸光度扣除全程序空白吸光度,可从标准曲线查得 Cd 含量,从而计算土壤中 Cd 含量。

该方法适用于高背景值土壤和受污染土壤中 Cd 的测定(必要时应消除基本元素干扰)。方法 Cd 检出限范围为 0.05～2 mg/kg。

3.实验仪器和试剂

1)实验仪器

原子吸收分光光度计,空气-乙炔火焰原子化器,镉空心阴极灯。

(1)原子吸收分光光度计的构造如下所示。

锐线光源:空心阴极灯。

原子化系统:主要包括喷雾室、雾化室、燃烧器和火焰。

①喷雾室。将试样溶液转化为雾状。要求转化稳定、雾粒细而均匀、雾化效率高、适应性强(可用于不同相对密度、不同黏度、不同表面张力的溶液)。

②雾化室。内装撞击球和扰流器(去除大雾滴并使气溶胶均匀),可将雾状溶液与各种气体充分混合而形成更细的气溶胶并进入燃烧器。

③燃烧器。产生火焰并使试样蒸发和原子化的装置,有单缝和三缝两种形式,其高度和角度可调(让光通过火焰适宜的部位并有最大吸收)。

单色器:将空心阴极灯阴极材料的杂质发出的谱线、惰性气体发出的谱线及分析线的邻近线等与共振吸收线分开。

(2)原子吸收分光光度计工作条件如下。

测定波长:228.8 nm。

通带宽度:1.3 nm。

灯电流:7.5 mA。

火焰类型:空气-乙炔,氧化型,蓝色火焰。

2)实验试剂

浓盐酸(特级纯),浓硝酸(特级纯),浓氢氟酸(优级纯),浓高氯酸(优级纯),金属镉粉(光谱纯)。

3)实验溶液配制

(1)(1+5)硝酸溶液。量取 100 mL 浓硝酸(特级纯)缓慢加入到 500 mL 去离子水中,边加入边搅拌。

(2)镉标准储备液。称取 0.5000 g 金属镉粉(光谱纯),溶于 25 mL 的(1+5)硝酸溶液(微热溶解)。冷却,移入 500 mL 容量瓶中,用去离子水稀释至标线,摇匀。此溶液每毫升含 1.0 mg 镉。

(3)镉标准使用液。吸取 10.0 mL 镉标准储备液于 100 mL 容量瓶中,用去离子水稀释至标线,摇匀备用。吸取 5.0 mL 稀释后的标液于另一个 100 mL 容量瓶中,用去离子水稀释至标线即得每毫升含 5 μg 镉的标准使用液。

4.实验步骤

1)土样试液的制备

称取 0.5~1.000 g 土样于 25 mL 聚四氟乙烯坩埚中,用少许水润湿,加入 10 mL 的浓盐酸,在电热板上加热(<450 ℃)消解 2 h,然后加入 15 mL 的浓硝酸,继续加热至溶解物剩余约 5 mL 时,再加入 5 mL 的浓氢氯酸并加热分解除去硅化合物,最后加入 5 mL 的浓高氯酸加热至消解物呈淡黄色时,打开盖,蒸至近干。取下冷却,加入 1 mL 的(1+5)硝酸溶液微热溶解残渣,移入 50 mL 容量瓶中,用去离子水稀释至标线,摇匀。同时进行全程序试剂空白实验。

2)标准曲线的绘制

分别吸取镉标准使用液 0、0.50、1.00、2.00、3.00 和 4.00 mL 于 6 个 50 mL 具塞比色管中,用 0.2% 的硝酸溶液定容、摇匀。此标准系列分别含镉 0、0.05、0.10、0.20、0.30 和 0.40 μg/mL,测其吸光度,绘制标准曲线。

3)样品测定

(1)标准曲线法。按绘制标准曲线条件和测定试样溶液的吸光度,扣除全程序空白吸光度,从标准曲线上查得镉含量。

(2)标准加入法。取试样溶液 5.0 mL 分别置于 4 个 10 mL 容量瓶中,依次分别加入镉标准使用液(5.0 μg/mL)0、0.5、1.00 和 1.50 mL,用 0.2% 的硝酸溶液定容,设试样溶液镉浓度为 c_x,加镉标准使用液后试样镉浓度分别为 c_x+0、c_x+c_s、c_x+2c_s、c_x+3c_s,测得吸光度分别为 A_0、A_1、A_2、A_3。绘制 $A-c$ 关系图。图中所得曲线不通过原点,其截距所对应的吸光度正是试液中待测镉离子浓度的反映。外延曲线与横坐标相交,原点与交点的距离即为待测镉离子的浓度。

5.实验结果处理

查得镉含量后,按公式(2-49)计算。

$$镉浓度(mg/kg) = m/W \qquad (2-49)$$

式中:m 为从标准曲线上查得的镉含量,μg;W 为称量土样干质量,g。

6.注意事项

(1)土样消化过程中,最后除去高氯酸时必须防止溶液蒸干,不慎蒸干时,Fe、Al 盐可能形成难溶的氧化物而包藏镉,使结果偏低。注意:无水加热时高氯酸会爆炸。

（2）镉的测定波长为 228.8 nm，该分析线处于紫外光区，易受光散射和分子吸收的干扰，特别是在 220.0～270.0 nm 之间，NaCl 有强烈的分子吸收，覆盖了 228.8 nm 线。另外，Ca、Mg 的分子吸收和光散射也十分强。这些因素皆可造成镉的表观吸光度增大。为消除基体干扰，可在测量体系中加入适量基体改进剂，如在标准系列溶液和试样中分别加入 0.5 g 的 $La(NO_3)_3 \cdot 6H_2O$。此法适用于测定土壤中含镉量较高和受镉污染土壤中的镉含量。

（3）高氯酸的纯度对空白值的影响很大，直接关系到测定结果的准确度，因此必须注意全过程空白值的扣除，并尽量减少加入量以降低空白值。

7. 思考题

（1）火焰原子吸收分光光度法和石墨炉原子吸收分光光度法两者的区别是什么？

（2）影响检测结果准确性的因素可能有哪些？

2.3　综合实验

2.3.1　校园空气质量监测

我国城市空气以煤烟型污染为主，规定用 SO_2、NO_x 和 TSP 三项主要污染物指标计算空气污染指数（Air Pollution Index，API），表征空气质量状况。本实验将采用空气污染指数表征校园空气质量状况。

TSP 是总悬浮颗粒物的简称，按我国现行大气环境质量标准规定，为空气动力学当量直径在 100 μm 以下的液体和固体微粒的总称。微粒的直径在 10 μm 以下（0.1～10 μm）称为可吸入颗粒物（PM10），而大于 10 μm 小于 100 μm 的微粒因重力作用而易于沉降者称为降尘。

SO_2 的相对分子质量为 64.06，为无色、有强烈刺激性气味的气体，相对密度是 2.26，1 L 的 SO_2 气体在标准状况下质量为 2.93 g，在 0 ℃ 和 20 ℃ 的 1 L 水中分别能溶解 79.8 L 和 39.4 L，熔点为 −75.5 ℃，沸点为 10.02 ℃。

空气中含氮的氧化物有一氧化二氮、一氧化氮、二氧化氮、三氧化二氮等，其中占主要成分的是一氧化氮和二氧化氮，以 NO_x（氮氧化物）表示。氮氧化物对呼吸器官有刺激作用。由于氮氧化物较难溶于水，因而能侵入呼吸道深部细支气管及肺泡，并缓慢地溶于肺泡表面的水分中，形成亚硝酸、硝酸，对肺部组织产生强烈的刺激及腐蚀作用，引起肺水肿。亚硝酸盐进入血液后会与血红蛋白结合生成高铁血红蛋白，引起组织缺氧。在一般情况下，当污染物以二氧化氮为主时，对肺部的损害比较明显，二氧化氮与支气管哮喘的发病也有一定的关系；当污染物以一氧化氮为主时，高铁血红蛋白症和中枢神经系统损害比较明显。

本次实验在校园内采样，对 SO_2、NO_x 和 TSP 一小时平均浓度进行测定，并计算空气污染指数。

1. 实验目的

（1）根据布点采样规则，选择适宜的方法进行布点，确定采样频率及采样时间，进一步掌握测定空气中 SO_2、NO_x 和 TSP 的采样和监测方法；

（2）掌握测定空气中 SO_2、NO_x 和 TSP 的原理，并能对样品做一些预处理，以便消除干扰；

（3）设计优化实验方案和操作步骤，分析影响测定准确度的因素及控制方法；

（4）掌握空气污染指数计算方法，确定首要污染物，描述空气质量状况。

2.实验原理

空气中 TSP、SO_2 和 NO_x 测定的实验原理详见本实验教材中实验 2.2.18、实验 2.2.20 和实验 2.2.21。

3.实验仪器和试剂

空气中 TSP、SO_2 和 NO_x 测定所需的实验仪器和试剂详见本实验教材中实验 2.2.18、实验 2.2.20 和实验 2.2.21。

4.实验步骤

1)校园空气中 TSP、SO_2 和 NO_x 测定

空气中 TSP、SO_2 和 NO_x 测定的实验步骤详见本实验教材中实验 2.2.18、实验 2.2.20 和实验 2.2.21。

2)校园空气污染源调研

对校园空气污染源进行调研,主要调查校园空气污染物的排放源、数量、燃料种类和污染物名称及排放方式等,筛选出空气环境监测项目。可按表 2-13 的方式进行调查。

表 2-13 校园空气污染源情况调查

序号	污染源	数量	燃料种类	污染物名称	污染物排放方式	污染物治理措施	备注
1	食堂						
2	锅炉房						
3	实验室						
4	建筑工地						
5	周边道路						
6	其他						

5.实验结果处理

1)空气中 TSP、SO_2 和 NO_x 污染物浓度计算

详见本实验教材中实验 2.2.18、实验 2.2.20 和实验 2.2.21。

2)空气污染指数的定义及分级限值

空气污染指数对应的污染物浓度限值如表 2-14 所示。空气污染指数范围及相应的空气质量类别如表 2-15 所示。

表 2-14 空气污染指数对应的污染物浓度限值

转折点号	API	污染物浓度/$(mg \cdot m^{-3})$						
		TSP	SO_2	NO_x	NO_2	PM10	CO	O_3
1	500	1.000	2.620	0.940	0.940	0.600	150	1.200
2	400	0.875	2.100	0.750	0.750	0.500	120	1.000
3	300	0.625	1.600	0.565	0.565	0.420	90	0.800
4	200	0.500	0.800	0.150	0.280	0.350	60	0.400
5	100	0.300	0.150	0.100	0.120	0.150	10	0.200
6	50	0.120	0.050	0.050	0.080	0.050	5	0.120

表 2-15　空气污染指数范围及相应的空气质量类别

API	空气质量状况	对健康的影响	建议采用的措施
0~50	优	可正常活动	
51~100	良		
101~150	轻微污染	易感人群症状有轻度加剧,健康人群出现刺激症状	心脏病和呼吸系统疾病患者应减少体力消耗和户外活动
151~200	轻度污染		
201~250	中度污染	心脏病和肺病患者症状显著加剧,运动耐受力降低,健康人群中普遍出现症状	老年人和心脏病、肺病患者应该停留在室内,并减少体力活动
251~300	中度重污染		
>300	重污染	健康人群运动耐受力降低,有明显强烈症状,提前出现某些疾病	老年人和病人应该留在室内,避免体力消耗,一般人群应避免户外运动

3)空气污染指数的计算

API 的计算方法是根据各种污染物的实测浓度及其污染指数分级浓度限值计算各污染分指数。当某种污染物浓度(c_i)处于 $c_{i,j} \leqslant c_i \leqslant c_{i,j+1}$ 时,其污染分指数(I_i)按下式计算:

$$I_i = \frac{(c_i - c_{i,j})}{(c_{i,j+1} - c_{i,j})}(I_{i,j+1} - I_{i,j}) + I_{i,j} \qquad (2-50)$$

式中:c_i 为第 i 种污染物的浓度值;I_i 为第 i 种污染物的污染分指数值;$c_{i,j}$ 为第 i 种污染物在 j 转折点的浓度极限值;$I_{i,j}$ 为第 i 种污染物在 j 转折点的污染分指数值;$c_{i,j+1}$ 为第 i 种污染物在 $j+1$ 转折点的浓度极限值;$I_{i,j}$ 为第 i 种污染物在 $j+1$ 转折点的污染分指数值。

各种污染物的污染分指数中最大者为该城市的 API。

6.思考题

(1)如何分析校园环境中这三种污染物的污染程度?

(2)校园环境的主要污染物是什么? 主要来源是什么?

2.3.2　工业废渣渗沥模型实验

1.实验目的

(1)掌握工业废渣渗沥液的渗沥特性和研究方法;

(2)进一步理解固体废物检测的有关内容。

2.实验原理

实验采用模拟的手段,在玻璃管内填装经粉碎的工业废渣,以一定的流速滴加去离子水,通过测定渗沥液中有害物质的流出时间和浓度变化规律,推断工业废渣在堆放时的渗沥情况和危害程度。

3.实验装置和仪器

色层柱(ϕ25 mm,1300 mm)一支,1000 mL 带活塞试剂瓶一只,500 mL 锥形瓶一只。

按照图 2-1 组装工业废渣渗沥模型实验装置。

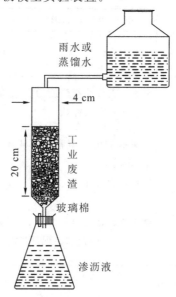

雨水或
蒸馏水

4 cm

20 cm

工
业
废
渣

玻璃棉

渗沥液

图 2-1　工业废渣渗沥模型实验装置示意图

4.实验步骤

将去除草木、砖石等异物的含镉工业废渣置于阴凉通风处,使之风干。压碎后,用四分法缩分,然后通过 0.5 mm 孔径筛,制备样品量约为 1000 g,装入色层柱(约高 200 mm)。试剂瓶中装去离子水,以 4.5 mL/min 的速度通过色层柱流入锥形瓶中。待滤液收集至 400 mL 时,关闭活塞,摇匀滤液,取适量样品按实验 2.2.24 测定镉的浓度。同时测定废渣中镉的含量。

5.思考题

根据测定结果推算,如果这种废渣堆放在河边土地上,可能产生什么后果? 这类废渣应如何处置?

第3章 水污染控制工程实验

3.1 基础知识

3.1.1 水处理内容

水处理是指为使水质达到一定使用/排放标准而采取的物理、化学和生物措施。饮用水的最低标准由环保部门制定,而工业用水有特定的要求。水的温度、颜色、透明度、气味、味道等物理特性是判断水质好坏的基本标准。水的化学特性,如其酸碱度、所溶解的固体物浓度和氧气含量等,也是判断水质的重要标准。如有些草原自然水中全溶固体物浓度高达 1000 mg/L,而我国国家标准(GB 5749—2022)规定饮用水中全溶固体物浓度不得超过 1000 mg/L,许多工业用水还要求浓度不得高于 200 mg/L。这种水,即便其物理性质符合要求,也不能随便使用。另外,来自自然界、由核事故和核电站等带来的放射性元素,也是必须进行监测的重要指标。

水处理的方式包括物理处理法、化学处理法和生物处理法。物理方法包括利用各种孔径的滤材,通过吸附或阻隔方式,将水中的杂质排除在外,吸附方式中较重要者为以活性炭进行吸附;阻隔方法则是将水通过滤材,让体积较大的杂质无法通过,进而获得较为干净的水。另外,物理方法也包括沉淀法,就是让相对密度较小的杂质浮于水面,或是相对密度较大的杂质沉淀于下,进而达到杂质去除的目的。化学方法则是利用各种化学药品将水中杂质转化为对人体伤害较小的物质,或是将杂质集中。历史最久的化学处理方法应该是用明矾净水,水中杂质集合后,体积变大,便可用过滤法将杂质去除。生物方法是利用一些微生物作用,使废水中的有机污染物降解为稳定无机物而除去。生物处理方法有好氧法、厌氧法和共代谢法,发展趋势是用厌氧法代替好氧法。生物处理方法常可起到物理、化学方法难达到的作用,正越来越受重视。

3.1.2 水处理技术

1.水处理的物理方法

1)沉淀法

沉淀法是利用水中悬浮物的可沉降性能,在重力作用下产生下沉作用,以达到固液分离的一种方法。对于水中粒径较大的杂质,利用重力,使其在沉降池中沉降、澄清,以得到浊度较小的水,初步达到净化的目的。

(1)沉淀处理工艺用途。根据沉淀处理工艺用途可将处理用构筑物分为沉砂池、初级沉淀池、二级沉淀池和污泥浓缩池。

①沉砂池。沉沙池可用以去除污水中的无机易沉淀物。

②初级沉淀池。初级沉淀池(初沉池)是较经济的去除悬浮有机物、减轻后续生物处理构筑物有机负荷的方法。

③二级沉淀池。二级沉淀池(二沉池)是用来分离生物处理工艺中产生的生物膜、活性污泥等,使处理后的水得以澄清的构筑物。

④污泥浓缩池。污泥浓缩池将来自初沉池及二沉池的污泥进一步浓缩,以减小体积、降低后续构筑物的尺寸及处理费用等。

(2)沉淀的类型。根据水中悬浮颗粒的凝聚性和浓度,通常将沉淀分为四种不同的类型。

①自由沉淀(离散沉淀)。自由沉淀是一种非絮凝性固体颗粒在稀悬浮液中的沉降。其特点是,沉降过程中颗粒的形状、粒径和密度不变,呈离散状态匀速沉降。

②絮凝沉淀。当悬浮颗粒浓度不高时,由于颗粒间存在絮凝作用,颗粒聚集增大而加快沉降,沉淀的轨迹呈曲线。絮凝沉淀的特点是沉淀过程中,颗粒的形状、粒径和沉速是变化的。

③区域沉淀(或成层沉淀)。区域沉淀是颗粒(强絮凝性)在较高浓度(5000 mg/L)悬浮液中的沉降。其特点是沉速受其他颗粒影响,颗粒间相对位置保持不变,一个整体共同下沉,形成一个清晰的界面,发生在二沉池处理的后期,浓缩池处理的初期。

④压缩沉淀。此时浓度很高,固体颗粒互相接触、互相支承,在上层颗粒的重力作用下,下层颗粒间隙的液体被挤出界面,固体颗粒群被浓缩。

(3)自由沉淀及其理论基础。

①水中悬浮颗粒所受到的力。水中悬浮颗粒受到重力和水对悬浮颗粒的浮力。当重力>浮力,颗粒下沉;重力=浮力,颗粒处于相对静止;重力<浮力,颗粒上浮。

②沉淀去除的对象。沉淀去除的对象是粒径在 $10~\mu m$ 以上的可沉固体。可用于以澄清水为目的的沉淀和以获得高浓度污泥为目的的污泥浓缩。

(4)沉淀理论。假设:颗粒为球形,不可压缩,也无凝聚性,沉降过程中其大小、形状和质量等均不变;水处于静止状态;颗粒沉降仅受重力和水的浮力作用。

静水中颗粒在重力作用下加速下沉,直到作用于颗粒的重力与水的浮力达到平衡时,颗粒开始均速下沉。平衡状态是开始沉淀后瞬时达到的。

悬浮颗粒在水中受到的推力 F_S:

$$F_S = V \times \rho_S \times g - V \times \rho_L \times g = V \times g(\rho_S - \rho_L) \tag{3-1}$$

根据牛顿定律,水对自由颗粒的阻力 F_D 为

$$F_D = \lambda' \times A \times (\rho_L \times u_S^2 / 2) \tag{3-2}$$

当颗粒所受外力平衡时 $F_S = F_D$,即:

$$V \times g(\rho_S - \rho_L) = \lambda' \times A \times (\rho_L \times u_S^2 / 2) \tag{3-3}$$

因

$$V = \frac{1}{6}\pi d^3, A = \frac{1}{4}\pi d^2 \tag{3-4}$$

得到球状颗粒自由沉淀的沉速公式:

$$u_S = \left[\frac{4g(\rho_S - \rho_L) \times d}{3\lambda' \times \rho_L}\right]^{\frac{1}{2}} \tag{3-5}$$

式中 λ' 是雷诺数 Re 的函数

$$Re = du_s\rho/\mu \tag{3-6}$$

当 $Re \leqslant 1$,

$$\lambda' = 24/Re \tag{3-7}$$

当 $2 < Re \leqslant 500$,

$$\lambda' = 10/\sqrt{Re} \tag{3-8}$$

当 $500 < Re < 10^5$,

$$\lambda' = 0.44 \tag{3-9}$$

当颗粒粒径较小、沉速小、颗粒沉降过程中其周围的绕流流速也小时,颗粒主要受水的黏滞阻力作用,惯性力可以忽略不计,颗粒运动是处于层流状态。在层流状态下,$\lambda' = 24/Re$。得斯托克斯公式:

$$u_s = \frac{g(\rho_S - \rho_L) \times d^2}{18\mu} \tag{3-10}$$

式中:u_s 为颗粒的沉降速度,m/s;ρ_S、ρ_L 分别表示颗粒及水的密度,kg/m³;g 为重力加速度,m/s²;μ 为水的黏度,Pa·s;d 为颗粒的粒径,m。

①颗粒与水的密度差($\rho_S - \rho_L$)愈大,沉降速度也愈大,两者成正比关系。当 $\rho_S > \rho_L$ 时 $u_s > 0$,颗粒下沉;当 $\rho_S < \rho_L$ 时 $u_s < 0$,颗粒上浮;当 $\rho_S = \rho_L$ 时,$u_s = 0$,颗粒既不下沉也不上浮。

②水的黏度 μ 愈小,沉速愈快,两者成反比关系。因黏度与水温成反比,故提高水温有利于颗粒的沉降。

③颗粒直径愈大,沉速愈快,两者成平方关系。因此随粒度的下降,颗粒的沉降速度会迅速降低。

实际水处理过程中,水流呈层流状态的情况较少,所以一般沉降只能去除 $d > 20~\mu m$ 的颗粒。

2)吸附法

吸附法是利用疏松多孔性介质的吸附作用,对水中色素、细菌、胶体等杂质进行吸附并除去,以提高水质的方法。常用颗粒状活性炭作吸附材料,它使用方便,使用寿命长,且可活化再次使用。

吸附现象是溶剂、溶质和固体吸附剂综合体系中的界面现象。吸附现象的第一种推动力是溶剂对溶质的排斥作用,决定这种作用强度的重要因素是溶质的溶解度,溶质同溶剂的化学特性越相近,溶解度就越大,被多孔性固体吸附的趋势就越小;反之,溶质同溶剂的化学特性相差越大,溶解度就越小,被吸附的趋势就越大。在水溶液中,溶剂水具有强极性,一些非极性的有机物就容易受到水的排斥,而被吸附在非极性的吸附剂表面。吸附现象的第二种推动力是多孔性固体对溶质的亲和吸引作用,包括范德瓦耳斯力、静电引力以及化学键或氢键作用力。在范德瓦耳斯力或静电引力作用下进行的吸附称为物理吸附。这两种力是没有选择性的,因而物理吸附可以发生在固体吸附剂与任何溶质之间,但吸附强度则因吸附对象的不同而有很大差别。范德瓦耳斯力的作用强度较小,作用范围也小,因而吸附不牢固,具有可逆性,并可以形成多分子层的吸附。物理吸附过程是放热过程,温度降低有利于吸附,温度升高有利于解吸。在化学键力或氢键力作用下进行的吸附称为化学吸附。化学键力只存在于特定的各原子之间,所以化学吸附是有选择性的。化学键力的强度较大,其作用力范围不超过分子大小,因而化学吸附可逆性较差,只形成单分子层吸附。化学吸附是吸热过程,温度升高有利于吸附。物理吸附和化学吸附往往并存于吸附过程中。按接触、分离的方式,吸附操作可分为静态间隙吸附法和动态连续吸附法两种。

(1)静态间隙吸附法。把一定数量的吸附剂投入反应池内的废水中,使吸附剂和废水充分接触,经过一定时间达到吸附平衡后,利用沉淀法或再辅以过滤将吸附剂从废水中分离出来。反应池有两种类型,一种是搅拌器型,利用搅拌器在整个池内进行快速搅拌,使吸附剂与废水进行接触反应;另一种为泥浆接触型,反应槽构造和循环澄清池的反应室形式相同,池内具有保持一定浓度的吸附剂。为了防止吸附剂被处理水带出,影响出水水质,可投加一定量的混凝剂。如果希望通过一次吸附就把污染物的浓度降到所要求的程度,吸附剂的吸附容量就不能被充分利用,因此往往采用多次吸附、分离的方法,以减少吸附剂用量。泥浆接触型反应池依流动方式有顺流一级吸附、顺流多级吸附和逆流多级吸附等。

(2)动态连续吸附法。动态连续吸附法是在流动条件下进行吸附的过程,相当于连续进行多次吸附,即在废水连续通过吸附剂填料层时,吸附去除其中的污染物。其吸附装置有固定床、膨胀床和移动床等形式,各种吸附装置可单独、并联或串联运行。按水流方向可分为上向流式和下向流式两种;按承受的压力可分为重力式和压力式两种。得到广泛使用的是固定床吸附系统。

①固定床吸附系统。固定床吸附系统构造类似快滤池。当吸附剂吸附污染物达到饱和时,把吸附柱中失效的吸附剂全部取出,更换新的或再生的吸附剂。为了充分利用吸附剂的吸附容量,可采用多级串联吸附方式。但多级串联系统会增加投资费用和电能消耗。处理水量较大时,用两个或更多的固定床并联运行是经济的。在这种情况下,应使各吸附柱更换吸附剂的时间相互错开,从各吸附柱流出的处理水的水质虽然各不相同,但混合后仍可得到合乎要求的出水水质,从而使吸附剂的消耗率降到最低程度。

②移动床吸附装置。移动床吸附装置是逆流运行方法的一种改进装置。移动床有吸附剂连续移动和间歇移动两种型式。通常所说的移动床是指间歇移动吸附装置。移动床具有装置小、占地面积少、费用低和出水水质稳定等优点,但装置复杂,运行管理不方便,须定期开启、关闭阀门,各类阀门磨损较快。此外,移动床不能频繁地反冲洗,进水应设置预处理设备,以保证进水中悬浮固体在 10 mg/L 以下。

除了广泛应用的活性炭外,合成的大孔吸附树脂也能有效地去除废水中难分解的有机物,尤其是去除酚类化合物、表面活性物质和色度。失效的大孔吸附树脂可用稀碱液或有机溶剂再生,同时还可以从再生废液中回收有用的物质,如酚、木质素等。在废水处理中还可以使用炉渣、焦炭、硅藻土、褐煤、泥煤和黏土等廉价吸附剂,不过它们的吸附容量小,去除污染物的效率不高。

3)膜分离法

膜分离法是利用特殊薄膜对液体中的某些成分进行选择性透过的方法的统称。溶剂透过膜的过程称为渗透,溶质透过膜的过程称为渗析。膜分离技术主要包括透析、超滤及反渗透、微滤、电渗析、液膜技术、气体渗透和渗透蒸发等,应用最广泛的是超滤和反渗透。近年来,膜分离技术发展很快,在水和废水处理、化工、医疗、轻工和生化等领域得到了大量的应用。膜渗透是利用膜的选择性渗透作用,对混合物中溶质和溶剂进行分离、分级和富集的方法。膜分离具有工艺简单、能耗低和效率高等优点,其过程一般不发生相变,可在常温下进行。但它还存在一些缺点,如膜上面易形成附着层、膜清洗困难、膜的耐用性差等。

膜分离的特点如下:

①膜分离过程不发生相变,因此能量转化的效率高,该技术是一种节能技术,例如在现有的海水淡化方法中,反渗透法能耗最低。

②膜分离过程在常温下进行,因而特别适用于对热敏性物料,如果汁、酶、药物等的分离、分级和浓缩。

③膜分离技术不仅适用于有机物和无机物,以及病毒、细菌和微粒的分离,而且还适用于许多特殊溶液体系的分离,如溶液中大分子与无机盐的分离及一些共沸物或近沸物系的分离,而常规的蒸馏方法对于共沸物或近沸物常常是无能为力的。

④装置简单,操作容易、易控制、维修且分离效率高。作为一种新型的水处理方法,与常规水处理方法相比,膜分离技术具有占地面积小、适用范围广、处理效率高等优点。

(1)微滤。与常规过滤相比,微滤属于精密过滤,它是截留溶液中的砂砾、淤泥、黏土等颗粒,以及蓝氏贾第鞭毛虫、隐孢子虫、藻类和一些细菌等,而大量溶剂、小分子及少量大分子溶质都能透过膜的分离过程。微滤操作有死端过滤和错流(又称切线流)过滤两种形式。死端过滤主要用于固体含量较小的流体和一般处理规模,膜大多数被制成一次性的滤芯。错流过滤对于悬浮粒子大小、浓度的变化不敏感,适于较大规模的应用,这类操作形式的膜组件需要经常进行周期性的清洗或再生。

微滤膜是在流体压力差的作用下,利用膜对被分离组分的尺寸进行选择,将膜孔能截留的微粒及大分子溶质截留,而使膜孔不能截留的颗粒和小分子溶质透过。微滤膜的截留机理因其结构上的差异而不尽相同,大体可分为机械截留作用、吸附截留作用、架桥作用和网络内部截留作用。

①机械截留作用。具有截留比其孔径大或与其孔径相当的微粒等杂质的作用,即筛分作用。

②吸附截留作用。膜表面的电荷电性及电位也会影响到其对水中颗粒物的去除效果。一般水中颗粒物表面带负电,膜的表面所带电荷的性质及大小决定其对水中颗粒物产生静电力的大小。此外,膜表面力场的不平衡性,也会使得膜本身具有一定的物理吸附性能。

③架桥作用。粒径大于膜孔的颗粒会在膜的表面形成滤饼层,起到架桥的作用。这样就使得粒径小于膜孔的某些物质也能截留下来。

④网络内部截留作用。对于网络型膜,其截留作用以网络内部截留作用为主。这种截留作用是将微粒截留在膜的内部,而不是在膜的表面。

(2)超滤。超滤是在压差推动力作用下进行的筛孔分离过程,它介于纳滤和微滤之间,膜孔径范围在 1 nm~0.05 μm 之间。最早使用的超滤膜是动物的脏器薄膜。直至 20 世纪 70 年代,超滤才从实验规模的分离手段发展成为重要的工业分离单元操作技术,工业应用发展十分迅速。

超滤所分离的组分直径为 5 nm~10 μm,可分离相对分子质量大于 500 的大分子和胶体。这种液体的渗透压很小,可以忽略,因而采用的操作压力较小,一般为 0.1~0.5 MPa。所用超滤膜多为非对称膜,通常由超薄活化层和多孔层组成。超薄活化层厚约 0.25 μm,孔径为 5.0~20.0 nm,对溶液的分离起主要作用。多孔层的厚度约为 75~125 μm,孔径约 0.4 μm,具有很高的透水性,起支撑作用。膜的水透过通量为 0.5~5.0 m³/(m²·d)。从膜的结构上来讲,超滤的分离机理主要基于筛分理论,即原料液中的溶剂和小的溶质颗粒从高压料液侧透过膜到低压侧,而大分子及微粒组分则被膜截留形成浓缩液,通过膜孔对原料液中颗粒物及大分子的筛分作用,将污染物质截留去除。

在实际情况中,超滤膜对污染物质的去除并不能都由筛分理论解释。某些情况下,超滤膜材料的表面化学特性起到了决定性的作用。在一些超滤过程中,超滤膜孔径大于溶质的粒径,但仍能将溶质截留下来。可见,超滤膜的分离性能是由膜孔径和膜的表面化学性质综合决定的。用于衡量超滤膜性能的基本参数包括截留分子量和纯水渗透率。超滤膜对具有相似化学结构、不同相对分子质量的化合物的截留率曲线称为截留分子量曲线。根据截留分子量曲线可知,截留率大于 90% 或 95% 的相对分子质量即为截留分子量。越靠近截留分子量,截留分子量曲线越陡,膜的分离性能越好。

(3)纳滤。纳滤是在 20 世纪 80 年代后期发展起来的一种介于反渗透和超滤之间的新型膜分离技术。纳滤膜的截留分子量在 200～1000 之间,膜孔径约为 1 nm 左右,适宜分离大小约为 1 nm 的溶解组分,故称为纳滤。纳滤的操作压强通常为 0.5～1.0 MPa,一般比反渗透低 0.5～3 MPa,并且由于其对料液中无机盐的分离性能,纳滤又被称为"疏松反渗透"或"低压反渗透"。纳滤技术是为了适应工业软化水及降低成本的需要而发展起来的一种新型的压力驱动膜过滤。

纳滤膜分离在常温下进行,无相变,无化学反应,不破坏生物活性,能有效地截留二价及高价离子和相对分子质量高于 200 的有机小分子,而使大部分一价无机盐透过,可分离同类氨基酸和蛋白质,实现高分子量和低分子量有机物的分离,且成本比传统工艺低,因而被广泛应用于超纯水的制备、食品、化工、医药、生化、环保、冶金等领域的各种浓缩和分离过程。

纳滤膜的一个显著特征是膜表面或膜中存在带电基团,因此纳滤膜分离具有两个特性,即筛分效应和电荷效应。相对分子质量大于膜的截留分子量的物质被膜截留,反之则透过,这就是膜的筛分效应。膜的电荷效应又称为道南(Donnan)效应,是指离子与膜所带电荷的静电相互作用。对不带电荷的分子的过滤主要靠筛分效应,利用筛分效应可以将不同相对分子质量的物质分离;而对带有荷电的物质的过滤主要依靠荷电效应。

纳滤与超滤、反渗透一样,均是以压力差为驱动力的膜分离过程,但其传质机理有所不同。一般认为,超滤膜由于孔径较大,传质过程主要为筛分效应;反渗透膜属于无孔膜,其传质过程为溶解-扩散过程(静电效应);纳滤膜存在纳米级微孔,且大部分带负电,对无机盐的分离行为不仅受化学势控制,同时也受电势梯度的影响。

对于纯电解质溶液,同性离子会被带电的膜活性层所排斥,而如果同性离子为多价,则截留率会更高。同时,为了保持电荷平衡,反离子也会被截留,导致电迁移流动与对流方向相反,但是,带多价反离子的共离子较带单价反离子的共离子的截留率要低,这可能是由多价反离子对膜电荷的吸附和屏蔽作用所致。对于两种同性离子混合物溶液,根据道南理论,与它们各自的单纯盐溶液相比,多价共离子比单价共离子更容易被截留。对于两种共离子的混合液,由于它们迁移率的不同,使低迁移率的反离子的截留逐渐减少而高迁移率的反离子的浓度增加,造成电流和电迁移的"抵消"。

纳滤膜对极性小分子有机物的选择性截留基于溶质的尺寸和电荷。溶质的传递可以理解为以下两步:第一步,离子根据所带的电荷选择性地吸附在膜的表面;第二步,在扩散、对流、电泳移动性的共同作用下传递通过膜。

（4）反渗透。溶剂与溶液被半透膜隔开，半透膜两侧压力相等时，纯溶剂通过半透膜进入溶液侧使溶液浓度变低的现象称为渗透。此时，单位时间内从纯溶剂侧通过半透膜进入溶液侧的溶剂分子数目多于从溶液侧通过半透膜进入溶剂侧的溶剂分子数目，使得溶液浓度降低。当单位时间内，从两个方向通过半透膜的溶剂分子数目相等时，渗透达到平衡。如果在溶液侧加上一定的外压，恰好能阻止纯溶剂侧的溶剂分子通过半透膜进入溶液侧，则此外压称为渗透压。渗透压取决于溶液系统及其浓度，且与温度有关，如果加在溶液侧的压力超过了渗透压，则使溶液中的溶剂分子进入纯溶剂内，此过程称为反渗透。

反渗透膜分离过程是利用反渗透膜选择性地透过溶剂（通常是水）而截留离子物质的性质，以膜两侧的静压差为推动力，克服溶剂的渗透压，使溶剂通过反渗透膜而实现对液体混合物进行分离的膜过程。因此，反渗透膜分离过程必须具备两个条件：一是具有高选择性和高渗透性的半透膜；二是操作压力必须高于溶液的渗透压。

反渗透膜分离过程可在常温下进行，且无相变、能耗低，可用于热敏感性物质的分离、浓缩；可以有效地去除无机盐和有机小分子杂质；具有较高的脱盐率和较高的水回用率；膜分离装置简单，操作简便，易于实现自动化；分离过程要在高压下进行，因此需配备高压泵和耐高压管路；反渗透膜分离装置对进水指标有较高的要求，需对原水进行一定的预处理；分离过程中，易产生膜污染，为延长膜使用寿命和提高分离效果，要定期对膜进行清洗。

（5）电渗析。人们很早就发现，一些动物膜如膀胱膜、羊皮纸（一种把羊皮刮薄做成的纸），有分隔水溶液中某些溶解物质（溶质）的作用。例如，食盐能透过羊皮纸，而糖、淀粉、树胶等则不能。如果用羊皮纸或其他半透膜包裹一个穿孔杯，杯中满盛盐水，放在一个盛放清水的烧杯中，隔上一段时间会发现烧杯内的清水带有咸味，表明盐的分子已经透过羊皮纸或半透膜进入清水。如果把穿孔杯中的盐水换成糖水，则会发现烧杯中的清水不会带甜味。显然，如果把盐和糖的混合液放在穿孔杯内，并不断地更换烧杯里的清水，基本上能把穿孔杯中混合液内的食盐都分离出来，使混合液中的糖和盐得到分离，这种方法称为渗析法。若渗析时外加直流电场，常常可以加速小离子自膜内向膜外的扩散，称为电渗析。

起渗析作用的薄膜，因其对溶质的渗透有选择作用，故称为半透膜。近年来，半透膜有很大的发展，出现很多由高分子化合物制造的人造薄膜，不同的薄膜有不同的选择渗析性。半透膜的渗析作用有三种类型：

①依靠薄膜中孔道的大小分离大小不同的分子或粒子；

②依靠薄膜的离子结构分离性质不同的离子，如用阳离子交换树脂做成的薄膜可以透过阳离子，称为阳离子交换膜，用阴离子树脂做成的薄膜可以透过阴离子，称为阴离子交换膜；

③依靠薄膜可有选择地分离某些物质，如醋酸纤维膜有透过某些液体和气体的性能。

一种薄膜只要具备上述三种作用之一，就能有选择地让某些物质透过而成为半透膜。在废水处理中最常用的半透膜是离子交换膜。

（6）渗透蒸发（又称渗透汽化）。渗透汽化最先由科伯（Kober）于 20 世纪初提出，是近年来发展比较迅速的一种膜技术，它是利用膜对液体混合物中各组分的亲和性和传质阻力不同，及各组分在膜中的扩散速度不同从而达到分离目的。原则上，渗透汽化适用于一切液体混合物的分离，具有一次性分离度高、设备简单、无污染、低能耗等优点，尤其是对于共沸或近沸的混合体系的分离、纯化具有特别的优势，是最有希望取代精馏的膜分离技术。

按照形成膜两侧蒸气压差的方法，渗透汽化主要有以下几种形式。

①减压渗透汽化。膜透过侧用真空泵抽真空,以造成膜两侧组分的蒸气压差。在实验室中若不需收集透过侧物料,用该法最方便。

②加热渗透汽化。通过料液加热和透过侧冷凝的方法,形成膜两侧组分的蒸气压差。一般冷凝和加热费用远小于真空泵的费用,且操作也比较简单,但传质动力比减压渗透汽化小。

③吹扫渗透汽化。用载气吹扫膜的透过侧,以带走透过组分,吹扫气需经冷却冷凝,以回收透过组分,载气循环使用。

④冷凝渗透汽化。当透过组分与水不互溶时,可用低压水蒸气作为吹扫载气,冷凝后水与透过组分分层后,水经蒸发器蒸发重新使用。

渗透汽化与反渗透、超滤及气体分离等膜分离技术的最大区别在于物料透过膜时将产生相变。因此在操作过程中必须不断加入至少相当于透过物汽化潜热的热量,才能维持一定的操作温度。

4)气浮法

气浮是设法在废水槽中通入大量密集的微细气泡,使其与细的悬浮物相互粘附,形成整体密度小于水的浮体,从而依靠浮力上升至水面,以完成固、液分离的处理方法。按气泡的来源可分为压力溶气气浮、电解凝聚气浮和微孔布气气浮三大类。

(1)影响气浮分离效率的主要因素有以下几点。

①溶液的酸度。

②表面活性剂浓度:表面活性剂浓度不宜超过临界胶束浓度,过量的表面活性剂会形成胶束,使沉淀溶解。

③离子强度:离子强度大,对气浮分离不利。

④形成络合物或沉淀的性质:螯合物以及离子缔合物的稳定性与分离效率都有直接关系。

⑤其他因素:一般要求气泡直径在 0.1～0.5 mm 之间,气泡上升速度为 1～2 cm/min 为宜。常用氮气或空气。通气时间因方法而异。

(2)气浮法处理工艺必须满足下列基本条件才能完成气浮处理过程,达到将污染物质从水中去除的目的。

①必须向水中通入足量的微小气泡。

②必须使废水中的污染物质形成悬浮状态。

③必须使气泡与悬浮物质产生粘附作用。

由于离子与表面活性剂形成的复合物或有机化合物具有较低的界面张力和较强的疏水性,从而优先吸附于上升气泡的气-液界面上,或通过扩散而进入气泡内,随着气泡的上升而被带入处于水相上层静止的一薄层难挥发有机捕收溶剂中,从而达到与水相分离的目的。溶剂气浮分离法的优点是设备比较简单,可以连续进行,而且在低浓度下分离特别有效,因此非常适合溶液中低浓度组分的回收。

(3)气浮过程分以下三个阶段。

①第一阶段(气泡产生)。在气浮过程中需要大量细微而均匀的气泡作为载体。

a.气泡量越多,分散度越高,它与有机物粘附的机会也就越多。

b.气泡应具有一定的稳定性,但过于稳定的气泡也难以运送和脱水,因而稳定时间以数分钟为宜。

c.气泡从水中析出分两步,首先是气泡核的形成过程,其次是气泡的增长过程,第一步起决定性作用。能否形成稳定的气泡取决于废水的表面张力,表面张力越小,越容易形成稳定的气泡,气泡直径也越小。

②第二阶段(有机物与气泡附着)。实现气浮分离过程的必要条件是使有机物能粘附在气泡上。当废水中有气泡存在时,并非所有的有机物都能粘附上去,它们是否与气泡粘附取决于水对该有机物的表面性质(即有机物的疏水性)。一般规律:疏水性颗粒易与气泡粘附,而亲水性颗粒难以与气泡粘附。气浮法只适于除去水中的疏水性颗粒,对于亲水性物质,就必须投加合适的药剂,改变颗粒的表面性质,然后用气浮法分离。对于颗粒很细小的微粒,直接用气浮法效果较差,可投加混凝剂以提高其气浮效果。

③第三阶段(上浮分离)。主要由气浮池来实现,污水处理中采用的气浮法,按水中气泡产生的方法可以分为以下三种。

a.压力溶气气浮法(真空溶气气浮、加压溶气气浮)。该法是气体在一定压力下使空气溶解于水并达到饱和状态,然后骤然减压释放,这时溶解的空气便以微小的气泡从水中析出并进行气浮。特点是气泡直径为 $20 \sim 100 \ \mu m$;可人为控制气泡与废水的接触时间。

b.微孔布气气浮法(水泵吸水管吸入空气气浮、射流气浮、扩散曝气气浮、叶轮气浮)。

c.电解凝聚气浮法。电解气浮法的缺点是电耗较高,电极板易结垢,操作管理复杂。气浮效果的好坏取决于水中空气的溶解量、水中空气的饱和度、气泡的分散程度以及气泡的稳定性。

2.水处理的化学方法

1)酸碱中和法

酸性废水和碱性废水,可用中和法处理,向废水加入中和剂,或用酸性废水中和碱性废水,亦或用碱性废水、废渣中和酸性废水,尽量做到"以废治废",综合治废的目的。

常用的方法有酸、碱废水中和,投药中和及过滤中和法等。

(1)酸、碱废水(或废渣)中和法。酸、碱废水的相互中和可根据当量定律定量计算:

$$N_a V_a = N_b V_b \tag{3-11}$$

式中:N_a、N_b 分别为酸、碱的当量浓度,mol/L;V_a、V_b 分别为酸碱溶液的体积,L。

中和过程中,酸碱双方的当量数恰好相等时称为中和反应的等当点。强酸、强碱的中和达到等当点时,由于所生成的强酸强碱盐不发生水解,因此等当点即中性点,溶液的 pH 值等于7.0。但中和的一方若为弱酸或弱碱,由于中和过程中所生成的盐在水中水解,因此,尽管达到等当点,但溶液并非中性,而是根据生成盐的水解可能呈现酸性或碱性,pH 值的大小由所生成盐的水解度决定。

(2)投药中和法。投药中和法是应用广泛的一种中和方法。最常用的碱性药剂是石灰,有时也选用苛性钠、碳酸钠、石灰石或白云石等。选择碱性药剂时,不仅要考虑它本身的溶解性、反应速度、成本、二次污染、使用方便等因素,而且还要考虑中和产物的性状、数量及处理费用等因素。

(3)过滤中和法。一般适用于处理含酸浓度较低(硫酸<20 g/L,盐酸、硝酸<20 g/L)的少量酸性废水,对含有大量悬浮物、油、重金属盐类和其他有毒物质的酸性废水不适用。

滤料可用石灰石或白云石。石灰石滤料反应速度比白云石快,但进水中硫酸充许浓度则较白云石滤料低,故中和含硫酸废水,宜采用白云石。中和盐酸、硝酸废水时,两者均可采用。

2)氧化还原法

氧化还原法是指废水中的污染物在处理过程中发生了氧化还原反应,使污染物被氧化或者被还原,从而转变为无毒无害的新物质,达到处理的目的。在废水处理过程中最常用的氧化剂有空气、臭氧、氯气、次氯酸钠,最常见的还原剂有硫酸亚铁、铁屑、亚硫酸氢钠、硼氢化钠。氧化还原法按照污染物的净化原理可以分为药剂法、电解法和声光化学法。

(1)化学氧化法。化学氧化法是利用臭氧、氯气、高锰酸钾、二氧化氯、过氧化氢等氧化剂将废水中的污染物氧化成二氧化碳和水的一种处理技术。由于此法要往废水中注入大量的氧化药剂,致使其处理费用相对较高,但反应速度快,工艺简单,可对废水脱色、除臭,也可进行深度处理。臭氧氧化法不仅可以对废水杀菌消毒,还可使水中的溶解氧增加,从而使废水的COD和BOD降低,因此,其可作为一种主要的废水深度处理技术。氯氧化法利用了氯的氧化性,可对废水杀菌、消毒,目前已广泛应用于含酚、含氰、含硫废水的处理。

(2)湿式氧化法。湿式氧化技术是在高温、高压条件下,用氧气或者空气中的氧气来氧化废水中的难降解有机物,使其氧化分解成易生化处理的小分子有机物和无机物的处理过程。与常规水处理法相比,该法具有应用范围广、高效、快速、低污染以及可一定程度回收有用物料等优点。目前,湿式氧化法在国外已实现了工业化,广泛应用于含氰废水、煤气化废水、含硫废水、含酚废水、造纸黑液等工业废水的处理,而国内尚处于试验阶段,其应用有待于进一步研究。近年来,研究人员为降低反应温度和反应压力、提高处理效率,对传统湿式氧化法进行了改进,研究重点是使用高效、稳定的催化剂的催化湿式氧化技术。

(3)电化学法。电化学法是指利用电极在废水中发生的电化学反应产生强氧化剂、气体或絮凝剂,使废水中污染物去除的过程。按照作用原理可将其分为电解氧化、电气浮、电絮凝等。电解氧化又可分为直接电解和间接电解,直接电解是在电极上直接将污染物氧化或还原而去除,间接电解是利用在电场作用下电极表面产生的羟基自由基、次氯酸根等强氧化剂将污染物转化为易降解或无害物质,使废水得到净化。电气浮是利用电解过程产生的气体(如废水中的氯离子将导致氯气溢出),使废水中的挥发性杂质和轻质悬浮物浮于废水表面,从而达到废水净化的作用。电絮凝是在电化学处理废水过程中消耗铁阳极或铝阳极,使其在废水中形成铁盐或铝盐絮凝剂,将胶体和悬浮物质去除。

(4)光催化氧化法。光催化氧化法是利用 TiO_2、ZnO 等 n 型半导体作催化剂,与光联合促进化学反应,使废水中的有机污染物发生氧化,转化为无毒无害的 CO_2、H_2O。其机理是半导体在光的照射作用下,使水分子失去电子,产生具有强氧化能力的·OH,导致废水中的各种有机物质被氧化。光催化氧化法处理废水的效果与催化剂晶型、结晶度、比表面、光强、pH、反应器等有关。由于光催化氧化法处理废水避免了二次污染,使其近年来在废水处理领域越来越得到重视,尤其是含酚废水处理方面,已取得较好的研究结果,有望实现工业化。

(5)超声波化学氧化法。超声波化学氧化法处理废水是利用声空化效应产生自由基,进而对废水中的污染物产生氧化作用,是一种高效处理有机污染物的技术。其工作原理是液体在超声条件下产生空化气泡,而空化气泡在废水处理过程中起到能量变换器和高能量微反应器的作用,使其中的水蒸气分裂形成·OH 等自由基,将水中的酚类等有机污染物氧化降解。超声波化学氧化法处理废水虽然具有反应速度快、减少二次污染等优点,但其存在处理量少、成本较高等问题,目前仍处于探索阶段。

(6)芬顿(Fenton)氧化法。该法是利用亚铁离子与过氧化氢结合的芬顿试剂来处理废水的一种方法,适用于生物法和一般化学氧化法难降解的诸如醚类、硝基苯酚类、氯酚类、芳香族胺类、多环芳香族类等有机废水的处理,其反应机理是 H_2O_2 在 Fe^{2+} 的催化下,产生活泼的羟基自由基($\cdot OH$),可以将有机物及还原性物质分解为 CO_2、H_2O 等无机物。由于其处理废水具有高效、低耗、无二次污染等优点,引起了国内外广大学者的极大关注。目前,通过改变传统芬顿氧化法的反应条件,芬顿技术已拓展出两种重要的方向,一种是在体系中引入紫外线的光芬顿(Photo-Fenton)技术,另一种是将芬顿反应与电解结合的电芬顿(Electro-Fenton)技术。电芬顿技术因具有原位生成 H_2O_2 和 Fe^{2+}、曝气提高废水处理的混合程度、阳极氧化与电吸附辅助处理废水等优点,已逐渐成为近年来的研究热点。

3)化学沉淀法

化学沉淀法是向污水中投加某种化学物质,使它与污水中的溶解物质发生化学反应,生成难溶于水的沉淀物,以降低污水中溶解物质的方法。化学沉淀法的处理对象主要有废水中的重金属离子及放射性元素(如 Cr^{3+}、Cd^{3+}、Hg^{2+}、Zn^{2+}、Ni^{2+}、Cu^{2+}、Pb^{2+} 和 Fe^{2+} 等)、给水处理中的钙、镁硬度、某些非金属离子和元素(如 S^{2-}、F^- 和磷等)及某些有机污染物。

化学沉淀法工艺过程为:投加化学沉淀剂,生成难溶的化学物质,使污染物沉淀析出;然后通过凝聚、沉降、浮选、过滤、离心、吸附等方法进行固液分离。分离出的泥渣再进行处理或回收利用。

化学沉淀法的基本原理是根据化学沉淀的必要条件,一定温度下,难溶盐 M_mN_n 在饱和溶液中沉淀和溶解,反应方程式如下:

$$m\,M^{n+} + n\,N^{m-} \rightleftharpoons M_mN_n \qquad (3-12)$$

式中:m,n 分别表示离子 M^{n+}、N^{m+} 的系数。

根据质量作用定律,溶度积常数可表示为 $K_{spM_mN_n}$。

$$K_{sp\,M_mN_n} = [M^{n+}]^m [N^{m-}]^n = k[M_nN_m] = 常数 \qquad (3-13)$$

式中:$[M^{n+}]$ 为金属阳离子物质的量浓度,mol/L;$[N^{m-}]$ 为阴离子物质的量浓度,mol/L;电离常数 $k = \dfrac{[M^{n+}]^m \cdot [N^{m-}]^n}{[M_mN_n]}$

根据溶度积原理,可以判断溶液中是否有沉淀产生。

当离子积 $[M^{n+}]^m [N^{m-}]^n < K_{sp\,M_mN_n}$ 时溶液未饱和,无沉淀产生;当离子积 $[M^{n+}]^m$ $[N^{m-}]^n = K_{sp\,M_mN_n}$ 时溶液正好饱和,无沉淀产生;当 $[M^{n+}]^m [N^{m-}]^n > K_{sp\,M_mN_n}$ 时会形成 M_mN_n 沉淀。因此,要降低 $[M^{n+}]$ 可以考虑增大 $[N^{m-}]$ 的值,具有这种作用的化学物质称为沉淀剂。

溶度积常数 $K_{sp\,M_mN_n}$ 的影响因素如下:

(1)同离子效应。当沉淀溶解平衡后,如果向溶液中加入含有某一离子的试剂,则反应向沉淀溶解度减少方向移动。

(2)盐溶液。在有强电解质存在的状况下,溶解度随强电解质浓度的增大而增加,反应向溶解方向转移。

(3)酸效应。溶液的 pH 值可影响沉淀物的溶解度,称为酸效应。

(4)络合效应。若溶液中存在可能与离子生成可溶性络合物的络合剂,则反应向相反的方向进行,沉淀溶解,甚至不产生沉淀。

4)絮凝沉淀法

在含有细小悬浮物或溶胶状的污染物的废水中,加入与污染物所带电荷相反的絮凝剂,发生电性中和而使污染物凝聚成絮状大颗粒沉降下来。常用的絮凝剂有明矾、硫酸铝、碱式氯化铝、聚丙烯酰胺（PAM）等。

絮凝沉淀法是利用混凝剂对污水进行深度净化处理的一种常用方法。其基本原理就是在混凝剂的作用下通过压缩微颗粒表面双电层、降低界面 ξ 电位、电中和等电化学过程，以及桥联、网捕、吸附等物理化学过程，将废水中的悬浮物、胶体和可絮凝的其他物质凝聚成"絮团"；再经过沉降设备将絮凝后的废水进行固液分离，"絮团"沉入沉降设备的底部而成为泥浆，顶部流出的则为色度和浊度较低的清水。

絮凝沉淀去除的对象一般是二级处理水中呈胶体和微小悬浮状态的有机和无机污染物，从表观而言，就是去除污水的色度和浑浊度。絮凝沉淀还可以去除污水中的某些溶解性物质，如砷、汞等，也能有效地去除能够导致流水富营养化的氮和磷等。

影响絮凝效果的因素主要包括水温、pH 值、碱度、水中的杂质、有机污染物、混凝剂种类和投加量、混凝剂投加方式、搅拌速度和时间等。

（1）水温的影响。水温对絮凝效果有较大的影响，水温过高或过低都对絮凝不利，最适宜的絮凝水温为 20～30 ℃之间。水温低时，絮凝体形成缓慢，絮凝颗粒细小，絮凝效果较差，原因是：无机盐混凝剂水解反应是吸热反应，水温低时混凝剂水解缓慢，影响胶体颗粒脱稳。水温低时，水的黏度变大，胶体颗粒运动的阻力增大，影响胶体颗粒间的有效碰撞和絮凝。水温低时，水中胶体颗粒的布朗运动减弱，不利于已脱稳胶体颗粒的异向絮凝。水温过高时，絮凝效果也会变差，主要由于水温高时混凝剂水解反应速度过快，形成的絮凝体水合作用增强，松散不易沉降；在污水处理时，产生的污泥体积大，含水量高，不易处理。

（2）水的 pH 值的影响。水的 pH 值对絮凝效果的影响很大，主要从两方面来影响絮凝效果。一方面，水的 pH 值直接与水中胶体颗粒的表面电荷和电位有关，不同的 pH 值下胶体颗粒的表面电荷和电位不同，所需要的混凝剂量也不同；另一方面，水的 pH 值对混凝剂的水解反应有显著影响，不同混凝剂的最佳水解反应所需要的 pH 值范围内不同。因此，水的 pH 值对絮凝效果也因混凝剂种类而异。

（3）水的碱度的影响。由于混凝剂加入原水中后，发生水解反应，反应过程中要消耗水的碱度，特别是无机盐类混凝剂，消耗的碱度更多。当原水中碱度很低时，投入混凝剂因消耗水中的碱度而使水的 pH 值降低，如果水的 pH 值超出混凝剂最佳混凝 pH 值范围，将使絮凝效果受到显著影响。当原水碱度低或混凝剂投加量较大时，通常需要加入一定量的碱性药剂（如石灰等）来提高絮凝效果。

（4）水中浊质颗粒浓度的影响。水中浊质颗粒浓度对絮凝效果有明显影响，浊质颗粒浓度过低时，颗粒间的碰撞概率大大减小，絮凝效果变差；浓度过高时则需要投加高分子絮凝剂如聚丙烯酰胺，将原水浊度降到一定程度以后再投加混凝剂进行常规处理。

（5）水中有机污染物的影响。水中有机物对胶体有保护稳定作用，即水中溶解性的有机物分子吸附在胶体颗粒表面，好像形成一层有机涂层一样，将胶体颗粒保护起来，阻碍胶体颗粒之间的碰撞，阻碍混凝剂与胶体颗粒之间的脱稳凝集作用。因此，在有机物存在条件下胶体颗粒比没有有机物时更难脱稳，混凝剂量需增大。可通过投加高锰酸钾、臭氧、氯等为预氧化剂，但需考虑是否产生有毒的副产物。

（6）混凝剂种类与投加量的影响。由于不同种类的混凝剂其水解特性和使用的水质情况不完全相同，因此，应根据原水水质情况优化选用适当的混凝剂种类。对于无机盐类混凝剂，要求形成能有效压缩双电层或产生强烈电中和作用的形态,对于有机高分子絮凝剂,则要求有适量的官能团、聚合结构和较大的分子量。一般情况下,絮凝效果随混凝剂投加量增加而提高,但当混凝剂的用量达到一定值后,混凝效果达到顶峰,再增加混凝剂用量则会发生再稳定现象,絮凝效果反而下降。理论上最佳投加量是使絮凝沉淀后的净水浊度最低,胶体滴定电荷与ξ电位值都趋于0。但由于成本问题,实际生产中最佳混凝剂投加量通常兼顾净化后水质达到国家标准以及混凝剂投加量低。

(7)混凝剂投加方式的影响。混凝剂投加方式有干投和湿投两种。由于固体混凝剂、液体混凝剂甚至不同浓度的液体混凝剂,其能压缩双电层或具有电中和能力的混凝剂水解形态不完全一样,因此投加到水中后产生的絮凝效果也不一样。如果除投加混凝剂外还投加其他助凝剂,则各种药剂之间的投加先后顺序对混凝效果也有很大影响,必须通过模拟实验和实际生产实践确定适宜的投加方式和投加顺序。

(8)水力条件的影响。投加混凝剂后,絮凝过程可分为快速混合与絮凝反应两个阶段,但实际水处理工艺中,两个阶段是连续不可分割的,在水力条件上也要求具有连续性。混凝剂投加到水中后,其水解形态可能快速发生变化,通常快速混合阶段要使投入的混凝剂迅速均匀地分散到原水中,这样混凝剂能均匀地在水中水解聚合并使胶体颗粒脱稳凝集,快速混合要求有快速而剧烈的水力或机械搅拌作用,而且要在短时间内完成。絮凝反应阶段要使已脱稳的胶体颗粒通过异向絮凝和同向絮凝的方式逐渐增大,形成具有良好沉降性能的絮凝体。因此,絮凝反应阶段搅拌强度和水流速度应随絮凝体的增大而逐渐降低,避免已聚集的絮凝体被打碎而影响沉淀效果。同时,由于絮凝反应是一个絮凝体逐渐增长的缓慢过程,如果絮凝反应后需要絮凝体增长到足够大的颗粒尺寸通过沉淀去除,要保证一定的絮凝作用时间,如果絮凝反应后是采用气浮或直接过滤工艺,则反应时间可以大大缩短。

混凝剂可以分为无机混凝剂、有机混凝剂和高分子絮凝剂。其中,无机混凝剂主要是一些无机电解质,如明矾、石灰等,其作用机理是通过外加离子改变胶粒的ξ电势,使之发生聚沉。有机混凝剂主要是一些表面活性物质,如脂肪酸钠盐、季铵盐等,它们属于离子型的有机物,能显著降低胶粒的ξ电势,并且它们能强烈地吸附在胶体表面,使胶粒周围的水层减小,故易发生聚沉。高分子混凝剂包括天然高分子化合物(如明胶)以及人工合成高分子(如聚丙烯酰胺)。

5)离子交换法(Ion Exchange,IX)

离子交换法是我国目前应用最广泛的水处理技术之一。其所用的树脂是一种高分子聚合物,按其基团性质分为阳离子交换树脂和阴离子交换树脂。阳离子交换树脂是指分子中含有酸性基团的离子交换树脂,能使分子中的 H^+ 等与溶液中的其他阳离子交换。阴离子交换树脂是指分子中含有碱性基团的离子交换树脂,能使分子中的 OH^- 阴离子与溶液中的其他阴离子交换。离子交换法常与反渗透法结合使用,废水先经反渗透膜除去90%左右的溶质,然后用离子交换法处理。这种结合使用的方法很适合于浓缩水、高含盐水的处理。

(1)离子交换过程。

①被处理溶液中的某离子迁移到附着在离子交换剂颗粒表面的液膜中;

②该离子通过液膜扩散(简称膜扩散)进入颗粒中,并在颗粒的孔道中扩散而到达离子交换剂的交换基团的部位上(简称颗粒内扩散);

③该离子同离子交换剂上的离子进行交换;

④被交换下来的离子沿相反途径转移到被处理的溶液中。离子交换反应是瞬间完成的，而交换过程的速度主要取决于历时最长的膜扩散或颗粒内扩散。

抛光树脂是由 H 型强酸性阳离子交换树脂及 OH 型强碱性阴离子交换树脂混合而成的，用来保证系统出水水质能够维持用水标准。一般出水水质（电阻率）都能达到 18 MΩ·cm 以上，并且对 TOC、SiO_2 都有一定的控制能力。抛光树脂出厂的离子型态都是 H、OH 型，装填后即可使用无需再生。

（2）离子交换反应。任何离子交换反应都有三个特征：

①和其他化学反应一样服从当量定律，即以等当量进行交换；

②是一种可逆反应，遵循质量作用定律；

③交换剂具有选择性。交换剂上的交换离子先和交换势大的离子交换。

在常温和低浓度时，阳离子价数愈高，交换势就愈大；同价离子则原子序数愈大，交换势愈大。

（3）离子交换剂。离子交换剂分为无机和有机质两类。前者如天然物质海绿砂或合成沸石；后者如磺化煤和树脂。离子交换剂由两部分组成，一是不参加交换过程的惰性物母体，如树脂的母体是由高分子物质交联而成的三维空间网络骨架；二是联结在骨架上的活性基团（带电官能团）。母体本身是电中性的。活性基团包括可离解为同母体紧密结合的惰性离子和带异种电荷的可交换离子。可交换离子为阳离子（活性基团为酸性基）时，称阳离子交换树脂；可交换离子为阴离子（活性基团为碱性基）时，称阴离子交换树脂。阳、阴离子交换树脂又可根据它们的酸碱性反应基的强度分为强酸性和弱酸性，强碱性和弱碱性等。

（4）运行方式。有静态运行和动态运行两种。静态运行是在处理水中加入适量的树脂进行混合，直至交换反应达到平衡状态。这种运行除非树脂对所需去除的同性离子有很高的选择性，否则由于反应的可逆性，只能利用树脂交换容量的一部分。为了减弱交换时的逆反应，离子交换操作大都以动态运行，即置交换剂于圆柱形床中，废水连续通过床内交换。

（5）离子交换设备。有固定床、移动床、流动床等形式。固定床是指在离子交换一周期的四个过程（交换、反洗、再生、淋洗）中，树脂均固定在床内。移动床是指在交换过程中将部分饱和树脂移出床外再生，同时将再生的树脂送回床内使用。流动床则是指树脂在流动状态下完成上述四个过程。移动床为半连续装置，流动床则为全连续装置。

床内只有一种阳树脂（或阴树脂）的称为阳床（或阴床），床内装有阳、阴两种树脂的称为混合床。如床内装有一种强型和一种弱型阳树脂（或阴树脂）的则称为双层床。混合床可同时去除废水中的阳、阴离子，相当于无数个阳床、阴床串联，因而可制取高纯水。采用双层床进行离子交换时废水先通过弱型树脂，后通过强型树脂，再生时则相反。

（6）再生方式。主要有顺流再生和逆流再生。前者，再生和交换过程中的流向相同；后者，再生和交换过程中的流向相反。对于逆流再生，由于再生时新鲜度高的再生剂首先同饱和度小的树脂接触，新鲜度低的再生剂同饱和度大的树脂接触，这样可充分利用再生剂，再生效果较好。

除顺流再生和逆流再生外，还出现了电再生和热再生工艺。电再生是在电渗析器淡水隔室内填充阳、阴树脂，利用极化产生的 H^+ 和 OH^-，使阳、阴树脂同时得到再生的一种技术。热再生是以极易再生的弱酸或弱碱树脂对温度作用的敏感性为依据；温度低（25 ℃）时有利于交换,温度高时(85 ℃)由于水中[H⁺]和[OH⁻]增高而有利再生,因此,可以只调整水温而不用再生剂。

此外,从原子核反应器、医院和实验室废水中回收和去除放射性物质,也可应用离子交换法。

6)超声波降解法

超声波的空化效应为降解水中有害有机物提供了可能,从而使超声波污水处理目的得以实现。在污水处理过程中,超声波的空化作用对有机物有很强的降解能力,且降解速度很快,超声波空化泡的崩溃所产生的高能量足以断裂化学键,空化泡崩溃产生羟基($\cdot OH$)和氢基(H$\cdot$)自由基,同有机物发生氧化反应,能将水体中有害有机物转变成 CO_2、H_2O、无机离子或比原有机物毒性小易降解的有机物。所以,在传统污水处理中生物降解难以处理的有机污染物,可以通过超声波的空化作用实现降解。

目前,对超声波降解水中污染物原理的认识主要是空化作用和自由基氧化原理。由于超声波空化作用所引起的反应条件的变化,导致了化学反应的热力学变化,使化学反应的速度和产率得以提高。另外,在超声波空化产生的局部高温、高压环境下,水被分解产生 H 和 OH 自由基,且溶解在溶液中的空气(N_2 和 O_2)也可以发生自由基裂解反应,产生 N 和 O 自由基。

影响污水处理中超声波降解的主要因素包括溶解气体、pH 值、反应温度、超声波频率和超声波功率强度。

(1)溶解气体的存在可提供空化核、稳定空化效果、降低空化阈,对超声波降解速率和降解率的影响主要有两方面的原因:第一,溶解气体对空化气泡的性质和空化强度有重要的影响;第二,溶解气体(如 N_2O_2)产生的自由基也参与降解反应过程。因此,溶解气体含影响反应原理和降解反应的热力学和动力学行为。

(2)对于有机酸碱性物质的超声波降解,溶液的 pH 值具有较大影响。当溶液 pH 值较小时,有机物质可以蒸发进入空化泡内,在空化泡内直接热解;同时又可以在空化泡的气液界面上与污水中空化产生的自由基发生氧化反应,降解效率高。当溶液 pH 值较大时,有机物质不能蒸发进入空化泡内,只能在空化泡的气液界面上同自由基发生氧化反应,降解效率比较低。因此,溶液的 pH 值调节应尽量有利于有机物以中性分子的形态存在,并易于挥发进入气泡核内部。

(3)温度对超声波空化的强度和动力学过程具有非常重要的影响,从而造成超声降解的速率和程度的变化。温度升高有利于加快反应速度,但超声波诱导降解主要是由于空化效应而引起的反应,温度过高时,在声波负压半周期内会使水沸腾而减小空化产生的高压,同时空化泡会立即充满水汽而降低空化产生的高温,从而降低降解效率。一般声化学效率随温度的升高呈指数下降。因此,低温(小于 20 ℃)较有利于超声波降解实验(一般都在室温下进行)。

(4)研究表明,并非频率越高降解效果越好。超声波频率与有机污染物的降解原理有关,以自由基为主的降解反应存在一个最佳频率;以热解为主的降解反应,当超声声强大于空化阈值时,随着频率的增大,声解效率增大。

(5)超声波功率强度是指单位超声发射端面积在单位时间内辐射至反应系统中的总声能,一般以单位辐照面积上的功率来衡量。一般来说,超声波功率强度越大越有利于降解反应,但过大时又会使空化气泡产生屏蔽,可利用的超声波功率强度能量减少,导致降解速度下降。

3.水处理的生物处理法

在自然界,存活着数量巨大的以有机物为营养物质的微生物,它们具有氧化分解有机物并将其转化为无机物的功能。废水的生物处理法就是采取一定的人工措施,创造有利于微生物生长、繁殖的环境,使微生物大量增殖,以提高微生物氧化、分解有机物能力的一种技术。生物处理法主要用于去除废水中呈溶解状态和胶体状态的有机污染物。

根据微生物作用的类型,生物处理法可分为好氧处理法和厌氧处理法两大类。前者处理效率高、效果好、使用广泛,是生物处理的主要方法。另外,也可根据微生物在废水中是处于悬浮状态还是附着在某种填料上来分,可分为活性污泥法和生物膜法。

1)好氧生物处理法

好氧生物处理法是利用好氧微生物(包括兼性微生物)在有氧气存在的条件下进行生物代谢以降解有机物,使其稳定、无害化的处理方法。微生物将水中存在的有机污染物作为底物进行好氧代谢,经过一系列的生化反应,逐级释放能量,最终使其以低能位的无机物稳定下来,达到无害化的要求,以便返回自然环境或进一步处理。污水处理工程中,好氧生物处理法有活性污泥法和生物膜法两大类。

(1)活性污泥法包括 SBR、A/O、A/A/O、氧化沟等。

SBR 指序批式活性污泥法(Sequencing Batch Reactor Activated Sludge Process),是一种按间歇曝气方式来运行的活性污泥污水处理技术。它的主要特征是在运行上的有序和间歇操作。SBR 技术的核心是 SBR 反应池,该池集均化、初沉、生物降解、二沉等功能于一池,无污泥回流系统,尤其适合于间歇排放和流量变化较大的场合。

A/O 是厌/好氧工艺法(Anoxic/Oxic),该工艺将前段缺氧段(A 段)和后段好氧段(O 段)串联在一起,A 段 DO(溶解氧)不大于 0.2 mg/L,O 段 DO＝2～4 mg/L。在缺氧段异养菌将污水中的淀粉、纤维、碳水化合物等悬浮污染物和可溶性有机物水解为有机酸,使大分子有机物分解为小分子有机物、不溶性的有机物转化成可溶性有机物,当这些经缺氧水解的产物进入好氧池进行好氧处理时,可提高污水的可生化性,提高氧的效率;在缺氧段异养菌将蛋白质、脂肪等污染物进行氨化(有机链上的 N 或氨基酸中的氨基)游离出氨(NH_3、NH_4^+),在充足供氧条件下,自养菌的硝化作用将 $NH_3-N(NH_4^+)$ 氧化为 NO_3^-,通过回流控制返回至 A 池,在缺氧条件下,异氧菌的反硝化作用将 NO_3^- 还原为分子态氮(N_2),完成 C、N、O 在生态系统中的循环,实现污水无害化处理。

A^2/O 指厌氧-缺氧-好氧(Anaerobic-Anoxic-Oxic,A-A-O)工艺。实际上,该工艺是流程最简单、应用最广泛的脱氮除磷工艺。

氧化沟是一种活性污泥处理系统,其曝气池呈封闭的沟渠形,所以它在水力流态上不同于传统的活性污泥法,它是一种首尾相连的循环流曝气沟渠,又称循环曝气池。最早的氧化沟渠不是由钢筋混凝土建成的,而是进行护坡处理的土沟渠,间歇进水间歇曝气,从这一点上来说,氧化沟最早是以序批方式处理污水的技术。

(2)生物膜法包括曝气生物滤池、生物转盘、生物接触氧化池等。

曝气生物滤池是集生物氧化和截留悬浮固体为一体的新工艺。

生物转盘工艺是生物膜法污水生物处理技术的一种,是污水灌溉和土地处理的人工强化,这种处理法使细菌和菌类等微生物、原生动物一类的微型动物在生物转盘填料载体上生长繁育，形成膜状生物性污泥——生物膜。污水经沉淀池初级处理后与生物膜接触，生物膜上的微生物摄取污水中的有机污染物作为营养，使污水得到净化。在气动生物转盘中，微生物代谢所需的溶解氧通过设在生物转盘下侧的曝气管供给。转盘表面覆有空气罩，从曝气管中释放出的压缩空气驱动空气罩使转盘转动，当转盘离开污水时，转盘表面上形成一层薄薄的水层，水层也从空气中吸收溶解氧。

生物接触氧化池法是一种介于活性污泥法与生物滤池之间的生物膜法工艺，其特点是在池内设置填料，池底曝气对污水进行充氧，并使池体内污水处于流动状态，以保证污水与污水中的填料充分接触，避免生物接触氧化池中存在污水与填料接触不均。

2）厌氧生物处理法

厌氧生物处理（Anaerobic Process）法是利用兼性厌氧菌和专性厌氧菌将污水中大分子有机物降解为小分子化合物，进而转化为甲烷、二氧化碳的有机污水处理方法，分为酸性消化和碱性消化两个阶段。在酸性消化阶段，由产酸菌分泌的外酶作用，使大分子有机物变成简单的有机酸和醇类、醛类、氨、二氧化碳等；在碱性消化阶段，酸性消化的代谢产物在甲烷细菌作用下进一步分解成甲烷、二氧化碳等构成的生物气体。这种处理方法主要用于处理高浓度的有机废水和粪便污水等。

高分子有机物的厌氧生物处理过程可以被分为四个阶段：水解阶段、发酵（或酸化）阶段、产乙酸阶段和产甲烷阶段。

（1）水解阶段。水解可定义为复杂的非溶解性的聚合物被转化为简单的溶解性单体或二聚体的过程。高分子有机物因相对分子量巨大，不能透过细胞膜，因此不可能为细菌直接利用。它们在第一阶段被细菌胞外酶分解为小分子。例如，纤维素被纤维素酶水解为纤维二糖与葡萄糖，淀粉被淀粉酶分解为麦芽糖和葡萄糖，蛋白质被蛋白酶水解为短肽与氨基酸等。这些小分子的水解产物能够溶解于水并透过细胞膜为细菌所利用。水解过程通常较缓慢，因此被认为是含高分子有机物或悬浮物废液厌氧降解的限速阶段。多种因素如温度、有机物的组成、水解产物的浓度等都可能影响水解的速度与水解的程度。

（2）发酵阶段。发酵可定义为有机化合物既作为电子受体也是电子供体的生物降解过程，在此过程中溶解性有机物被转化为以挥发性脂肪酸为主的末端产物，因此这一过程也称为酸化。

在这一阶段，上述小分子的化合物经发酵细菌（即酸化菌）的细胞内转化成为更为简单的化合物并分泌到细胞外。发酵细菌绝大多数是严格厌氧菌，但通常有约 1% 的兼性厌氧菌存在于有氧环境中，这些兼性厌氧菌能够保护像甲烷菌这样的严格厌氧菌免受氧的损害与抑制。这一阶段的主要产物有挥发性脂肪酸、醇类、乳酸、二氧化碳、氢气、氨、硫化氢等，产物的组成取决于厌氧降解的条件、底物种类和参与酸化的微生物种群。与此同时，酸化菌也利用部分物质合成新的细胞物质，因此，未酸化废水厌氧处理时产生更多的剩余污泥。

在厌氧降解过程中，酸化细菌对酸的耐受力必须加以考虑。酸化过程在 pH 下降到 4 时可以进行。但是产甲烷过程中，因 pH 值的下降将会减少甲烷的生成和氢的消耗，并进一步引起酸化末端产物组成的改变。

（3）产乙酸阶段。在产氢产乙酸菌的作用下，上一阶段的产物被进一步转化为乙酸、氢气、碳酸以及新的细胞物质。

（4）产甲烷阶段。这一阶段，乙酸、氢气、碳酸、甲酸和甲醇被转化为甲烷、二氧化碳和新的细胞物质。

将乙酸、乙酸盐、二氧化碳和氢气等转化为甲烷的过程由两种生理上不同的甲烷细菌完成，一组把氢和二氧化碳转化成甲烷，另一组从乙酸或乙酸盐脱羧产生甲烷，前者约占总量的1/3，后者约占 2/3。

在甲烷的形成过程中，主要的中间产物是甲基辅酶 M（$CH_3—S—CH_2—SO_3—$）。

需要指出的是，一些书把厌氧消化过程分为三个阶段，即把第一、第二阶段合成为一个阶段，称为水解酸化阶段。

上述四个阶段的反应速度依废水的性质而异，在含纤维素、半纤维素、果胶和脂类等污染物为主的废水中，水解易成为速度限制步骤；简单的糖类、淀粉、氨基酸和一般蛋白质均能被微生物迅速分解，对含这类有机物的废水，产甲烷易成为限速阶段。虽然厌氧消化过程可分为以上四个过程，但是在厌氧反应器中，四个阶段是同时进行的，并保持某种程度的动态平衡。该平衡一旦被 pH 值、温度、有机负荷等外加因素所破坏，则首先将使产甲烷阶段受到抑制，其结果会导致低级脂肪酸的积存和厌氧进程的异常变化，甚至导致整个消化过程停滞。

3.2   基础实验

3.2.1   自由沉淀实验

1.实验目的

（1）加深对自由沉淀的概念、特点、规律的理解；

（2）掌握颗粒自由沉淀实验方法；

（3）熟悉沉淀速度分布曲线的绘制。

2.实验原理

沉淀是指从液体中借重力作用去除固体颗粒的一种过程。根据液体中固体物质的浓度和性质，可将沉淀过程分为自由沉淀、絮凝沉淀、成层沉淀和压缩沉淀等四类。颗粒在自由沉淀过程中呈离散状态，互不结合，其形状、尺寸、密度等物理性质均不改变，下沉速度恒定，在水流中的沉淀轨迹是直线。自由沉淀多发生在悬浮物浓度不高的情况下，如沉砂池及初沉池中的初期沉淀。为便于分析，假定：①沉淀颗粒为球形，其大小、形状及质量在沉淀过程中均不发生变化；②水处于静止状态，且为稀悬浮液。自由沉淀过程可以由斯托克斯公式进行描述，即

$$u_S = \frac{1}{18} \cdot \frac{\rho_S - \rho_L}{\mu} \cdot g d^2 \qquad (3-14)$$

式中：u_S 为颗粒的沉速；ρ_S 为颗粒的密度；ρ_L 为液体的密度；μ 为液体的黏滞系数；g 为重力加速度；d 为颗粒的直径。

废水中悬浮物组成十分复杂，颗粒形式多样，粒径不均匀，密度也有差异，采用斯托克斯公

式计算颗粒的沉速十分困难,因而对沉淀效率、特性的研究通常要通过沉淀实验来实现。实验可以在沉降柱中进行,方法如下。

取一定直径、一定高度的沉降柱,在沉降柱中下部设取样口,如图 3-1 所示,将已知悬浮物浓度为 c_0 的水样注入沉降柱,取样口高度(取样口与液面间的高度)为 h_0,在搅拌均匀后开始沉淀实验,并开始计时,在沉淀时刻 t_1、t_2、$\cdots$、t_i 从取样口取一定体积水样,分别记下取样口高度 h_i,分析各水样的悬浮物浓度 c_1、c_2、$\cdots$、c_i,同时进行如下计算。

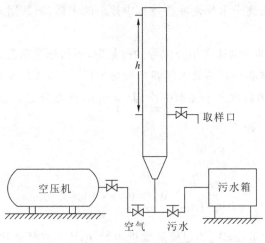

图 3-1 沉淀实验示意图

1)残余悬浮物量

$$P_i = c_i/c_0 \tag{3-15}$$

式中:c_i 为 t_i 时刻悬浮物质量浓度,mg/L;c_0 为原水样悬浮物的浓度,mg/L。

2)沉淀速度

$$U_i = h_i/t_i \tag{3-16}$$

式中:h_i 为取样口高度,m;U_i 为 t_i 时刻沉淀速度,cm/min;t_i 为沉淀时间,min。

3.实验设备和材料

1)实验设备

沉淀装置,计时用秒表,万分之一分析天平,恒温烘箱,干燥器。

2)实验材料

量筒,滤纸,漏斗,烧杯,称量瓶。

4.实验步骤

(1)做好悬浮固体测定的准备工作,将 8 张滤纸分别编号为 0~7,放入相应编号的称量瓶,调烘箱至(105±1) ℃,将称量瓶放入烘箱烘 45 min,取出后放入干燥器冷却 30 min,在万分之一分析天平上分别称重,记录 0~7 号滤纸的质量。

(2)取 8 个烧杯,并编号为 0~7。

(3)打开沉降柱进水阀门,将水样注入沉降柱,注意观察沉降柱水面高度,不能超过标尺高度。关闭进水阀门。

(4)此时用 0 号烧杯取水样 100 mL,记录取样口高度 h_i(注意:h_i 为取样口与液面间高度),启动秒表,开始记录沉淀时间。

(5)分别用 1~7 号烧杯于 5、10、15、20、30、40 和 60 min 时,在同一取样口取水样 100 mL,并记录取样前和取样后沉降柱中液面至取样口的高度,计算时采用二者的平均值。

(6)将已称好的滤纸分别放在 8 个玻璃漏斗中,将 0~7 号烧杯中的水样分别倒入对应的滤纸中,过滤水样,并用去离子水反复冲洗烧杯中残余的水样,将其倒入漏斗中过滤,使滤纸过滤得到全部悬浮性固体。

(7)最后将带有滤渣的滤纸移入相应编号的称量瓶,再将称量瓶移入烘箱,调烘箱至(105±1)℃,烘 45 min(注意:若各个样品放入烘箱的时间不同,应记录放入时间,尽量保证各样品烘干时间都为 45 min),取出后放入干燥器中冷却 30 min,在万分之一分析天平上称重,记录滤纸质量,填入表 3-1。

5.实验结果处理

1)悬浮性固体浓度

$$c(\text{mg/L}) = \frac{(W_2 - W_1) \times 1000 \times 1000}{V} \tag{3-17}$$

式中:W_1 为过滤前滤纸质量,g;W_2 为过滤后滤纸质量,g;V 为水样体积,100 mL。

表 3-1　不同时刻悬浮性固体浓度

时间/min	0	5	10	15	20	30	40	60
浓度 c_i/(mg·L^{-1})								

2)绘制沉淀速度分布曲线

(1)残余悬浮物量 $P_i = c_i/c_0$ 与各时刻沉淀速度 $U_i = h_i/t_i$ 计算。

表 3-2　P_i 与 U_i 计算表

时间/min	5	10	15	20	30	40	60
$P_i = c_i/c_0$							
$U_i = h_i/t_i$							

(2)以 P_i 为纵坐标,以 U_i 为横坐标绘制沉淀速度分布曲线。

(3)绘制沉淀效率与沉淀速度曲线(E_r-U_i 曲线)。利用沉淀速度分布曲线和图解法计算各个时刻总去除率(沉淀效率),公式如下

$$E_r = (1 - P_0) + \frac{1}{U_0} \int_0^{P_0} U_i \, dP \tag{3-18}$$

表 3-3　各个时刻总去除率

时间/min	5	10	15	20	30	40	60
E_r							

以各个时刻总去除率 E_T 为纵坐标、各个时刻沉淀速度 U_i 为横坐标制 E_T - U_i 曲线。

6.注意事项

(1)每从管中取一次水样,管中水面就要下降一定高度,所以,在求沉淀速度时要按实际的取样口上水深来计算。

(2)实际上,在经过时间 t_i 后,取样口上 h_i 高水深内颗粒沉到取样口下,应由两个部分组成,即:①$U_i \geqslant U_0 = h_i/t_i$ 的这部分颗粒,经时间 t_i 将全部去除,而 h_i 高水深内不再包含 $U_i \geqslant U_0$ 这部分颗粒;②除此之外,$U_i < U_0 = h_i/t_i$ 的那一部分颗粒也会有一部分颗粒经时间 t_i 后沉淀到取样口以下,这是因为 $U_i < U_0$ 的这一部分颗粒并不都在水面,而是均匀地分布在高度为 h_i 的水深内,因此,只要它们沉淀到取样口以下所用时间小于或等于具有 U_0 沉淀颗粒所用的时间,在时间 t_i 内它们就可以被去除。

(3)从取样口取出水样测得的悬浮固体浓度 c_1、c_2、$\cdots$、c_i 等,只表示取样口断面处原水经沉淀时间 t_1、t_2、$\cdots$、t_i 后的悬浮固体浓度,而不代表整个水深中经相应沉淀时间后的悬浮固体浓度。

7.思考题

(1)自由沉淀与絮凝沉淀有何区别和联系?

(2)绘制自由沉淀速度分布曲线有什么意义?

3.2.2　絮凝沉淀实验

絮凝沉淀工艺在给水和废水处理中被广泛应用,是重要的水处理技术之一。通过絮凝沉淀实验,可以了解絮凝工艺中主要参数的确定,如混凝剂种类的选择,混凝剂投加量的确定,以及其他影响絮凝条件的相关因素。

1.实验目的

(1)观察矾花的形成过程及絮凝沉淀效果,加深对絮凝理论的理解;

(2)选择和确定最佳絮凝工艺条件。

2.实验原理

絮凝阶段所处理的对象,主要是水中悬浮物和胶体杂质。天然水中存在着大量悬浮物,悬浮物的形态是不同的,有些大颗粒悬浮物可以在自身重力作用下沉降,而另一些是胶体颗粒,是使水产生混浊的一个重要原因,胶体颗粒靠自然沉降是不能除去的。因为,水中的胶体颗粒主要是带负电的黏土颗粒,胶体间存在着静电斥力、胶粒的布朗运动、胶体表面的水化作用,使胶体具有分散稳定性,三者中以静电斥力影响最大。若向水中投加混凝剂(提供大量的正离子),压缩胶体的双电层,使 ξ 电位降低,静电斥力减少,此时布朗运动由稳定因素转为不稳定因素,有利于胶体的凝聚。水化膜中的水分子与胶粒有固定联系,具有弹性较高的黏度,把这些水分子排挤出去需要克服特殊的阻力(这种阻力阻碍胶粒直接接触)。有些水化膜的存在决定于双电层状态,投加混凝剂降低 ξ 电位,有可能使水化作用减弱。混凝剂水解后形成的高分子物质或直接加入水中的高分子物质一般具有链状结构,在胶粒与胶粒间起吸附架桥作用,此时即使 ξ 电位没有降低或降低不多,胶粒之间不能相互接触,但通过高分子链状物吸附胶粒,也能形成絮凝体。

消除或降低胶体颗粒稳定因素的过程叫脱稳。脱稳后的胶粒,在一定的水力条件下才能形成较大的絮凝体,俗称矾花。直径较大而密实的矾花容易下沉。

自投加混凝剂直至形成较大矾花的过程叫絮凝,絮凝过程见表 3-4。

表 3-4 絮凝过程

项目	混合	脱稳		异向絮凝为主	同向絮凝为主
作用	药剂扩散	混凝剂水解	胶体颗粒脱稳	脱稳胶体聚集	微絮凝体的进一步碰撞凝聚
动力	质量迁移	溶解平衡	各种脱稳机理	分子热运动(布朗运动)	流体流动
处理构筑物	混凝设备				反应设备
胶体状态	原始胶体	脱稳胶体		微絮凝体	矾花
胶体粒径	$0.1\sim0.001~\mu m$			$5\sim10~\mu m$	$0.5\sim2~mm$

由布朗运动造成的颗粒碰撞絮凝,叫"异向絮凝";由机械运动或液体流动造成的颗粒碰撞絮凝,叫"同向絮凝"。异向絮凝只对微小颗粒起作用,当粒径大于 $1~\mu m$ 时,布朗运动基本消失。

从胶体颗粒变成较大矾花是一个连续过程,为了研究方便可划分为混合和反应两个阶段。混合阶段要进行剧烈搅拌,目的是使混凝药剂快速均匀地分散于水中,以利于混凝剂的快速水解、聚合和颗粒脱稳。一般来说,混合阶段只能产生肉眼难以看见的微絮凝体,而反应阶段则要求将微絮凝体形成较密实的大粒径矾花。

混合和反应过程均需要能量,而速度梯度 G 值能反映单位时间、单位体积水耗值的大小,混合阶段的 G 值一般在 $700\sim1000~s^{-1}$,时间一般在 $10\sim30~s$,至多不超过 $2~min$。G 值大时混合时间宜短。机械搅拌混合和水泵混合都是常用的混合方式。在絮凝阶段,主要靠机械或者水力搅拌促使颗粒碰撞凝聚,故以同向絮凝为主。同向絮凝效果不仅与 G 值有关,还与絮凝时间 t 有关,故通常以 G 值或 Gt 值作为絮凝阶段的控制指标。在絮凝过程中,絮凝体的尺寸逐渐增大,粒径变化可以从微米级增到毫米级,变化幅度达几个数量级。由于大的絮凝体容易破碎,故自絮凝开始至絮凝结束,G 值应逐渐减少。絮凝阶段的平均 G 值一般在 $20\sim70~s^{-1}$,絮凝时间在 $15\sim30~min$。

絮凝过程的关键是确定最佳絮凝工艺条件。混凝剂的种类较多,如无机混凝剂(以铁系和铝系混凝剂为主),有机混凝剂(包括人工合成和天然高分子混凝剂),不同水体适合的混凝剂有所不同;而且还要确定混凝剂的合理投加量;此外还要注意水体的 pH 值、温度、浊度、水流速度以及絮凝沉淀时间等,这些都会影响絮凝沉淀效果。

3.实验仪器和材料

1)实验仪器

六联搅拌器,浊度仪,温度计,便携式 pH 计。

2)实验材料和试剂

移液管(0.5、1、2、5 和 10 mL),洗耳球,洗瓶,1000 mL 量筒,50 mL 注射针筒,烧杯(50、250 mL),10 g/L 聚合氯化铝(Polyaluminium Chloride,PAC),10 g/L 聚合硫酸铁(Polyaluminiumsulfate,PFS),1 g/L 聚丙烯酰胺(Polyacrylamide,PAM)。

4.实验步骤

(1)确定原水特征,即测定原水的浊度、温度、pH 值。

(2)用 1000 mL 量筒量取 6 个水样,倒入六联搅拌器上的高筒烧杯中。

(3)设置最小投药量和最大投药量,并利用均分法确定实验中其他 4 个水样的混凝剂投加量。

(4)将 6 个水样置于六联搅拌器上,将混凝剂按确定的投加量依次加入 6 个高筒烧杯中。马上启动六联搅拌器,快速搅拌 30 s,转速 200 r/min;中速搅拌 5 min,转速 100 r/min;慢速搅拌 10 min,转速 30 r/min。搅拌过程中,注意观察矾花的形成过程。

(5)停止搅拌,静置沉淀 15 min,观察比较不同混凝剂下矾花的外观、尺寸、密实程度以及矾花整体沉降速度。

(6)沉淀阶段结束后,用针筒取上清液测定原水经过絮凝沉淀后出水的浊度、pH,记录测试结果。

(7)分别取聚合氯化铝和聚合硫酸铁两种混凝剂重复实验步骤(2)~(6)。

(8)根据步骤(2)~(7)的实验结果及实验现象,比较分析针对本实验原水投加聚合氯化铝和聚合硫酸铁在絮凝沉淀过程中有何明显不同,确定最佳混凝剂及其投加量。

(9)用 1000 mL 量筒量取 3 个水样,倒入六联搅拌器上的高筒烧杯中。根据步骤(8)确定的最佳混凝剂及最佳投加量,向水样中投加混凝剂。然后依次向三个水样中添加助凝剂聚丙烯酰胺,添加量依次为 0、1 和 3 mg/L。

(10)立即启动六联搅拌器,快速搅拌 30 s,转速 200 r/min;中速搅拌 5 min,转速 100 r/min;慢速搅拌 10 min,转速 30 r/min。搅拌过程中,注意观察矾花的形成过程。

(11)停止搅拌,静置沉淀 15 min,比较三个水样中矾花的整体沉降速度。

(12)沉淀阶段结束后,用针筒取上清液,测定沉淀处理后三个水样的浊度、pH,记录测试结果。

(13)通过步骤(9)~(12)的实验结果,比较分析添加助凝剂对絮凝沉淀效果的影响。

5.注意事项

(1)取水样时,所有水样要搅拌均匀,要一次量取以尽量减少所取水样浓度上的差别。

(2)移取烧杯中沉淀水上清液时,要在相同条件下取上清液,不要把沉下去的矾花搅起来。

6.实验结果处理

(1)以聚合氯化铝投加量为横坐标,沉淀上清液浊度为纵坐标,绘制投药量-出水浊度曲线。

(2)以聚合硫酸铁投加量为横坐标,沉淀上清液浊度为纵坐标,绘制投药量-出水浊度曲线。

7.思考题

（1）从沉淀后出水浊度、矾花大小、密实程度以及整体矾花沉降速度几个方面比较两种混凝剂处理相同水样的差异。

（2）添加助凝剂聚丙烯酰胺对絮凝沉淀过程有何影响？

3.2.3　气浮法实验

1.实验目的

（1）了解气浮法（也称气泡分离法）的原理和分离方法；

（2）掌握水中有机物的高效提取试剂的选择方法；

（3）掌握气浮法及相关试剂分离废水中有机物的方法。

2.实验原理

利用高度分散的微小气泡作为载体粘附废水中的悬浮污染物，使其浮力大于重力和阻力，从而使污染物上浮至水面，形成泡沫，然后用刮渣设备自水面刮除泡沫，实现固液或液液分离的过程称为气浮。原理是设法使水中产生大量的微气泡，以形成水、气及被去除物质的三相混合体，在界面张力、气泡上升浮力和静水压力差等多种力的共同作用下，促进微细气泡粘附在被去除的微小悬浮污染物上后，因粘合体密度小于水而上浮到水面，从而使水中悬浮污染物被分离而去除。

表面活性剂在水溶液中易被吸附到气泡的气-液界面上。表面活性剂极性的一端向着水相，非极性的一端向着气相（如图 3-2 所示），含有待分离的离子、分子的水溶液中的表面活性剂的极性端与水相中的离子或其极性分子通过物理（如静电引力）或化学（如配位反应）作用连接在一起。当通入气泡时，表面活性剂就将这些物质连在一起定向排列在气-液界面上，让气泡将它们带到液面，形成泡沫层，从而达到分离的目的。

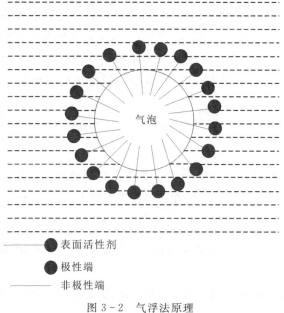

图 3-2　气浮法原理

3.实验仪器和材料

1）实验仪器

简易的鼓气装置（气瓶、漏斗、布气板、压力泵等）。

2）实验材料

各种有机溶剂，捕获剂，起泡剂，调整剂（抑制剂、活化剂、介质调整剂）。

4.实验步骤

1）组装鼓气装置

根据水中气泡产生的方法可以采取直接鼓气、布气板鼓气、加压鼓气、电解鼓气等方式，分别实验几种鼓气方式产生的气泡的大小、多少及稳定性。

直接鼓气（由漏斗、气瓶组成简易装置进行试验），见图3-3。

布气板鼓气（布气板、气瓶），见图3-4。

加压鼓气（压力泵）。

真空鼓气（真空泵）。

电解鼓气（电解装置）。

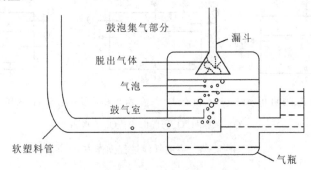

图3-3　直接鼓气示意图

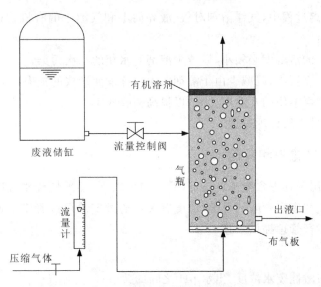

图3-4　布气板鼓气示意图

2)溶剂气浮

选取不同的有机溶剂作为捕获剂,分别鼓入废水中。观察气泡的稳定性并通过检验泡沫中提取的有机物的量(或废水中剩余的有机物的量)来检验分离效率。如效率不高,可将两种或以上的有机溶剂按一定比例混合,再进行检验。直到找出一种分离效率较高的组合为止。达到使用一种捕获剂(一种有机溶剂或几种有机溶剂组合)提取出废水中绝大多数可回收的有机溶剂的目的。

调节溶液的酸度、表面活性剂浓度、气泡大小及流速、气体通入时间等因素,找出分离的最合适条件。溶剂气浮过程操作方式如图 3-5 所示。

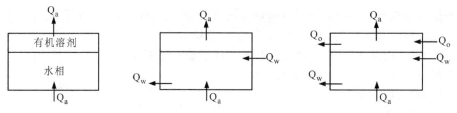

(a) 半间歇式,水相停滞,有机相停滞 (b) 水相连续、逆流,有机相停滞 (c) 水相和有机相连续,并流

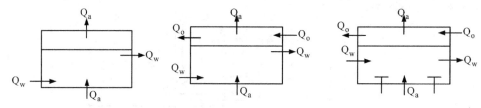

(d) 水相连续、并流,有机相停滞 (e) 水相连续、并流,有机相连续、逆流 (f) 水相和有机相连续,横流

Q_a—气相; Q_o—有机相; Q_w—水相

图 3-5 溶剂气浮过程操作方式

5.注意事项

在溶剂气浮分离过程中,气浮溶剂对气-液界面上和气泡中的有机物进行捕集,所以对气浮溶剂的要求较高:

(1)溶剂在水中的溶解度必须小,以减少溶剂对水相的二次污染;

(2)溶剂的挥发度要小,以减少由于溶剂向大气挥发而造成的损失;

(3)溶剂与被气浮溶质的互溶度要高,以提高捕收效率;

(4)沸点适中,易于后处理过程。

3.2.4 酸性废水过滤中和实验

过滤中和法适用于处理含酸浓度较低(3%～4%以下)的酸性废水,废水在滤池中进行中和作用的时间、滤速与废水中酸的种类、浓度有关。通过实验可以确定滤速、滤料消耗量等参数,为工艺设计和运行管理提供依据。

1.实验目的

(1)了解滤速与酸性废水浓度、出水 pH 之间的关系;

(2)掌握酸性废水过滤中和处理的原理和工艺。

2. 实验原理

酸性废水可以分为三类：

(1) 含有强酸，如 HCl、HNO_3，其钙盐易溶于水。

(2) 含有强酸，如 H_2SO_4，其钙盐难溶于水。

(3) 含有弱酸，如 CO_2、CH_3COOH。

目前，通常采用的滤料有石灰石、大理石和白云石，其中最常用的是石灰石。中和第 1 种酸性废水，各种滤料均可，反应后生成的盐类溶解于水，不沉淀。例如石灰石与 HCl 的反应为

$$2HCl + CaCO_3 \longrightarrow CaCl_2 + H_2O + CO_2 \uparrow \qquad (3-19)$$

中和第 2 种酸性废水，因生成的钙盐难溶于水，会附着在滤料表面，减慢中和反应速度。因此，如果进水中含有 H_2SO_4，用石灰石中和时 H_2SO_4 浓度应受到限制，最好采用白云石作滤料，反应生成易溶于水的 $MgSO_4$，反应方程式如下：

$$2H_2SO_4 + CaCO_3 + MgCO_3 \longrightarrow CaSO_4 \downarrow + 2H_2O + 2CO_2 \uparrow + MgSO_4 \qquad (3-20)$$

弱酸与碳酸盐中和反应速度很慢，采用过滤中和法去除时，滤速应该小一些。当酸性废水浓度较大或滤速较大时，过滤中和后出水中含有大量 CO_2，使出水 pH 值偏低(在 5 左右)，经过曝气吹脱后 pH 值可升高至 6 以上。

3. 实验设备与材料

1) 实验装置

本实验装置由吸水池、水泵、恒压高位水箱和石灰石过滤中和柱等组成，示意图如图 3-6 所示。

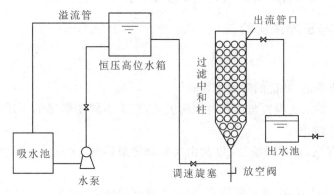

图 3-6　酸性废水过滤中和实验装置示意图

2) 实验仪器

便携式 pH 计，量筒，秒表，测定酸度和 CO_2 仪器，空压机。

3) 实验材料

$0.5 \sim 3$ mm 直径的石灰石，工业硫酸或盐酸。

4. 实验步骤

1) 过滤中和

(1) 将颗粒直径为 $0.5 \sim 3$ mm 的石灰石装入中和柱，装料高度为 0.8 m 左右。

（2）用工业硫酸或盐酸配制成一定浓度的酸性废水（各组配制的浓度不同，范围在 $0.1\%\sim$ 0.4% 之间），并取 20 mL 水样测定 pH 和酸度值。

（3）启动水泵，将酸性废水提至恒压高位水槽。

（4）利用调速旋塞调节流量，同时在出流管口处用体积法测定流量，每组完成 4 个滤速的实验，建议采用 10、20、30 和 40 m/h 滤速观察中和过程中出现的现象。

（5）稳定几分钟后，取样测定每种滤速出水中的 pH 值和酸度值。

2）吹脱实验

（1）取 pH＝5 的出水 1 L，并取 250 mL 水样测定其 pH 值、酸度值和游离 CO_2。

（2）用压缩空气鼓风曝气 $2\sim5$ min。

（3）取吹脱 CO_2 后水样测定 pH 值、酸度值和游离 CO_2。

5.实验结果处理

$$中和效率（\%）=\frac{c_0-c_i}{c_0}\times100\% \qquad (3-21)$$

式中：c_0 为过滤前初始酸度值；c_i 为不同滤速过滤中和后的酸度值。

6.注意事项

取样测定 pH 和酸度值时应用瓶子取满水样，不留空隙，以免 CO_2 释放，影响测定结果。

7.思考题

（1）根据实验结果说明过滤中和法的处理效果与哪些因素有关。

（2）过滤中和法（滤料为石灰石）处理硫酸酸性废水的浓度范围是多少？为什么？

3.2.5　滤池过滤与反冲洗实验

1.实验目的

（1）熟悉普通快滤池、冲洗的工作过程；

（2）观察滤料层的水头损失与工作时间的关系，探求不同滤料层的水质，以了解大部分的过滤工作是在顶层完成的；

（3）了解并掌握气、水反冲洗法，以及由实验确定最佳气、水反冲洗强度与反冲洗时间的方法；

（4）理解滤速、冲洗强度、滤层膨胀率、初滤水浊度的变化、冲洗强度与滤层膨胀率的关系，以及滤速与清洁滤层水头损失的关系。

2.实验原理

水的过滤是根据地下水通过地层过滤形成清洁井水的原理而处理混浊水的方法。在处理过程中，以石英砂等颗粒状滤料层截留水中悬浮杂质，从而使水达到澄清。过滤是水中悬浮颗粒与滤料颗粒间粘附作用的结果。粘附作用主要取决于滤料和水中颗粒的表面物理化学性质，当水中颗粒迁移到滤料表面时，在范德瓦耳斯力和静电引力以及某些化学键和特殊的化学吸附力作用下，它们粘附到滤料颗粒的表面上。此外，某些絮凝颗粒的架桥作用也同时存在。经研究表明，过滤主要还是通过悬浮颗粒与滤料颗粒经过迁移和粘附两个过程来去除水中杂质的。

在过滤过程中,随着过滤时间的增加,滤层中悬浮颗粒的量也会不断增加,这就必然会导致过滤过程中水力条件的改变。当滤料粒径、形状、滤料级配和厚度及水位已定时,如果孔隙率减小,则在水头损失不变的情况下,将引起滤速减小。反之,在滤速保持不变时,将引起水头损失的增加。对整个滤料层而言,鉴于上层滤料截污量多,越往下层截污量越少,因而水头损失增值也由上而下逐渐减少。此外,影响过滤的因素还有很多,诸如水质、水温、滤速、滤料尺寸、滤料形状、滤料级配,以及悬浮物的表面性质、尺寸和强度等。

过滤时,随着滤层中杂质截留量的增加,当水头损失增至一定程度时,将导致滤池产生水量锐减,或由于滤后水质不符合要求,滤池必须停止过滤,并进行反冲洗。反冲洗的目的是清除滤层中的污物,使滤池恢复过滤能力。滤池冲洗通常采用自下而上的水流进行反冲洗的方法。反冲洗时,滤料层膨胀起来,截留于滤层的污物,在滤层孔隙中的水流剪力作用下,以及在滤料颗粒碰撞摩擦的作用下,从滤料表面脱落下来,然后被冲洗水流带出滤池。反冲洗效果主要取决于滤层孔隙水流剪力。该剪力既与冲洗流速有关,又与滤层膨胀有关。冲洗流速小,水流剪力小;冲洗流速大,使滤层膨胀度大,滤层孔隙中水流剪力又会下降。因此,冲洗流速应当控制适当。高速水流反冲洗是最常用的一种形式,反冲洗效果通常由滤层膨胀率 e 来控制,即

$$e=\frac{L-L_0}{L}\times100\%\qquad(3-22)$$

式中:L 为滤层膨胀后的厚度,cm;L_0 为滤层膨胀前的厚度,cm。

通过长期实验研究,发现 e 为 25% 时反冲洗效果最佳。

3.实验装置

实验装置(滤池模型)如图 3-7 所示。有机玻璃滤柱:$\phi150\ \text{mm}\times2000\ \text{mm}$,$\delta=5\ \text{mm}$。其他仪器有:浊度测定仪、温度计、秒表、各种玻璃器皿。

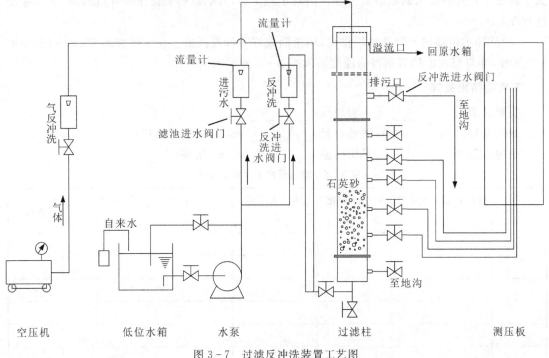

图 3-7　过滤反冲洗装置工艺图

4.实验步骤

1)熟悉实验设备

对照实验设备,熟悉滤池及相应的管路系统,包括配水设备、加药装置、过滤柱、滤池进水阀门及流量计、滤池出水阀门、反冲洗进水阀门及流量计、反冲洗出水阀门、测压管等。

2)水反冲洗

进行滤层膨胀率与反冲洗强度关系的测定。首先标出滤料层原始高度及各相应膨胀率下的高度,然后打开反冲洗排水阀,再慢慢开启反冲洗进水阀,用自来水对滤料层进行反冲洗,测量一定的膨胀率(10%、30%、40%、50%、60%和70%)时的流量,并测量水温。

3)过滤

关闭反冲洗进水阀及排水阀,全部打开滤池出水阀,让水面下降到砂层上10~20 cm处,关闭出水阀。通进不加药的浑水(浑浊度控制在40~50 度)至水位到溢流高度,再开滤池出水,控制滤速在6~8 m/h。此时马上记录各测压管的水位高度。开始过滤后于10、20、30 和60 min测进出水的浊度、温度和各测压管的水位。

4)气、水反冲洗

(1)停止滤池工作,待水位下降至滤料表面以上10 cm 位置时,打开空压机阀,向滤柱底部送气,注意气量要控制在1 $m^3/(min \cdot m^2)$以内,以滤层表面均具有紊流、看似沸腾、滤层全部冲动为准。此时记录转子流量计上的读数并记时,气洗至规定时间,关进气阀门。气洗时注意观察滤料相互磨擦的情况,并注意保持水面高于滤层10 cm,以免空气短路。

(2)气洗结束后,立即打开水反冲洗的进水阀,开始水反冲洗。注意要迅速调整好水量,以滤层膨胀率保持在要求的数值上为准。当趋于稳定后,开始以秒表记录反冲洗时间,水反冲洗进行5 min。

(3)反冲水由滤柱上部排水管排出,用量筒取样并计算流量。在水反洗的5 min内至少取5 个水样,并将每次取样后测得的浊度填入表3-5 至3-7中。

5.实验结果处理

实验日期:_____   实验组数:_____

滤池编号:_____号 滤池直径:_____cm   滤柱截面积:_____cm^2

平均水温:_____℃ 平均滤速:_____m/h 滤料:_____

表3-5　滤池反冲洗实验记录表

时间/min	滤层膨胀率观测值/%	冲洗水温度/℃	冲洗水流量/(mL·min^{-1})	冲洗强度/(L·m^{-2})	冲洗排水浑浊度	备注

表 3 - 6　不经混凝预处理的过滤

时间 /min	流量/(mL· min⁻¹)	滤速/ (m·h⁻¹)	浑浊度		水位/cm							备注
			原水	出水	滤池 水面	滤层 A 点	滤层 B 点	滤层 C 点	滤层 D 点	滤层 E 点	滤池 出水	

表 3 - 7　气、水反洗实验记录表

序号	浊度	反洗气量/(L·s⁻¹·m⁻²)	时间 t_1/min	反洗水量/(L·s⁻¹·m⁻²)	时间 t_2/min	备注
1						
2						
3						
4						
5						

(1)按要求记录实验数据。

(2)绘制过滤时滤料层水头损失和时间的关系曲线。

(3)绘制冲洗强度与滤层膨胀率的关系曲线。

6.注意事项

(1)反冲洗时控制气、水量,尽量减少滤料流失。

(2)反洗时防止空气短路。

(3)当气温低于 4 ℃时,应做好防冻工作,以免冻裂泵体。

(4)水泵在初次使用或长期不用再使用时,请先向泵体灌满引水。

(5)若电泵长期不使用,应卸下管路,排净泵体积水,将主要零部件擦洗干净,进行防锈处理,置于干燥通风处,妥善保管。

7.思考题

(1)分析原水与经滤池处理后的各指标的变化情况。

(2)分析不同滤层过滤效果差异性的原因。

3.2.6　硬水的软化实验

1.实验目的

(1)了解硬水软化的两种方法;

(2)掌握硬水软化的原理。

2.实验原理

通常把含有较多 Ca^{2+}、Mg^{2+} 的天然水称为硬水。硬水有许多危害,故在使用之前,应除去或减少所含的 Ca^{2+}、Mg^{2+},降低水的硬度,这就是硬水的软化。本实验采用药剂法及离子交换法处理硬水。

药剂法是在水中加入某些化学试剂,使水中溶解的钙盐、镁盐成为沉淀物析出。常用的试剂有石灰、纯碱、磷酸钠等。根据对水质的要求,可以用一种或者几种试剂。

若水的硬度是由碳酸氢钙[$Ca(HCO_3)_2$]或碳酸氢镁[$Mg(HCO_3)_2$]所引起的,这种水称为暂时硬水,可用煮沸的方法,将 $Ca(HCO_3)_2$ 或 $Mg(HCO_3)_2$ 分解,生成不溶性碳酸钙($CaCO_3$)、碳酸镁($MgCO_3$)及氢氧化镁[$Mg(OH)_2$]沉淀,使水的硬度降低。

若水的硬度是由 Ca^{2+}、Mg^{2+} 的硫酸盐或盐酸盐所引起的,这种水称为永久硬水,可采用加药剂(如石灰、纯碱法)的方法来降低水的硬度。

离子交换法是利用离子交换剂或者离子交换树脂来软化水的方法。离子交换剂中的阳离子能与水中 Ca^{2+}、Mg^{2+} 交换,从而使硬水得到软化。

3.实验仪器和用具

1)实验仪器

酒精灯、三脚架。

2)实验用具

试管夹,酸式滴定管(100 mL),试管,砂纸,$CaSO_4$ 溶液(2 mol/L),石灰水(饱和),肥皂水,碳酸钠溶液($NaCO_3$,1 mol/L)、阳离子交换树脂(已处理好,H 型)、玻璃棉。

4.实验步骤

1)对硬水的识别

取三支试管,分别加入去离子水、暂时硬水[含有 $Ca(HCO_3)_2$ 的水]和永久硬水(含有 $CaCO_3$ 的水)各 3 mL,在每支试管里倒入肥皂水约 2 mL 观察哪支试管有沉淀生成,即有钙肥皂生成。

2)暂时硬水的软化

取两支试管各装暂时硬水 5 mL,把一支试管煮沸 2~3 min;在另一支试管里加入澄清的石灰水 1~2 mL,用力振荡。

3)永久硬水的软化

在一支试管里加 $CaSO_4$ 溶液 3 mL 作为永久硬水。先用加热的方法,看煮沸是否能除去 Ca^{2+},后滴入 $NaCO_3$ 溶液 1 mL。

4)离子交换法软化硬水

在 100 mL 滴定管下端铺一层玻璃棉,将已处理好的 H^+ 阳离子交换树脂带水装入柱中。将 500 mL 自来水注入树脂柱中,保持流经树脂的流速为 6~7 mL/min,液面高出树脂 1~1.5 cm 左右,所得即为软水。

取两支试管,分别取 3 mL 的软水和自来水,并分别加入 2 mL 肥皂水,振荡,观察哪支试管的泡沫多,并且没有沉淀产生。

5.思考题

(1)观察硬水的识别实验中哪支试管里有钙肥皂生成,为什么?

(2)观察暂时硬水的软化实验中发生的现象,说明了什么问题? 写出反应方程式。

(3)观察永久硬水的软化实验中发生什么现象,为什么? 写出反应方程式。

3.2.7　活性炭吸附实验

1.实验目的

(1)通过实验进一步了解活性炭的吸附工艺及性能;

(2)掌握用间歇法确定活性炭吸附处理污水的设计参数的方法。

2.实验原理

活性炭处理工艺是运用吸附的方法来去除异味、某些离子以及难以进行生物降解的有机物。在吸附过程中,活性炭比表面积起着重要作用。同时,被吸附物质在溶剂中的溶解度也直接影响吸附的速度。此外,pH 的高低、温度的变化和被吸附物质的分散程度也对吸附速度有一定的影响。

活性炭对水中所含杂质的吸附既有物理吸附,也有化学吸附作用。有一些被吸附物质先在活性炭表面上积聚浓缩,继而进入固体晶格原子或分子之间被吸附,还有一些特殊物质与活性炭分子结合而被吸附。

当活性炭对水中所含杂质进行吸附时,水中的溶解性杂质在活性炭表面积聚而被吸附,同时也有一些被吸附物质由于分子的运动而离开活性炭表面重新进入水中,即同时发生解吸现象。当吸附和解吸处于动态平衡状态时,称为吸附平衡。这时活性炭和水(即固相和液相)之间的溶质浓度,具有一定的分布比值。如果在一定压力和温度条件下,用 m g 活性炭吸附溶液中的溶质,被吸附的溶质为 x mg,则单位质量的活性炭吸附溶质的量 q_e,即吸附容量可按下式计算:

$$q_e = x/m = \frac{V(c_0 - c)}{m} \qquad (3-23)$$

式中:q_e 为吸附容量,mg/g;c 为吸附平衡浓度,mg/L;c_0 为被吸附物质的初始浓度,mg/L;V 为水样体积, mL。

q_e 的大小除了取决于活性炭的品种之外,还与被吸附物质的性质、浓度、水的温度及 pH 值有关。一般来说,当被吸附的物质能够与活性炭发生结合、被吸附物质又不易溶解于水而受到水的排斥作用,且活性炭对被吸附物质的亲和作用力强、被吸附物质的浓度又较大时,q_e 值就比较大。

描述吸附容量 q_e 与吸附平衡时溶液浓度 c 的关系有朗缪尔(Langmuir)、BET(由 Brunauer、Emmett 和 Teller 提出)和弗罗因德利希(Freundlich)吸附等温线。在水和污水处理中通常用弗罗因德利希表达式来比较不同温度和不同溶液浓度时的活性炭的吸附容量,即

$$q_e = Kc^{\frac{1}{n}} \qquad (3-24)$$

式中:q_e 为吸附容量,mg/g;c 为吸附平衡时的溶液浓度,mg/L;K 和 n 是与溶液的温度、pH 值以及吸附剂和被吸附物质的性质有关的常数。

公式(3-24)为一个经验公式,通常用图解方法求出 K 和 n 值。为了方便易解,多将公式(3-24)取对数变形,即

$$\lg q_e = \lg K + \frac{1}{n} \lg c \qquad (3-25)$$

将 q_e、c 相应值绘在双对数坐标纸上,所得直线斜率为 $1/n$,截距为 K。

3. 实验仪器和材料

1)实验仪器

振荡器,便携式 pH 计,万分之一分析天平,分光光度计。

2)实验用具和试剂

活性炭粉末,500 mL 三角瓶,250 mL 量筒,温度计(0~100 ℃),称量纸,100 mL 容量瓶,亚甲基蓝溶液。

4. 实验步骤

1)绘制亚甲基蓝标准曲线

用移液管分别吸取浓度为 100 mg/L 的亚甲基蓝标准溶液 5、10、20、30 和 40 mL 于 100 mL容量瓶中,用去离子水稀释至 100 mL 刻度处,摇匀,以去离子水为参比,在波长 470 nm处用 1 cm 比色皿测定吸光度,绘制出标准曲线。

2)吸附动力学实验

(1)测定一定浓度亚甲基蓝原水水样温度、pH 值和吸光度。

(2)用称量纸准确称量 60 mg 活性炭粉末分别置于 8 个 500 mL 三角瓶内。

(3)用量筒分别准确量取 200 mL 原水倒入上述三角瓶内,再将三角瓶置于振荡器上(120 r/min,25 ℃),并开始计时。

(4)在 5、10、20、30、50、70、90 和 120 min 时各从振荡器上取出一个三角瓶,并立即用注射针筒和滤膜过滤活性炭,取滤出液测定吸光度,并根据亚甲基蓝标准曲线换算浓度并记录。

(5)绘制 $c-t$ 曲线,分析达到吸附平衡的时间。

3)吸附等温线实验

(1)准确称量 10、20、30、40、50 和 60 mg 活性炭分别置于 6 个 500 mL 三角瓶内。

(2)用量筒分别准确量取 200 mL 原水倒入上述三角瓶内,将三角瓶置于振荡器上,并同时计时。

(3)根据吸附动力学实验所确定的达到吸附平衡的时间进行振荡(为缩短时间,这里取 1 h)停止振荡后,用注射针筒和滤膜过滤每个三角瓶溶液中的活性炭,取滤出液测定吸光度,根据亚甲基蓝标准曲线换算浓度并记录。

(4)以 $\lg q_e$ 为纵坐标、$\lg c$ 为横坐标绘制弗罗因德利希吸附等温线。

(5)从吸附等温线上求出 K 和 n,代入公式(3-25)求出吸附容量。

5. 实验结果处理

1)基本参数

原水水样吸光度,pH,温度。

2)吸附动力学实验记录

表 3 - 8 吸附动力学实验记录

杯号	开始时刻	时间/min	结束时刻	吸光度	浓度 $c/(mg \cdot L^{-1})$
1		5			
2		10			
3		20			
4		30			
5		50			
6		70			
7		90			
8		120			

吸附平衡时间：_____ 吸附容量：_____

3)吸附等温线实验记录

表 3 - 9 吸附等温线实验记录

杯号	水样体积 /mL	原水水样浓度 c_0 $/(mg \cdot L^{-1})$	吸附平衡 后吸光度	吸附平衡后浓度 c $/(mg \cdot L^{-1})$	$\lg c$	活性炭投加量 m/mg	$(c_0-c)/$ $(mg \cdot L^{-1})$	$\lg(c_0-c)$
1								
2								
3								
4								
5								
6								

6.注意事项

(1)注意正确操作分光光度计。

(2)原水吸光度需经滤膜滤过后测定。

(3)准确称取活性炭、准确量取原水,以减少实验误差。

(4)做吸附动力学实验时,为减少实验误差,在每一个三角瓶内加完水样后应将其立即放入振荡器,并同时计时。

7.思考题

(1)活性炭投加量对于吸附平衡浓度的测定有什么影响? 该如何控制?

(2)实验结果受哪些因素影响较大? 该如何控制?

(3)吸附等温线有什么现实意义?

3.2.8 清水曝气充氧实验

曝气是活性污泥系统的一个重要环节。它的作用是向池内充氧,保证微生物生化作用所需之氧,同时保持池内微生物、有机物、溶解氧,即泥、水、气三者的充分混合,为微生物降解创造有利条件。因此了解、掌握曝气设备充氧性能,不同污水充氧修正系数 α、β 值及其测定方法,不仅对工程设计人员而且对污水处理厂运行和管理人员都至关重要。此外,污水二级生物处理厂中,曝气充氧电耗占全厂动力消耗的 $60\%\sim70\%$,故高效节能型曝气设备的研制是当前污水生物处理领域的一个重要课题。因此本实验是水处理实验中的一个重要项目,一般列为必开实验。

1.实验目的

(1)加深对曝气充氧的机理及影响因素的理解;

(2)了解并掌握曝气设备清水充氧性能测定的方法;

(3)掌握不同形式的曝气设备氧的总转移系数 K_{La}、充氧能力 Q_c、动力效率 E 等的测定方法。

2.实验原理

曝气是通过一些设备加速向水中传递氧的过程,常用的曝气设备分为机械曝气与鼓风曝气两大类,无论哪一种曝气设备,其充氧过程均属传质过程,氧传递机理为双膜理论,如图3-8所示,在氧传递过程中,阻力主要来自液膜,氧传递基本方程式为

$$\frac{\mathrm{d}c}{\mathrm{d}t} = K_{La}(c_s - c) \tag{3-26}$$

式中:$\frac{\mathrm{d}c}{\mathrm{d}t}$是液体中溶解氧浓度变化速率,mg/(L·min);K_{La}为氧总转移系数,L/min;$c_s - c$产生氧传质推动力,mg/L;c_s为液膜处饱和溶解氧浓度,mg/L;c为液相主体中溶解氧浓度,mg/L。

$$K_{La} = \frac{D_L \times A}{Y_L \times W} \tag{3-27}$$

式中:D_L为液膜中氧分子扩散系数,m^2/s;Y_L为液膜厚度,m;A为气液两相接触面积,m^2;W为曝气液体体积,m^3。

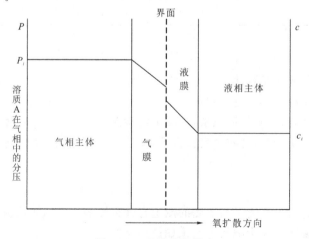

图3-8 双膜理论模式

由于液膜厚度 Y_L 和液体流态有关,而且实验中无法测定与计算,同样,气液接触面积 A 的大小也无法测定与计算,故用氧总传递系数 K_{La} 代替。

将式(3-26)积分整理后得曝气设备氧总传递系数 K_{La} 计算式

$$K_{La} = \frac{2 \times 303}{t - t_0} \lg \frac{c_s - c_0}{c_s - c_t} \tag{3-28}$$

式中: t_0、t 为曝气时间,min; c_0 为曝气开始时池内溶解氧浓度, $t_0 = 0$ 时 $c_0 = 0$,mg/L; c_s 为曝气池内液体饱和溶解氧值,mg/L; c_t 为曝气某一时间 t 时池内液体溶解氧浓度,mg/L。

由式(3-28)可知,影响 K_{La} 的因素很多,除了曝气设备本身结构尺寸、运行条件外,还与水质、水温等有关。为了进行互相比较,以及向设计、使用部门提供产品性能,故产品给出的充氧性能均为清水、标准状态下,即清水(一般多为自来水)、一个大气压、20 ℃下的充氧性能,常用指标有氧的总转移系数 K_{La}、充氧能力 Q_c、动力效率 E 和氧利用率 $\eta\%$。

曝气设备充氧性能测定实验分两种,一种是间歇非稳态测定法,即实验时池水不进不出,池内溶解氧浓度随时间而变;另一种是连续稳态测定法,即向池内注水,注满所需水后,将待曝气之水以无水亚硫酸钠为脱氧剂、氯化钴为催化剂,脱氧至零后开始曝气,液体中溶解氧浓度逐渐提高。液体中溶解氧的浓度 c 是时间 t 的函数,曝气后每隔一定时间取曝气水样,测定水中溶解氧浓度,从而利用式(3-28)计算 K_{La} 值,或是以亏氧量 $(c_s - c_t)$ 为纵坐标,在半对数坐标纸上绘图,所绘直线的斜率即为 K_{La} 值。

3. 实验设备与试剂

1)实验装置

实验装置主要部分为泵型叶轮和模型曝气池。为保持曝气叶轮转速在实验期间恒定不变,电动机要接在稳压电源上。

2)实验设备

KL-1 型单阶完全混合曝气装置,溶解氧测定仪,电磁搅拌器,秒表,广口瓶,烧杯。

3)实验试剂

无水亚硫酸钠(Na_2SO_3),氯化钴($CoCl_2$)。

4. 实验步骤

泵型叶轮表面清水曝气充氧实验采用自来水或二次沉淀池出水,步骤如下。

(1)确定曝气池内测定点(或取样点)位置。在平面上测定时可以布置在三等分曝气池半径的中点和终点(如图 3-9 所示);在立面上测定时可布置在离池面和池底 0.3 m 处,以及池子一半深度处。共取 12 个测定点(或 9 个测定点)。

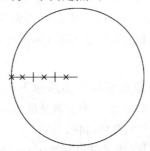

图 3-9　平面测定点位置示意图

(2)测定曝气池的容积。

(3)向池内注满自来水。

(4)计算 $CoCl_2$ 和 Na_2SO_3 的需要量。

$$Na_2SO_3 + 1/2O_2 \xrightarrow{CoCl_2} Na_2SO_4 \tag{3-29}$$

从上述反应式可以知道,每去除 1 mg 溶解氧需要投加 7.9 mg 的 Na_2SO_3。根据曝气池的容积和自来水(或污水)的溶解氧浓度可以算出 Na_2SO_3 的理论需要量,实际投加量应为理论值的 $150\%\sim200\%$。计算方法如下:

$$W = V \times c_s \times 7.9 \times (150\% \sim 200\%) \tag{3-30}$$

式中:W 为 Na_2SO_3 的实际投加量,kg 或 g;V 为曝气池体积,m^3 或 L。

催化剂氯化钴的投加量,按维持曝气池中的钴离子浓度为 $0.05\sim0.5$ mg/L 计算。

(5)将 Na_2SO_3 和 $CoCl_2$ 溶解后直接投加在曝气叶轮处,或者用泵抽送到曝气池,使其迅速扩散。

(6)当溶解氧测定仪的指针达到 0 后,开始启动电机进行曝气,同时定期测定各测定点的溶解氧浓度,并作记录,直至溶解氧达到饱和值时结束实验(0.5~1 min 读数一次)。

5.实验结果处理

1)参数选用

因清水充氧实验给出的是标准状态下氧总转移系数 K_{La},即清水(可以是自来水)在一个大气压、20 ℃下的充氧性能,而实验过程中曝气充氧的条件并非是一个大气压、20 ℃,且这些条件都对充氧性能有影响,故引入了压力、温度修正系数。

(1)温度修正系数。

$$K = 1.02420 - T \tag{3-31}$$

修正后的氧总转移速率为

$$K_{Las} = K \cdot K_{La} = (1.02420 - T) \times K_{La} \tag{3-32}$$

此为经验式,它考虑了水温对水的黏滞性和饱和溶解氧值的影响,国内外大多采用此式,本次实验也以此进行温度修正。

(2)水中饱和溶解氧值的修正。由于水中饱和溶解氧值受其中压力和所含无机盐种类及数量的影响,所以

$$K_{La} = \frac{2 \times 303}{t - t_0} \lg \frac{c_s - c_0}{c_s - c_t} \tag{3-33}$$

式中的饱和溶解氧值最好用实测值,即曝气池内的溶解氧达到稳定时的数值。另外也可以用理论公式[c_s(校正)$= c_s$(实验)$\times$标准大气压/实验时的大气压]对饱和溶解氧标准值进行修正。有实测饱和溶解氧值时用实测值,无实测值则可采用理论修正值。

2)氧的总转移系数 K_{Las}

氧的总转移系数 K_{Las} 是指在单位传质推动力作用下,在单位时间、向单位曝气液体中所充入的氧量。它的倒数($1/K_{Las}$)的单位是 s,表示将满池水从溶解氧为零充到饱和值时所用时间,因此 K_{Las} 是反映氧传递速率的一个重要指标。

K_{Las} 的计算首先是根据实验记录、或溶解氧测定记录仪的记录和式 $\ln(c_s - c_t) = -K_{La} \times t +$ 常数,按表 3-10 计算,或者是在半对数坐标纸上,以 $\ln(c_s - c_t)$ 为纵坐标,以时间 t 为横坐

标绘图求 K_{La} 值。

表 3 - 10　K_{La} 计算表

$t-t_0$ /min	c_t /(mg·L^{-1})	c_s-c_t /(mg·L^{-1})	$\dfrac{c_s-c_0}{c_s-c_t}$	$\lg\dfrac{c_s-c_0}{c_s-c_t}$	$\tan\alpha=\dfrac{2\times303}{t-t_0}$	K_{La} /min^{-1}

求得 K_{La} 值后,利用式 $K_{Las}=K\cdot K_{La}=(1.024^{20-T})\times K_{La}$ 求得 K_{Las} 值。

3)充氧能力 Q_c

充氧能力反映了曝气设备在单位时间内向单位液体中充入的氧量。

$$Q_c = K_{Las}\cdot c_s\cdot V \qquad (3-34)$$

式中:Q_c 为曝气设备在单位时间内向单位液体中充入的氧量,kg/h;K_{Las} 为氧的总转移系数(标准状态),h^{-1} 或 min^{-1};c_s 为一个大气压、20 ℃时氧的饱和浓度,$c_s=9.17$ mg/L。

4)动力效率 E

$$E=\frac{Q_c}{N} \qquad (3-35)$$

式中:E 为动力效率,kg/(kW·h);Q_c 为标准条件下的充氧能力,kg/h;N 为采用叶轮曝气时的轴功率,kW。

5)修正系数 α、β

通常以修正系数 α、β 来表示污水性质、搅动程度对于氧的传递、溶解时氧饱和浓度的影响。

$$\alpha = 污水的 K_{La}/自来水的 K_{La}$$
$$\beta = 污水的 c_s/自来水的 c_s$$

测定污水的 K_{La}、c_s 的方法与清水实验相同。

上述方法适用于完全混合型曝气设备充氧能力的测定。不能采用上述方法测定推流式曝气池中的 K_{La}、c_s、c_t(K_{La}、c_s、c_t 是沿池长方向变化的)。

6.注意事项

(1)每个实验所用设备、仪器较多,事前必须熟悉设备、仪器的使用方法及注意事项。

(2)加药时,将脱氧剂与催化剂用温水化开后从柱或池顶均匀加入。

(3)无溶解氧测定仪时,在曝气初期,取样时间间隔宜短。

(4)实测饱和溶解氧值时,一定要在溶解氧值稳定后进行。

(5)水温、风温(送风管内空气温度)宜取开始、中间、结束时实测值的平均值。

7.思考题

(1)论述曝气在生物处理中的作用。

(2)曝气充氧原理及其影响因素是什么?

(3)温度修正、压力修正系数(标准大气压/实验时的大气压)的意义是什么? 如何进行公式推导？

(4)曝气设备类型、动力效率的优缺点是什么？

(5)氧的总转移系数 K_{Las} 的意义是什么？怎样计算？

(6)曝气设备充氧性能指标为何均是清水？标准状态下的值是多少？

(7)鼓风曝气设备与机械曝气设备充氧性能指标有何不同？

3.3 综合实验

3.3.1 水体富营养化程度的评价

富营养化(Eutrophication)是指在人类活动的影响下,生物所需的氮、磷等营养物质大量进入湖泊、河口、海湾等缓流水体,引起藻类及其他浮游生物迅速繁殖,水体溶解氧量急剧下降,水质恶化,鱼类及其他生物大量死亡的现象。在自然条件下,湖泊也会从贫营养状态过渡到富营养状态,沉积物不断增多,先变为沼泽,后变为陆地。这种自然过程非常缓慢,常需几千年甚至上万年。而人为排放含营养物质的工业废水和生活污水所引起的水体富营养化现象,可在短期内出现。水体富营养化后,即使切断外界营养物质的来源,也很难自净和恢复到正常水平。水体富营养化严重时,湖泊可被某些水生植物及其残骸淤塞,成为沼泽甚至干地。局部海区可变成"死海",或出现"赤潮"。

植物营养物质的来源广、数量大,有生活污水、农业面源、工业废水、垃圾等。每人每天带进污水中的氮约 50 g。生活污水中的磷主要来源于洗涤废水,而施入农田的化肥有 50%～80%流入江河、湖海和地下水体中。

许多参数可用作水体富营养化的指标,常用的有总磷、叶绿素 a 含量和初级生产率的大小(见表 3-11)。

表 3-11 水体富营养化程度划分

富营养化程度	初级生产率(O_2)/(mg·m^{-2}·d^{-1})	总磷/(μg·L^{-1})	无机氮/(μg·L^{-1})
极贫	0～136	<0.005	<0.200
贫-中	137～409	0.005～0.010	0.200～0.400
中		0.010～0.030	0.300～0.650
中-富	410～547	0.030～0.100	0.500～1.500
富		>0.100	>1.500

1.实验目的

(1)掌握总磷、叶绿素 a 及初级生产率的测定原理及方法;

(2)掌握水体富营养化状况的评价方法。

2.实验原理

1)磷的测定

在酸性溶液中,将各种形态的磷转化成磷酸根离子(PO_4^{3-}),用钼酸铵和酒石酸锑钾与之反应,生成磷钼锑杂多酸,再用抗坏血酸将其还原为深色钼蓝。

砷酸盐与磷酸盐一样也能生成钼蓝,0.1 $\mu g/mL$ 的砷就会干扰测定。六价铬、二价铜和亚硝酸盐能氧化钼蓝,使测定结果偏低。

2)生产率的测定

绿色植物的生产率是光合作用的结果,与氧的产生量成比例。因此测定水体中的溶解氧含量可看作对生产率的测量。然而在任何水体中都有呼吸作用产生,要消耗一部分氧,因此在计算生产率时,还必须测量因呼吸作用所损失的氧。本实验用测定 2 只无色瓶和 2 只深色瓶中相同样品内溶解氧变化量的方法测定生产率。此外,测定无色瓶中氧的减少量,提供校正呼吸作用的数据。

3)叶绿素 a 的测定

测定水体中的叶绿素 a 的含量,可估计该水体的绿色植物存在量。将色素用丙酮萃取,测量其吸光度值,便可以测得叶绿素 a 的含量。

3.实验仪器、材料和试剂

1)实验仪器

可见分光光度计。

2)实验材料

移液管(1、2 和 10 mL),容量瓶(100 和 250 mL),锥型瓶(250 mL),比色管(25 mL),BOD 瓶(250 mL),具塞比色管(10 mL),玻璃纤维滤膜,剪刀,玻棒,夹子。

3)实验试剂及其配置

过硫酸铵[$(NH_4)_2S_2O_8$,固体],浓硫酸($\rho=1.84$ g/mL),浓盐酸($\rho=1.19$g/mL),氢氧化钠(NaOH),酚酞,丙酮(CH_3COCH_3),酒石酸锑钾[$K(SbO)C_4H_4O_6 \cdot 1/2H_2O$],抗坏血酸,钼酸铵[$(NH_4)6Mo_7O_{24} \cdot 4H_2O$],乙醇($CH_3CH_2OH$)。

(1)硫酸溶液[$c(H_2SO_4)=1$ mol/L]。取一只干净的 1000 mL 容量瓶,装入 600 mL 左右的去离子水,然后在通风橱内用 100 mL 容量瓶量取 54 mL 质量分数为 98% 的分析纯浓硫酸($\rho=1.84$ g/mL),缓慢倒入容量瓶中,然后轻微振荡,冷却至室温后,用去离子水稀释至刻度线。

(2)盐酸溶液[$c(HCl)=2$ mol/L]。取一只干净的 1000 mL 容量瓶,装入 600 mL 左右的去离子水,然后在通风橱内用 100 mL 容量瓶量取 168 mL 分析纯浓盐酸($\rho=1.19$g/mL),缓慢倒入容量瓶中,然后轻微振荡,冷却至室温后,用去离子水稀释至刻度线。

(3)氢氧化钠溶液[$c(NaOH)=6$ mol/L]。准确称取 60 g 分析纯氢氧化钠颗粒,倒入 250 mL 烧杯中,加入 150 mL 左右的去离子水,将氢氧化钠颗粒完全溶解,转移到 250 mL 容量瓶中,用去离子水稀释至刻度线。

(4)1% 酚酞。1 g 酚酞溶于 90 mL 乙醇中,转移至 100 mL 容量瓶,加去离子水稀释至刻度线,配得 1% 酚酞溶液。

(5)(9+1)丙酮溶液。将 90 mL 丙酮和 10 mL 去离子水混合均匀,配得(9+1)丙酮溶液。

(6)酒石酸锑钾溶液。准确称取 4.4 g 的酒石酸锑钾溶于 200 mL 去离子水中,用 250 mL 棕色细口瓶在 4 ℃时保存。

(7)钼酸铵溶液。准确称取 20 g 的钼酸铵溶于 500 mL 去离子水中,用 500 mL 塑料瓶在 4 ℃时保存。

(8)抗坏血酸溶液[c(抗坏血酸)＝0.1 mol/L]。溶解 1.76 g 的抗坏血酸于 100 mL 去离子水中,转入 100 mL 棕色细口瓶,若在 4 ℃下保存可储存使用一个星期。

(9)混合试剂。包括 50 mL 的 2 mol/L 硫酸、5 mL 的酒石酸锑钾溶液、15 mL 的钼酸铵溶液和 30 mL 的抗坏血酸溶液。混合前,先让上述溶液达到室温,并按上述次序混合。在加入酒石酸锑钾或钼酸铵后,如混合试剂变浑浊,须摇动混合试剂,并放置几分钟,至澄清为止。若在 4 ℃下保存,可维持 7 d 不变。

(10)磷酸盐储备液(1.00 mg 磷/mL)。称取 1.098 g 的 KH_2PO_4,溶解后转入 250 mL 容量瓶中,稀释至刻度,即得 1.00 mg/mL 的磷溶液。

(11)磷酸盐标准溶液(10 μg 磷/mL)。量取 1.00 mL 储备液于 100 mL 容量瓶中,稀释至刻度,即得磷含量为 10 μg/mL 的标准溶液。

4.实验步骤

1)磷的测定

(1)水样处理。水样中如有大的微粒,可用搅拌器搅拌 2～3 min,使其混合均匀。量取 100 mL 水样(或经稀释的水样)2 份,分别放入 250 mL 锥型瓶中,另取 100 mL 去离子水于 250 mL 锥型瓶中作为对照,分别加入 1 mL 浓度为 1 mol/L 的 H_2SO_4 溶液,3 g 的过硫酸铵粉末,微沸约 1 h,补加去离子水使体积为 25～50 mL(如锥型瓶壁上有白色凝聚物,应用去离子水将其冲入溶液中),再加热数分钟。冷却后,加一滴酚酞,并用 6 mol/L 的 NaOH 溶液将该溶液中和至粉红色。再滴加浓度为 2 mol/L 的 HCl 溶液使粉红色恰好褪去,转入 100 mL 容量瓶中,加水稀释至刻度,移取 25 mL 至 50 mL 比色管中,加 1 mL 混合试剂,摇匀后,放置 10 min,加水稀释至刻度再摇匀,放置 10 min,以试剂空白作参比,用 1 cm 比色皿于波长 880 nm 处测定吸光度(若分光光度计不能测定 880 nm 处的吸光度,可选择 710 nm 波长)。

(2)标准曲线的绘制。分别吸取 10 μg/mL 磷酸盐标准溶液 0.00、0.50、1.00、1.50、2.00、2.50 和 3.00 mL 于 50 mL 比色管中,加水稀释至约 25 mL,加入 1 mL 混合试剂,摇匀后放置 10 min,加水稀释至刻度,再摇匀,10 min 后以试剂空白作参比,用 1 cm 比色皿于波长 880 nm 处测定吸光度。

2)生产率的测定

(1)取四只 BOD 瓶,其中两只用铝箔包裹使之不透光,四支瓶分别标记为"亮"瓶和"暗"瓶。从水体上半部的中间取出水样,测量水温和溶解氧,溶解氧采用碘量法测定(见实验 2.2.3)。如果此水体的溶解氧未过饱和,则记录此值为 O_i,然后将水样分别注入一对"亮"和"暗"瓶中。若水样中溶解氧过饱和,则缓缓地向水样通气,以除去过剩的氧。重新测定溶解氧并记作 O_i。按上法将水样分别注入一对"亮"和"暗"瓶中。

(2)从水体下半部的中间取出水样,按上述方法处理。

(3)将两对"亮""暗"瓶分别悬挂在与取水样相同水深的位置,调整这些瓶子,使阳光能充分照射。一般将瓶子暴露几个小时,暴露期为清晨至中午,或中午至黄昏,也可清晨到黄昏。为方便起见,可选择较短的时间。

(4)暴露期结束即取出瓶子,逐一测定溶解氧,分别将"亮"和"暗"瓶的数值记为 O_L 和 O_D。

3)叶绿素 a 的测定

(1)将 100～500 mL 水样经玻璃纤维滤膜过滤,记录过滤水样的体积。将滤纸卷成香烟状,放入小瓶或离心管。加 10 mL 或足以使滤纸淹没的 90％丙酮液,记录体积,塞住瓶塞,并在 4 ℃的暗处放置 4 h。如有浑浊,可离心萃取。将一些萃取液倒入 1 cm 玻璃比色皿,加比色皿盖,以试剂空白为参比,分别在波长 665 nm 和 750 nm 处测其吸光度。

(2)加 1 滴 2 mol/L 盐酸于上述两只比色皿中,混匀并放置 1 min,再在波长 665 nm 和 750 nm 处测定吸光度。

5.实验结果处理

1)磷的测定结果处理

由标准曲线查得磷的含量,按下式计算水中磷的浓度:

$$P(g/L) = \frac{P_i}{V} \times 10^{-3} \tag{3-36}$$

式中:P 为水中磷的浓度,g/L;P_i 为由标准曲线上查得的磷含量,μg;V 为测定时吸取水样的体积,mL。

2)生产率的测定结果处理

(1)总光合作用计算。

呼吸作用:

$$R = 氧在暗瓶中的减少量 = O_i - O_D \tag{3-37}$$

净光合作用:

$$P_n = 氧在亮瓶中的增加量 = O_L - O_i \tag{3-38}$$

总光合作用:

$$P_g = R + P_n = (O_i - O_D) + (O_L - O_i) = O_L - O_D \tag{3-39}$$

(2)判断每单位水总光合作用和净光合作用的日速率。

①把暴露时间修改为日周期

$$日\ P'_g(mg\ O_2/(L \cdot d)) = P_g \times 每日光周期时间/暴露时间 \tag{3-40}$$

②将生产率单位从 mg O_2/L 改为 mg O_2/m²,这表示 1 m² 水面下水柱的总产生率。为此必须知道产生区的水深:

$$日\ P''_g(mg\ O_2/(m \cdot d)) = P_g \times 每日光周期时间/暴露时间 \times 10^3 \times 水深(m) \tag{3-41}$$

式中:10^3 为体积浓度 mg/L 换算为 mg/m³ 的系数。

③假设全日(24 h)呼吸作用保持不变,计算日呼吸作用

$$日\ R(mg\ O_2/(m \cdot d)) = R \times 24/暴露时间(h) \times 10^3 \times 水深(m) \tag{3-42}$$

④计算日净光合作用

$$日\ P_n(mg\ O_2/(L \cdot d)) = 日\ P_g - 日\ R \tag{3-43}$$

假设符合光合作用的理想方程($CO_2 + H_2O \longrightarrow CH_2O + O_2$),将生产率的单位转换成固定碳的单位:

$$日\ P_m(mg\ O_2/(m \cdot d)) = 日\ P_n(mg\ O_2/(m \cdot d)) \times 12/32 \tag{3-44}$$

3)叶绿素 a 的测定结果处理

酸化前吸光度:

$$A = A_{665} - A_{750}$$

酸化后吸光度： $$A_a = A_{665a} - A_{750a}$$

用在 665 nm 处测得吸光度减去 750 nm 处测得值是为了校正浑浊液。

用下式计算叶绿素 a 的浓度(μg/L)：

$$c_{叶绿素a} = \frac{29(A - A_a)V_{萃取液}}{V_{样品}} \tag{3-45}$$

式中：$V_{样品}$ 为样品体积，mL；$V_{萃取液}$ 为萃取液体积，mL。

6.思考题

(1)水体中氮、磷的主要来源有哪些？

(2)在计算日生产率时，有几个主要假设？

(3)根据测定结果如何评价水体的富营养化状况？

3.3.2 动态絮凝沉淀实验

1.实验目的

(1)进一步了解动态絮凝装置的构造及工作原理；

(2)熟悉动态絮凝装置运行的影响因素；

(3)掌握动态絮凝装置的运行操作方法。

2.实验原理

图 3-10 里中和池的作用主要是调节水中的 pH 值，使之在絮凝时达到最佳絮凝状态。絮凝反应池的作用是通过添加混凝剂及助凝剂使水中难以沉淀的胶体颗粒相互接触，长大至能自然沉淀的程度。斜板沉淀池是由与水平面成一定角度（一般为 60°左右）的众多斜板放置于沉淀池中构成的，其中的水流方向从下向上流动或水平方向流动，颗粒沉淀于斜板底部，当颗粒累积到一定程度时，便自动滑下。

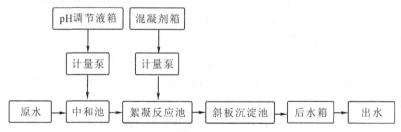

图 3-10 动态混凝沉降实验流程图

斜板沉淀池可以在不改变有效容积的情况下增加沉淀面积，提高颗粒的去除效率，且将板与水平面成一定角度放置有利于排泥，因而斜板沉淀池在生产实践中有较高的应用价值。

按照斜板沉淀池中的水流方向，可分为以下四种类型。

(1)异向流斜板沉淀池。水流方向与污泥沉降方向不同，水流向上流动，污泥向下滑。异向流斜板沉淀池是最为常用的方法之一。

(2)同向流斜板沉淀池。水流方向与污泥沉降方向相同，与异向流相比，同向流斜板沉淀池水流方向与沉降方向相同，因而有利于污泥的下滑，但其结构较复杂，应用不多。

(3)横向流斜板沉淀池。在长度方向布置斜板沉淀池的斜板，水流沿池长方向横向流过，沉淀物沿斜板滑落，其沉淀过程与平流式沉淀池类似。

（4）双向流斜板沉淀池。在沉淀池中,既有同向流斜板又有异向流斜板组合而成的斜板沉淀池。

斜板沉淀池的构造及工作原理如图 3-11 所示。斜板沉淀池一般由清水区（集水分流）、斜板区、配水区、沉淀区几个部分组成,在工艺方面具有沉淀效率高、停留时间短、占地面积小和建设费用较高的特点。

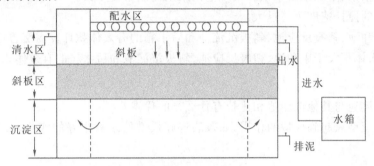

图 3-11　斜板沉淀池示意图

实验在进行时,首先开启水泵,原水先流入中和池,在搅拌的同时用计量泵向里面加入相应的混凝剂进行絮凝反应;最后进入斜板沉淀池顶部中间的穿孔配水管,然后向上流过一组斜板到达沉淀池上部的清水区,污泥在斜板上沉积,最后滑向池底,由穿孔排泥管定期排放,而清水则在沉淀池顶部的穿孔集水槽汇集,然后由出水管输出。

3.实验设备及材料

1）实验装置和设备

动态絮凝装置模型（包括水泵,浊度计,酸度计,计量泵,温度计,烧杯）。

2）实验试剂

混凝剂:聚合氯化铝。

4.实验步骤

（1）用清水注满沉淀池,检查是否漏水,水泵与阀门等是否正常、完好。

（2）配置水样（浊度:60 NTU）,打开进水电磁阀,打开水箱搅拌机。

（3）按顺序配置水样浊度,选定最佳混凝剂及其最佳加药量和最佳 pH 值。计算出最佳投药量及最佳 pH 值絮凝所需的加药量,调节好计量泵。

（4）一切正常后,测量原水的 pH 值、温度和浊度。

（5）水样的中和及絮凝。打开中和池进水阀门,启动原水进料泵、中和池搅拌机、pH 调节箱的计量泵,调节水样的 pH。待中和池中的水充至 3/4 时,打开絮凝反应池进水阀门,启动中和池出料泵、絮凝反应池搅拌机、混凝剂箱的计量泵。

（6）斜板过滤。待絮凝反应池水充至 3/4 时,打开絮凝反应池出水阀门、絮凝反应池出水泵,使絮凝后的水流入斜板沉淀池,水经斜板沉淀池处理后流入后水箱,后水箱满后水自然排出。

5.实验结果处理

根据测得的进出水浊度,按公式（3-46）计算浊度的去除率。

$$x = \frac{(A_0 - A_1)}{A_0} \times 100 \tag{3-46}$$

式中：x 为浊度去除率，%；A_0 为原水的浊度，NTU；A_1 为絮凝沉淀后出水的浊度，NTU。

6.注意事项

(1)原水进水泵、中和池出水泵和絮凝池出水泵的流量要一致。

(2)絮凝池的搅拌速度不易过大。

(3)根据中和池、絮凝反应池、斜板沉淀池和后水箱的有效体积计算需配置原水的体积，要保证配置的原水体积大于中和池、絮凝反应池、斜板沉淀池和后水箱的有效体积。

7.思考题

(1)斜板沉淀池与其他沉淀池相比较有什么样的优点？

(2)该实验模型只起到模拟的作用，如果改进此模型使之有很好的实验效果，你认为该采取哪些措施？

3.3.3　工业污水可生化性实验

1.实验目的

(1)了解工业污水可生化性的含义；

(2)掌握测定工业污水可生化性的实验方法。

2.实验原理

微生物降解有机污染物的物质代谢过程中所消耗的氧包括两部分：一部分氧化分解有机污染物，使其分解为 CO_2、H_2O 和 NH_3（存在含氮有机物时）等，为合成新细胞提供能量；第二部分供微生物进行内源呼吸，使细胞物质分解。

如果污水的组分对微生物生长无毒害作用，则微生物与污水混合后立即大量摄取有机物合成新细胞，同时消耗水中的溶解氧，溶解氧的吸收量（即消耗量）与水中的有机物浓度有关。实验开始时，间歇进料生物反应器内有机物浓度较高，微生物吸收氧的速率较快，以后随着有机物的逐步去除，氧吸收速率也逐步减慢，最后等于内源呼吸速率。如果污水中的某一种或几种组分对微生物的生长有毒害抑制作用，微生物与污水混合后，其降解利用有机物的速率便会减慢或停止，利用氧的速度也将减慢或停止。因此，可以通过实验测定活性污泥的呼吸速率，用氧吸收量累计值与时间的关系曲线、呼吸速率与时间的关系曲线来判断某种污水生物处理的可能性，或某种有毒物质进入生物处理设备的最大允许浓度。

污水中有毒有害成分对微生物的影响除了直接杀死微生物，使细胞壁变性或破裂以外，主要表现为抑制、损害酶的作用，使酶变性、失活。如重金属能和其他代谢产物结合，使酶失去活性，改变原生质膜的渗透性，影响营养物质的吸收；如氢离子浓度会改变原生质膜和酶的荷电，影响原生质的生化过程和酶的作用，阻碍微生物的能量代谢。

由于有毒物质对微生物的抑制作用不仅与毒物的浓度有关，还与微生物的浓度有关，因此，实验时选用的污泥浓度应与曝气池的污泥浓度相同，并用有毒物质对微生物进行驯化，逐渐适应这种有毒物质。

3.实验设备

生化反应器，曝气设备，溶解氧测定仪，电磁搅拌器，广口瓶，细口瓶，秒表。

4. 实验步骤

(1)从城市污水处理厂曝气池出口取回活性污泥混合液,搅拌均匀后,在 6 个生化反应器内分别加入一定量的混合液,然后向每个反应器加入相同量的自来水,使每个反应器内的污泥浓度为 1~2 g/L。

(2)开动曝气设备,曝气 1~2 h,使微生物处于饥饿状态。

(3)除欲测内源呼吸率的 1 号生化反应器以外,其他 5 个生化反应器都停止曝气。

(4)静置沉淀,待生化反应器内污泥沉淀后,用虹吸法去除上层清液。

(5)在 2~6 号生化反应器内均加入从污水厂初次沉淀池出口取回的城市污水至 4 L。

(6)继续曝气,并按表 3-12 投加间甲酚并计算。

表 3-12　各生物反应器内间甲酚浓度

生化反应器序号	1	2	3	4	5	6
间甲酚浓度/(mg·L^{-1})	0	50	100	300	600	1000

(7)混合均匀后立即取样测定呼吸速率,以后每隔 30 min 测定一次呼吸速率,3 h 后改为每隔 1 h 测定一次呼吸速率,5~6 h 后结束实验。

(8)呼吸速率测定方法。用 250 mL 的广口瓶取反应器混合液 1 瓶,迅速用装有溶解氧探头的橡皮塞子塞紧瓶口(不能有气泡或漏气),将瓶子放在电磁搅拌器上,启动搅拌器,定期测定溶解氧值 C(0.5~1 min)并记录,然后以溶解氧值 C 与时间 t 作图,所得直线斜率即为微生物的呼吸速率。

5. 实验结果处理

(1)以溶解氧测定值 C 为纵坐标,时间 t 为横坐标作图,所得直线的斜率即微生物的呼吸率。

(2)用呼吸率为纵坐标,时间 t 为横坐标作图,得呼吸率与时间的关系曲线。

(3)以氧吸收量累计值 Q_u 为纵坐标,时间 t 为横坐标作图,得到间甲酚对微生物氧吸收过程的影响曲线。

6. 注意事项

(1)加入各生化反应器的活性污泥混合液量应相等,这样使反应器内的活性污泥的呼吸速率相同(即 MLSS 相同,MLSS 的详细讲解见实验 3.3.4),使各反应器的实验结果有可比性。

(2)取样测定呼吸率时,应充分搅拌使反应器内活性污泥浓度保持均匀,以避免由于实验带来的误差。

(3)反应器内的溶解氧建议维持在 6~7 mg/L,以保证测定呼吸速率时有足够的溶解氧。

3.3.4　活性污泥性质的测定

1. 实验目的

(1)了解评价活性污泥性能的四项指标及相互关系,加深对活性污泥性能,特别是污泥活性的理解。

（2）观察活性污泥性状及生物相组成。

（3）掌握污泥性质（MLSS、MLVSS、SV、SVI）的测定方法。

2.实验原理

活性污泥是人工培养的生物絮凝体,它是由好氧微生物及其吸附的有机物组成的。活性污泥具有吸附和分解废水中有机物(有些也可利用无机物质)的能力,显示出生物化学活性。活性污泥组成可分为四部分:有活性的微生物(M_a)、微生物自身氧化残留物(M_e)、吸附在活性污泥上不能被微生物所降解的有机物(M_i)和无机悬浮物(M_{ii})。

活性污泥的评价指标一般有生物相、混合液悬浮固体(Mixed Liquid Suspended Solids,MLSS)浓度、混合液挥发性悬浮固体(Mixed Liquid Volatile Suspended Solids,MLVSS)浓度、污泥沉降比(Setting Velocity,SV)、污泥体积指数(Sludge Velocity Index,SVI)等。

在生物处理废水的设备运转管理中,可观察活性污泥的颜色和性状,并在显微镜下观察生物相的组成。

MLSS是指曝气池单位体积混合液中活性污泥悬浮物固体的质量,又称为污泥浓度。它由活性污泥中M_a、M_e、M_i和M_{ii}四项组成,单位为mg/L或g/L。

MLVSS指曝气池单位体积混合液悬浮固体中挥发性物质的质量,表示有机物含量,即由MLSS中的前三项组成,单位为mg/L或g/L。一般生活污水处理厂曝气池混合液MLVSS/MLSS在0.7～0.8。

性能优良的活性污泥,除了具有去除有机物的能力外,还应有好的絮凝沉降性能。活性污泥的絮凝沉降性能可用SV和SVI来评价。

SV是指曝气池混合液在100 mL量筒中静置沉淀30 min后污泥体积与混合液体积之比,用百分数(%)表示。活性污泥混合液经30 min沉淀后,沉淀污泥可接近最大密度,因此可用30 min作为测定污泥沉降性能的依据。一般生活污水和城市污水的SV为15%～30%。

SVI是指曝气池混合液沉淀30 min后每单位质量干污泥形成的湿污泥的体积,单位为mL/g,但习惯上把单位略去。

在一定污泥量下,SVI反映了活性污泥的絮凝沉降性能。如SVI较高,表示SV较大,污泥沉降性能较差;如SVI较小,说明污泥颗粒密实,污泥老化,沉降性能好。但如果SVI过小,则污泥矿化程度高,活性剂吸附性较差。一般来说,当SVI为100～150时,污泥沉降性能良好;当SVI>200时,污泥沉降性能较差,污泥易膨胀;当SVI<50时,污泥絮体细小紧密,含无机物较多,污泥活性差。

3.实验仪器与材料

1)实验仪器

曝气池,真空过滤装置,显微镜,分析天平,烘箱,马弗炉,电炉,干燥器。

2)实验用具

载玻片和盖玻片,香柏油,1000 mL量筒,定量滤纸,布氏漏斗,称量瓶,坩埚,500 mL烧瓶,玻棒。

4.实验步骤

1)活性污泥性状与生物相观察

用肉眼观察活性污泥的颜色和性状。取一滴曝气池混合液于载玻片上,盖上盖玻片,并在显微镜下观察活性污泥的颜色、菌胶团及生物相的组成。

2）SV（％）测定

在曝气池中取混合均匀的泥水混合液 100 mL 置于 100 mL 量筒中，静置 30 min 后，观察沉降的污泥占整个混合液的比例，记下结果。具体操作步骤如下：

（1）将干净的 100 mL 量筒用去离子水冲洗后，烘干；

（2）取 100 mL 混合液置于 100 mL 量筒中，并从此时开始计算沉淀时间；

（3）观察活性污泥絮凝和沉淀的过程与特点，且在第 1、3、5、10、15、20 和 30 min 分别记录污泥界面以下的污泥体积；

（4）第 30 min 的污泥体积（mL）即为污泥沉降比（SV％）。

3）MLSS 测定

单位体积的曝气池混合液中所含污泥的干重，实际上是指混合液悬浮固体的数量。具体操作步骤如下：

（1）将滤纸和称量瓶放在 103～105 ℃烘箱中干燥至恒重，称量并记录滤纸净重 W_1；

（2）将该滤纸剪好平铺在布氏漏斗上（剪掉的滤纸不要丢掉）；

（3）将测定过沉降比的 100 mL 量筒内的污泥全部倒入漏斗，过滤（用水冲净量筒，水也倒入漏斗）；

（4）将载有污泥的滤纸移入称量瓶中，放入烘箱（103～105 ℃）中烘干至恒重，称量并记录滤纸及截留悬浮固体的质量 W_2。

4）MLVSS 测定

挥发性污泥就是挥发性悬浮固体，它包括微生物和有机物、干污泥经灼烧后（600 ℃）剩下的灰分（称为污泥灰分）。具体操作步骤如下：

先将已经恒重的瓷坩埚称量并记录（W_3），再将测定过污泥干重的滤纸和干污泥一并放入瓷坩埚中，先在普通电炉上加热碳化，然后放入马弗炉内（600 ℃）灼烧 40 min，取出置于干燥器内冷却，称量（W_4）。

5.实验数据记录与处理

（1）实验数据记录。参考表 3 - 13 记录实验数据。

表 3 - 13　原始数据记录表

静沉时间/min	1	3	5	10	15	20	30
污泥体积/mL							
W_1/g							
W_2/g							
W_3/g							
W_4/g							

（2）污泥沉降比 SV（％）计算：

$$SV = \frac{V_{30}}{V} \times 100\%$$ 　　　　（3 - 47）

(3)混合液悬浮固体浓度 MLSS 计算：

$$MLSS = \frac{W_2 - W_1}{V} \qquad (3-48)$$

式中：W_1 为滤纸的净重，mg；W_2 为滤纸及截留悬浮物固体的质量之和，mg；V 为水样体积，L。

(4)混合液挥发性悬浮固体浓度 MLVSS 计算：

$$MLVSS = \frac{(W_2 - W_1) - (W_4 - W_3)}{V} \qquad (3-49)$$

式中：W_3 为坩埚质量，mg；W_4 为坩埚与无机物总质量，mg。

(5)污泥体积指数 SVI 计算。污泥体积指数是曝气池混合液经 30 min 静沉后，1 g 干污泥所占的体积(单位为 mL/g)。

$$SVI = \frac{SV}{MLSS} = \frac{SV(\%) \times 10(mL/L)}{MLSS(g/L)} \qquad (3-50)$$

SVI 值能较好地反映出活性污泥的松散程度(活性)和凝聚、沉淀性能。SVI 一般在 100 左右为宜。

(6)绘出 100 mL 量筒中污泥体积随沉淀时间的变化曲线。

6.注意事项

(1)测定坩埚质量时，应将坩埚放在马弗炉中灼烧至恒重为止。

(2)由于实验项目多，实验前准备工作要充分，防止弄乱。

(3)仪器设备应按说明调整好，使误差减小。

(4)过滤时不可使污泥溢出纸边。

7.思考题

(1)测定污泥沉降比时，为什么要静止沉淀 30 min？

(2)污泥体积指数 SVI 的倒数表示什么？为什么可以这么说？

(3)对于城市污水来说，SVI 大于 200 或小于 50 各说明什么问题？

(4)通过所得到的污泥沉降比和污泥体积指数，评价该活性污泥法处理系统中活性污泥的沉降性能，是否有污泥膨胀的倾向或已经发生膨胀？

3.3.5 活性污泥耗氧速率测定及废水可生化性与毒性评价

活性污泥的耗氧速率(Oxygen Uptake Rate,OUR)是评价污泥微生物代谢活性的一个重要指标。在日常运行中，污泥 OUR 的大小及其变化趋势可指示处理系统负荷的变化情况，并可以此来控制剩余污泥的排放。污泥的 OUR 值若显著高于正常值，往往提示污泥负荷过高，这时出水水质较差，残留有机物较多，处理效果亦差。污泥 OUR 值长期低于正常值，这种情况往往在活性污泥负荷低下的延时曝气处理系统中可见，这时出水中残存有机物数量较少，处理完全，但若长期运行，也会使污泥因缺乏营养而解絮。处理系统在遭受毒物冲击而导致污泥中毒时，污泥 OUR 值的突然下降常是最为灵敏的早期警报。此外，还可通过测定污泥在不同工业废水中 OUR 值的高低，来判断该废水的可生化性及废水毒性的极限程度。

1.实验目的

(1)了解活性污泥耗氧速率测定的意义；

(2)掌握溶解氧测定仪测定活性污泥耗氧速率的方法和原理；

(3)掌握废水可生化性及毒性的测定方法。

2.实验原理

活性污泥中微生物需要消耗溶解氧,利用溶解氧测定仪测出一定量活性污泥在一定的时间内所消耗的溶解氧即为活性污泥的内源呼吸耗氧速率。

耗氧速率(OUR)是指单位体积溶液在单位时间内消耗氧量,也称摄氧率。

比耗氧速率(Specific Oxygen Uptake Rate,SOUR)是在污水处理中评价活性污泥稳定性的定量指标,是指单位质量的活性污泥在单位时间内的耗氧量。

3.实验仪器和试剂

1)实验仪器

溶解氧测定仪,磁力搅拌器,离心机,烧杯,分析天平,量筒,容量瓶,250 mL BOD 测定瓶。

2)实验试剂

0.025 mol/L 的磷酸盐缓冲液(pH=7),活性污泥,质量浓度为 10% 的 $CuSO_4$ 溶液。

4.实验步骤

1)测定活性污泥的耗氧速率

(1)方法一。

①取曝气池活性污泥混合液迅即置于烧杯中,由于曝气池不同部位的活性污泥浓度和活性有所不同,取样时可取不同部位的混合样。调节温度至 20 ℃并充氧至饱和。

②将已充氧至饱和的 20 ℃的污泥混合液倒满内装搅拌棒的 250 mL BOD 测定瓶中,并塞上安有溶解氧测定仪电极探头的橡皮塞,注意瓶内不应存有气泡。

③在 20 ℃的恒温室(或将 250 mL BOD 测定瓶置于 20 ℃恒温水浴中)开动电磁搅拌器,待稳定后即可读数并记录溶解氧值,整个装置如图 3-12 所示,一般每隔 1 min 读数一次。

④待 DO 降至 1 mg/L 时即停止整个实验,注意整个实验过程以控制在 10~30 min 内为宜,即尽量使每升污泥每小时耗氧量在 5~40 mg 内,若 DO 值下降过快,可将污泥适当稀释后测定。

⑤测定反应瓶内挥发性活性污泥浓度(MLVSS)。

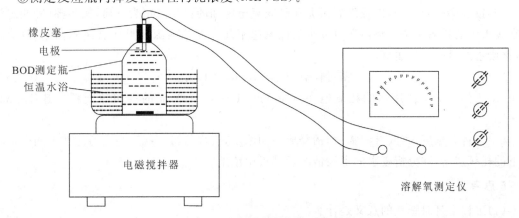

图 3-12 耗氧速率测定装置示意图

⑥根据污泥的浓度（MLVSS）、反应时间 t 和反应瓶内溶解氧变化率求得污泥的比耗氧速率[mg/(g·h)]：

$$SOUR = (DO_0 - DO_t)/(t \times MLVSS) \tag{3-51}$$

式中：DO_0 为初始时 DO 值，mg/L；DO_t 为测定结束时的 DO 值，mg/L。

（2）方法二。

①取 250 mL 广口瓶 2 个，配好橡皮塞并编号，在其容积的一半处做一记号，然后将饱和溶解氧的自来水用虹吸法装至广口瓶一半处，再用活性污泥混合液装满全瓶。

②装满后向 1 号瓶中迅速加入 10%的 $CuSO_4$ 溶液 10 mL，盖紧塞，混匀。

③同时将 2 号瓶盖紧塞，不断颠倒瓶子，使污泥颗粒保持在悬浮状态。10 min 后向 2 号瓶加入 10%的 $CuSO_4$ 溶液 10 mL，再盖紧塞，混匀后静置。

④分别测定 1、2 号瓶中的溶解氧。通过下式计算耗氧速率[mg/(L·h)]。

$$OUR = (a - b) \times 60 \times 2/t \tag{3-52}$$

式中：a 为 1 号瓶中的溶解氧，mg/L；b 为 2 号瓶中的溶解氧，mg/L；t 为 2 号瓶反应时间，min。

2）工业废水可生化性及毒性的测定

（1）对活性污泥进行驯化，方法如下。取城市污水处理厂活性污泥，停止曝气半小时后，弃去少量上清液，再以待测工业废水补足，然后继续曝气，每天以此方法换水 3 次，持续 15～60 d。对难降解废水或有毒工业废水驯化时间往往取上限，驯化时应注意勿使活性污泥浓度有明显下降，若出现此现象，应减少换水量，必要时可适量增补氮、磷。

（2）取驯化后的活性污泥放入离心管中，置于离心机中以 3000 r/min 的转速离心 10 min，弃去上清液。

（3）在离心管中加入预冷至 0 ℃的 0.025 mol/L、pH=7.0 的磷酸盐缓冲液，用滴管反复搅拌并抽吸、洗涤污泥，然后再离心，并弃去上清液。

（4）重复步骤（3），洗涤污泥 2 次。

（5）将洗涤后的污泥移入 BOD 测定瓶中，再以 0.025 mol/L、pH=7.0、溶解氧饱和的磷酸盐缓冲液将其充满，按以上耗氧速率测定法测定污泥的耗氧速率，此即为该污泥的内源呼吸耗氧速率。

（6）按步骤（1）～（4），以洗涤后污泥和已充氧至饱和的待测废水为基质，按步骤（5）测定污泥在废水中的耗氧速率。将污泥对废水的耗氧速率同污泥的内源呼吸耗氧速率相比，数值越高，该废水的可生化性越好。

$$相对耗氧速率 = R/R_S \times 100\% \tag{3-53}$$

式中：R 为污泥对被测废水的耗氧速率，mg/(g·h)；R_S 为污泥的内源呼吸耗氧速率，mg/(g·h)。

（7）可将有毒废水（或有毒物质）稀释成不同浓度，按步骤（1）～（5）测定污泥在不同废水浓度下的耗氧速率，并分析废水的毒性情况及其极限浓度。

5.思考题

（1）工程上延时曝气的意义是什么？

（2）耗氧速率的实质是什么？

3.3.6　完全混合式活性污泥法实验

1.实验目的

(1)观察完全混合式活性污泥处理系统的运行,掌握活性污泥处理法中控制参数(如污泥负荷、泥龄、溶解氧)对系统的影响;

(2)加深对活性污泥生化反应动力学基本概念的理解;

(3)掌握生化反应动力学系数 K、K_s、v_{max}、Y、K_d、a、b 等的测定。

2.实验原理

活性污泥好氧生物处理是指在有氧参与的条件下,微生物降解污水中的有机物。整个过程包括微生物的生长、有机底物降解和氧的消耗,整个过程的变化规律正是活性污泥生化反应动力学研究的内容,包括:

(1)底物的降解速度与有机底物浓度、活性污泥微生物量之间的关系;

(2)活性污泥微生物的增殖速度与有机底物浓度、活性污泥微生物量之间的关系;

(3)有机底物降解与需氧量。

①底物降解动力学方程。

莫诺(Monod)方程:

$$-\frac{dS}{dt}=v_{max}\frac{S}{K_s+S} \tag{3-54}$$

式中:v_{max} 为有机底物最大比降解速度;K_s 为饱和常数;S 为限制性底物浓度。

在稳定条件下,对完全混合活性污泥系统中的有机底物进行物料平衡:

$$S_0Q+RQS_e-(Q+RQ)S_e+V\frac{dS}{dt}=0 \tag{3-55}$$

式中:S_0 为进水 BOD,mg/L;S_e 为出水 BOD,mg/L;Q 为污水流量,m³/d;V 为曝气池溶积,m³;R 为循环比。整理后,得

$$\frac{Q(S_0-S_e)}{V}=-\frac{dS}{dt} \tag{3-56}$$

于是有

$$\frac{Q(S_0-S_e)}{XV}=\frac{S_0-S_e}{Xt}=v_{max}\frac{S}{K_s+S} \tag{3-57}$$

式中,X 为 MLSS,mg/L。而

$$\frac{Q(S_0-S_e)}{XV}=\frac{S_0-S_e}{Xt}=F/M \tag{3-58}$$

式中:F/M 为污泥负荷。

完全混合曝气池中 $S=S_e$,所以式(3-57)整理后可得

$$\frac{Xt}{S_0-S_e}=\frac{K_s}{v_{max}}\frac{1}{S_e}+\frac{1}{v_{max}} \tag{3-59}$$

式(3-59)为直线方程,若以 $1/S_e$ 为横坐标,$Xt/(S_0-S_e)$(污泥负荷)为纵坐标,直线的斜率为 K_s/v_{max},截距为 $1/v_{max}$,可分别求得 v_{max}、K_s。

又因为在低底物浓度条件下,$S_e \ll K_s$,所以有

$$-\frac{\mathrm{d}S}{\mathrm{d}t}=v_{\max}\frac{S_\mathrm{e}}{K_\mathrm{s}+S_\mathrm{e}}=v_{\max}\frac{S_\mathrm{e}}{K_\mathrm{s}}=KS_\mathrm{e} \qquad (3-60)$$

即

$$\frac{S_0-S_\mathrm{e}}{Xt}=KS_\mathrm{e} \qquad (3-61)$$

以 S_e 为横坐标，$(S_0-S_\mathrm{e})/Xt$（污泥负荷）为纵坐标，可求得直线斜率 K。

②活性污泥微生物增殖动力学方程。

活性污泥微生物增殖的基本方程式为

$$\frac{\mathrm{d}X}{\mathrm{d}t}=Y\frac{\mathrm{d}S}{\mathrm{d}t}-K_\mathrm{d}X_\mathrm{v} \qquad (3-62)$$

式中：Y 为活性污泥微生物产率系数；K_d 为活性污泥微生物的自身氧化率；X_v 为混合液挥发性悬浮固体浓度（MLVSS）。

活性污泥微生物每日在曝气池内的净增殖量为

$$\Delta X=Y(S_0-S_\mathrm{e})Q-K_\mathrm{d}VX_\mathrm{v} \qquad (3-63)$$

将上式各项除以 $X_\mathrm{v}V$，得

$$\frac{\Delta X}{X_\mathrm{v}V}=Y\frac{Q(S_0-S_\mathrm{e})}{X_\mathrm{v}V}-K_\mathrm{d} \qquad (3-64)$$

而

$$\frac{Q(S_0-S_\mathrm{e})}{X_\mathrm{v}V}=F/M \qquad (3-65)$$

式中：F/M 为污泥去除负荷。

以 $\Delta X/(X_\mathrm{v}V)$ 为纵轴，以 $Q(S_0-S_\mathrm{e})/(X_\mathrm{v}V)$（污泥去除负荷）为横轴，直线斜率为 Y 值，K_d 为纵轴截距。

③有机底物降解与需氧方程。在曝气池内，活性污泥微生物对有机物氧化分解过程的需氧率和其本身内源代谢的自身氧化过程都是耗氧过程。这两部分氧化过程所需要的氧量，由下式求定：

$$O_2=aQ(S_0-S_\mathrm{e})+bVX_\mathrm{v} \qquad (3-66)$$

式中：O_2 为混合液需氧量；a 为活性污泥微生物对有机污染物氧化分解过程的需氧率；b 为活性污泥微生物通过内源代谢的自身氧化过程的需氧率。

$$\frac{O_2}{VX_\mathrm{v}}=a\frac{Q(S_0-S_\mathrm{e})}{VX_\mathrm{v}}+b \qquad (3-67)$$

以 $Q(S_0-S_\mathrm{e})/(X_\mathrm{v}V)$（污泥去除负荷）为横坐标、$O_2/(X_\mathrm{v}V)$ 为纵坐标，可求得 a 和 b 值。

3.实验仪器

带有挡板的完全混合式曝气沉淀池，空气压缩机，原水箱，泵，空气扩散管。

4.实验步骤

(1)活性污泥的培养与驯化。可以采用生产或人工配制的合成污水先进行闷曝，然后采用连续培养驯化。

(2)打开原水进水阀，调节阀的开度，向曝气沉淀池中注入原水。

(3)向曝气池中接入培养好的污泥。

（4）打开压缩空气调节阀，并调整阀门开度，向曝气池中输入氧气。

（5）调节回流挡板高度，使沉淀池中的污泥回流到曝气池，以保持实验过程中曝气池中活性污泥微生物浓度（MLSS）稳定（1300～3000 mg/L）。

（6）调节剩余污泥排放阀门开度，调整泥龄（Sludge Retention Time）使其保持在一定的范围（5～15 d）。

（7）不断调整溶解氧（DO）浓度、活性污泥微生物（MLSS）浓度、泥龄（SRT）、污泥负荷（F/M），待其稳定后，开始记录数据。

（8）通过调整进水水质或者原水进水水量来调节进水 BOD，以改变不同的污泥负荷（0.2～1.2）。

（9）调整 DO、MLSS，使其稳定在上一次测定值，改变 SRT、F/M，待其稳定后，记录数据。

（10）记录四组数据，实验完毕。

5.实验结果处理

（1）实验数据记录于表 3－14 中。

表 3－14　原始数据记录表

$Q_{in}/$ d^{-1}	$Q_r/$ d^{-1}	$Q_w/$ d^{-1}	$S_0/$ (mg· L^{-1})	$S_e/$ (mg· L^{-1})	$X/$ (mg· L^{-1})	$X_v/$ (mg· L^{-1})	$X_r/$ (mg· L^{-1})	O_2	DO/ (mg· L^{-1})	F/M	SVI	V/L	SRT/d

（2）计算结果记录于表 3－15 中。

表 3－15　实验计算结果表

t/d	$Xt/(S_0-S_e)$	$Q(S_0-S_e)/X_v$	$\Delta X/(X_v V)$	$1/S_e$	$Xt/(S_0-S_e)$	$O_2/(X_v V)$

（3）绘制底物降解$[(S_0-S_e)/(Xt)]$与底物浓度（S_e）曲线。

（4）以 $Q(S_0-S_e)/(X_v V)$（污泥去除负荷）为横坐标，$\Delta X/(X_v V)$ 为纵坐标，绘制活性污泥增长曲线。

（5）以 $1/S_e$ 为横坐标、$Xt/(S_0-S_e)$ 为纵坐标，绘制底物降解曲线。

(6)以 $Q(S_0-S_e)/(X_vV)$(污泥去除负荷)为横坐标、$O_2/(X_vV)$ 为纵坐标,绘制耗氧速度曲线。

6.注意事项

(1)实验过程中,要始终保持 DO 在 2.0 mg/L 左右;

(2)在保持 MLSS 稳定(1300～3000 mg/L)的情况下,测定不同的 F/M 时的各项参数。MLSS 的稳定靠溶解氧、回流比和泥龄的调节来实现。注意排泥流量,保持 SRT 在 5～15 d,污泥负荷越高,增长的污泥越多,排泥量越大,泥龄也越短。

第4章 大气污染控制工程实验

4.1 基础知识

大气中的污染物达到一定浓度后,会在一定程度上破坏生态系统的稳定性,对人类正常生产生活产生严重影响。近年来大气污染不断加重,严重威胁着人们的身体健康和生命安全。加强对大气污染的控制是当前社会所面临的一项重要任务。

4.1.1 大气污染物概述

1.大气污染物的定义

大气污染是指由于人类活动或自然过程引起某些物质(或由它们转化而成的二次污染物)进入大气,达到一定的浓度和持续时间,足以对人体健康、动植物、材料、生态或环境要素产生不良影响和效应的现象。人类活动包括生产活动也包括生活活动,如取暖、交通等。尤其是工业生产、交通运输以及污染源排放等,对大气环境产生严重的影响。

2.大气污染的分类

按照其存在的状态可将大气污染物概括为颗粒污染物和气态污染物两大类。

1)颗粒污染物

颗粒污染物包括粉尘、烟、飞灰和雾。

(1)粉尘是悬浮于气体介质中的小固体颗粒,受重力作用会发生沉降,但在一段时间内能保持悬浮状态。颗粒的尺寸一般为 $1\sim200\ \mu m$。

(2)烟一般指由生产、生活过程形成的固体颗粒气溶胶。它是熔融物质挥发后生成的气态物质的冷凝物,在生成过程中伴有诸如氧化之类的化学反应。烟颗粒的尺寸很小,一般为 $0.01\sim1\ \mu m$。黑烟一般指由燃料燃烧产生的能见气溶胶。

(3)飞灰指随燃料燃烧产生的烟气排出的分散得较细的灰分。

(4)雾是气体中液滴悬浮体的总称。在工程中,雾一般泛指小液体粒子悬浮体,它可能是由于液体蒸汽的凝结、液体的雾化及化学反应等过程形成的,如水雾、酸雾、碱雾、油雾等。

在《环境空气质量标准(GB 3096—2012)》中,根据颗粒物直径的大小,将其分为总悬浮物和可吸入颗粒物。前者指悬浮在空气中、空气动力学当量直径≤100 μm 的颗粒物;后者指悬浮在空气中、空气动力学当量直径≤10 μm 的颗粒物。

2)气态污染物

气态污染物是以分子状态存在的污染物。主要包括硫氧化物、氮氧化物、碳氧化物、硫酸烟雾和光化学烟雾等。

污染大气中的硫氧化物主要指 SO_2，它主要来自化石燃料的燃烧过程，以及硫化物矿石的焙烧、冶炼等热过程。

污染大气中的氮氧化物主要是 NO 和 NO_2。NO 毒性较小，NO_2 的毒性约为 NO 的 5 倍。当 NO_2 参与大气的光化学反应，形成光化学烟雾后，其毒性更强。

污染大气中的碳氧化物是指 CO 和 CO_2，主要来自燃料燃烧和机动车尾气排放。

硫酸烟雾是大气中的 SO_2 等硫氧化物，在水雾、含有重金属的悬浮颗粒物或氮氧化物存在时，发生一系列化学或光化学反应而生成的硫酸雾或硫酸盐气溶胶。

光化学烟雾是在阳光照射下，大气中氮氧化物、碳氢化合物和氧化剂之间发生一系列光化学反应而生成的蓝色烟雾（有时略带紫色或黄褐色）。其主要成分有臭氧、过氧乙酰硝酸酯、酮类和醛类等。

3.大气污染的危害

通常情况下，大气污染会对人类及其他动物的呼吸道产生伤害，导致呼吸系统疾病的出现。大气污染对植物也有较为严重的危害，导致植物生长发育不良，实际抗病虫害的能力减弱，进而导致植物生长迟缓，严重情况下导致植物死亡。

就大气污染对气候环境的影响来看，温室气体的排放导致全球变暖加剧，海平面呈现明显的升高趋势，从而进一步对大气环境本身产生作用。与此同时，大气污染会对太阳辐射强度产生影响，导致能见度降低；社会城市化、工业化进程的加快，大量氟氯烃类物质的应用，严重破坏了大气臭氧层，导致人畜癌症发病率明显升高；多样化酸性气体的排放导致土壤和水体受到污染，严重影响了农业经济效益，并对建筑物产生不同程度的腐蚀，不利于社会生产生活的正常稳定进行。

4.1.2 大气污染控制技术

1.颗粒污染物控制

理论上，大气污染中的颗粒物一般指大于分子的颗粒物，但实际上的最小界限为 $0.01\mu m$，工程上一般把颗粒物简称为粉尘，颗粒污染物的治理通常采用除尘技术。除尘技术是应用各种除尘装置捕集分离气溶胶中的固态颗粒，因此颗粒污染物控制实际就是利用除尘设备去除粉尘的过程。

颗粒污染物控制技术是气体与粉尘微粒的多相混合物的分离操作技术，即除尘技术。微粒不一定局限于固体，也可以是液体微粒。多相混合物中处于分散状态的物质称为分散相或分散物质，统称尘粒或粉尘微粒，而包围分散相的另一物质则为连续相或分散介质，如气体或液体。

1)粉尘的特性

(1)粉尘的粒径。除尘器的设计和运行效果，与所处理的粉尘的大小——粉尘的粒径有关。粉尘的粒径是除尘技术中主要考虑的粉尘特性之一。

(2)粉尘的粒径分布。粉尘的粒径分布又称为粉尘的分散度，是指粉尘中各种不同粒径颗粒的组成比，可以以粉尘的颗粒数或表面积计，也可以以粉尘的质量计，通常使用粉尘的质量累计分布。掌握粉尘的粒径分布对选择除尘器、评价除尘器的特性、确定粉尘在环境中的扩散情况及其对环境造成的污染影响等方面具有重要的意义。

（3）粉尘的真密度与堆积密度。尘粒本身有其密度（真密度），而作为集合体，其堆积状态的密度叫作堆积密度。密度对重力、惯性、离心式除尘器的除尘效率的影响很大，而堆积密度则与设计粉尘的储存设备和粉尘的再飞扬问题有关。当粉尘的密度与堆积密度之比为 10 以上时，需要特别注意解决粉尘的二次飞扬问题。

（4）粉尘的凝聚性。粉尘微粒产生时的高温、尘粒表面的电荷、布朗运动和声波的振动以及磁力作用，可使尘粒相互撞击而引起凝聚。这一特性对除尘的原理和除尘效率起着不可忽视的作用。例如，超声波除尘器就是利用声波使尘粒凝聚成微粒团，然后再送入一般旋风除尘器，这样，即使对于微小尘粒也能获得高去除效率。

（5）粉尘的湿润性。粉尘粒子能被水（或其他液体）湿润的现象，叫作湿润性（又称润湿性）。所有粉尘可根据被水湿润的程度分为疏水性粉尘和亲水性粉尘。但是湿润性还随粒径的减小和温度的升高而降低。

（6）粉尘的荷电性。在粉尘的产生、输送和含尘气体净化过程中，由于受到破碎、碾磨、筛分、碰撞、摩擦等机械作用，或在电晕、电场的作用下均可使粉尘具有荷电性。粉尘荷电量的大小及极性，除取决于粉尘的化学组成及其结构外，还取决于粉尘外部所施加的荷电条件。

（7）粉尘的安息角与滑动角。粉尘的安息角及滑动角是评价粉尘流动性的一个重要指标。安息角小的粉尘，流动性好，安息角大的粉尘，流动性就差。粉尘的安息角和滑动角是设计除尘器灰斗（或料仓）的锥度、除尘管路或输灰管路斜度的重要依据。

2）除尘装置

（1）机械式除尘器。机械式除尘器是利用质量力（重力、惯性力和离心力等）的作用使粉尘与气流分离沉降的装置，包括重力沉降室、惯性除尘器和旋风除尘器等。

（2）湿式除尘器。湿式除尘器亦称湿式洗涤器，它是利用液滴或液膜洗涤含尘气流，使粉尘与气流分离沉降的装置。湿式洗涤器既可用于气体除尘，亦可用于气体吸收。

（3）过滤式除尘器。过滤式除尘器是使含尘气流通过织物或多孔的填料层进行过滤分离的装置。它包括袋式防尘器、颗粒层除尘器等。

（4）电除尘器。电除尘器是利用高压电场使尘粒荷电，在库仑力作用下使粉尘与气流分离沉降的装置。

2.气态污染物控制

气态污染物控制是减少气态污染物向大气排放的技术措施和管理政策。工业生产中的有害气体种类很多，主要有硫氧化物、氮氧化物、卤化物、碳氧化物、碳氢化物等。根据来源和性质，可采取适宜的措施控制。主要包括减少或防止污染物的产生，对已产生的气态污染物加以回收利用或进行无公害化处理，充分利用环境的自净能力，利用经济措施和政策实行总量控制等。气态污染物在废气中以分子状态或蒸气状态存在，虽为均相混合物，但可根据物理的、化学的原理进行分离。国内外采用的主要技术为吸收、吸附、冷凝、燃烧和催化转化等五种。净化方法的选择部分取决于气体的流量和污染物浓度。尽可能地减少气体流量和提高污染物的浓度，可使处理费用降至最低。对于浓度较高的气体，可考虑增加预处理系统。废气中颗粒物给气体净化装置的操作带来困难，几种废气共存也能使净化装置的设计和选择复杂化。

气态污染物控制的方法和设备主要分为分离法和转化法两大类。其中分离法是利用污染物与废气中其他组分的物理性质的差异使污染物从废气中分离出来，如吸收法、吸附法、冷凝法和膜分离法等；转化法是使废气中污染物发生某些化学反应，把污染物转化成无害物质或易于分离的物质，如催化转化法、燃烧法、生物处理法和电子束法等。

(1)吸收净化。吸收净化是利用气体混合物中不同组分在吸收剂中的溶解度不同，或者与吸收剂发生选择性化学反应，从而将有害组分从气流中分离出来的过程。吸收净化法的优点是效率高、设备简单和一次投资费用相对较低，缺点是需要对吸收后的液体进行处理、设备易受腐蚀。吸收净化法已被广泛地应用于气态污染物的处理，如含 SO_2、H_2S、HF、HCl 和 NO_x 等污染物的废气，都可以采用吸收净化法处理。

(2)吸附净化。吸附净化是使气体混合物与适当的多孔性固体接触，利用固体表面存在未平衡的分子引力或化学键力，把混合物中某一组分或某些组分吸留在固体表面上，达到气体混合分离的目的。此方法的效率高，能回收有用组分，设备简单，操作方便，易于实现自动控制。此方法已广泛地应用于化工、冶金、石油、食品、轻工及高纯气体的制备等领域。

(3)冷凝净化。冷凝法是利用气态污染物在不同温度及压力下具有不同的饱和蒸气压，在降低温度和加大压力条件下，某些污染物凝结出来，达到净化或回收的目的。特别适用于处理废气浓度(废气质量分数)为 10% 以上的有机溶剂蒸气，常作为用吸附、燃烧等方法净化高浓度废气的前处理。

(4)膜分离法。膜分离法使气体混合物在压力梯度作用下，透过特定薄膜，因不同气体具有不同的透过速度，从而使气体混合物中不同组分达到分离的效果。该方法过程简单，控制方便，操作弹性大，能在常温下工作。目前已用于石油化工、合成氨气时回收氢、天然气体净化、空气中氧的富集以及 CO_2 的去除与回收等领域。

(5)催化转化。催化转化是使气态污染物通过催化剂床层，经历催化反应，转化为无害物质或易于处理和回收利用的物质。如，可以用催化氧化法将 SO_2 转化为 SO_3 以回收硫酸。SO_2 和 NO_x 均可以用催化还原法净化。该方法净化效率较高，在净化过程中可直接将主气流中的有害物转化为无害物，避免了二次污染，但催化剂价格高，操作要求高，难以回收有用物质。

(6)燃烧法。燃烧法是利用氧化燃烧或高温分解的原理把有害气体转化为无害物质的方法。该方法可回收燃烧后产物或燃烧过程中的热量。燃烧法包括直接燃烧、热力燃烧和催化燃烧三种。

(7)生物处理法。生物处理法是利用微生物以废气中有机组分作为其生命活动的能源或养分的特性，经代谢降解转化为简单的无机物(H_2O 和 CO_2)或细胞组成物质。主要的处理方法包括吸收法和过滤法。

4.2　基础实验

4.2.1　粉尘真密度测定

1.实验目的

(1)了解测定粉尘真密度的原理；

(2)掌握测定粉尘真密度的方法之一——比重瓶法。

2.实验原理

真密度是指将吸附在尘粒表面及其内部的空气排除以后测得的粉尘自身的密度。

先用天平称量一定量的试样放入比重瓶中,用液体浸润粉尘,再放入真空干燥器中抽真空,排除粉尘颗粒间隙的空气,从而得到粉尘试样在真密度条件下的体积,然后根据公式(4-1)计算可得到粉尘的真密度。

$$\rho = \frac{m}{V_C} \tag{4-1}$$

式中:m 为粉尘质量,g;V_C 为粉尘真体积,cm^3;ρ 为粉尘的真密度,g/cm^3。

3.实验仪器和材料

1)实验仪器

万分之一分析天平,抽真空装置,恒温水浴锅,烘箱,真空干燥器。

2)实验材料

比重瓶,烧杯,滑石粉试样,滤纸,滴管。

4.实验步骤

(1)将粉尘试样约 25 g 放入烘箱中,于 105 ℃下烘干至恒重。

(2)将上述烘干至恒重的粉尘试样用万分之一分析天平称重,记下粉尘质量 m_c。

(3)将比重瓶洗净,编号,烘干至恒重,用万分之一分析天平称重,记下质量 m_0。

(4)将比重瓶加蒸馏水至标记,擦干瓶外的水再称重,记下瓶和水的总质量 m_1。

(5)将比重瓶中的水倒去,加入粉尘 m_c(比重瓶中粉尘试样不少于 20 g)。

(6)用滴管向装有粉尘试样的比重瓶中加入蒸馏水至比重瓶容积的一半左右,使粉尘润湿。

(7)把装有粉尘试样的比重瓶和装有蒸馏水的烧杯一同放入真空干燥器中,盖好真空干燥器的盖子,抽真空。保持真空度在 98 kPa 下 15~20 min,以便水充满所有间隙,同时去除烧杯内蒸馏水中可能存在的气泡。

(8)停止抽气,通过放气阀向真空干燥器缓慢进气,待真空表恢复常压指示后打开真空干燥器,取出比重瓶和蒸馏水杯,将蒸馏水加入比重瓶至标记,擦干瓶外表面的水称重,记下其质量 m_2。

5.实验数据处理

根据公式(4-2)计算粉尘的真密度。

$$\rho = \frac{m}{V_C} = \frac{m_c \rho_s}{m_1 + m_c - m_2} \tag{4-2}$$

式中:m_1 为比重瓶加液体的质量,g;m_2 为比重瓶加液体和粉尘的质量,g;ρ_s 为已知液体的密度(比如水),g/cm^3。

6.思考题

(1)结合实验测定的结果,讨论该实验过程中可能产生误差的原因及可能的改进措施。

(2)粉尘的真密度与堆积密度有何区别? 各适用于哪些场合?

4.2.2　粉尘比电阻测定

1.实验目的

(1)了解和掌握粉尘比电阻的测试原理和方法；

(2)测出设定温度下的粉尘比电阻值，并做出温度 T 为横坐标、比电阻值 β 为纵坐标的 $T-\beta$ 曲线。

2.实验原理

根据欧姆定律，导体的电阻和所加的电压及产生的电流之间存在如下关系：

$$R=\frac{V}{I} \tag{4-3}$$

式中：R 为导体电阻，Ω；V 为外加电压，V；I 为通过粉尘层的电流，A。

粉尘的比电阻值是指在 $1\ cm^2$ 的圆面积上，堆积 $1\ cm$ 高的粉尘，然后沿着高度方向所测的电阻值，即电流沿高 $1\ cm$ 的方向，通过体积为 $1\ cm^3$ 的圆柱体形物料时所受到的阻力。因此：

$$\beta=\frac{V}{I} \cdot \frac{E}{H} \tag{4-4}$$

式中：β 为粉尘比电阻，$\Omega \cdot cm$；E 为主电极底表面面积，cm^2；H 为粉尘层厚度，cm。

3.实验仪器和试剂

圆盘电极法测定装置包括电子交流稳压器、电源控制器、高压硅整流除尘变压器、电压表和电流表等，其示意图如图 4-1 所示。

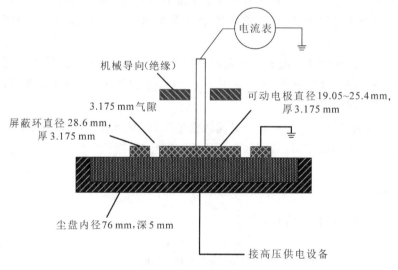

图 4-1　圆盘电极法测定示意图

4.实验步骤

(1)分取粉尘样品，放入烘箱中，在 $50\ ℃$ 温度下烘干 $1\ h$，烘干后放入干燥器内冷却至室温。

(2)将尘样装入圆盘内并推平，装填时不能压实尘样，记录粉尘层的厚度、面积。

（3）按图4-1接好测试装置，开动电源；调节电源控制器上的电压旋钮，使电压慢慢升高。注意读出粉尘层被击穿时的电流表和电压表读数。测定时，一般取击穿电压的85%作为测定电压。

（4）按照公式（4-4）计算粉尘的比电阻。

5.实验数据处理

根据所测数据，绘制温度 T 为横坐标、比电阻值 β 为纵坐标的 $T-\beta$ 曲线。

6.注意事项

（1）若电压会自然升高，可调节电压至设定值。

（2）实验过程中必须注意安全，测试完毕后立即关闭电源，稍后方可接近测试设备。若测试中发生故障，必须先切断电源，然后才能进行处理。

7.思考题

（1）温度对粉尘比电阻有何影响？

（2）电压对粉尘比电阻有何影响？

（3）粉尘样品上所受压力对粉尘比电阻有何影响？

4.2.3　重力沉降法测定粉尘粒径分布

1.实验目的

（1）理解液体重力沉降法测定粉尘粒径分布的原理；

（2）掌握液体重力沉降法（移液管法）测粉尘粒径分布的方法。

2.实验原理

液体重力沉降法是根据不同大小的粒子在重力作用下，在液体中的沉降速度各不相同这一原理测定粒径的。粒子在液体（或气体）介质中做等速自然沉降时所具有的速度，称为沉降速度，其大小可以用斯托克斯公式表示：

$$v_t = \frac{(\rho_p - \rho_L)\, g d_p^2}{18\mu} \tag{4-5}$$

式中：v_t 为粒子的沉降速度，cm/s；μ 为液体的动力黏度，g/(cm·s)；ρ_p 为粒子的真密度，g/m³；ρ_L 为液体的真密度，g/m³；g 为重力加速度，cm/s²；d_p 为粒子的直径，cm。

由式（4-5）可得

$$d_p = \sqrt{\frac{18\mu v_t}{(\rho_p - \rho_L)g}} \tag{4-6}$$

这样，粒径便可以根据其沉降速度求得。但是，直接测得各种粒子的沉降速度是困难的，而沉降速度是沉降高度与沉降时间的比值，以此代替沉降速度，式（4-6）变为

$$d_p = \sqrt{\frac{18\mu H}{(\rho_p - \rho_L)gt}} \quad 或 \quad t = \frac{18\mu H}{(\rho_p - \rho_L)g d_p^2} \tag{4-7}$$

式中：H 为粒子的沉降高度，cm；t 为粒子的沉降时间，s。

粒子在液体中的沉降情况如图4-2所示。粉样放入玻璃瓶内某种液体介质中，经搅拌后，使粉样均匀地扩散在整个液体中（见图4-2中状态甲）。经过 t_1 后，因重力作用，悬浮体由

状态甲变成状态乙。在状态乙中，直径为 d_1 的粒子全部沉降到虚线以下。由状态甲变为状态乙所需时间为 t_1，根据式（4-7），应为

$$t_1 = \frac{18\mu H}{(\rho_P - \rho_L) g t d_1^2} \tag{4-8}$$

同理，直径为 d_2 的粒子全部沉降到虚线以下（即达到状态丙）所需时间为

$$t_2 = \frac{18\mu H}{(\rho_P - \rho_L) g t d_2^2} \tag{4-9}$$

直径为 d_3 的粒子全部沉降到虚线以下（即到达状态丁）所需时间为

$$t_3 = \frac{18\mu H}{(\rho_P - \rho_L) g t d_3^2} \tag{4-10}$$

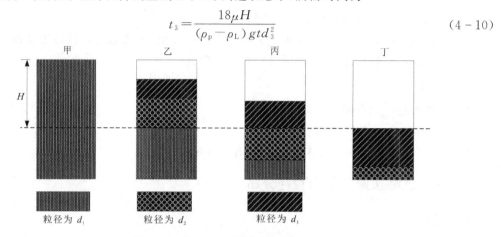

图 4-2　粒子在液体中沉降示意图

根据上述关系，将粉体试样放在一定液体介质中，自然沉降，经过一定时间后，不同直径的粒子将分布在不同高度的液体介质中。根据这种情况，在不同沉降时间、不同沉降高度上取出一定量的液体，称量出所含有的粉体质量，便可测定出粉体的粒径分布。

3.实验仪器和材料

1）实验仪器

液体重力沉降瓶 1 套（包括沉降瓶、移液管、带三通活塞的 10 mL 梨形容器），实验装置示意图如图 4-3 所示。万分之一分析天平，透明恒温水槽，电烘箱，干燥器，搅拌器，注射器，称量瓶，水银温度计（1 支，温度范围为 0～50 ℃，分度值为 0.5 ℃），烧杯，乳胶管，秒表。

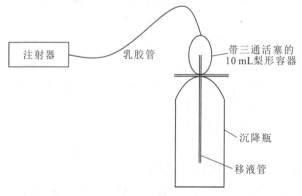

图 4-3　实验装置示意图

2) 实验试剂

根据粉体种类不同,所用的分散液也不同,可参考表 4-1 选用。本实验的粉体采用滑石粉。分散液为六偏磷酸钠水溶液,浓度为 0.003 mol/L。六偏磷酸钠分子式为 $(NaPO_3)_6$,相对分子质量为 611.8。

表 4-1　各种粉尘常用的分散液和分散基

粉尘		分散液	分散剂
金属	铜	环己醇	
		丁醇	
	锌	环己醇	
		水	2%六偏磷酸钠
	铝	环己醇	
		水	2%油酸钠
	铁	豆油+丙醇(1:1)	
	铅	环己醇	
金属氧化物	氧化铜(CuO)	水	2%六偏磷酸钠
	氧化锌(ZnO)	水	2%六偏磷酸钠
	三氧化二铝(Al_2O_3)	水	2%六偏磷酸钠
	二氧化硅(SiO_2)	水	2%六偏磷酸钠
	氧化铅(PbO)	水	2%六偏磷酸钠
	铅丹(Pb_3O_4)	水	2%六偏磷酸钠
		环己醇	
	三氧化二铁(Fe_2O_3)	水	2%六偏磷酸钠
		水	0.03 mol/L 焦磷酸钠
	氧化钙(CaO)		
	二氧化锰(MnO_2)	水	2%六偏磷酸钠
盐类	碳酸锰($MnCO_3$)	水	2%六偏磷酸钠
	碳酸钙($CaCO_3$)	水	2%六偏磷酸钠
	磷酸钙($Ca_3(PO_4)_2$)	水	焦磷酸钠
	氯化汞(HgCl)	环己烷	
	氯化钾(KCl)		

粉尘		分散液	分散剂
无机物	玻璃	水	2%六偏磷酸钠
	萤石(氟石)	水	2%六偏磷酸钠
	石灰石	水	2%六偏磷酸钠
	菱镁矿	水	2%六偏磷酸钠
	陶土	水	2%六偏磷酸钠
	石棉	豆油+丙酮(1:4)	
	滑石粉	水	0.003 mol/L六偏磷酸钠
	水泥	煤油	0.006 mol/L油酸
		乙二醇	
		酒精	0.05%氯化钙
有机物	煤灰	酒精、煤油	
	焦炭	丁醇	
	煤	水	
	纤维素	苯	
	塑料粉体	水	

4.实验步骤

1)准备工作

(1)把所需玻璃仪器清洗干净,放入电烘箱内干燥,然后在干燥器中自然冷却至室温。

(2)取有代表性的粉体试样30~40 g(如有较大颗粒需用250目的筛子筛分,除去86 μm以上的大颗粒),放入电烘箱中,在(110±5)℃的温度下干燥1 h或至恒重,然后在干燥器中自然冷却至室温。

(3)配制浓度为0.003 mol/L的六偏磷酸钠水溶液作为分散液(解凝液),数量可根据需要定。

(4)把干燥过的称量瓶分别编号,称量。

(5)测定沉降瓶的有效容积,将水充满到沉降瓶上面零刻度线(即600 mL)处,用标准量筒测定水的体积。

(6)读出移液管底部刻度数值,测定移液管(长、中、短)有效长度,然后把自来水注入沉淀瓶中到零刻度线(即600 mL)处,每吸10 mL溶液,测定液面下降高度。

(7)将粉样按粒径大小分组,如(≤40μm、≤30μm、≤20μm),按式(4-7)计算出每组内最大粉粒由液面沉降到移液管底部所需的时间,即为该粒径的预定吸液时间,并把它填入记录表内。

（8）调节透明恒温水槽中的水温,使与计算沉降时间所采用的温度一致。如无透明恒温水槽,可在室温下进行测定。

2）操作步骤

（1）称取 6～10 g 干燥过的粉体(精确至 1/10000 g)放入烧杯中,先向烧杯中加入 50～100 mL 的分散液使粉体全部润湿,再加液到 300 mL 左右。

（2）把悬浮液搅拌 15 min 左右,倒入沉降瓶中,把移液管插入沉降瓶中,然后由通气孔继续加分散液直到零刻度线(即 600 mL)为止。

（3）将沉降瓶上下转动,摇晃数次,使粉粒在分散液中分散均匀,停止摇晃后,开始用秒表计时,作为起始沉降时间,同时记下室温。

（4）按计算出的预定吸液时间进行吸液。均匀向外拉注射器,液体沿移液管缓缓上升,当吸到 10 mL 刻度线时,立刻关闭活塞,使 10 mL 液体和排液管相通,均速向里排进注射器,使 10 mL 液体被压入已称量的称量瓶内。然后由排液管吸取去离子水冲洗 10 mL 容器,冲洗水排入称量瓶中,冲洗 2～3 次。

（5）全部称量瓶放入电烘箱,在小于 100 ℃的温度下进行烘干,待水分全部蒸发后,再在 (110±5)℃的温度下烘干 1 h 或至恒重。然后在干燥器中自然冷却至室温,取出称量。

5.实验结果处理

有关实验数据和计算结果记入表 4 - 2 中。(实验数值精确到小数点后四位。)

表 4 - 2　实验数据和计算结果表

$d_i/\mu m$	预定吸液时间/s	m_1/g	m_2/g	m_3/g	m_i/g	筛下累计频率 D_i
≤20 μm	$t_{20}=$			0.0183	$m_{20}=$	$D_{20}=$
≤30 μm	$t_{30}=$			0.0183	$m_{30}=$	$D_{30}=$
≤40 μm	$t_{40}=$			0.0183	$m_{40}=$	$D_{40}=$

注:假设液面到移液管底部的距离为 30 cm。

注意:$0.99 > D_{40} > D_{30} > D_{20} > 0.1$;$t_{40} > t_{30} > t_{20}$;$\rho_p = 2311.2$ kg/m³;$\rho_L = 1.2$ kg/m³;$\mu = 1.81 \times 10^{-5}$ Pa·s;$H = 30$ cm;$0.1\ g > m_{40} > m_{30} > m_{20}$;$m_2$ 为 10 g 左右。

（1）粒径小于 d_i 的粉体的质量(在 10 mL 分散液中)为

$$m_i = m_1 - m_2 - m_3 \tag{4-11}$$

式中:m_1 为烘干后称量瓶和剩余物(小于 d_i 的粉体)的质量,g;m_2 为称量瓶的质量,g;m_3 为 10 mL 分散液中含分散剂的质量,g。

（2）粒径为 d_i 的粉体的筛下累计频率为

$$D_i = \frac{m_i}{m_0} \times 100\% \tag{4-12}$$

式中:m_0 为 10 mL 原始悬浮液中(沉降时间 $t=0$ 时)的粉体质量,g。如果最初加入的粉体为 6 g,则:$m_0 = 6\ g/100\ mL \times 10\ mL = 0.6$ g。

6.注意事项

（1）每次吸 10 mL 样品要在 15 s 左右完成,则开始吸液时间应比计算的预定时间提前

$1/2 \times 15$ s＝7.5 s。

（2）每次吸液应力求精确至 10 mL，太多或太少的样品应作废。

（3）吸液应均速，不允许移液管中液体倒流。

（4）向称量瓶中排液时，应防止液体溅出。

7.思考题

为什么吸液过程中不允许吸液管内液体倒流？

4.2.4　激光粒度分析仪测定粉尘粒径分布

众所周知，光是一种电磁波。它在传播过程中遇到颗粒时，将与之相互作用，其中的一部分光将偏离原来的行进方向，这种现象称为散射，如图 4-4 所示。

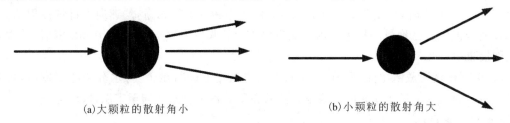

(a)大颗粒的散射角小　　　　　　　　(b)小颗粒的散射角大

图 4-4　光的散射现象示意图

当颗粒是均匀、各向同性的圆球时，可以根据麦克斯韦（Maxwell）方程严格地推算出散射光场的强度分布，称为米氏（Mie）散射理论，如式（4-13）和（4-14）所示。

$$I_a = \left| \sum_{l=1}^{\infty} \frac{2l+1}{l(l+1)} \{a_l \pi_l(\cos\theta) + b_l \tau_l(\cos\theta)\} \right|^2 \tag{4-13}$$

$$I_b = \left| \sum_{l=1}^{\infty} \frac{2l+1}{l(l+1)} \{b_l \pi_l(\cos\theta) + a_l \tau_l(\cos\theta)\} \right|^2 \tag{4-14}$$

式中：I_a 和 I_b 分别表示垂直偏振光和水平偏振光的散射光强；θ 表示散射角；l 为颗粒数；a_l 和 b_l 为米氏散射系数，其表达式分别如下：

$$a_l = \frac{\hat{n}\varphi_l{}'(q)\varphi_l(\hat{n}q) - \varphi_l(q)\varphi_l{}'(\hat{n}q)}{\hat{n}\zeta_l^{(1)'}(q)\varphi_l(\hat{n}q) - \zeta_l^{(1)}(q)\varphi_l{}'(\hat{n}q)} \tag{4-15}$$

$$b_l = \frac{\hat{n}\varphi_l(q)\varphi'_l(\hat{n}q) - \varphi_l{}'(q)\varphi_l(\hat{n}q)}{\hat{n}\zeta_l^{(1)}(q)\varphi'_l(\hat{n}q) - \zeta_l^{(1)'}(q)\varphi_l(\hat{n}q)} \tag{4-16}$$

其中，

$$\hat{n} = \sqrt{\frac{1}{\varepsilon_介}\left(\varepsilon + i\frac{4\pi\gamma}{\omega}\right)} \tag{4-17}$$

$$\omega = \frac{c}{\lambda_0} \tag{4-18}$$

$$q = \frac{2\pi}{\lambda_介}r \tag{4-19}$$

式（4-17）、（4-18）、（4-19）中：$\varepsilon_介$ 为介质的介电常数；ε 为散射粒子的介电常数；γ 为电导率；λ_0 和 $\lambda_介$ 分别为真空和介质中的光波长；r 为粒子半径，式（4-15）和（4-16）中

$$\varphi_l(q) = \sqrt{\frac{\pi q}{2} J_{l+\frac{1}{2}}(q)} \tag{4-20}$$

$$\zeta_l^{(1)}(q) = \varphi_l(q) + i\chi(q) \tag{4-21}$$

其中

$$\chi_l(q) = -\sqrt{\frac{\pi q}{2} N_{l+\frac{1}{2}}(q)} \tag{4-22}$$

这里 $J_{l+\frac{1}{2}}(q)$ 和 $N_{l+\frac{1}{2}}(q)$ 分别是第一类贝塞尔函数和第二类贝塞尔函数(又称为诺伊曼函数)。

π_l 和 τ_l 的表达式为

$$\pi_l(\cos\theta) = \sum_{m=0}^{l/2} (-1)^m \frac{(2l-2m)(l-2m)}{2^l m(l-m)(l-2m)} (\cos\theta)^{l-2m-1}$$

$$= \frac{1}{\sin\theta} P_l^{(1)}(\cos\theta) \tag{4-23}$$

$$\tau_l(\cos\theta) = \cos\theta\pi_l(\cos\theta) - \sin^2\theta \frac{d\pi_l(\cos\theta)}{d\cos\theta} = \frac{d}{d\theta} P_l^{(1)}(\cos\theta) \tag{4-24}$$

式中:$P_l^{(1)}$ 为一次缔合勒让德多项式。

米氏散射理论是描述散射光场的严格理论,适用于经典意义上任意大小的颗粒。但是对大颗粒($r \gg \lambda$),米氏散射公式的数值计算十分复杂。通常人们认为这种情况下散射现象可以用较常见且简单的衍射公式描述。当散射粒子到观察点的距离无限远时,衍射公式可简化为夫琅禾费(Fraunhofer)衍射公式:

$$I(\theta) = (\pi r^2)^2 \left(\frac{A}{\lambda f}\right)^2 \left[\frac{2J_1(kr\sin\theta)}{kr\sin\theta}\right]^2 \tag{4-25}$$

1.实验目的

(1)了解激光粒度分析仪的工作原理;

(2)了解不同粉尘粒度的分布情况;

(3)掌握激光粒度分析仪的基本操作。

2.实验原理

激光粒度仪由测量单元、样品池、计算机和打印机组成。其结构示意图如图 4-5 所示。

从 He-Ne 激光器发出波长为 0.6328 μm 的激光束,经扩束镜后汇聚在针孔,针孔将滤掉所有的高阶散射光,只让空间低频的激光通过。然后激光束成为发散的光束。该光束遇到透镜后被聚焦。反射棱镜使光学系统的光轴转折 90°,即使之由水平传播变成垂直传播。当样品窗口内没有颗粒时,光束将被聚焦在小角环形探测器的中心,并穿过中心的小孔照到中心探测器上。当样品窗口内有颗粒样品时,汇聚的光束将有一部分被颗粒散射到小角环形探测器的各探测单元以及大角探测器上。

设样品窗口内没有颗粒时,中心探测器接收到的光能为 E_0,其他各探测单元接收到的光能(由于像差和尘埃散射等)从里到外依次为 $B_1, B_2, \cdots, B_n$;样品窗口内有待测颗粒时,光能变为 $E_0', S_1', S_2', \cdots, S_n'$;则:

$$Blr = \frac{E_0 - E_0'}{E_0} \tag{4-26}$$

BLr 称为遮光比。样品浓度越高,遮光比越大。

$$s_i = B_i - S_i', \quad i = 1, 2, \cdots, n \tag{4-27}$$

s_i 称为散射光能分布,它包含了待测颗粒的粒度分布信息。

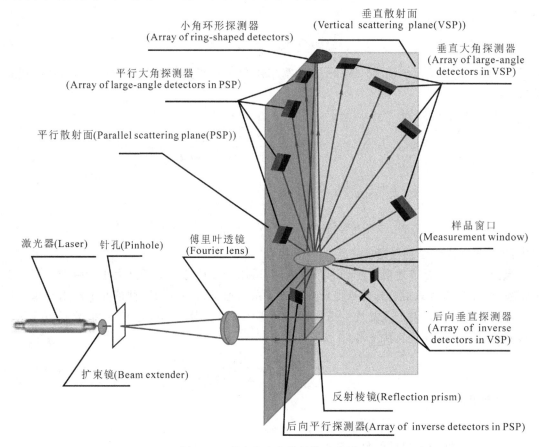

图 4-5　激光粒度仪的结构示意图

光信号通过光电探测器转换为相应的电流信号,送至数据采集卡。数据采集卡将电信号放大,再进行 A/D 转换后送入计算机。

根据光的散射理论和仪器的光学结构,计算机事先已计算出了仪器测量范围内各种直径粒子对应的散射光能分布,其集合组成了光能矩阵 $\boldsymbol{M}$,即

$$\boldsymbol{M} = \begin{bmatrix} m_{11} & m_{12} & \cdots & m_{1n} \\ m_{21} & m_{22} & \cdots & m_{2n} \\ \vdots & & & \vdots \\ m_{n1} & m_{n2} & \cdots & m_{nn} \end{bmatrix} \tag{4-28}$$

矩阵中每一列代表一个粒径范围一个单位质量的颗粒产生的散射光能分布。因此:

$$\begin{bmatrix} s_1 \\ s_2 \\ \vdots \\ s_n \end{bmatrix} = \begin{bmatrix} m_{11} & m_{12} & \cdots & m_{1n} \\ m_{21} & m_{22} & \cdots & m_{2n} \\ \vdots & & & \vdots \\ m_{n1} & m_{n2} & \cdots & m_{nn} \end{bmatrix} \begin{bmatrix} w_1 \\ w_2 \\ \vdots \\ w_n \end{bmatrix} \tag{4-29}$$

式中:$w_1,w_2,\cdots,w_n$ 代表颗粒的质量分布。根据上式,只要已知散射光能分布 $s_1,s_2,\cdots,s_n$,通过适当的数值计算手段就可以计算出与之相应的粒度分布。

3.实验仪器和试剂

1)实验仪器

BT-9300H 型激光粒度仪或其他型号激光粒度仪。

2)实验试剂

乙醇(CH_3CH_2OH),焦磷酸钠($Na_4P_2O_7 \cdot 10H_2O$),六偏磷酸钠$[(Na_2PO_3)_6]$。

4.实验步骤

1)仪器及用品准备

(1)仔细检查粒度仪、计算机、打印机等,看其是否连接好,放置仪器的工作台是否牢固,并将仪器周围的杂物清理干净。

(2)向超声波分散器的分散池中加大约 250 mL 的水。

(3)准备好样品池、去离子水、取样勺、搅拌器、取样器等实验用品,装好打印纸。

2)取样与悬浮液的配置

BT-9300H 型激光粒度仪是通过对少量样品进行粒度分布测定来表征大量粉体粒度分布的。因此要求所测的样品具有充分的代表性。取样一般分三个步骤:大量粉体(10_n kg)→实验室样品(10_n g)→测试样品(10_n mg)。

(1)从大堆粉体中取实验室样品应遵循的原则:尽量从粉体包装之前的料流中多点取样;在容器中取样,应使用取样器,选择多点并在每点的不同深度取样。

(2)实验室样品的缩分。

①勺取法。用小勺多点(至少四点)取样。每次取样都应将进入小勺中的样品全部倒进烧杯或循环池中,不得抖出一部分、保留一部分。

②圆锥四分法。将试样堆成圆锥体,用薄板沿轴线将其垂直切成相等的四份,将对角的两份混合再堆成圆锥体,再用薄板沿轴线将其垂直切成相等的四份,如此循环,直到其中一份的量符合需要(一般在 1 g 左右)为止。

③分样器法。将实验室样品全部倒入分样器中,经过分样器均分后取出其中一份,如这一份的量还多,应再倒入分样器中进行缩分,直到其中一份(或几份)的量满足要求为止。

3)配制悬浮液

(1)介质。用 BT-9300H 型激光粒度仪进行粒度测试前,要先将样品与某液体混合配制成悬浮液。用于配制悬浮液的液体叫作介质。介质的作用是使样品呈均匀、分散、易于输送的状态。对介质的一般要求是:

①不使样品发生溶解、膨胀、絮凝、团聚等物理变化;

②不与样品发生化学反应;

③对样品的表面应具有良好的润湿作用;

④透明、纯净、无杂质。

可选作介质的液体很多,最常用的有去离子水和乙醇。特殊样品可以选用其他有机溶剂作介质。

（2）分散剂。分散剂是指加入到介质中的少量的、能使介质表面张力显著降低，从而使颗粒表面得到良好润湿作用的物质。不同的样品需要用不同的分散剂。常用的分散剂有焦磷酸钠/六偏磷酸钠等。分散剂的作用有两个方面，其一是加快"团粒"分解为单体颗粒的速度；其二是延缓和阻止单个颗粒重新团聚成"团粒"。分散剂的用量为沉降介质质量的千分之二至千分之五。使用时可将分散剂按上述比例先加到介质中，待充分溶解后即可使用。

4）测定步骤

（1）测量单元预热。打开激光粒度分析仪电源，预热半小时。

（2）系统对中。打开计算机，在 Windows 操作系统桌面上，双击"OMEC 激光粒度仪"图标，进入仪器配套软件介面；旋转上下两个对中旋钮，使"背景光能分布"中"零"环最高，而其他环相对低。

（3）系统参数设置。在主菜单下，用鼠标左键单击"文件"，屏幕上即弹出"文件"子菜单。再用鼠标左键单击"重新开始"，屏幕弹出"系统参数设置"栏。在该栏上按提示输入测试内容。

（4）样品准备。在 50 mL 量杯内盛大约 25 mL 的悬浮液（以循环进样器为例）；用取样勺有代表性地取适量的待测样品，投入量杯中；在量杯内滴入适量的分散剂，用玻璃棒搅拌悬浮液，样品与液体应混合良好，否则要更换悬浮液或分散剂；将量杯放入超声波清洗机中，让清洗槽内的液面到达量杯总高度的 1/2 左右，打开电源，让其振动 2 min 左右（振动时间可长可短，视具体样品而定；对容易下沉的样品，应一边振动一边用玻璃棒搅拌杯内液体）；关闭电源，取出量杯。

（5）背景测量。用鼠标左键单击屏幕上的"背景测量"按钮；待该按钮上的"背景测量"文字变成"样品分析"，背景测量即告完成。

（6）样品测量。背景测量完成后，将准备好的样品倒入加样槽，用鼠标左键单击屏幕上的"样品分析"按钮，样品分析即自动进行。

（7）测试报告打印（或存盘）。

（8）清洗循环进样器。

（9）按步骤关闭计算机。

5.实验结果

实验结果记录于表 4-3 中。

表 4-3　粉尘粒径测定结果记录表

日期	时间	分散介质	遮光率	中位粒径 $D50/\mu m$	体积平均粒径 $D/\mu m$	比表面积/ $(m^2 \cdot kg^{-1})$	累计分布百分数/%

6.注意事项

（1）仪器的全套设备不论是否处于工作状态，都应放置在清洁干燥的环境中。

（2）粒度仪的全套设备不用时应盖上致密的防尘布。

(3)每测完一个样品,样品池(静态样品池或循环进样器)都必须立即清洗干净。

(4)粒度仪测量单元连续开机时间不宜超过 5 h,超声波清洗机更不宜长时间连续开机,请注意阅读说明书。

(5)静态样品池不用时,请用脱脂棉和镜头纸擦干其内外,套上密封胶袋,放入专用工具箱中。

(6)循环进样器不用时,其测量窗口也要同静态样品池一样处理。要排干控制箱里面的水,将进样杯的盖盖好,罩上防尘罩。

(7)计算机关机必须按规定的步骤进行,切不可贸然关断电源,否则可能造成难以弥补的损失。

(8)运行维护。

①整个系统的保养与维护。

开机顺序:(交流稳压电源)→粒度仪→打印机→显示器→计算机。

关机顺序:显示器→计算机→打印机→粒度仪→(交流稳压电源)。

搬运或移动前,应标记清楚每条信号线的接插位置,以便正确恢复连接。

插拔电缆信号线时,一定要先关闭电源开关,再进行操作。

系统各部分电源不要瞬间开启或关闭。每次开、关时间间隔应大于 10 s。

要经常检查保护地线、确保系统的各个部分都处于良好的接地状态。

②采用超声波分散器对样品进行分散处理时,应控制分散时间,尽量分散彻底。

③分散剂用量不宜过多,以免影响实验结果。

4.2.5　吸收法净化气体中的二氧化硫

本实验采用填料吸收塔,用 5% 的 NaOH 或 Na_2CO_3 溶液吸收 SO_2。通过实验可初步了解用填料塔吸收净化有害气体的研究方法,同时还有助于加深对填料塔内气液接触状况及吸收过程的基本原理的理解。

1.实验目的

(1)了解用吸收法净化废气中 SO_2 的效果;

(2)了解改变气流速度后填料塔内的气液接触状况和液泛现象;

(3)掌握填料吸收塔的吸收效率及压降的测定方法;

(4)掌握化学吸收体系(碱液吸收 SO_2)的测定方法。

2.实验原理

含 SO_2 的气体可采用吸收法净化。由于 SO_2 在水中溶解度不高,常采用化学吸收方法。SO_2 吸收剂种类较多,本实验采用 NaOH 或 Na_2CO_3 溶液,吸收过程发生的主要化学反应为

$$2NaOH + SO_2 \longrightarrow Na_2SO_3 + H_2O \tag{4-30}$$

$$Na_2CO_3 + SO_2 \longrightarrow Na_2SO_3 + CO_2 \tag{4-31}$$

$$Na_2SO_3 + SO_2 + H_2O \longrightarrow 2NaHSO_3 \tag{4-32}$$

实验过程中,通过测定填料吸收塔进出口气体中 SO_2 的含量,即可近似计算出吸收塔的平均净化效率,进而了解吸收效果。气体中 SO_2 含量的测定采用甲醛缓冲溶液吸收-盐酸副玫瑰苯胺比色法。

实验中通过测出填料塔进出口气体的全压,即可计算出填料塔的压降;若填料塔的进出口管道直径相等,用 U 形管压差计测出其静压差即可求出压降。

3.实验装置、流程仪器设备和试剂

1)实验装置和流程

实验装置和流程如图 4-6 所示。

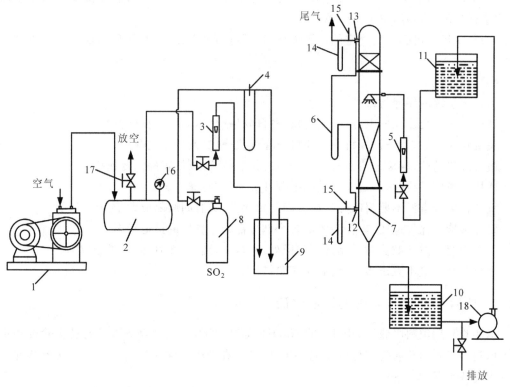

1-空压机;2-缓冲罐;3-转子流量计(气);4-毛细管流量计;5-转子流量计(水);6-压差计;
7-填料吸收塔;8-SO₂钢瓶;9-混合缓冲器;10-受液槽;11-高位液槽;12、13-取样口;14-压力计;
15-温度计;16-压力表;17-放空阀;18-泵

图 4-6 SO₂吸收实验装置

吸收液从高位液槽通过转子流量计,由填料吸收塔上部经喷淋装置进入塔内,流经填料表面,由塔下部排至受液槽。空气由空压机经缓冲罐后,通过转子流量计进入混合缓冲器,并与 SO_2 气体相混合,配制成一定浓度的混合气。SO_2 来自钢瓶,并经毛细管流量计计量后进入混合缓冲器。含 SO_2 的空气从塔底进气口进入填料吸收塔内,通过填料层后,尾气由塔顶排出。

2)实验仪器

空压机(压力为 7 kg/cm²,气量为 3.6 m³/h),液体 SO₂钢瓶,填料吸收塔($D = 700$ mm,$H = 650$ mm),填料($\phi 5 \sim 8$ mm 瓷杯),泵(扬程为 3 m,流量为 400 L/h),缓冲罐(容积为 1 m³),高位液槽(500 mm×400 mm×600 mm),混合缓冲罐(0.5 m³),受液槽(500 mm× 400 mm×600 mm),转子流量计(水)(10~100 L/h),转子流量计(气)(4~40 m³/h);毛细管流量计(0.1~0.3 mm),U 形管压力计(200 mm),压力表(0~3 kg/cm²),温度计(0~100 ℃),空盒式大气压力计,玻璃筛板吸收瓶(125 mL),锥形瓶(250 mL),烟气测试仪(采样用)YQ-I 型。

3）实验试剂

(1)碘储备液[$c(I_2) = 0.051\ mol/L$]。称取 12.7 g 碘(I_2)放入烧杯中,加入 40 g 碘化钾 (KI),加入 250 mL 去离子水,搅拌至全部溶解后转入 1000 mL 容量瓶中,用去离子水稀释至标线,摇匀,贮于棕色试剂瓶中。

(2)碘溶液[$c(I_2) = 0.0051\ mol/L$]。准确吸取 100 mL 碘储备液于 1000 mL 容量瓶中,用去离子水稀释至标线,摇匀,贮存于棕色试剂瓶中。

(3)淀粉指示剂。称取 0.2 g 可溶性淀粉,加少量去离子水搅拌,调成糊状,倒入 100 mL 煮沸的饱和氯化钠溶液,继续煮沸至溶液澄清。

(4)SO_2 吸收剂[质量分数 5% 的 $NaOH$、Na_2CO_3 或 $Ca(OH)_2$]。称取 5.0 g 的氢氧化钠 ($NaOH$)或碳酸钠(Na_2CO_3)或氢氧化钙[$Ca(OH)_2$]颗粒溶于 95 mL 去离子水中。

4.实验方法和步骤

(1)按图 4-6 正确连接实验装置,并检查系统是否漏气,关严填料吸收塔的进气阀,打开缓冲罐上的放空阀,并在高位液槽中注入配置好的 5% 的 SO_2 吸收剂。

(2)在玻璃筛板吸收瓶内装入去离子水 50 mL,淀粉指示剂 5 mL,根据 SO_2 浓度加入定量的碘溶液。

(3)打开填料吸收塔的进液阀,并调节液体流量,使液体均匀喷布,并沿填料表面缓慢流下,以充分润湿填料表面,当液体由塔底流出后,将液体流量调至 5 L/h 左右。

(4)开启空压机,逐渐关小放空阀,并逐渐打开填料吸收塔的进气阀。调节空气流量,使塔内出现液泛。仔细观察此时的气液接触状况,并记录下液泛时的气速(由空气流量计算)。

(5)逐渐减小气体流量,消除液泛现象。调气体流量计到液泛流速的 70%,稳定运行 5 min,取三个平行样分析 SO_2 浓度。

(6)取样完毕后,调整液体流量,稳定运行 5 min,取 3 个平行样,分析 SO_2 浓度。

(7)改变液体吸收剂,重复上面实验。

(8)改变气体 SO_2 浓度,重复上面实验。

(9)实验完毕,先关进气阀,待 2 min 后停止供液。

5.实验结果处理

(1)SO_2 分析方法。SO_2 被水吸收后生成亚硫酸,与溶液中的碘反应,生成碘化氢和硫酸,当溶液中的碘完全反应后,溶液蓝色恰好消失。取样时,将吸收瓶上的接口与取样口连接,采样直至溶液中蓝色消失为止。

(2)SO_2 浓度计算。

$$二氧化硫浓度(\mu g/m^3) = \frac{A_0 c(I_2) \times 64\ g}{V_s} \times 1000 \qquad (4-33)$$

式中:A_0 为碘溶液的体积,mL;$c(I_2)$ 为碘溶液的摩尔浓度,mol/L;64 指与 1 L 的 1 mol/L 碘溶液(I_2)相当的二氧化硫(1/2 SO_2)的质量,g;V_s 为标准状态下的采样体积,mL。

(3)填料塔的平均净化效率(η)可由下式近似求出:

$$\eta = (1 - \frac{c_2}{c_1}) \times 100\% \qquad (4-34)$$

式中:c_1 为填料吸收塔入口处二氧化硫浓度,mg/m^3;c_2 为填料吸收塔出口处二氧化硫浓度,mg/m^3。

(4)计算出填料吸收塔的液泛速度 v。

$$v = Q/F \tag{4-35}$$

式中：Q 为气体流量，m^3/h；F 为填料吸收塔截面积，m^2。

将实验结果填入表 4-4 中。

表 4-4 实验结果及整理

序号	气体流量/$(L \cdot h^{-1})$	吸收液	液气比	液泛速度/$(m \cdot s^{-1})$	空速/h^{-1}	塔内气液接触情况	净化率
1							
2							
3							
4							

(5)绘出流量与效率的曲线 $Q-\eta$。

6.思考题

(1)由实验结果描绘出的曲线，你可以得出哪些结论？

(2)通过实验，你有什么体会？对实验有何改进意见？

4.2.6 吸附法净化气体中的氮氧化物

活性炭吸附广泛用于大气污染控制，特别是有毒气体的净化。用吸附法净化低浓度的氮氧化物是一种简便、有效的方法。通过吸附剂的物理吸附性能和大的比表面积将尾气中的污染气体分子吸附在吸附剂上；经过一段时间，吸附达到饱和，然后使吸附质解吸下来，达到净化的目的。吸附剂解吸后可重复使用。

1.实验目的

(1)深入了解吸附法净化有害废气的原理和特点；

(2)了解用活性炭吸附法净化废气中氮氧化物的效果；

(3)掌握活性炭吸附法净化废气中氮氧化物的方法。

2.实验原理

吸附是一种常见的气态污染物净化方法，是用多孔固体吸附剂将气体中的一种或数种组分积聚或凝缩在其表面上而达到分离目的的过程，特别适用于处理低浓度废气的高净化要求的场合。活性炭内部孔穴十分丰富，比表面积巨大（可达到 1000 m^2/g），是最常见的吸附剂。活性炭吸附 NO_x 是可逆过程，在一定的温度和压力下达到吸附平衡，而在高温、减压下被吸附的 NO_x 又可被解吸出来，活性炭得到再生。

本实验装置采用有机玻璃吸附塔，以活性炭为吸附剂，通过模拟发生的有机物气体或 SO_2、氮氧化物气体进行吸附实验，得到吸附净化效率等数据。

在工业应用上，活性炭吸附的操作条件依活性炭的种类（特别是吸附细孔的比表面、孔径分布）以及填充高度、装填方法、原气条件不同而异。所以通过实验应该明确，吸附净化系统的影响因素较多，操作条件直接关系到方法的技术经济性。

3.实验装置和仪器

氮氧化物气体钢瓶,气体混合缓冲装置,人工进气采样口(用于实验准备阶段配气的采样分析),气体管路三通及阀门(用于气体流量的调节和实验配气准备阶段与吸附实验阶段的气流切换),活性炭柱(包括可拆卸有机玻璃塔体、不锈钢支架、气体采样口、压降测口等)。根据实验的需要可自行确定装炭层数和高度。

4.实验步骤

(1)检查设备系统外况和全部电气连接线有无异常(如管道设备有无破损、U 形压力计内部水量是否适当等),一切正常后开始操作。

(2)检查吸附柱下游吸收液罐和活性炭(或沸石吸附剂)吸附罐的使用记录,必要时更换吸收液和活性炭。

(3)装填实验用吸附塔的活性炭(或沸石吸附剂)时,根据实验要求装填一定高度(通常总高度不超过 150 mm)。

(4)在完成活性炭吸附塔的装填、连接后,在小流量计入口阀关闭的情况下启动真空泵,在吸附塔入口阀(水平安装)关闭的情况下调节旁路阀(垂直安装),使主气流流量计指示到所需的实验流量。

(5)入口气体的配制(NO 气体的配制)。在 NO 钢瓶减压阀关闭的前提下小心拧开 NO钢瓶主阀门,再慢慢开启减压阀,通过调节小转子流量计阀门观察小转子流量计刻度读数,并使配气污染物检测采样口处 NO 测定仪所指示的气体 NO 浓度至所需的入口浓度。

(6)打开气路管道上吸附塔入口阀,同时关闭旁路阀,然后调节吸附塔入口阀保证主气流流量计刻度仍为所需设定流量,观察小转子流量计刻度读数(如有变化需通过流量计阀调回上一步的刻度),开始吸附实验。

(7)可在吸附开始后的不同时刻采集测定各采样口的气体浓度,在所有浓度测定工作结束前通过 U 形压差计测定吸附床层压降。

(8)可通过调节气体组分、浓度及空塔气速进行实验(需要更换活性炭或沸石吸附剂)。

(9)实验操作结束后,先关闭 NO 气瓶主阀,待压力表指数回零后关闭减压阀,然后切断风机的外接电源。

5.实验结果处理

实验数据填于表 4－5 中。

表 4－5　实验数据记录表

序号	风速/(m·s^{-1})	风量/(m³·h^{-1})	风压/Pa	原气浓度 /10^{-6}	净化后浓度 /10^{-6}	净化效率/%

6.注意事项

(1)吸附塔的出口务必通过管道连接到室外。

(2)NO 气瓶的使用应严格按实验室的相关安全规程运行管理。

4.3 综合实验

4.3.1 通风系统测定与评价

1.实验目的

(1)了解通风系统测定方法；

(2)掌握通风系统评价指标及通风系统评价方法；

(3)掌握通风系统组成要素和风速、风量的测定方法。

2.实验原理

基于流体力学知识,气流速度在管道断面上的分布是不均匀的。由于速度的不均匀性,阻力分布也是不均匀的。因此,必须在同一断面上多点测量气流速度,然后求出该断面的平均速度,由此根据通风系统评价标准确定其通风效果。

3.实验装置和仪器

风机、通风橱、热球风速仪等。通风系统主要包括:进风系统、管道系统、动力系统、净化系统、排气系统等。

4.实验步骤

1)测定方法

将通风橱分为 9 个部分,分别用热球风速仪测其风速,记录数据。重复上述步骤,测三组数据,误差不超过 10%。

对于矩形管道和圆形管道,测量点的设置具体如下。

(1)矩形管道。可将管道断面划分为若干等面积的小矩形,测点布置在每个小矩形的中心,小矩形每边的长度均为 200 mm 左右,如图 4-7 所示。对于工业炉窑,其烟道的断面面积较大,测点数可按照表 4-6 确定。

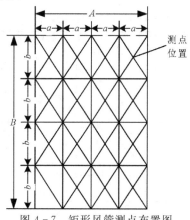

图 4-7 矩形风管测点布置图

表 4 - 6 矩形烟道的分块和测点数

烟道断面面积/m²	等面积小块数	测点数
<1	2×2	4
1～4	3×3	9
4～9	4×3	12

(2)圆形管道。在同一断面设置两个彼此垂直的测孔,并将管道断面分成一定数量的等面积同心环,同心环的环数按表 4-7 确定。图 4-8 是划分为三个同心环(虚线之间是一个环)的风管的测点布置图,其他同心环的测点也可参考图 4-8 布置。

表 4 - 7 圆形风管的分环数

风管直径 D/mm	≤300	300～500	500～800	850～1100	>1150
划分的环数 n	2	3	4	5	6

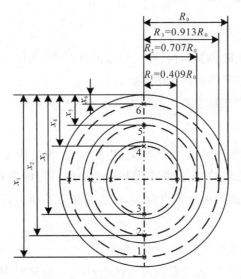

图 4 - 8 圆形风管测点布置图

对于圆形烟道其分环数按表 4-8 确定。

表 4 - 8 圆形烟道的分环数

烟道直径/m	<0.5	0.5～1.0	1.0～2.0	2.0～3.0	3.0～5.0
分环数 n	1	2	3	4	5

同心环上各测点距离由下式计算:

$$R_i = R_0 \sqrt{\frac{2i-1}{2n}} \qquad (4-36)$$

式中:R_0 为风管的半径,mm;R_i 为风管中心到第 i 点的距离,mm;i 为从风管中心算起的同心环顺序号;n 为风管断面上划分的同心环数量。

2)实验步骤

(1)对热球风速仪进行校准。

(2)用卷尺量出通风橱待测断面尺寸,计算其断面面积 A。

(3)确定、布置待测断面测点,并画出示意图。

(4)用热球风速仪读出通风橱待测断面的气流速度分布值,求出该断面的平均值 V。

5.实验数据处理

风量 $Q = A \cdot V$,并将 Q 转化为 Q_N(标况下)。

注意:风速 V 是通过核准曲线求得的,即将算出的平均风速 V 校准得到 V。

6.思考题

通风系统测定与评价时应注意哪些事项?

4.3.2 袋式除尘器性能测定

1.实验目的

(1)进一步提高对袋式除尘器结构、形式和除尘机理的认识;

(2)掌握袋式除尘器主要性能测定的实验方法;

(3)了解过滤速度对袋式除尘器压力损失及除尘效率的影响。

2.实验原理

袋式除尘器性能与其结构形式、滤料种类、清灰方式、粉尘特性及其运行参数等因子有关。本实验是在其结构形式、滤料种类、清灰方式和粉尘特性已定的前提下,测试袋式除尘器主要性能指标,并在此基础上,测定运行参数 Q、v_F 对袋式除尘器压力损失(ΔP)和除尘效率(η)的影响。

1)处理气体流量和过滤速度的测定和计算

(1)动压法测定。测定袋式除尘器处理气体流量(Q),应同时测出除尘器进出口连接管道中的气体流量,取其平均值作为除尘器的处理气体流量。

$$Q = \frac{1}{2}(Q_1 + Q_2) \qquad (4-37)$$

式中:Q_1、Q_2 分别为袋式除尘器进、出口连接管道中的气体流量,m^3/s;Q 为袋式除尘器处理气体流量,m^3/s。

除尘器漏风率 $\delta(\%)$ 为

$$\delta = \frac{Q_1 - Q_2}{Q_1} \times 100 \qquad (4-38)$$

一般要求除尘器的漏风率小于 $\pm 5\%$。

(2)过滤速度的计算。若袋式除尘器总过滤面积为 F,则其过滤速度 v_F 按下式计算:

$$v_F = \frac{60Q_1}{F} \qquad (4-39)$$

式中：F 为袋式除尘器总过滤面积，m^2；v_F 为袋式除尘器过滤速度，m/min。

2）压力损失的测定和计算

袋式除尘器压力损失（ΔP）为除尘器进、出口管中气流的平均全压之差。当袋式除尘器进、出口管的断面面积相等时，则可采用其进、出口管中气体的平均静压之差计算，即

$$\Delta P = P_{S1} - P_{S2} \tag{4-40}$$

式中：P_{S1} 为袋式除尘器进口管道中气体的平均静压，Pa；P_{S2} 为袋式除尘器出口管道中气体的平均静压，Pa；ΔP 为袋式除尘器压力损失，Pa。

袋式除尘器的压力损失与其清灰方式和清灰制度有关。本实验装置采用手动清灰方式，实验应在固定清灰周期（1～3 min）和清灰时间（0.1～0.2 s）的条件下进行。当采用新滤料时，应预先发尘运行一段时间，在反复过滤和清灰过程中，使残余粉尘基本达到稳定后再开始实验。

考虑到袋式除尘器在运行过程中，其压力损失随运行时间产生一定变化。因此，在测定压力损失时，应每隔一段时间连续测定（一般可考虑五次），并取其平均值作为除尘器的压力损失（ΔP）。

3）除尘效率的测定和计算

除尘效率采用质量浓度法测定，即采用等速采样法同时测出除尘器进、出口管道中气流平均含尘浓度 c_1 和 c_2，按下式计算：

$$\eta = \left(1 - \frac{c_2 Q_2}{c_1 Q_1}\right) \times 100 \tag{4-41}$$

式中：η 为除尘效率，%；c_1 为袋式除尘器进口管道中气流平均含尘浓度，g/m^3；c_2 为袋式除尘器出口管道中气流平均含尘浓度，g/m^3。

由于袋式除尘器除尘效率高，除尘器进、出口气体含尘浓度相差较大，为保证测定精度，可在除尘器出口采样时，适当加大采样流量。

4）压力损失、除尘效率与过滤速率关系的分析测定

为了求得除尘器的 v_F-η 和 v_F-ΔP 的性能曲线，应在除尘器清灰制度和进口气体含尘浓度（c_1）相同的条件下，测定出除尘器在不同过滤速度（v_F）下的压力损失（ΔP）和除尘效率（η）。

脉冲袋式除尘器的过滤速度一般为 2～4 m/min，可在此范围内确定 5 个值进行实验。过滤速度的调整，可通过改变风机入口阀门开度，利用动压法测定。

考虑到实验时间的限制，可要求每组学生各完成一种过滤速度的实验测定，并在实验数据整理中将各组数据汇总，得到不同过滤速度下的 ΔP 和 η，进而绘制出实验性能曲线 v_F-η 和 v_F-ΔP。当然，要求在各组实验中，应保持除尘器清灰制度固定，除尘器进口气体含尘浓度（c_1）基本不变。

为保持实验过程中 c_1 基本不变，可根据发尘量（S）、发尘时间（τ）和进口气体流量（Q_1），按下式时实估算除尘器进口含尘浓度（c_1）

$$c_1 = \frac{S}{\tau Q_1} \tag{4-42}$$

3.实验装置和仪器

1）实验装置

本实验系统流程如图 4-9 所示。

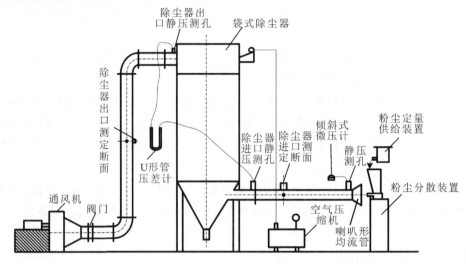

图 4-9　袋式除尘器性能实验流程图

除尘系统入口的喇叭形均流管处的静压测孔用于测定除尘入口气体流量,亦可用于在实验过程中连续测定和检测除尘系统的气体流量。

通风机入口前设有阀门,用来调节除尘器处理气体流量和过滤速度。

2）实验仪器

干湿球温度计,空盒式气压表,钢卷尺,U 形管压差计,倾斜式微压计,毕托管,烟尘采烟管,烟尘测试仪,秒表,分析天平(分度值 1/1000 g),托盘天平(分度值为 1 g),干燥器,鼓风干燥箱,超细玻璃纤维无胶滤筒。

4.实验步骤

袋式除尘器性能的测定方法和步骤如下。

(1)测量、记录室内空气的干球温度(即除尘系统中气体的温度)、湿球温度及相对湿度,计算空气中水蒸气体积分数(即除尘器系统中气体的含湿量)。测量、记录当地的大气压强。记录袋式除尘器型号规格、滤料种类、总过滤面积。测量、记录除尘器进出口测定断面直径和断面面积,确定测量断面分环数和测点数,做好实验准备工作。

(2)将除尘器进出口断面的静压测孔与 U 形管压差计连接;

(3)将发尘工具和滤筒的称重准备好;

(4)将毕托管、倾斜式微压计准备好,待测流速流量用;

(5)清灰;

(6)启动风机和发尘装置,调整好发尘浓度,使实验系统达到稳定;

(7)测量进出口流速和进出口的含尘量,进口采样 1 min,出口 5 min;

(8)隔 5 min 后重复上面测量,共测量三次;

(9)采样完毕,取出滤筒包好,置入鼓风干燥箱烘干后称重,计算出除尘器进、出口管道中

气体含尘浓度和除尘效率;

(10)实验结束,整理好实验用的仪表、设备,计算、整理实验资料。

5.实验结果处理

1)处理气体流速和过滤速度

按式(4-37)计算除尘器处理气体流量,按式(4-38)计算除尘器漏风率,按式(4-39)计算除尘器过滤速度。

2)压力损失

按式(4-40)计算压力损失,并取 5 次测定数据的平均值作为除尘器压力损失(ΔP)。

3)除尘效率

除尘效率按式(4-41)计算。

4)压力损失、除尘效率与过滤速度的关系

压力损失(ΔP)、除尘效率(η)和过滤速度(v_F)测定完成后,整理五组不同 v_F 下的 ΔP 和 η 数据,绘制 $v_\mathrm{F}\text{-}\eta$ 和 $v_\mathrm{F}\text{-}\Delta P$ 实验性能曲线,并分析过滤速度对袋式除尘器压力损失和除尘效率的影响。

6.实验结果与讨论

(1)用发尘量求得的进口含尘浓度和用等速采样法测得的进口含尘浓度,哪个更准确些?为什么?

(2)测定袋式除尘器压力损失,为什么要固定其清灰制度?为什么要在除尘器稳定运行状态下连续五次读数并取其平均值作为除尘器压力损失?

(3)试根据实验性能曲线 $v_\mathrm{F}\text{-}\eta$ 和 $v_\mathrm{F}\text{-}\Delta P$,分析过滤速度对袋式除尘器压力损失和除尘效率的影响。

4.3.3　静电除尘器性能测定

1.实验目的

(1)认识和了解静电除尘器的电极配置和供电装置;

(2)了解电晕放电的外观形态;

(3)掌握静电除尘器的阻力和速度之间关系的测定方法;

(4)掌握静电除尘器捕集效率的测定方法。

2.实验原理

1)处理气体的测定和计算

采用动压法测定处理气体量。测得除尘器进、出口管道中气体动压后,气速可按下式计算:

$$v_1=\sqrt{2P_{v1}/\rho_\mathrm{g}} \tag{4-43}$$

$$v_2=\sqrt{2P_{v2}/\rho_\mathrm{g}} \tag{4-44}$$

式中:v_1、v_2 分别为除尘器进、出口管道气速,m/s;P_{v1}、P_{v2} 分别为除尘器进、出口管道断面平均动压,Pa;ρ_g为气体密度,kg/m³。

除尘器进、出口管道中的气体流量 Q_1、Q_2 分别为

$$Q_1 = F_1 \cdot v_1 \qquad\qquad (4-45)$$

$$Q_2 = F_2 \cdot v_2 \qquad\qquad (4-46)$$

式中:F_1、F_2为除尘器进、出口管道断面面积,m²。

取除尘器进、出口管道中气体流量平均值作为除尘器的处理气体量 Q:

$$Q = \frac{1}{2}(Q_1 + Q_2) \qquad\qquad (4-47)$$

2)压力损失的测定和计算

除尘器压力损失(ΔP)为其进、出口管道中气流的平均全压之差。当除尘器进、出口管道的断面面积相等时,则可采用其进、出口管道中气体的平均静压之差计算,即

$$\Delta P = P_{s1} - P_{s2} \qquad\qquad (4-48)$$

式中:P_{s1}、P_{s2}——除尘器进、出口管道中气体的平均静压,Pa。

3)除尘效率的测定和计算

除尘效率采用质量浓度法测定,即同时测定除尘器进、出口管道中气流的平均含尘浓度 c_1 和 c_2,按下式计算:

$$\eta = \left(1 - \frac{c_2 Q_2}{c_1 Q_1}\right) \times 100\% \qquad\qquad (4-49)$$

实验中,粉尘浓度依据光学原理,用专门的粉尘传感器来测定的。

3.实验仪器和试剂

静电除尘器,粉尘。

4.实验步骤

(1)首先检查设备系统外况和全部电气连接线有无异常(如管道设备有无破损、卸灰装置是否安装紧固等),一切正常后开始操作。

(2)在风量调节阀关闭的状态下,启动主风机开关,调节风量调节开关至所需的实验风量。

(3)将一定量的粉尘加入到自动发尘装置的灰斗中,然后启动发尘电机,调节转速控制加灰速率。

(4)读取实验系统自动采集到的风量、风速、风压、除尘效率、粉尘进、出口浓度、环境空气湿度和温度数据。

(5)调节风量调节开关、发尘旋钮,进行不同处理气体流量、不同发尘浓度下的实验。

(6)测量并绘制板式静电除尘器的电压-电流特性曲线。

①将电压调节到零位,启动高压开关。

②缓慢调节电压旋钮,使电压慢慢升高,待电压升高至 5 kV 时,打开保护开关,读取并记录电压和电流值,读完后立刻将保护开关闭合。然后继续升压,以后每升高 5 kV 读取并记录一组数据,读数时操作方法和第一次相同,当开始出现火花时停止升压。

③停机时将电压调节至零位,停止静电除尘系统,切断电源。

(7)测量板式静电除尘器的阻力和速度的关系。

①启动风机,待风机运行稳定后进行测试。

②调节风机转速调节开关,将风机转速缓慢升高,由低向高分 5～6 个挡位。

③每调整一次风机转速,采用节流压差法测量除尘器入口处静压,计算出流速,记录除尘器前后全压差,计算出除尘器运行阻力。

④根据测得的除尘器阻力与速度值绘制静电除尘器的阻力与速度的关系曲线。

(8)测量板式静电除尘器的捕集效率一般采用下列两种方法。

①质量法。只需测出进入除尘器的粉尘质量和除尘器除下的粉尘质量,即可计算其捕集效率。

②浓度法。采用静压平衡烟尘浓度测定仪(或动压平衡等粉尘采样器)同时测出除尘器前后风道中空气的含尘浓度,则可计算得出除尘器的捕集效率。

(9)在加灰装置启动 5 min 后,周期启动振打电机开关后开始极板清灰。每周期清灰时间 3 min,停止 5 min。

(10)实验完毕后依次关闭发生装置、高压电源和主风机,然后启动振打电机进行清灰 5 min,待设备内粉尘沉降后,清理卸灰装置。

(11)关闭控制箱主电源。

5.实验结果处理

如实填写数据于表 4-9 中。

表 4-9　实验数据记录表

环境温度		环境湿度	
风量		风速	
粉尘进口浓度		粉尘出口浓度	
风压		效率	

6.注意事项

(1)实验前必须先熟悉仪器的使用方法。

(2)实验前首先确保除尘器外壳接地螺丝处于接地状态。

(3)实验中要注意人身安全,不可靠近高压电源与高压进线箱等处,以免发生意外。

7.思考题

(1)试述静电除尘器的基本原理。

(2)试通过实验,分析影响静电除尘器除尘效率及压降的因素。

第 5 章　噪声污染控制工程实验

5.1　基础知识

5.1.1　噪声和噪声危害

1.噪声

噪声是指各种不同频率和强度声音的无规则组合。噪声的来源主要包括工业噪声、交通噪声、施工噪声和社会噪声等。依据噪声产生的机理可以分为机械噪声、空气动力噪声和电磁噪声三种。机械噪声是由于机械摩擦、撞击及动力不平衡等产生机械振动而辐射出的噪声。空气动力性噪声是高速气流、不稳定气流以及由于气流与物体相互作用产生的噪声。电磁噪声是由于电磁场的交替变化,引起某些机械部件或空间容积振动产生的噪声。家庭常用设备噪声声级与建筑施工常用机械噪声声级分别如表 5-1 和 5-2 所示。

表 5-1　家庭常用设备噪声声级

家庭常用设备	噪声声级范围/dB
洗衣机、缝纫机	50～80
电视机、除尘器及抽水马桶	60～84
钢琴	62～96
排气扇、吹风机	50～75
电冰箱	30～58
风扇	30～68
食物搅拌器	65～80

表 5-2　建筑施工常用机械噪声声级

机械名称	距离声源 10 m/dB		距离声源 30 m/dB	
	范围	平均	范围	平均
打桩机	93～112	105	84～103	91
地螺钻	68～82	75	57～70	63
铆枪	85～98	91	74～98	86
压缩机	82～98	88	78～80	79
破路机	80～92	85	74～80	76

噪声同工业"三废"一样,是一种危害人类健康的公害,但是它有其特殊性。首先,噪声是一种物理污染,一般情况下不致命。其次,噪声对人起干扰作用。研究表明,A 计权声级40 dB的噪声就可以对正常人产生影响。噪声只会造成局部污染,不会造成区域性和全球性污染;噪声污染无残余污染物,不会在环境中富集;噪声源停止运动后,污染即消失;噪声声能是噪声源能量中很小的部分,一般认为利用价值不大,故声能的回收尚未被重视。

2.噪声的危害

1)对听力的影响

在噪声污染环境下生活和工作,包括把耳机的声音开得很大,舞厅或摇滚乐厅震耳欲聋的乐声等高分贝噪声都会损伤人们的听力。如果噪声污染的时间不长,听觉疲劳仅是暂时性的生理现象,经休息后可以恢复。然而,如果长期受到噪声污染,内耳器官受伤,听觉疲劳就不容易恢复,就会造成噪声性耳聋。在 80 dB 以上的噪声环境下长期工作,容易造成耳聋或听力明显下降等职业病。从 80 dB 开始,噪声每增加 5 dB,耳聋发病率一般会增加约 10%。

听力损失是指人耳暴露在噪声中导致听觉灵敏度下降,在各频率的听阈升移(简称阈移,以声压级 dB 为单位)。国际标准化组织规定用 500、1000 和 2000 Hz 听力损失的平均值来表示,用听力阈级来衡量。听力阈级是指耳朵可以觉察到的纯音声压级。听力情况与听力损失之间的关系如表 5-3 所示。

表 5-3　听力情况与听力损失

听力情况	耳聋标准	轻度耳聋	中度耳聋	显著耳聋	重度耳聋	极端耳聋
听力损失/dB(A)	25	25~40	40~55	55~70	70~90	>90

2)噪声可以诱发疾病

噪声可能诱发疾病,这与人的体质、噪声强度和频率有关。噪声作用于人的中枢神经系统,使大脑皮层的兴奋与抑制的平衡失调,导致反射异常,使人感到疲劳、头昏脑胀等,如果这种平衡失调得不到恢复,久而久之就会形成牢固的兴奋,导致神经衰弱。长期在高噪声环境下工作的人与低噪声环境下的人相比,高血压、动脉硬化和冠心病的发病率要高 2~3 倍。可见噪声会导致心血管系统疾病。噪声也可能会导致消化系统紊乱,引起消化不良、食欲不振、恶心呕吐,使肠胃病发病率升高。此外,噪声对视觉器官、内分泌机能及胎儿的正常发育等方面也会产生一定的影响。在高噪声中工作和生活的人们,一般健康水平会逐年下降,对疾病的抵抗力减弱,诱发一些疾病。

3)噪声损害设备和建筑物

噪声对仪器设备的损害与噪声的强度、频率以及仪器设备本身的结构特性密切相关。当噪声超过 135 dB 时,电子仪器的连接部位会出现错动,引线产生抖动,微调元件发生偏移,使仪器产生故障而失效。当噪声超过 150 dB 时,仪器的元件可能失效或损坏。在特强噪声作用下,由于声频交变负载的反复作用,会使机械结构或固体材料产生声疲劳现象而出现裂痕或断裂。在冲击波的影响下,建筑物会出现门窗变形、墙体开裂、屋顶掀起、烟囱倒塌等破坏。当噪声达到 140 dB 时,轻型建筑物就会遭受损伤。此外,剧烈振动的空气锤、冲床、建筑工地的打桩和爆破等,也会使振源周围的建筑物受到损害。

4)影响睡眠

噪声影响休息,妨碍睡眠是众所周知的、最常见的现象。有充足的休息和睡眠是生理上的需要,长期失眠会损害身体、导致心理上的痛苦。一般情况下,夜间 40 dB 的连续性噪声可使 10％的人睡眠受到影响。而夜间 40 dB 的突然性噪声也可使 10％的人惊醒。突然性噪声的强度达到 60 dB 时则可使 70％的人惊醒。由于睡眠对人是极其重要的生理调节,它可使人消除疲劳、恢复体力,因而是保证人体健康的必不可少的重要调节。一旦睡眠受到妨碍和干扰,第二天就会觉得疲倦,影响工作或学习效率。如果睡眠时被惊吓,就会出现心跳加剧、呼吸急促、神经兴奋等紧张反应,久而久之就会导致神经衰弱,如失眠、多梦、耳鸣、记忆力减退等。

5.1.2 噪声的测量

1.噪声的测量仪器

环境噪声测量仪器的选用是根据测量的目的和内容确定的。常用的测量仪器有声级计、传声器、滤波器、频谱分析仪、电平记录仪和噪声级分析仪。

1)声级计

声级计是使用最广泛的基本声学测量仪器之一。声级计分两类,一类是精密声级计和普通声级计,用于测量稳态噪声;另一类是积分式声级计和脉冲声级计,用于测量不稳定噪声和脉冲噪声。

声级计在使用前需要校准,它配有以下主要附件。

(1)声校准器:每次测量前后或测量进行中必须对仪器进行校准。

(2)防风罩:可防止较大风速对传声器的干扰。

(3)鼻形锥:在稳定方向的高速气流中测量噪声时使用,可降低因气流而产生的噪声。

(4)屏蔽电缆:可避免测量仪器和监测人员对声场的干扰。

2)传声器

传声器是一种将声压转换成电压的声电转换器。传声器是声学测量仪器中最重要的部件。传声器有晶体式、动圈式、电容式和驻极式等。传声器的频率响应有声压型和声场型两种。具有平直的声压响应的传声器称为声压型传声器,具有平直的自由场响应的传声器称为声场传声器。在精确度要求高时,使用声场型传声器。

3)滤波器

滤波器是使声音中所需的频段通过,而将其他不需要的频率成分滤除的仪器。

4)频谱分析仪

决定频谱分析仪性能的主要是滤波器。常用的频谱分析仪包括:具有倍频程和 1/3 倍频程滤波器的分析仪、外差式频率分析仪、实时频率分析仪等。

(1)具有倍频程和 1/3 倍频程滤波器的分析仪。倍频程滤波器分析速度快、工作点稳定。1/3 倍频程滤波器具有较高的分辨能力,但对于高频范围的噪声仍不能做确切的分析。

(2)外差式频率分析仪。需要精确分析噪声的频率成分时采用外差式频率分析仪。它是具有恒定带宽滤波器的分析仪。

(3)实时频率分析仪。实时频率分析仪可以对瞬时信号进行实时分析,有两种类型,即并联滤波型实时分析仪和时间压缩型实时分析仪。

并联滤波型实时分析仪不适于窄带分析,而时间压缩型实时分析仪可以用于窄带实时分析。

5)电平记录仪

使用电平记录仪将信号的频谱记录下来。电平记录仪和磁带记录仪是噪声测量中最常用的仪器。电平记录仪可以记录声音的频谱,还可以记录噪声随时间的变化。

6)噪声级分析仪

噪声级分析仪是一种交、直流两用的携带式测量噪声级的仪器,电路部分与声级计基本相同。噪声级分析仪不仅可以测得现场数据,还可以同时分析和处理数据。

2.噪声的测量方法

1)噪声的测量位置

(1)对于一般的机械设备,应根据尺寸的大小做不同的处理。

(2)对于风机和压缩机等空气动力性机械,要测量进、排气噪声。

(3)测点高度应以机器的一半高度为准,距离地面不得低于 0.5 m。

(4)对于车间噪声测试,测点一般取在人耳处。

(5)对于厂区噪声测试,可以采用网格法布置。

(6)对于厂内外生活区环境噪声测试,测点一般选在室外距墙 1 m 处。

2)影响噪声测量的环境因素

(1)大气压强:主要影响传声器的校准。

(2)温度:典型的热敏元件是电池。

(3)风和气流:环境噪声的测量一般在风速小于 5 m/s 的条件下进行。

(4)湿度:若潮气进入电容式传声器并且凝结,则电容式传声器的极板与膜片就会产生放电现象,从而产生"破裂"与"爆炸"的声响,影响测量结果。

(5)传声器的指向性:传声器在高频时具有较强的指向性。一般国产声级计在自由场条件下测量时,传声器应指向声源。测试环境噪声时,可将传声器指向上方。

(6)反射:原则上,测点位置应离开反射面 3.5 m 以上。

(7)本底噪声:现场测量时,应设法测量本底噪声。

(8)其他因素:避免受强电磁场的影响。

5.2　基础实验

噪声测量仪器的使用

1.实验目的

(1)了解声级计、噪声计的工作原理;

(2)掌握声级计的使用步骤。

2.实验原理

由传声器将声音转换成电信号,再由前置放大器变换阻抗,使传声器与衰减器匹配。放大器将输出信号加到计权网络,对信号进行频率计权(或外接滤波器),然后再经衰减器及放大器将信号放大到一定的幅值,送到有效值检波器(或外接电平记录仪),在指示表头上给出噪声声级的数值。

由于人耳对各频段噪声的感知能力是不一样的,对 3 kHz 左右的中频最灵敏,对低频和高频则差一些,因此不计权信噪比未必与人耳对噪声大小的主观感觉能很好地吻合。如何将测量值与主观听感统一起来呢? 于是就有了均衡网络,或者叫加权网络,对低频和高频都加以适度的衰减,这样中频便更突出。把这种加权网络接在被测器材和测量仪器之间,于是器材中频噪声的影响就会被该网络"放大",换言之,对听感影响最大的中频噪声被赋予了更高的权重,此时测得的信噪比就叫计权信噪比,它可以更真实地反映人的主观听感。

根据所使用的计权网络不同,声级可分为 A 声级、B 声级和 C 声级,单位分别为 dB(A)、dB(B)和 dB(C)。A 计权声级是模拟人耳对 55 dB 以下低强度噪声的频率特性,B 计权声级是模拟 55~85 dB 的中等强度噪声的频率特性,C 计权声级是模拟高强度噪声的频率特性。

3.实验仪器

TES1350A 数字声级计,其主要技术指标如下。

(1)测量范围:Lo(低挡),35~100 dB;Hi(高挡),65~130 dB。

(2)频率特性:A/C 计权。

(3)动态特性:快速和慢速。

4.实验步骤

1)声级计的校准

声级计使用前后要进行校准,以保证测量数据的精确。一般声级计能产生一个标准电信号,用于校准内部的电子线路。只进行电校准有时无法达到测量精度要求,通常使用活塞发声器、声级校准器或其他声级校准仪器进行声学校准。

2)声级计的读数

声级计的噪声测量值为输入衰减器、输出衰减器和电表读数之和。声级计读数直接给出声压级,测量范围约为 20~130 dB。声级计的指示电表有"快"挡和"慢"挡两种响应速度,一般测量时使用"快"挡;"慢"挡指示是在表针起伏大于 ±1 dB,而小于 ±1 dB 时用来读出平均值。对于稳态噪声,两种速度响应读数一样。对于脉冲噪声,应使用脉冲声级计,取电表指针最大偏转位置读数,或使用其峰值保持功能。对于间歇噪声,用快挡读取每次出现的最大值,以数次测量的平均值表示,并记录间歇的时间和出现频率。数字式声级计、噪声计可直接从仪表窗口读数。也可以利用仪器的记忆功能,回到实验室对数据进行分析处理。

5.注意事项

(1)请勿将声级计置于高温、高湿的地方使用。

(2)长时间不使用时,将声级计的电池取出,避免电池液漏出腐蚀仪器。

5.3　综合实验

5.3.1　校园环境噪声现状监测与噪声污染评价

1. 实验目的

(1)学习区域环境噪声的监测方法,包括环境噪声的基本测量过程及步骤、声级计的使用;

(2)利用声级计对校园生活区、教学区等不同功能区噪声污染进行现场检测分析与评价,独立完成校园环境噪声监测与评估报告;

(3)提出科学合理的噪声分布规律与环境噪声控制措施;

(4)掌握了解环境噪声检测、评估及治理的措施。

2. 实验原理

L_{10} 是测量时间中有 10% 超过该声级的 A 声级,反映环境噪声的峰值。把记录的 100 个数据按照从大到小的顺序排列后,第 10 个数据就是 L_{10},第 50 个数据是 L_{50},第 90 个数据为 L_{90}。L_{50} 称为中值;L_{90} 一般表示背景噪声,是在整个测量时间中有 10% 低于该声级的 A 声级,也可看作没有环境噪声干扰时的噪声。

若数据呈正态分布,则等效连续 A 声级可用下式计算:

$$L_{eq} = L_{50} + (L_{10} - L_{90})^2/60 \ (dB) \tag{5-1}$$

3. 实验仪器

本实验所用仪器为 TES1350A 数字声级计,该仪器符合 CE 安全规范,能实现一般声级测量,并具有最大和最小声级保持功能,其主要技术指标如下。

(1)测量范围:Lo(低挡),35～100 dB;Hi(高挡),65～130 dB。

(2)频率特性:A/C 计权。

(3)动态特性:快速和慢速。

4. 实验步骤

1)环境噪声布点

将校园划分为等距网格(不少于 10 个)并按顺序编号,标出相应功能区域(如教学、生活区、公路等),绘制校园噪声监测布点图(须对校园外公路噪声布点)。

2)确定测点位置

测点应设在每一个网格的中心,测点条件为一般户外条件。

3)测量时间

一般选在昼间 8:00—18:00,夜间 22:00—24:00。

4)测量方法

(1)声级计旋钮开关置于"dB(A)"和"慢"挡,以保证在测量中出现的最高声级,不致使表头指针超过刻度的最大值。

(2)记录声级计表头上的瞬时读数值,每隔 5 s 读一瞬时 A 声级,每次每个测点应连续读取 100 个数据,同时记录噪声主要来源。监测应避开节假日和非正常工作日。

(3)将全部网格中心测点测得的等效声级 L_{eq} 做算术平均运算(所得到的平均值代表某一声环境功能区的总体环境噪声水平),并计算标准偏差。依据《声环境质量标准(GB 3096—2008)》评价校园噪声水平。环境噪声限值如表 5-4 所示。

表 5-4 环境噪声限值

声环境功能区类别		不同时段噪声限值/dB	
		昼间	夜间
0 类		50	40
1 类		55	45
2 类		60	50
3 类		65	55
4 类	4a 类	70	55
	4b 类	70	60

各类标准的适用区域如下。

0 类声环境功能区:指康复疗养区等特别需要安静的区域。

1 类声环境功能区:指以居民住宅、医疗卫生、文化教育、科研设计、行政办公为主要功能,需要保持安静的区域。

2 类声环境功能区:指以商业金融、集市贸易为主要功能,或者居住、商业、工业混杂,需要维护住宅安静的区域。

3 类声环境功能区:指以工业生产、仓储物流为主要功能,需要防止工业噪声对周围环境产生严重影响的区域。

4 类声环境功能区:指交通干线两侧一定距离之内,需要防止交通噪声对周围环境产生严重影响的区域,包括 4a 类和 4b 类两种类型。4a 类为高速公路、一级公路、二级公路、城市快速路、城市主干路、城市次干路、城市轨道交通(地面段)、内河航道两侧区域;4b 类为铁路干线两侧区域。

5.注意事项

(1)选择测量区域时要充分考虑测量时的安全性,若中心点的位置不便于测量(如房顶、污沟、禁区等),可移到旁边能测量的地方进行测量。测量公路噪声时应站在公路边台阶上,并分别记录测量时间经过的大小车数量。

(2)要求声级计离地面高 1.2 m,并远离其他反射区(声级计距任意建筑物不得小于 1 m)。

(3)要求在无雨无雪的时间测量,风力在三级以上时必须加风罩(以避免风噪声的干扰),风力五级以上则应停止测量。

(4)要求注明实验时间、地点及环境状况,绘制校园噪声监测布点图、噪声分布图,对校园环境噪声进行评价,并说明交通噪声对校园的影响。

5.3.2　城市道路噪声测量与评价

1.实验目的

(1)掌握声级计的使用方法;

(2)加深对交通噪声特征的全面了解,并掌握等效连续声级、昼夜等效声级、累计百分数声级的概念及监测方法;

(3)掌握结合《声环境质量标准(GB 3096—2008)》对所测路段交通噪声达标情况进行评价的方法。

2.实验原理

交通噪声的测量按照《声学　环境噪声测试方法(GB/T 3222-94)》和《声环境质量标准(GB 3096-2008)》中的有关规定进行。

测试评价量:

本实验中采用等效连续声级及累计百分数声级对测试的交通噪声进行评价。等效连续 A 声级又称等能量 A 声级,它等效于在相同的时间 T 内与不稳定噪声能量相等的连续稳定噪声的 A 声级。在同样的采样时间间隔下测量时,测量时段内的等效连续 A 声级可通过公式(5-2)计算:

$$L_{Aeq} = 10\lg\left(\frac{1}{T}\int_0^T 10^{0.1L_At}\,dt\right) \tag{5-2}$$

式中:L_A 为 t 时刻的瞬时声级;T 为规定的测量时间。

当测量时采用累计百分数声级测量,且采样的时间间隔一定时,公式(5-2)可表示为

$$L_{Aeq} = 10\lg\left(\frac{1}{n}\sum_{i=1}^n 10^{0.1L_{Ai}}\right) \tag{5-3}$$

式中:L_{Ai} 为第 i 次采样测得的 A 计权声级;n 为采样总数。

累计百分数声级 L_n 表示在测量时间内高于 L_n 声级所占的时间为 $n\%$。对于统计特性符合正态分布的噪声,其累计百分数声级与等效连续 A 声级之间有近似关系:

$$L_{Aeq} \approx L_{50} + (L_{10} - L_{90})^2/60 \tag{5-4}$$

式中:L_{10} 表示在测量时间内有 10% 时间的噪声超过此值,相当于峰值噪声级;L_{50} 表示在测量时间内有 50% 时间的噪声超过此值,相当于中值噪声级;L_{90} 表示在测量时间内有 90% 时间的噪声超过此值,相当于本底噪声级。

3.实验仪器

本实验所用仪器为 TES1350A 数字声级计,该仪器符合 CE 安全规范,能实现一般声级测量并具有最大和最小声级保持功能,其主要技术指标如下。

(1)测量范围:Lo(低挡),35～100 dB;Hi(高挡),65～130 dB。

(2)频率特性:A/C 计权。

(3)动态特性:快速和慢速。

4.实验步骤

(1)选定某一交通干线作为测量路段,测点选在两路口之间道路边的人行道上,离车行道的路沿 20 cm 处,此处与路口的距离应大于 50 m。在测量路段上布置 5 个测点,画出测点布置图。

（2）采用声级校准器对测量仪器进行校准,并记录校准值。

（3）连续进行 20 min 的交通噪声测量,并采用 2 只计数器分别记录大型车和小型车的数量。

（4）分别在同一路段的 5 个不同测点重复以上测量。

（5）测量完成后对测量设备进行再校准,记下校准值。

5.实验数据记录和噪声评价

（1）测试结果报告中应包括测试路段及环境简图、测试时段、小时车流量以及车流量特征(大车、小车出现情况、其他干扰情况)的简单表述。按表 5 - 5 记录测试数据,并计算出评价量,根据声环境质量标准对该道路交通噪声进行评价,并加以讨论。

表 5 - 5　实验数据记录表　　　　　日期:____年____月____日

测量地点	测量时间	L_{Aeq}/dB	L_{10}/dB	L_{50}/dB	L_{90}/dB	车流量/(辆·h^{-1})	
						大型车	小型车

（2）计量及噪声评价。其中一个测点在每一个时间点需要记录 200 个瞬时噪声,计算并验证公式(5 - 4)。

6.思考题

查阅资料,分析现行标准《声环境质量标准(GB 3096—2008)》与旧标准《城市区域环境噪声标准(GB 3096—93)》相比,在 4 类声环境功能区上有何变化。

第6章　固体废物处理与处置实验

6.1　基础知识

6.1.1　固体废物的定义与性质

1.固体废物的定义

固体废物是指在生产、生活和其他活动中产生的丧失原有利用价值或者虽未丧失利用价值但被抛弃或者放弃的固态、半固态和置于容器中的气态物品、物质,以及法律、行政法规规定纳入固体废物管理的物品、物质。

2.固体废物的性质

从固体废物与环境、资源、社会的关系分析,固体废物具有污染性、资源性和社会性。

(1)污染性。固体废物的污染性表现为固体废物自身的污染性和固体废物处理的二次污染性。固体废物可能含有具有毒性、燃烧性、爆炸性、放射性、腐蚀性、反应性、传染性与致病性的有害废物或污染物、甚至含有污染物富集的生物,有些物质难降解或难处理。固体废物排放数量与质量具有不确定性与隐蔽性,其处理过程生成二次污染物。这些因素导致固体废物在其产生、排放和处理过程中对生态环境造成污染,甚至对人类身心健康造成危害,这说明固体废物具有污染性。

(2)资源性。固体废物的资源性表现为固体废物是资源开发利用的产物和固体废物自身具有一定的资源价值。固体废物只是一定条件下才成为固体废物,当条件改变后,有可能重新具有使用价值,成为生产的原材料、燃料或消费物品,因而具有一定的资源价值及经济价值。固体废物的经济价值不一定大于固体废物的处理成本。总体而言,固体废物是一类低品质、低经济价值资源。

(3)社会性。固体废物的社会性表现为固体废物的产生、排放与处理具有广泛的社会性。一是社会每个成员都产生与排放固体废物;二是固体废物的产生意味着社会资源的消耗,对社会产生影响;三是固体废物的排放、处理处置及固体废物的污染性影响他人的利益,即具有外部性(外部性是指活动主体的活动影响他人的利益。当损害他人利益时称为负外部性,当增大他人利益时称为正外部性。固体废物排放与其污染性具有负外部性,固体废物处理处置具有正外部性),产生社会影响,这说明,无论是产生、排放还是处理,固体废物事务都影响每个社会成员的利益。固体废物排放前属于私有品,排放后成为公共资源。

(4)兼有废物和资源的双重性。固体废物一般具有某些工业原材料所具有的物理化学特性,较废水、废气易收集、运输、加工处理,可回收利用。固体废物是在错误时间放在错误地点的资源,具有鲜明的时间和空间特征。

(5)是富集多种污染成分的终态。污染环境的"源头"废物往往是许多污染成分的终级状态。一些有害气体或飘尘,通过治理,最终富集成为固体废物;废水中的一些有害溶质和悬浮物,通过治理,最终被分离出来成为污泥或残渣;一些含重金属的可燃固体废物,通过焚烧处理,有害金属浓集于灰烬中。这些"终态"物质中的有害成分,在长期的自然因素作用下,又会转入大气、水体和土壤,成为大气、水体和土壤环境的污染"源头"。

(6)所含有害物呆滞性大、扩散性大。固态的危险废物具有呆滞性和不可稀释性,一般情况下进入水、大气和土壤环境的释放速率很慢。土壤对污染物有吸附作用,导致污染物的迁移速度比土壤水慢得多,大约为土壤水迁移速度的 $1/(1\sim500)$。

(7)危害具有潜在性、长期性和灾难性。由于污染物在土壤中的迁移是一个比较缓慢的过程,其危害可能在数年以至数十年后才能发现,但是当发现造成污染时已造成难以挽回的灾难性后果。从某种意义上讲,固体废物特别是危险废物对环境造成的危害可能要比水、气污染造成的危害严重得多。

6.1.2 固体废物的分类

固体废物按其化学性质可分为有机固体废物和无机固体废物;按其污染特性可分为一般固体废物、危险固体废物和放射性固体废物;按其形态可分为固态、半固态和非常规固态废物(含有气态或液态物质的固态废物);按其来源可分为城市生活固体废物、工业固体废物和农业固体废物。

1.城市生活固体废物

城市生活固体废物主要是指在城市日常生活中或者为城市日常生活提供服务的活动中产生的固体废弃物,即城市生活垃圾,主要包括居民生活垃圾、医院垃圾、商业垃圾、建筑垃圾(又称渣土)。一般来说,城市中每人每天产生的垃圾量为 $1\sim2$ kg,其多寡及成分与居民物质生活水平、习惯、废旧物资回收利用程度、市政建设情况等有关。在 18 世纪中叶,世界人口仅有 3%住在城市;到 1950 年,城市人口比例占 29%;1985 年,这个数字上升到 41%;预计到 2025年,世界人口的 60%将住在城市或城区周围。这么多人住在或即将住在城市,而城市又是高度集中、环境被大大人工化的地区,城市垃圾所产生的污染极为突出。一般来说,城市生活水平愈高,垃圾产生量愈大,在低收入国家的大城市,如加尔各答、卡拉奇和雅加达,每人每天产生 $0.5\sim0.8$ kg 垃圾;在工业化国家的大城市,每人每天产生的垃圾通常在 1 kg 左右。

2.工业固体废物

工业固体废物是指在工业、交通等生产活动中产生的采矿废石、选矿尾矿、燃料废渣、化工生产及冶炼废渣等固体废物,又称工业废渣或工业垃圾,包括工业废渣、废屑、污泥、尾矿等废弃物。工业固体废物按照其来源及物理性状大体可分为冶金工业、能源工业、石油化学工业、矿业、轻工业和其他工业固体废物六类。而依废渣的毒性又可分为有毒与无毒废渣两类。凡含有氟、汞、砷、铬、铅、氰等及其化合物和酚、放射性物质的均为有毒废渣。

3.农业固体废物

农业固体废物也称为农业垃圾,是指农业生产活动(包括科研)中产生的固体废物,包括种植业、林业、畜牧业、渔业、副业五种农业产业产生的废弃物。

4.危险废物

危险废物是指具有各种毒性、易燃性、爆炸性、腐蚀性、化学反应性和传染性的废物,分 49 大类共 600 多种,成分复杂,对生态环境和人类健康构成了严重威胁。被称为动植物和人类生存"杀手"的废电池、废灯管和医院的特种垃圾,都列入了国家危险废物名录。

5.放射性废物

放射性废物包括核燃料生产、加工,同位素应用,核电站、核研究机构、医疗单位、放射性废物处理设施产生的废物,如尾矿,污染的废旧设备、仪器、防护用品,含放射性的废树脂、水处理污泥以及蒸发残渣。

6.1.3　固体废物的处理处置与利用方法

1.固体废物的处理原则

我国对于固体废物的处理原则,最早出现于二十世纪八十年代中期,国家倡导并提出了"减量化""资源化""无害化"的控制固体废物的指导政策。

(1)减量化是指通过科学的手段减少固体废物的数量和容积。这需要从两个方面着手,一是减少固体废物的产生;二是对固体废物进行处理利用。首先,从废物来源以及产生的源头寻找,为了解决人类面临的资源、人口和环境三大问题,人们必须注重资源的合理、综合利用,包括采用经济合理的综合利用工艺和技术,制定科学的资源消耗定额等。另外,对固体废物采用压实、破碎、焚烧等处理方法,可以达到减量和便于运输、处理的目的。

(2)资源化是指采取适当的工艺技术,回收固体废物中有用的物质和能源。近几十年来,随着工业文明的高速发展,固体废物的数量以惊人的速度不断增长,而另一方面,世界资源也正以惊人的速度被开发和消耗,维持工业发展命脉的石油和煤炭等不可再生资源已经濒于枯竭。在这种形势下,欧美及日本等许多国家纷纷把固体废物资源化列为国家的重要经济政策。世界各国的废物资源化的实践表明,从固体废物中回收有用物质和能源的潜力相当大。

(3)无害化是指将固体废物通过工程处理,达到不损害人体健康、不污染环境的目的。目前,固体废物无害化处理技术有:卫生填埋和垃圾焚烧,无害废物的粪便厌氧发酵和堆肥,以及对于有害废物的解毒处理和热处理等。

2.固体废物的处理方法

固体废物的处理是指将固体废物经过物理、化学或生物学等途径,达到减量化、无害化或部分资源化,以便于运输、利用、贮存或最终处置的过程。按照所用处理方法的原理可分为物理处理、化学处理、生物处理、热处理和固化处理。

(1)物理处理。通过浓缩或相的变化改变固体废物的结构,且不破坏固体废物的化学组成,使之成为便于运输、贮存、利用或处置的形态。固体废物的物理处理通常作为后续处理、处置或资源化前的一种预处理过程。常用方法如下:

①压实:是利用机械的方法增加固体废物的聚集程度,增大容重和减小体积的过程。

②破碎:可减少其颗粒尺寸、降低孔隙率。

③分选:分离可回收利用或不利于后续处理的成分。

④浓缩:是含水量很高的废物在进行脱水前的预处理。

⑤脱水:便于含水率高的固体废物的后续处理。

（2）化学处理。化学处理是采用化学方法破坏固体废物中的有害成分从而达到无害化，或将其转变成为适于进一步处理、处置的形态，亦或是使固体废物发生化学转化从而回收物质和能源的处理方法。化学处理适于处理所含成分单一或所含几种化学成分特性相似的废物。具体方法包括以下几种。

①中和：调整固体废物的 pH 值到可接受的范围。

②氧化还原：将可以发生价态变化的某些有毒成分转化为无毒或低毒、且具有化学稳定性的成分。

③化学沉淀：通常用于去除工业废物中的重金属。

④化学溶出：使废物中的有用金属溶解于溶剂中。

（3）生物处理。生物处理是利用微生物分解固体废物中可降解的有机物，从而达到无害化或综合利用的目的，或通过一些特异性微生物的作用，使固体废物性质发生改变，有利于有害成分的溶出等。

与化学处理相比，生物处理比较经济，应用广泛。按对氧气的需求程度分为：厌氧处理、兼性厌氧处理和好氧处理。固体废物实际处理中常用的生物方法为：沼气发酵、堆肥和生物溶出。

（4）热处理。热处理是通过高温破坏和改变固体废物的组成和结构，以同时达到减量化、资源化和无害化的目的。主要包括焚烧、热解、焙烧、烧结和湿式氧化法等。其中，焚烧是对固体废物进行有控制的燃烧，且获得能源的一种资源化方法；热解法是大多数有机化合物具有热不稳定性，在缺氧与高温条件下发生裂解。

（5）固化处理。采用惰性的材料（固化基材）将有害废物固定或包覆起来以降低其对环境的危害。该方法适于处理的固体废物主要是危险废物和放射性废物，常作为安全填埋前的预处理。按使用的固化剂的不同分为水泥固化、沥青固化、塑料固化和玻璃固化等。

6.2 基础实验

6.2.1 固体废物的破碎与筛分

1.实验目的

（1）了解固体废物破碎和筛分的目的和意义；

（2）了解固体废物破碎设备和筛分设备的类型及工作原理；

（3）掌握固体废物破碎、粉磨、筛分操作；

（4）掌握计算破碎、粉磨后不同粒径范围内的固体废物所占百分数的方法。

2.实验原理

固体废物的破碎是利用外力克服固体废物质点间的内聚力而使大块固体废物分裂成小块的过程。固体废物的磨碎是使小块固体颗粒分裂成细粒的过程。利用破碎、粉磨工具对固体废物施力而将其粉碎，根据所得产物粒度的不同，利用不同筛孔尺寸的筛子将物料中小于筛孔尺寸的细物粒透过筛面，大于筛孔尺寸的粗物粒留在筛面上，从而完成粗、细分离的过程。

1）破碎的目的

①减容，便于运输和储存。

②为分选提供所要求的入选粒度。

③增加比表面积,提高焚烧、热分解、熔融等作业的稳定性和热效率。

④若下一步需进行填埋处置,破碎后压实密度高而均匀,可加快复土还原。

⑤防止粗大、锋利的固体废物损坏分选器等其他设备。

2)颚式破碎机的原理

①构成。颚式破碎机由机架、工作机构、传动机构、保险装置组成。

②工作原理。皮带轮带动偏心轴转动时,偏心顶点牵动连杆上下运动,随即牵动前后推力板作舒张及收缩运动,从而使动颚时而靠近固定颚,时而又离开固定颚。动颚靠近固定颚时就对破碎腔内的物料进行压碎、劈碎及折断。破碎后的物料在动颚后退时靠自重从破碎腔内落下。

3)封闭式粉碎机工作原理

封闭式粉碎机通过钢圈的撞击作用,使得大颗粒固体被挤压、撞碎成小颗粒固体,乃至粉尘。

4)球磨机原理

球磨机是由水平的筒体、进出料空心轴及磨头等部分组成,筒体为长的圆筒,由钢板制造,有钢制衬板与筒体固定,内装有研磨体,研磨体一般为钢制圆球,按不同直径和一定比例装入筒中,研磨体也可用钢段。

根据研磨物料的粒度加以选择,物料由球磨机进料端空心轴装入筒体内,当球磨机筒体转动时,研磨体由于惯性和离心力、摩擦力的作用,贴近附近筒体衬板而被筒体带走,当被带到一定的高度时,由于其本身的重力作用而被抛落,下落的研磨体像抛射体一样将筒体内的物料击碎。为了有效地利用研磨作用,对粒度较大(一般为 20 目)的物料磨细时,把筒体用隔仓板分隔为两段,即成为双仓,物料进入第一仓时被钢球击碎,物料进入第二仓时,钢段对物料进行研磨,磨细合格的物料从出料端空心轴排出;对进料颗粒小的物料(如,砂二号矿渣、粗粉煤灰)进行磨细时,磨机筒体可不设隔板,成为一个单仓筒磨,研磨体也可使用钢段。

5)筛分原理

筛分是利用筛子将物料中小于筛孔的细粒物料透过筛面,而大于筛孔的粗粒物料留在筛面上,完成粗、细物料分离的过程。该分离过程可看作由物料分层和细粒透筛两个阶段组成。物料分层是完全分离的条件,细粒透筛是分离的目的。

为了使粗细物料透过筛面而分离,必须使物料和筛面之间具有适当的相对运动,使筛面上的物料层处于松散状态,即按颗粒大小分层,形成粗粒位于上层,细粒位于下层的规则排列,细粒到达筛面并透过筛孔。同时,物料和筛面的相对运动还可使堵在筛孔上的颗粒脱离筛孔,但它们的透筛难易程度却不同。粒度小于筛孔尺寸 3/4 的颗粒,很容易通过粗颗粒形成的间隙到达筛面而透筛,称为"易筛粒";粒度大于筛孔尺寸 3/4 的颗粒,很难透过粗粒形成的间隙,而且粒度越接近筛孔尺寸就越难透筛,这种颗粒称为"难筛粒"。

3.实验仪器

颚式破碎机,球磨机,电动振筛机(标准筛一套),震击式标准振摆仪(标准筛一套),电子天平,烘箱。

4.实验步骤

(1)称取物料(红砖)1 kg 左右,加入颚式破碎机破碎,破碎后的固体分两份,放入封闭式破碎机的两个破碎室中破碎 1 min;将标准套筛按筛目由大至小的顺序安装在振筛机上,将封闭式破碎机一个破碎室中的物料加入位于顶部的标准筛中,开动振筛机筛分 2 min;分别称取不同筛孔尺寸筛子的筛上产物质量,记录数据。

(2)将另外一个破碎室中的样品清出,加入到球磨机中粉磨 5 min。

(3)将粉磨后物料清出,称重。

(4)将标准套筛按筛目由大至小的顺序安装在振筛机上,并将粉磨称重的物料加入位于顶部的标准筛中,开动振筛机筛分 2 min。

(5)分别称取不同筛孔尺寸筛子的筛上产物质量,记录数据。

5.实验结果处理

1)计算真实破碎比

$$真实破碎比=废物破碎前的平均粒度(D_{cp})/破碎后的平均粒度(d_{cp}) \quad (6-1)$$

2)计算细度模数

$$M_x = \frac{(A_2+A_3+A_4+A_5+A_6)-5A_1}{100-A_1} \quad (6-2)$$

式中:M_x 为细度模数;A_1、A_2、A_3、A_4、A_5 和 A_6 分别为 80 目、100 目、160 目、200 目、250 目及 325 目筛的累计筛余百分率。

细度模数是判断粒径粗细程度及类别的指标,细度模数越大表明粒径越大。

注:分计筛余百分率是各号筛筛余量与试样总量之比;累计筛余百分率是各号筛的分计筛余百分率加上该号以上各分级筛余百分率之和(若每号筛的筛余量与筛底的剩余量之和同原试样质量之差超过 1‰,应重新实验)。

6.注意事项

(1)实验设备使用时需严格参照说明书,并在老师指导下进行实验。

(2)使用前要检查破碎机、球磨机、标准筛是否可以正常运转,待正常运转后方可投加物料。

(3)使用后应及时关闭实验设备和电源,保持实验设备整洁、干净。

(4)要合理处置实验后的物料,避免造成再次污染。

7.思考题

(1)常用的破碎机械有哪些?破碎原理和适用领域各有何不同?

(2)影响筛分的因素有哪些?

(3)固体废物进行破碎和筛分的目的是什么?

6.2.2　固体废物含水率的测定

1.实验目的

(1)了解固体废物含水率测定的方法及适用范围;

(2)掌握实验室测量固体废物含水率的方法——烘干法。

2.实验原理

含水率的数据中包含了水和废物中其他沸点小于 100 ℃的游离物质,但是一般固体废物各组分中所含有的此类物质是及其微量的,因此含水率基本上保持了它的物理意义。固体废物的含水率可按总体或者按物理组分来记录。

固体废物的含水率对各处置方法产生的影响如下。

(1)对于堆肥化处理,含水率过高,孔隙度降低,易产生厌氧菌,导致恶臭;含水率过低,微生物不能正常生长。

(2)对于焚烧处理,含水率过高,垃圾不能自持燃烧,需要添加助燃剂或先经过脱水处理。

(3)对于填埋处理,含水率过高,会使填埋场地泥泞,影响填埋机械操作。

3.实验仪器

烘箱,干燥器,万分之一分析天平,烧杯。

4.实验步骤

1)称量样品的初始质量

先称量烧杯的质量 m,取适量的固体废物样本置于烧杯中,称量烧杯加固体废物样品的质量 m_1。

2)烘干

将盛有固体废物样品的烧杯放入烘箱中,在 $100 \sim 105$ ℃下烘至恒重,取出置于干燥器中冷却。

3)称量干燥后样品的质量

将冷却后的固体废物样品从干燥器中取出,称量烧杯加固体废物样品的质量 m_2,直到前后误差 $\leqslant 0.01$ g(即为恒重),否则重复烘干、冷却和称量过程,直至恒重为止。

每一样品必须做两次平行测定,取其结果的算术平均值。

5.实验结果处理

按照公式(6-3)计算出固体废物样品的含水率。

$$W = (m_1 - m_2)/(m_1 - m) \times 100\% \qquad (6-3)$$

式中:W 为固体废物的含水率,%;m 为空烧杯的质量,g;m_1 为干燥前烧杯加样品的质量,g;m_2 为干燥恒重后烧杯加样品的质量,g。

6.注意事项

(1)样品从烘箱取出后必须立即放入干燥器中,冷却后再称量,否则会吸收空气中的水分,从而影响称量的准确度。

(2)样品必须烘至恒重,否则会影响实验测量的精度。

7.思考题

(1)根据实验室测定的固体废物的密度、含水率,如何计算干密度?

(2)干密度能够实测吗?

6.2.3　固体废物热值的测定

要使物质维持燃烧,就要求其燃烧释放出热量以提供加热废物到达燃烧温度所需要的热量和发生燃烧反应所必须的活化能。否则,就要消耗辅助燃料才能维持燃烧。有害废物焚烧,一般热值为 18600 kJ/kg。采用氧弹量热计可测定固体废物的发热量或固体废物的热值。

1.实验目的

(1)掌握热值测定方法和氧弹量热计的基本操作方法;

(2)了解固体废物焚烧时维持燃烧对热值的要求。

2.实验原理

根据热化学定义,1 mol 物质完全氧化时的反应热称为该物质的燃烧热。对生活垃圾和无法确定相对分子质量的混合物,其单位质量完全氧化时的反应热为热值。

测量热效应的仪器称为量热计或卡计。量热计的种类很多,本实验采用氧弹量热计。测量基本原理是:根据能量守恒定律,样品完全燃烧时放出的能量将促使氧弹量热计本身及周围的介质温度升高,通过测量介质燃烧前后温度的变化,就可以求出该样品的热值。

氧弹量热计的水当量 $C_卡$ 一般用纯净苯甲酸的燃烧热来进行标定,苯甲酸的恒容燃烧热 $Q_V = 26460$ J/g。

为了保证实验的准确性,完全燃烧是实验的第一步,要保证样品完全燃烧,氧弹中必须有充足的高压氧气。因此,要求氧弹密封、耐高压、耐腐蚀,同时粉末样品必须压成片状,以免充气时冲散样品,使燃烧不完全而引起实验产生大的误差。第二步还必须使燃烧后放出的热量不散失,不与周围环境发生热交换而全部传递给量热计本身和放在其中的水,使量热计和水温度升高。为了减少量热计与环境的热交换,量热计放在一个恒温的筒内,故氧弹量热计也称为环境恒温或外壳恒温量热计。但是,任何测量仪器热漏是无法避免的,因此,燃烧前后温度变化的测量值必须经过雷诺图法校正。

3.实验仪器和试剂

1)实验仪器

氧弹量热计,氧气钢瓶,温度计,万分之一分析天平,坩埚,量筒,压片机。

2)实验试剂

苯甲酸,铁丝,煤粉。

4.实验步骤

1)测定量热计的水当量 $C_卡$

(1)用分析天平称取 1 g 左右的苯甲酸。

(2)压成片状,称重并记录。

(3)旋松氧弹量热计,把上顶盖放在支架上,并把压片放入坩埚。

(4)绕铁丝并把其穿到固定坩埚的两极上,铁丝底部与压片充分接触,但不与坩埚接触。

(5)在氧弹内注入 10 mL 自来水,并把上顶盖整体放入氧弹内,旋紧;充氧气至压强为约 2000 kPa,即 20 kg/cm² 左右。

(6)外壳注满去离子水。

(7)把固定不锈钢内桶的支架放入氧弹量热计的大槽内。

(8)在不锈钢内桶中放入氧弹量热计的底座。

(9)在不锈钢桶内注入 3000 mL 自来水,并放在大槽内的支架位置上。

(10)把氧弹放入不锈钢桶内,这时水差不多漫过氧弹。

(11)把两电极固定在氧弹上。

(12)盖上盖子,把电极电线放在卡槽内,并把测温管插入到孔位上。

(13)合上电源,表头各指示灯亮。

(14)开始搅拌,按下温度显示按钮,并读取和记录数据。这时每一分钟有一个数据,至温度不再升高时结束。(一般不少于 5 个数据)

(15)点火,指示灯亮后熄灭,温度快速上升。按下数据按钮,这时开始读数据并记录,记录至最高温度并下降时为止,至少记录 20 个数据。如果点火后,指示灯亮但不熄灭,或指示灯不亮,或温度不上升,表示样品没有燃烧,可能里面铁丝的接触不好,这时要重做实验。

(16)测量数据后,停机。把测温管拿开,放回原来位置并打开盖子。

(17)把氧弹拿出来,放气,检查燃烧结果,若氧弹中没什么残渣,说明燃烧完全。若有很多残渣,说明燃烧不完全,实验失败,须重做。燃烧后余下的铁丝用尺子测量并记录,在计算中减去长度。

(18)倒去氧弹中的水,用布把表面擦干净。倒去不锈钢桶内的水,盖上盖子,为下一个实验做好准备。

2)样品热值的测定

(1)用天平称取(1.0±0.1)g 左右的煤样品。

(2)测定步骤与上述相同。

(3)燃烧和测量温度。

5.实验数据计算

根据公式(6-4)和 ΔT,求出 Q_{V}。

$$mQ_{\mathrm{V}} = (3000\rho\, C + C_{卡})\Delta T - 2.9L \qquad (6-4)$$

式中:m 为样品质量,kg;Q_{V} 为热值,J/g;ρ 为水的密度,g/cm³;C 为水的比热容,J/(℃·g);查表数值为 4.2;$C_{卡}$ 为量热计的水当量,J/℃(用苯甲酸标定,数值为 1774.3);ΔT 为温度差值,℃;L 为用去的铁丝长度,cm(其燃烧值为 2.9 J/cm);3000 为实验用水量,mL。

6.注意事项

(1)点火丝不得掉到水池内,不能碰到坩埚。

(2)氧弹每次工作之前要加 10 mL 水。

(3)工作时,应关好实验室门窗,尽量减少空气对流。

7.思考题

(1)氧弹测定物质的热值,经常出现点火不燃烧的现象,使得热值无法测定,请问发生上述现象的原因是什么?如何解决?

(2)已知某固体废物的热值为 11630 kJ/kg,固体废物的元素组成见表 6-1。

表 6-1　某固体废物中的元素组成

元素	C	H	O	N	S	H_2O	灰分
含量/%	28	4	23	4	1	20	20

与热损失有关的量如下：

炉渣含碳量 5%（S、H 完全燃烧），空气进炉温度为 65 ℃，炉渣温度为 650 ℃，残渣比热容为 0.323 kJ/(kg·℃)，水的汽化潜热为 2420 kJ/kg，辐射热损失为 0.5%，碳的热值为 32564 kJ/kg。

计算焚烧后可利用的热值（以 1 kg 为基准）。

6.2.4 挥发性有机物和灰分含量的测定

1.实验目的

(1)掌握挥发性有机物含量和灰分的测定原理；

(2)掌握马弗炉的使用方法。

2.实验原理

固体废物中的有机物含量可视为 550 ℃高温灼烧后的失重。固体废物中的灰分可视为 750 ℃高温灼烧后的残留物。

3.实验仪器

马弗炉，30 mL 瓷坩埚，烘箱，干燥器，万分之一分析天平。

4.实验步骤

1)样品和坩埚烘干

将待测样品放入烘箱中，在 105～110 ℃下干燥至恒重。

将洗净的坩埚置于马弗炉中，在 550 ℃下空烧 2 h，然后放入干燥器中冷却备用。

2)挥发性有机物含量测定

称取 2.0 g 左右烘干样品（精确至 0.0001 g），置于已恒重的瓷坩埚中。将坩埚和样品一起放入马弗炉中升温至 550 ℃，恒温 6～8 h 后取出坩埚，放入干燥器中，冷却后称重（恒重）。

3)灰分含量测定

称取 2.0 g 左右烘干样品（精确至 0.0001 g），置于已恒重的瓷坩埚中。坩埚和样品一起放入马弗炉中升温至 750 ℃，恒温 6～8 h 后取出坩埚，放入干燥器中，冷却后称重（恒重）。

5.实验结果处理

1)挥发性有机物含量计算

$$挥发性有机物含量 C(\%) = \frac{(m_1 - m_2) \times 100}{m_{样}} \qquad (6-5)$$

式中：m_1 为坩埚和烘干样品的总质量，g；m_2 为 550 ℃灼烧后坩埚和样品的质量，g；$m_{样}$ 为烘干样品的质量，g。

2)灰分含量计算

$$灰分含量 C(\%) = \frac{(m_3 - m_0) \times 100}{m_{样}} \qquad (6-6)$$

式中：m_0 为坩埚的质量，g；m_3 为 750 ℃灼烧后坩埚和样品的质量，g；$m_{样}$ 为烘干样品的质量，g。

6.2.5　固体废物样品中的氮含量测定

1.实验目的

(1)掌握固体废物样品测氮的原理；

(2)熟悉凯氏定氮仪的使用方法。

2.实验原理

试样在催化剂(即硫酸钾、五水合硫酸铜与硒粉的混合物)的参与下,用浓硫酸消解时,各种含氮有机化合物经过复杂的高温分解反应,转化为铵态氮。碱化蒸馏出来的氨用硼酸吸收后,以酸标准溶液滴定,可计算出固体废物样品中全氮含量。

3.实验仪器和试剂

1)实验仪器

万分之一分析天平,可调电炉,凯氏定氮仪,烧杯,量筒,容量瓶,消解管。

2)实验试剂

浓硫酸($\rho = 1.84$ g/mL),浓盐酸($\rho = 1.19$ g/mL),无水碳酸钠(Na_2CO_3)基准试剂(使用前须经 180 ℃干燥 2 h),硼酸(H_3BO_3,化学纯),氢氧化钠(NaOH),溴甲酚绿,甲基红,硫酸钾(K_2SO_4),五水合硫酸铜($CuSO_4 \cdot 5H_2O$),硒粉,五水合硫代硫酸钠($Na_2S_2O_3 \cdot 5H_2O$)。

3)实验溶液配制

(1)2%硼酸吸收液。称取 20 g 硼酸溶于 1 L 去离子水中。

(2)35%氢氧化钠溶液。称取 35 g 氢氧化钠,溶解于 50 mL 左右去离子水中,待溶液冷却至室温,转移至 100 mL 容量瓶中,用去离子水稀释至标线,摇匀。

(3)盐酸标准溶液[$c(HCl) = 0.02$ mol/L]。量取浓盐酸($\rho = 1.19$ g/mL)16.7 mL 缓慢加入到盛有 50 mL 左右去离子水的 100 mL 容量瓶中,待冷却至室温后加去离子水稀释至标线,摇匀,此为 2.0 mol/L 盐酸溶液。吸取 10 mL 上述盐酸溶液,置于 1000 mL 容量瓶中,用去离子水稀释至标线,摇匀,然后用无水碳酸钠基准试剂标定,具体标定方法如下:

准确称取 270~300 ℃灼烧至质量恒定的无水碳酸钠基准试剂 0.0200 g(精确至0.0001 g)于锥形瓶中,加入 25 mL 新煮沸并冷却的去离子水和 2~3 滴甲基红-溴甲酚绿指示剂,用 0.02 mol/L盐酸标准溶液滴定至溶液由绿色变为淡紫色,记录消耗盐酸标准溶液的体积,按公式(6-7)计算盐酸标准溶液的浓度,标定结果需用三份标定试样取平均值,同时做空白试验。

$$c(HCl) = \frac{m \times 1000 \times 2}{106 \times (V - V_0)} = \frac{m}{0.053 \times (V - V_0)} \tag{6-7}$$

式中:$c(HCl)$为盐酸标准溶液的浓度,mol/L;m 为称取无水碳酸钠基准试剂的质量,g;V 为试样所消耗盐酸标准溶液的体积,mL;V_0为空白试样所消耗盐酸标准溶液的体积,mL;2 为中和 1 mol/L 无水碳酸钠所需盐酸物质的量;106 为无水碳酸钠的摩尔质量,g/mol。

(4)甲基红-溴甲酚绿指示剂。分别称取 0.3 g 溴甲酚绿和 0.2 g 甲基红(精确至 0.01 g)于研钵中,加少量 95%乙醇研磨至指示剂全部溶解,用 95%乙醇稀释至 100 mL,可保存使用一个月。

(5)催化剂。分别称取 100 g 硫酸钾、10 g 五水合硫酸铜和 1 g 硒粉于研钵中研细并充分混合均匀,贮于棕色磨口瓶中。

（6）25 g/L 水杨酸/硫酸溶液。称取 25.0 g 水杨酸,精确到 0.1 g,溶解在 1 L 浓硫酸中。

4.实验步骤

1）固体废物样品的消解

称取约 0.5 g 风干固体废物样品(精确至 0.0001 g,含氮约 1 mg)于消解管中,同时测定水分含量。在消解管中加入 5.00 mL 水杨酸/硫酸溶液,转动消解管,使酸溶液与样品充分混合,放置数小时或过夜。再称取 0.65 g 五水合硫代硫酸钠(精确到 0.01 g),通过干燥长颈漏斗加入到消解管底部,置调温电炉上低温加热到不冒泡,取下冷却。称取催化剂 1.40 g(精确至0.01 g),通过干燥长颈漏斗加入消解管底部,电炉加热,消解温度控制在 360～410 ℃,以溶液微沸、硫酸蒸气在瓶颈上部 1/3 处冷凝回流为宜。温度过高,易导致铵盐受热分解,造成氮损失;温度过低,易导致有机物分解不完全。待样品消解至灰绿色、样品溶液澄清时,再继续消解至少 2 h,以使铵盐反应完全,但消解完毕后,消解液不应干涸,取下冷却,待蒸馏。

2）氨的蒸馏

蒸馏前,先检查蒸馏装置是否漏气,并在一空的消解管中加入少量去离子水,通过自动加液或者手动加液,加入约 28 mL 35% 的 NaOH 溶液,在吸收瓶内加入约 30 mL 的 2% 硼酸吸收液,启动凯氏定氮仪,通过水蒸气蒸馏,利用馏出液将管道洗净。

上述消解液冷却后,将消解管接入凯氏定氮仪,通过自动加液或手动加液,加入约 28 mL 35% 的 NaOH,使溶液呈强碱性(pH>10),在吸收瓶内加入约 30 mL 的 2% 硼酸吸收液,将冷凝管末端插入吸收液 1 cm 以下,启动凯氏定氮仪,通过水蒸气蒸馏。冷凝水温不宜过高,至馏出液不含氮时停止蒸馏,取下容量瓶用去离子水稀释至标线,待测定。

3）铵态氮的测定

在馏出液中加入 2～3 滴甲基红-溴甲酚绿指示剂,用已标定的 0.02 mol/L 盐酸标准溶液滴定馏出液。溶液颜色由蓝绿色至刚变为红紫色时记录所用盐酸标准溶液的体积(mL)。

与样品测定同步进行空白实验,测定所用盐酸标准溶液的体积一般不超过 0.4 mL。

5.实验结果处理

$$固体废物总氮含量(N,g/kg) = \frac{(V-V_0) \times c(HCl) \times 14}{m \times (1-W(H_2O))} \qquad (6-8)$$

式中:V 为滴定试液时所用盐酸标准溶液的体积,mL;V_0 为滴定空白时所用盐酸标准溶液的体积,mL;$c(HCl)$ 为盐酸标准溶液的浓度,mol/L;14 为氮原子的相对原子质量;m 为样品质量,g;$W(H_2O)$ 为样品含水率,%。

6.2.6 固体废物中的重金属 Cd 和 Pb 含量测定

1.实验目的

（1）掌握重金属 Cd 和 Pb 的测定原理;

（2）了解原子吸收分光光度计的工作原理;

（3）掌握原子吸收分光光度计的操作方法。

2.实验原理

样品经硝酸、高氯酸消解后,采用盐酸-碘化钾-甲基异丁基甲酮体系萃取富集消解液中 Cd 和 Pb,用原子吸收分光光度计火焰法测定 Cd 和 Pb 吸光度,用标准曲线法定量。

3.实验仪器和试剂

1)实验仪器

原子吸收分光光度计,万分之一分析天平,电热板。

2)实验试剂

浓盐酸($\rho = 1.19$ g/mL),浓硝酸($\rho = 1.42$ g/mL),高氯酸($\rho = 1.76$ g/mL),抗坏血酸,碘化钾(KI),甲基异丁基甲酮($C_6H_{12}O$,Methyl Iso Butyl Ketone,MIBK),金属铅(Pb,优级纯),金属镉(Cd,优级纯)。

3)实验试剂配制

(1)(1+1)盐酸溶液。量取 500 mL 浓盐酸($\rho = 1.19$ g/mL)缓慢加入到 500 mL 去离子水中,边加入边搅拌。

(2)0.2%盐酸溶液。量取 2 mL 浓盐酸($\rho = 1.19$ g/mL)缓慢加入到盛有 500 mL 去离子水的容量瓶中,轻微振荡,加去离子水稀释至标线,摇匀。

(3)(1+1)硝酸溶液。量取 500 mL 浓硝酸($\rho = 1.42$ g/mL)缓慢加入到 500 mL 去离子水中,边加入边搅拌。

(4)10%抗坏血酸。准确称取 10 g 抗坏血酸,溶解于去离子水中,然后转移至 100 mL 容量瓶中,加去离子水稀释至标线,摇匀。

(5)16.6%碘化钾水溶液。准确称取 16.6 g 碘化钾溶于去离子水中,然后转移至 100 mL 容量瓶中,用去离子水稀释至标线,摇匀。

(6)镉标准储备液(c(Cd)$= 1.000$ mg/mL)。准确称取 1.0000 g(精确至 0.0002 g)金属镉,加入 20 mL(1+1)硝酸溶液稍加热至完全溶解,转移至 1000 mL 容量瓶中,用去离子水稀释至标线,摇匀。

(7)铅标准储备液[c(Pb)$= 1.000$ mg/mL]。准确称取 1.0000 g(精确至 0.0002 g)金属铅,加入 20 mL(1+1)硝酸溶液稍加热至完全溶解,转移至 1000 mL 容量瓶中,用去离子水稀释至标线,摇匀。

(8)铅和镉标准使用液(铅 5 μg/mL,镉 0.25 μg/mL)。用 0.2%盐酸溶液逐级稀释铅和镉标准储备液配制。

4.实验步骤

1)标准曲线的绘制

分别移取铅、镉标准使用液 0.00、0.50、1.00、2.00、3.00 和 5.00 mL 于 50 mL 比色管中,然后加入 0.5 mL(1+1)盐酸溶液,加去离子水至 25 mL。然后加入 2 mL10%抗坏血酸溶液、5 mL碘化钾溶液,摇匀。然后准确加入 5.00 mL 甲基异丁基甲酮,萃取 2 min 并静置分层。吸取上层有机相用原子吸收分光光度计火焰法进行铅和镉的测定。此时,MIBK 中 Pb 的浓度为 0.00、0.50、1.00、2.00、3.00 和 5.00 μg/mL;Cd 的浓度为 0.00、0.025、0.05、0.10、0.15 和0.25 μg/mL。

2)样品的测定

称取样品 2.0 g(精确至 0.0001 g)于 150 mL 三角瓶中,同时制作两个空白试样,加少许去离子水润湿试样,加浓硝酸 20 mL,盖上小漏斗浸泡过夜,之后在电热板上消解近干,取下冷却后再加 8.0 mL 高氯酸(视试样中有机质的量而定),继续消解至白烟几乎赶尽、残渣变成白色近干为止。取下三角瓶,冷却后加入(1+1)盐酸溶液,溶解后将溶液转移至 50 mL 容量瓶,并用去离子水稀释至标线,摇匀。溶液澄清后吸取上清液 25.00 mL 于 50 mL 容量瓶中,然后按照标准曲线的绘制步骤测定。

5.实验结果处理

$$铅、镉的含量\ c(\text{mg/kg})=\frac{m\times2}{m_{样}} \qquad (6-9)$$

式中:c 为试样的浓度,mg/kg;m 为标准曲线上查得的试样中铅、镉量,μg;2 为分取倍数;$m_{样}$ 为称样量,g。

6.2.7 污泥比阻测定

1.实验目的

(1)掌握污泥比阻的测定方法;

(2)掌握用布氏漏斗实验选择混凝剂的方法;

(3)掌握确定污泥最佳混凝剂投加量的方法。

2.实验原理

污泥比阻是反映污泥过滤特性的综合性指标,它的物理意义是单位质量的污泥在一定压力下过滤时单位过滤面积上的阻力。求此值的目的是比较不同的污泥(或同一污泥加入不同量的混合剂后)的过滤性能。污泥比阻愈大,过滤性能愈差。

过滤时滤液体积 V(mL)与推动力 p(过滤时的压强降,g/cm²)、过滤面积 F(cm²)、过滤时间 t(s)成正比,而与过滤阻力 R(cm·s²/mL)、滤液黏度 μ(g/(cm·s))成反比。

$$V=\frac{pFt}{\mu R} \qquad (6-10)$$

过滤阻力由滤渣阻力 R_z 和过滤隔层阻力 R_g 构成。而阻力只随滤渣层的厚度增加而增加,过滤速度随滤渣层厚度增加而减少。因此,将公式(6-10)改写成微分形式。

$$\frac{\mathrm{d}V}{\mathrm{d}t}=\frac{pF}{\mu(R_z+R_g)} \qquad (6-11)$$

由于 R_g 相对 R_z 来说较小,为简化计算,姑且忽略不计。故有

$$\frac{\mathrm{d}V}{\mathrm{d}t}=\frac{pF}{\mu\alpha'\delta}=\frac{pF}{\mu\alpha'\dfrac{C'V}{F}} \qquad (6-12)$$

式中:α' 为单位体积污泥的比阻,s²/(g·cm³);δ 为滤渣厚度,cm;C' 为获得单位体积滤液所得的滤渣体积,m³。

如以滤渣干重代替滤渣体积,单位质量的污泥的比阻代替单位体积污泥的比阻,则公式(6-12)可改写为

$$\frac{\mathrm{d}V}{\mathrm{d}t}=\frac{pF^2}{\mu\alpha CV} \tag{6-13}$$

式中：α 为单位质量污泥比阻，s^2/g；C 为获得单位体积滤液所得的滤渣干重，g/cm^3。

在定压下，在积分限由 0 到 t 及 0 到 V 内对公式（6-13）积分，可得：

$$\frac{t}{V}=\frac{\mu\alpha C}{2pF^2}V \tag{6-14}$$

公式（6-14）说明在定压下过滤，t/V 与 V 成线性关系，其斜率为

$$b=\frac{t/V}{V}=\frac{\mu\alpha C}{2pF^2} \tag{6-15}$$

$$\alpha=\frac{2pF^2}{\mu}\cdot\frac{b}{C}=K\,\frac{b}{C} \tag{6-16}$$

需要在实验条件下求出 b 及 C。

b 的求解可在定压下（真空度保持不变）通过测定一系列的 t-V 数据，用图解法求斜率得到，如图 6-1 所示。

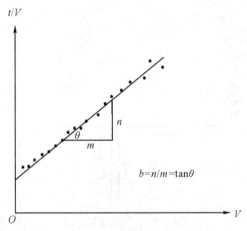

图 6-1　图解法求 b 示意图

C 的求法。根据定义

$$C=\frac{(Q_0-Q_y)c_d}{Q_y}\ (\mathrm{g}\ \text{滤饼干重}/\mathrm{mL}\ \text{滤液}) \tag{6-17}$$

式中：Q_0 为污泥量，mL；Q_y 为滤液量，mL；c_d 为滤饼固体浓度，g/mL。

根据液体平衡：

$$Q_0=Q_y+Q_d \tag{6-18}$$

根据固体平衡：

$$Q_0c_0=Q_yc_y+Q_dc_d \tag{6-19}$$

式中：c_0 为污泥固体浓度，g/mL；c_y 为滤液固体浓度，g/mL；Q_d 为污泥固体滤饼量，mL。

可得：

$$Q_y=\frac{Q_0(c_0-c_d)}{c_y-c_d} \tag{6-20}$$

将式（6-20）代入式（6-17）中，化简后得：

$$C = \frac{(c_y - c_0)c_d}{c_0 - c_d} \qquad (6-21)$$

上述求 C 值的方法,必须测量滤饼的厚度方可求得,但在实验过程中测量滤饼厚度是很困难的且不易量准,故改用测滤饼含水比的方法求 C 值。

$$C = \frac{1}{\dfrac{1-C_i}{C_i} - \dfrac{1-C_f}{C_f}} \qquad (6-22)$$

式中:C_i 为 100 g 污泥中的干污泥量,g;C_f 为 100 g 滤饼中的干污泥量,g。

一般认为比阻在 $10^9 \sim 10^{10}\,s^2/g$ 的污泥为难过滤的污泥,比阻在 $(0.5 \sim 0.9) \times 10^9\,s^2/g$ 的污泥为中等,比阻小于 $0.4 \times 10^9\,s^2/g$ 的污泥容易过滤。投加混凝剂可以改善污泥的脱水性能,使污泥的比阻减小。对于无机混凝剂 $FeCl_3$ 和 $Al_2(SO_4)_3$ 等,投加量一般为污泥干质量的 $5\% \sim 10\%$;高分子混凝剂,如聚丙酰胺、碱式氯化铝等,投加量一般为干污泥质量的 1%。

3.实验仪器与试剂

1)实验装置

实验装置如图 6-2 所示。

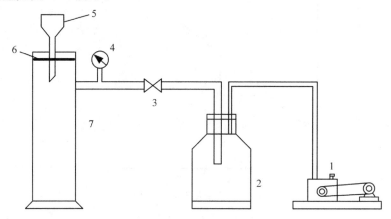

1-真空泵;2-吸滤瓶;3-真空调节阀;4-真空表;5-布氏漏斗;6-吸滤垫;7-计量管

图 6-2 实验装置图

2)实验仪器

秒表,滤纸,烘箱,布氏漏斗,分析天平,烧杯,量筒,容量瓶。

3)实验试剂

氯化铁($FeCl_3$),硫酸铝[$Al_2(SO_4)_3$]。

4)混凝剂配制

(1)氯化铁混凝剂[$c(FeCl_3) = 10\ g/L$]。称取 10 g 氯化铁溶于 300 mL 去离子水中,转移至 1000 mL 容量瓶中,加去离子水稀释至标线,摇匀,贮存于棕色瓶中。

(2)硫酸铝混凝剂[$c(Al_2(SO_4)_3) = 10\ g/L$]。称取 10 g 的硫酸铝溶于 300 mL 左右去离子水中,转移至 1000 mL 容量瓶中,加去离子水稀释至标线,摇匀,贮存于棕色瓶中。

4.实验步骤

(1)测定污泥的含水率,求出其固体浓度 c_0。

(2)用氯化铁混凝剂或硫酸铝混凝剂调节污泥(每组加一种混凝剂),加入量分别为干污泥质量的 0(不加混凝剂)、2%、4%、6%、8% 和 10%。

(3)在布氏漏斗(直径 65~80 mm)上放置滤纸,用水润湿,紧贴周底。

(4)开动真空泵,调节真空压强,大约比实验压强小 1/3[实验时真空压强采用 266 mmHg(35.46 kPa)或者 532 mmHg(70.93 kPa)],关掉真空泵。

(5)加入 100 mL 需测量的污泥于布氏漏斗中,开动真空泵,调节真空压强至实验压强,达到此压强后,开始起动秒表,并记下开动时计量管内滤液体积 V_0。

(6)每隔一定时间(开始过滤时可每隔 10 s 或 15 s,滤速减慢后可隔 30 s 或 60 s)记下计量管内相应的滤液量。

(7)一直过滤至真空破坏,如真空长时间不破坏,则过滤 20 min 后即停止。

(8)关闭阀门,取下滤饼放入称量瓶内称量。

(9)称量后的滤饼放在 105 ℃烘箱内烘干称重。

(10)计算出滤饼的含水比,求出单位体积滤液的固体量 C。

5.实验结果处理

(1)将布氏漏斗实验所得数据按表 6-2 记录并计算。

表 6-2　布氏漏斗实验所得数据

时间/s	计量管滤液量 V'/mL	滤液量 $V=V'-V_0$/mL	t/V/(s·mL^{-1})	备注

(2)以 t/V 为纵坐标、V 为横坐标作图,求 b。

(3)根据原污泥的含水率及滤饼的含水率求 C。

(4)列表计算比阻值 α(如表 6-3 所示)。

(5)以比阻为纵坐标、混凝剂投加量为横坐标,作图求出最佳投加量。

表 6-3　比阻值计算表

污泥含水比/%					
污泥固体浓度/(g·cm^{-3})					
混凝剂用量/%					
$n/m=b$/(s·cm^{-6})					

布氏漏斗 d/cm						
过滤面积 F/cm^2						
面积平方 F^2/cm^4						
$K=\dfrac{2pF^2}{\mu}$ 滤液黏度 μ/(g·cm^{-1}·s^{-1})						
真空压强 p/(g·cm^{-2})						
K 值/(s·cm^3)						
皿＋滤纸质量/g						
皿＋滤纸滤饼湿重/g						
皿＋滤纸滤饼干重/g						
滤饼含水比/%						
单位面积滤液的固体量 C/(g·cm^{-3})						
比阻值 α/(s^2·g^{-1})						

6.注意事项

(1)检查计量管与布氏漏斗之间是否漏气。

(2)滤纸称量烘干,放到布氏漏斗内,先用去离子水润湿,而后再用真空泵抽吸一下,滤纸要贴紧不能漏气。

(3)污泥倒入布氏漏斗内时,有部分滤液流入计量筒,所以正常开始实验后记录计量桶内滤液体积。

(4)污泥中加混凝剂后应充分混合。

(5)在整个过滤过程中,真空度确定后应始终保持一致。

7.思考题

(1)污泥过滤脱水性能的影响因素有哪些?

(2)用于污泥调理的混凝剂种类有哪些?

6.3 综合实验

6.3.1 土柱(或有害废弃物)淋滤实验

1.实验目的

(1)了解含污地表水通过土壤层,或雨水淋溶固体废物对土壤层、地下水的影响程度;

(2)掌握土柱淋滤实验的原理及步骤。

2.实验原理

淋滤是指水连同悬浮或溶解于其中的土壤表层物质向地下周围渗透的过程。淋滤实验是确定土壤中污染物质迁移转化规律的基本实验,本实验模拟天然雨水对土壤(或有害废弃物)进行淋滤,根据虹吸原理控制水层高度,以土柱筒底部的排水口接取渗出液,渗出液携带出有害物质,且有害物质随淋滤原水的条件变化而变化。

3.实验仪器和试剂

1)实验装置

淋滤实验流程如图6-3所示。

2)实验仪器

便携式pH计,离子选择电极,量筒,分析天平,烧杯,容量瓶。

3)实验试剂

0.25 mg/L的硫酸(H_2SO_4)和0.05 mg/L的硝酸(HNO_3)溶液。

4.实验步骤

1)装柱

(1)含氟污水对土壤、地下水的污染实验。本实验用土选自本地区地表垂直深度2 m内的土层,模拟实际土壤密度装填在内径100 mm的有机玻璃柱内,装填高度800 mm。

(2)粉煤灰淋滤实验。取电厂粉煤灰适量,装填在内径100 mm的有机玻璃柱内,装填高度为800 mm。

2)配制模拟含氟废水

选用氟化钠配制一定浓度的高氟水作为原水,浓度控制在4~7 mg/L。

淋滤实验流程如图6-3所示。

3)模拟天然雨水

以0.25 mg/L的H_2SO_4溶液和0.05 mg/L的HNO_3溶液按$c(SO_4^{2-}):c(NO_3^-)=5:1$的比例配制成原液,用去离子水稀释成pH=5.6的模拟雨水。

4)实验流程

按图6-3连接实验装置,根据虹吸原理控制水层高度保持在土层(或固体废物)上10 cm(上下浮动2 cm,即8~12 cm),以土柱筒底部的排水口接取渗出液,定时记录出水量、测量出水中污染物浓度、淋滤液pH值、液固比(淋溶液体积与土柱或渣质量比值,mL/g)、出水速度及吸附率,并绘制吸附曲线或淋滤曲线。氟化物测定方法见实验2.2.13。

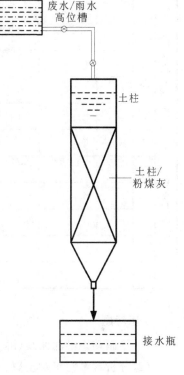

图6-3　淋滤实验流程图

废水/雨水
高位槽

土柱

土柱/
粉煤灰

接水瓶

5.实验结果处理

表 6 - 4 土柱(或有害废弃物)淋滤实验记录

序号		淋溶原水		淋滤液						吸附率 (渗透率)/%
		pH	浓度/ $(mg \cdot L^{-1})$	出水时间 /min	出水体积 /mL	液固比	pH	浓度/ $(mg \cdot L^{-1})$	出水速度/ $(mL \cdot h^{-1})$	
土柱淋滤	1									
	2									
	3									
	4									
	5									
	6									
粉煤灰淋滤	1									
	2									
	3									
	4									
	5									
	6									

6.思考题

(1)绘制动态淋滤曲线(淋滤液中氟离子浓度、pH 值随液固比的变化曲线)。

(2)分析含氟污水对土壤、地下水的污染规律。

(3)预测固体废物露天堆放时,废渣中污染物对水环境的影响程度。

6.3.2 校园飘尘重金属含量监测

1.实验目的

(1)学会使用手持式 X 射线荧光(XRF)能谱分析仪,掌握土壤中重金属的基本测量过程及步骤;

(2)利用手持式 X 射线荧光能谱分析仪,对校园不同区域的土壤重金属含量进行检测与评价,独立完成校园土壤重金属环境污染分析评估报告;

(3)提出校园土壤重金属分布状况,给出重金属含量潜在生态危害评价结果,为校园环境污染控制提供基础数据支持。

2.实验原理

一台典型的 X 射线荧光能谱分析仪由激发源(X 射线管)和探测系统构成。X 射线管产生入射 X 射线(一次 X 射线),激发被测样品。受激发的样品中的每一种元素会放射出二次 X

射线,并且不同的元素所放射出的二次 X 射线具有特定的能量特性或波长特性。探测系统测量这些二次 X 射线的能量及数量。然后,仪器软件将探测系统所收集到的信息转换成样品中各种元素的种类及含量。X 射线照在物质上而产生的二次 X 射线被称为 X 射线荧光。利用 X 射线荧光原理,理论上可以测量元素周期表中的每一种元素。在实际应用中,有效的元素测量范围为 11 号元素(Na)到 92 号元素(U)。

3.实验仪器

本实验所用仪器为 Niton XL2t XRF 分析仪,该仪器能快速测量土壤、矿石等的重金属含量,能达到实验室 X 射线荧光分析精度,其主要技术指标如下。

(1)分析范围:可分析元素周期表中从硫至铅中的 28 种元素。

(2)测试模式:矿石模式、土壤模式。

(3)数据存储:可存储 10000 个以上测量数据和谱图。

4.实验步骤

1)样品采集点位确定

根据校园布局、功能分区、自然环境状况等特征进行采样点位设置。在样品收集过程中,每个采样点均用 GPS 定位,并记录采样点交通状况及建筑布局等特征,绘制采样点位图。

2)样品采集方法

在天气保持晴朗干燥至少 3 天后,选择晴朗无风的天气,使用尼龙刷和不锈钢铲,仔细完全地清扫一定面积的采样点位表面颗粒物,每点取样品约 100 g,装入自封袋密封,编号并同时标记好采样的时间和地点。

3)样品测试

将样品放入实验盘或几张重叠 A4 纸中,用镊子挑出大颗粒物质,使用 Niton XL2t XRF 分析仪进行测试,记录所测数据。

5.实验结果处理

用哈肯森(Hakanson)提出的潜在生态危害指数(Potential Ecological Risk Index)法评价飘尘中重金属污染程度。计算方法如下。

单个重金属污染系数:

$$C_f^i = \frac{c^i}{C_n^i} \tag{6-23}$$

某单个重金属潜在生态危害系数:

$$E_r^i = T_r^i \cdot C_f^i \tag{6-24}$$

多种重金属综合潜在生态危害指数:

$$RI = \sum E_r^i = \sum_{i=1}^{m} T_r^i \cdot C_f^i \tag{6-25}$$

式中:c^i 为重金属的实测浓度,mg/kg;C_n^i 为重金属的评价参比值(参考陕西省土壤背景值,见表 6-5),mg/kg;T_r^i 为重金属的毒性响应系数,反映重金属的毒性水平以及生物对重金属的敏感程度,Cu、Zn、Pb、Ni、Cr、As 的毒性响应系数分别为 5、1、5、5、2、10。潜在生态危害评价指标见表 6-6。

表 6 - 5　陕西省土壤背景值　　　　　　　　　　　　　　　　单位：mg/kg

Cu	Zn	Pb	Ni	Cr	As
21.4	69.4	21.4	28.8	62.5	11.1

表 6 - 6　潜在生态危害评价指标

生态危害	轻微	中等	强	很强	极强
E_r^i	<40	40～80	80～160	160～320	≥320
RI	<150	150～300	300～600	≥600	

6.思考题

(1)给出重金属含量潜在生态危害评价过程和结果。

(2)对几种重金属元素进行相关性分析，并试分析原因。

6.3.3　生活垃圾厌氧堆肥产气实验

随着我国经济的发展，城市垃圾的数量增加，垃圾围城现象日益突出。城市生活垃圾的处理方式主要有填埋、焚烧和堆肥。填埋占地面积大，而且对于土壤、地下水和大气都会造成危害；焚烧可以将垃圾焚烧的热能转化为电能，但是易产生烟尘及有害气体，并且焚烧前产生的渗滤液难以处理；好氧堆肥可以将生活垃圾中的有机可腐物转化为腐殖土，但需要供给氧气，有一定的能源消耗；厌氧堆肥不仅可以得到腐殖土，而且不用供给氧气，能源消耗少，可以得到可观的可燃气体甲烷，这具有重要的社会及环境意义。

1.实验目的

(1)了解生活垃圾厌氧堆肥产甲烷的生物学原理；

(2)了解影响厌氧发酵产甲烷的各主要因素；

(3)掌握奥氏气体分析仪的使用方法，用其定量测定甲烷和二氧化碳。

2.实验原理

由于厌氧发酵的原料成分复杂，参加反应的微生物种类繁多，使得发酵过程中物质的代谢、转化和各种菌群的作用等非常复杂。最终，碳素大部分转化为甲烷；氮素转化为氨和氮；硫转化为硫化氢。目前，一般认为该过程可划分为三个阶段。

1)水解酸化阶段

水解细菌和发酵细菌将碳水化合物、蛋白质、脂肪等大分子有机化合物水解、发酵，转化成单糖、氨基酸、脂肪、甘油等小分子有机化合物。

2)产乙酸阶段

在产氢、产乙酸菌的作用下，把第一阶段的产物转化为氢和乙酸。

3)产甲烷阶段

在厌氧菌、产甲烷菌的作用下，把第二阶段的产物转化为甲烷和二氧化碳。

前两个阶段为酸性发酵阶段，体系的 pH 值会降低，后一个阶段为碱性发酵阶段。由于产甲烷菌对环境条件要求苛刻(pH＝6.8～7.2)，所以控制好碱性发酵阶段体系的条件是实验能否成功的关键。

3.实验装置和仪器

1)实验装置

简易厌氧产气装置(广口瓶、烧杯、乳胶管、酸度计、天平组成)见图 6-4。

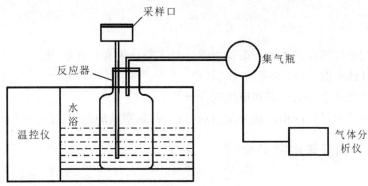

图 6-4 生活垃圾厌氧产气实验装置

2)实验仪器

切割及破碎工具,温度计,恒温水浴锅。

4.实验设计要求

(1)根据生物学原理,制定出流程简便、操作简单、切实可行的实验方案。通过查阅文献,对该实验可能出现的问题有所了解,尽量避免问题出现。

(2)在采集制备堆肥原料时,要合理搭配不同物料的配比,使其碳氮比在 30∶1(参考表 6-7 堆肥所用原料的主要特性及混合原料碳氮比的计算公式(6-26)),堆肥总量约为 500 g,并适量地接种厌氧污泥约 200 mL。

(3)设计出的实验装置应气密性良好,并可以方便准确地测量出产气量,可以方便地与奥氏气体分析仪连接,以便进行气体组分分析。

(4)合理地设定实验温度、测量产气量的时间间隔,以及实验总时间。

(5)实验数据的读取要认真,不得编造数据,原始实验数据及计算过程要保留。

表 6-7 堆肥所用原料的主要特性

原料	碳素占原料质量百分比/%	氮素占原料质量百分比/%	碳氮比
干麦秸	46	0.53	87∶1
干稻草	42	0.63	47∶1
落叶	41	1.00	41∶1
野草	14	0.54	26∶1
鲜牛粪	7.3	0.29	25∶1
玉米秸	40	0.75	53∶1
馒头、米饭	44	0	—

依据表 6-7 和公式(6-26)可以粗略地计算出混合原料的碳氮比,或按要求的碳氮比计算出搭配原料的数量。

$$K = \sum Cm / \sum Nm \qquad (6-26)$$

式中:K 为混合原料的碳氮比;C 为原料中碳的含量,%;N 为原料中氮的含量,%;m 为原料的质量。

5.思考题

(1)讨论不同的堆肥原料和操作条件可能会对实验结果有什么影响。

(2)做出产气速率曲线,讨论厌氧产气规律。

(3)求出所产气体中二氧化碳和甲烷的含量。

(4)与未经过堆肥过程的相同成分垃圾进行比较,观察其颜色、气味的不同。

6.3.4 固体废物的好氧堆肥实验

1.实验目的

(1)了解影响堆肥化的因素;

(2)掌握准备堆肥材料的方法;

(3)掌握判断堆肥稳定化的条件。

2.实验原理

堆肥化是废弃物无害化处理与资源化利用的重要方法之一,是指利用自然界中广泛存在的微生物,通过人为的调节和控制,促进可生物降解的有机物向稳定的腐殖质转化的生物化学过程。堆肥化的产物称为堆肥,但有时也把堆肥化简称为堆肥。

通过堆肥处理,可以将有机物转化成有机肥料或土壤调节剂,实现废弃物的资源化转化,且这些堆肥的最终产物已经稳定化,对环境不会造成危害。因此,堆肥化是有机废弃物稳定化、资源化和无害化处理的有效方法之一。

好氧堆肥的生物化学过程如图 6-5 所示。

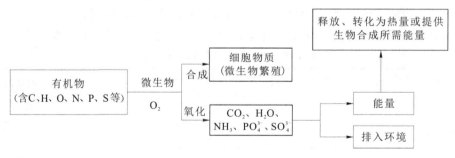

图 6-5 好氧堆肥生化反应过程

3.实验仪器和材料

1)堆肥反应器

反应器直径 200 mm,高 500 mm,有效工作体积为 15.7 L,由一台 200 W 气泵供气,带温度和氧传感器,可自动测量堆肥温度、进气和排气中 O_2 浓度,并与数据检测记录仪和计算机相连,实现温度和 O_2 浓度数据的自动记录分析。

2)实验仪器

烘箱,马弗炉,万分之一分析天平,TOC 和 TN 测定仪,数据检测记录仪,计算机,便携式 OUR 测定仪。

3)实验材料

所用堆肥材料取自学校学生食堂的厨房垃圾,包括各种蔬菜、水果的根、茎、叶、皮、核等,以及少量剩饭、剩菜。此外,还需一些锯末,用于调节含水率和碳氮比。

4.实验步骤

1)准备材料

从学校学生食堂收集厨房垃圾,切碎成 $1\sim2$ cm 后,先测定其含水率(MC)、总固体(TS)、挥发性固体(VS)、碳氮比(C/N)之后,根据测定结果进行材料调节,主要调节材料的 MC 和 C/N,通过添加锯末调节 MC 至 60%、C/N 在 20%~30% 之间。影响堆肥化过程的因素很多,这些因素主要包括通风供氧量、含水率、温度、有机质含量、颗粒度、碳氮比、碳磷比、pH 值等。对于厨房垃圾,本实验只对 MC 和 C/N 进行调节。

2)装料和通气

把经过调节的准备好的堆肥材料装入反应器中,盖上上盖,启动气泵通气。通过气体流量计控制通风量 0.2 $m^3/(min \cdot m^3$(物料))左右,或者控制排气中 O_2 浓度在 14%~17% 之间。

3)温度和 O_2 采集记录

由温度和氧传感器测量堆肥温度、进气和排气中 O_2 的浓度,由数据检测记录仪记录数据,设定 1 h 测定 1 次。

4)翻堆

观察堆肥温度的变化,当堆肥温度由环境温度上升到最高温度(60~70 ℃),之后下降到接近环境温度不再变化时,终止通气,把堆肥材料取出,进行第一次翻堆。把材料充分翻动、混合后再放回反应器中,盖好上盖,重新启动气泵通气。

5)稳定化判定

当堆肥温度再次上升到一定温度,之后又下降到接近环境温度,并且进气和排气中 O_2 浓度基本相同时,表明堆肥的好氧生物降解活动已基本结束。此时,用便携式 OUR 测定仪测定堆肥物料的相对耗氧速率(相对耗氧速率是指单位时间内氧在气体中体积分数的减少值,单位为 ΔO_2%/min),若相对耗氧速率基本稳定在 0.02 %/min 左右时,说明堆肥已达到稳定化。

6)指标测定

从反应器中取出堆肥物料,测定含水率、总固体、挥发性固体、碳氮比等。

5.实验结果处理

堆肥化的主要目的是使有机废弃物达到稳定化,不再对环境有污染危害,同时生产有价值的产品。因此,在堆肥结束后,需要对堆肥是否已达到稳定化以及卫生安全性进行判定。堆肥稳定化常用判定指标有感观标准、挥发性固体、碳氮比、温度、化学需氧量、耗氧率等。研究表明,这些判定指标具有一致性,即当某一指标达到稳定值时,其他指标均达到自身的稳定值。因此,只需根据具体情况选择若干指标测定即可,而不需要对所有指标进行测定。本实验依据感观标准和相对耗氧速率进行判定,而用总固体、挥发性固体、碳氮比作为参考指标(见表6-8),考察在堆肥达到稳定时 TS、VS 和 C/N 的变化情况。

表 6-8　堆肥稳定化和卫生安全性判定指标表

	观察和测量结果		判定标准	备注
判定指标	颜色		茶褐色或黑色	
	气味		无恶臭气体	
	手感		手感松软易碎	
相对耗氧速率/ $(\Delta O_2 \% \cdot min^{-1})$			0.02 左右	
总固体(TS)	初始值/kg			
	最终值/kg			
	减少率/%		一般在 30%~50%	
挥发性固体(VS)	初始值/kg			
	最终值/kg			
	减少率/%		一般在 30%~50%	
碳氮比(C/N)	初始值/kg			
	最终值/kg			
	减少率/%		一般在 10%~20%	
卫生安全性	堆温大于 55 ℃的 持续时间/d		>5	要求用 Excel 绘制出整个堆肥过程中温度的变化曲线,在曲线上标注出堆温大于 55 ℃的持续时间

堆肥的安全性主要考虑其无害化卫生要求。在此方面,我国对堆肥温度、蛔虫卵死亡率和粪大肠菌群数有规定要求。但一般情况下,通过监测堆肥过程中堆肥温度的变化,保证堆肥过程中堆温大于 55 ℃持续 5 d 以上,就可灭杀大部分有害病原菌,基本满足安全卫生要求。因此,本实验通过监测堆温进行卫生安全性判定。

6.思考题

(1)影响堆肥过程中堆体含水率的主要因素是什么?

(2)堆肥过程中通气量对堆肥过程有什么影响?

第7章 环境土壤学、生态学实验

7.1 基础知识

7.1.1 环境土壤学

1.土壤的组成

土壤是由固、液、气三相物质构成的复杂的多相体系。土壤固相包括矿物质、有机质和土壤生物;在固相物质之间为形状和大小不同的孔隙,孔隙中存在水分和空气。土壤是以固相为主,三相共存。三相物质的相对含量因土壤种类和环境条件而异。其中,土壤中矿物质是由岩石风化而来,一般占土壤质量的 95% 以上,占土壤容积的 45% 左右;有机质是由生物残体及腐殖物质组成,一般占土壤质量的 5% 左右,占土壤容积的 5% 左右;生物种类繁多,包括各种蠕虫、原生动物、藻类及微生物,特别是微生物,数量大、种类多、繁殖快,但占土壤质量和容积的比例很少;水分是从外部进入土壤的,含有溶解物质,是稀薄的溶液,占土壤容积的 0~50%;气体主要有氧气、氮气、二氧化碳和水汽等,占土壤容积的 0~50%。

1)土壤矿物质

矿物质是土壤中最基本的组分,质量占土壤固体物质总质量的 90% 以上。矿物质通常是指天然元素或经无机过程形成并具结晶结构的化合物。地球上大多数土壤矿物质都来自各种岩石,这些矿物经物理和化学风化作用从母岩中释放出来时,就成为土壤矿物质和植物养分的主要来源。土壤矿物质按其成因可分为原生矿物和次生矿物两类。

(1)原生矿物。原生矿物是指在物理风化过程中产生的未改变化学成分和结晶构造的造岩矿物,如石英、云母、长石等,属于土壤矿物质的粗质部分,形成砂粒(直径为 2.00~0.05 mm)和粉砂(直径为 0.05~0.002 mm)。原生矿物主要有四类:硅酸盐类矿物、氧化物类矿物、硫化物类矿物和磷酸盐类矿物。

(2)次生矿物。次生矿物是指原生矿物经化学风化后形成的新矿物质,其化学成分和晶体结构均有所改变。次生矿物包括简单盐类、三氧化物和次生铝硅酸盐。其中,三氧化物和次生铝硅酸盐是土壤矿物质中最细小的部分,常称为黏土矿物,如高岭土、蒙脱石、伊利石、绿泥石、褐铁矿和三水铝土等,它们形成的黏粒(直径小于 0.002 mm)具有吸附、保存呈离子态养分的能力,使土壤具有一定的保肥性。

2)土壤有机质

土壤有机质指土壤中含氮有机化合物的总称。有机质按质量计算只占土壤总质量的 5% 左右。土壤有机部分主要可以分为两类:原始组织及其部分分解的有机质和腐殖质。原始组织包括高等植物未分解的根、茎、叶;动物分解原始植物组织,向土壤提供的排泄物和动物死亡之后的尸体等。这些物质被各种类型的土壤微生物分解转化,形成土壤物质的一部分。因此,土壤植物和动物不仅是各种土壤微生物营养的最初来源,也是土壤有机部分的最初来源。这类有机质主要累积于土壤的表层,约占土壤有机部分总量的 $10\% \sim 15\%$。有机组织经由微生物合成的新化合物,或者由原始植物组织变化而成的比较稳定的分解产物便是腐殖质(Humus),约占土壤有机部分总量的 $85\% \sim 90\%$。腐殖质是一种复杂化合物的混合物,通常呈黑色或棕色,为胶体状,具有比土壤无机组成中的黏粒更强的吸持水分和养分离子的能力。因此,少量的腐殖质就能显著提高土壤的生产力。

3)土壤生物

土壤中充满了从微小的单细胞有机体到大的掘土动物,证明土壤是一种具有活性的物质,例如在每立方厘米耕层中细菌的数量可达 10^9 个以上,而在每立方厘米的森林土壤中,螨虫的数量亦可达到 10^4 个。

土壤中的生物群可分为土壤植物区系和土壤动物区系。土壤植物区系包括细菌、放线菌、真菌、藻类,以及生活于土壤中的高等植物器官(根系)等;土壤动物区系包括至少有部分时间是在土壤中度过的所有动物,其种类繁多。

土壤生物是土壤有机质的重要来源,又主导着土壤有机质转化的基本过程。土壤生物对进入土壤中的有机污染物的降解以及无机污染物的形态转化起着重要作用,是土壤净化功能的主要贡献者。

4)土壤水分

大气降水渗入土壤内部,充填土壤中的孔隙,形成土壤中的水分。根据水分在土壤中的存在方式,通常可分为吸湿水、毛管水和重力水。存在于土壤颗粒表面的水膜称为吸湿水;当膜状的吸湿水充满土壤毛细孔隙后,靠毛管力而保持的土壤水分称为毛管水;经过长期降水或灌溉之后,土壤内部孔隙几乎全部被水分占据,达到饱和状态,使存在于大孔隙中的水因重力作用而下移,进入地下水潜水层,这种水分只能暂时保持在土壤中、一旦外来水源中断则很快流失的水,称为重力水。

5)土壤空气

土壤空气来源于大气,它存在于未被水分占据的孔隙中,但其性质与大气圈中的空气明显不同。首先,土壤空气是不连续的。由于不易交换,局部孔隙之间的空气组成往往不同。其次,土壤空气一般含水量高于大气。在土壤含水量适宜时,土壤空气的相对湿度接近 100%。第三,土壤空气中 CO_2 含量明显高于大气,可达到大气中浓度的几倍到几百倍,O_2 的含量略低于大气,N_2 的含量则与大气相当。这是由于植物根系的呼吸和土壤微生物对有机残体的好氧性分解消耗了土壤孔隙中的 O_2,同时产生了大量 CO_2 的缘故。

2.土壤的性质

1)土壤的物理性质

土壤的物理性质在很大程度上决定着土壤的其他性质,例如土壤养分的保持、土壤生物的数量等。因此,物理性质是土壤最基本的性质,它包括土壤的质地、结构、相对密度、容重、孔隙率、颜色、温度等方面。

(1)土壤的质地。土壤的质地指土壤颗粒的粗细程度,即砂、粉砂和黏粒的相对比例。植物生长中许多物理、化学反应的程度都受到土壤质地的制约,因为它决定着这些反应得以进行的表面积。按照土壤颗粒的大小,可以划分出不同的土壤粒级,表 7-1 为美国和国际通用土壤粒级的划分标准及其相关性质。

表 7-1　土壤的粒级和性质

粒级	美国制 直径/mm	国际制 直径/mm	每克颗粒数/个	每克颗粒表面积/cm²
极粗砂	2.00～1.00		90	11
粗砂	1.00～0.50	2.00～0.20	720	23
中砂	0.50～0.25		5700	45
细砂	0.25～0.10	0.20～0.02	46000	91
极细砂	0.10～0.05		722000	227
粉砂	0.05～0.002	0.02～0.002	5776000	454
黏粒	<0.002	<0.002	90260853000	8000000

根据砂、粉砂和黏粒在土壤中按不同比例的组合情况,便可以进行土壤质地的分类。图 7-1中给出了黏土、壤土、粉砂土和砂土 4 种基本土壤类型和 12 种不同土壤类别的粒级比例。例如,A 点代表一个土壤样本含 15% 的黏粒,65% 的砂和 20% 的粉砂,其质地类别名称为砂质壤土;B 点代表一个含有等量的砂、粉砂和黏粒的土壤样本,其质地类别名称是黏壤土。实际上不同土壤的质地也是渐变的。

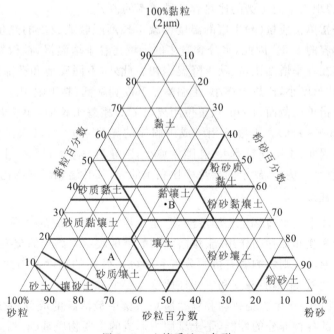

图 7-1　土壤质地三角形

(2)土壤结构。土壤结构就是指土壤颗粒(砂、粉砂和黏粒)相互胶结在一起而形成的团聚体,也称土壤自然结构体。团聚体内部胶结较强,而团聚体之间则沿胶结的弱面相互分开。土壤结构是土壤形成过程中产生的新性质,不同的土壤和同一土壤的不同土层中,土壤结构往往各不相同。土壤团聚体按形态分为球状、板状、块状和棱柱状四种。

由于多数土壤团聚体的体积较单个土粒大,所以它们之间的孔隙往往也比砂、粉砂和黏粒之间的孔隙大得多,从而可以促进空气和水分的运动,并为植物根系的伸展提供空间,为土壤动物的活动提供通道。由此可见,土壤结构的重要性在于它能够改变土壤的质地。在各种土壤结构中,球状团粒结构对土壤肥力的形成具有重要意义。

(3)土壤孔隙度。土壤孔隙度是指单位体积土壤中孔隙体积所占的百分数。土壤质地和土壤结构对土壤孔隙、土壤容重和土壤密度有很大影响。当容重和密度增加时,孔隙的体积便减小;反之,孔隙的体积则增大。就表土来说,砂质土壤的孔隙度一般为$35\%\sim50\%$,壤土和黏性土则为$40\%\sim60\%$,有机质含量高且团粒结构好的土壤的孔隙度甚至可以高于60%,而紧实的沉积层的孔隙度可低于25%。

土壤孔隙的大小不同,粗大的土壤颗粒之间形成大孔隙(孔径大于0.1 mm),细小的土壤颗粒(如黏粒)之间则形成小孔隙(孔径小于0.1 mm)。一般来说,砂土的容重大,总孔隙度较小,但大部分是大孔隙,由于大孔隙易于通风透水,所以砂质土的保水性差。与此相反,黏土的容重小,总孔隙度较大,且大部分是小孔隙,由于小孔隙中空气流动不畅,水分运动主要为缓慢的毛管运动,所以黏土的保水性好。由此可见,土壤孔隙的大小和孔隙的数量是同样重要的。

(4)土壤温度。温度既是土壤肥力的因素之一,也是土壤的重要物理性质,它直接影响土壤中动物、植物和微生物的活动,以及黏土矿物形成的化学过程的强度等。例如,在0 ℃以下,几乎没有生物的活动,影响矿物质和有机质分解与合成的生物、化学过程很微弱;在$0\sim5$ ℃之间,大多数植物的根系不能生长,种子难以发芽。土壤温度的状况受到土壤质地、孔隙度和含水量的影响,主要表现为不同土壤的比热容和导热率的差异。

土壤比热容是指单位质量(g)土壤的温度增减1 K所吸收或放出的热量($J \cdot g^{-1} \cdot K^{-1}$),它仅相当于水的比热容的1/5。因此,水分含量多的土壤在春季增温慢,在秋季降温也慢;相反,水分含量少的土壤在春季增温快,在秋季降温也快。此外,不同质地和孔隙度的土壤,其比热容也不同,砂土的孔隙度小,比热容亦小,土温易于升高和降低,黏土则相反。

土壤导热率是指单位截面($1 cm^2$)、单位距离(1 cm)相差1 K时,单位时间内传导通过的热量,单位是$J/(cm \cdot s \cdot K)$。土壤三相组成中固体的导热率最大,其次是土壤水分,土壤空气的导热率最小。因此,土壤颗粒愈大,孔隙度愈小,则导热率愈大;反之,土壤颗粒愈小、孔隙度愈大,则导热率愈小。例如,砂土的导热率比黏土的大,其升温和降温都比黏土迅速。

2)土壤的化学性质

存在于土壤孔隙中的水通常是土壤溶液,它是土壤中化学反应的介质。土壤溶液中的胶体颗粒担当着离子吸收和保存的作用;土壤溶液的酸碱度决定着离子的交换和养分的有效性;土壤溶液的氧化还原反应则影响着有机质分解和养分有效性的程度。因此,土壤化学性质主要表现在土壤胶体性质、土壤酸碱度和氧化还原反应三个方面。

(1)土壤胶体性质。次生黏土矿物和腐殖质是土壤中最活跃的成分,它们呈胶体状态,具有吸收和保存外来的各种养分的性能,是土壤肥力形成的主要物质基础。

胶体一般是指物质颗粒直径在$1\sim100$ nm之间的物质分散系。土壤胶体颗粒的直径通常小于1 μm,它是一种液-固体系,即分散相为固体,分散介质为液体。根据组成胶体物质的不同,土壤胶体可分为有机胶体(如腐殖质)、无机胶体(如黏土矿物)和有机-无机复合胶体三类。由于土壤中腐殖质很少呈自由状态,常与各种次生矿物紧密结合在一起形成复合体,所以有机-无机复合胶体是土壤胶体存在的主要形式。

由于胶体颗粒的体积很小,所以胶体物质的比表面积非常大。土壤中胶体物质含量越多,其所包含的比表面积也就越大。据估算,在 $1.0×10^4 m^2$ 的土地面积上,如果 20 cm 深的土层内含直径为 1 μm 的黏粒10%,则黏粒的总表面积将超过 $7×10^8 m^2$。根据物理学的原理,一定体积的物质比表面积越大,其表面能越大。因此,胶体含量越高的土壤,其表面能也越大,从而养分的物理吸收性能便越强。

胶体的供肥和保肥功能除了通过离子的吸附与交换来实现之外,还依赖于胶体的存在状态。当土壤胶体处于凝胶状态时,胶粒相互凝聚在一起,有利于土壤结构的形成和保肥能力的增强,但也降低了养分的有效性;当土壤胶体处于溶胶状态时,每个胶粒都被介质所包围,是彼此分散存在的,虽可使养分的有效性增加,但易引起养分的淋失和土壤结构的破坏。土壤胶体主要处于凝胶状态,只有在潮湿的土壤中才有少量的溶胶。

(2)土壤酸碱度。土壤酸碱度又称土壤反应,它是土壤盐基状况的一种综合反映。土壤酸度是由 H^+ 引起的,而土壤碱度则与 OH^- 的数量有关。H^+ 超过 OH^- 的土壤溶液呈酸性;而 OH^- 超过 H^+ 的土壤溶液呈碱性;如果两种离子的浓度相等,土壤溶液则呈中性。

土壤的活性酸度是由土壤溶液中游离的 H^+ 造成的,通常用 pH 值表示。化学上把溶液中氢离子浓度的负对数定义为 pH 值,对于土壤而言,pH 值就是土壤溶液中氢离子浓度的负对数。根据 pH 值的高低,可将土壤分为若干的酸碱度等级。图 7-2 为美国的一种划分结果。

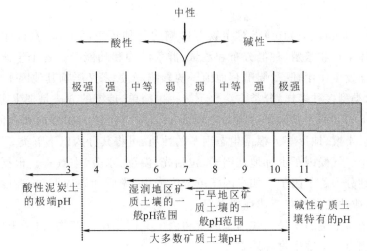

图 7-2 土壤酸碱度分级及其 pH 值变化范围

另一种酸度称为潜在酸度,是土壤胶体所吸附的 H^+ 和 Al^{3+} 被交换出来进入土壤溶液中所显示的酸度。因为这些离子在被交换出来之前并不显示酸度,因此叫潜在酸度。

活性酸度和潜在酸度在本质上并没有截然的区别,二者保持着动态平衡的关系,可用下式表示:

$$吸附的 H^+ 和 Al^{3+} \Longleftrightarrow 土壤溶液中的 H^+ 和 Al^{3+}$$

(7-1)

潜在酸度 活性酸度

假如加入石灰物质来中和土壤溶液的氢离子使酸度降低,上述反应将向右进行,结果是更多地吸附性氢和铝移动出来进入土壤溶液,变为活性酸度,使土壤酸度不会降低过快;而当较多的氢离子加入到土壤溶液之中时,溶液酸度升高,上述反应将向左进行,更多的氢离子被胶核所吸附,变为潜在酸度,使土壤酸度不会升高过快。土壤对酸化和碱化的自动协调能力称为土壤的缓冲作用,它使得土壤 pH 值具有稳定性,从而给高等植物和微生物提供了一个比较稳定的化学环境。

(3)氧化还原反应。在土壤溶液中经常进行着氧化还原反应,它主要是指土壤中某些无机物质的电子得失过程。当一个原子或离子失去电子称为被氧化,它本身是还原剂;而一个原子或离子得到电子称为被还原,它本身是氧化剂。

7.1.2　环境生态学

1.环境生态学定义

环境生态学,是指以生态学的基本原理为理论基础,结合系统科学、物理学、化学、仪器分析、环境科学等学科的研究成果,研究生物与受人干预的环境相互之间的关系及其规律性的一门科学。从学科发展上看,环境生态学的理论基础是生态学,它由生态学分支而来,但同时又不同于生态学。

环境生态学是个新兴的、综合性很强的学科,是一门运用生态学理论,研究人为干扰下生态系统内在的变化机制、规律和对人类的反效应,寻求受损生态系统恢复、重建和保护对策的科学。即运用生态学理论,阐明人与环境间的相互作用及解决环境问题的生态途径。

2.生态因子

生态因子(Ecological Factor)指对生物有影响的各种环境因子,常直接作用于个体和群体,主要影响个体生存和繁殖、种群分布和数量、群落结构和功能等。各个生态因子不仅本身起作用,而且相互发生作用,既受周围其他因子的影响,反过来又影响其他因子。

生态因子的类型多种多样,分类方法也不统一。简单、传统的方法是把生态因子分为生物因子(Biotic Factor)和非生物因子(Abiotic Factor)。前者包括生物种内和种间的相互关系,后者则包括气候、土壤、地形等。根据生态因子的性质,可将其分为以下五类。

(1)气候因子。气候因子也称地理因子,包括光、温度、水分、空气等。根据各因子的特点和性质,还可再细分为若干因子。如光因子可分为光强、光质和光周期等,温度因子可分为平均温度、积温、节律性变温和非节律性变温等。

(2)土壤因子。土壤因子是气候因子和生物因子共同作用的产物,包括土壤结构、土壤的理化性质、土壤肥力和土壤生物等。

(3)地形因子。地形因子如地面的起伏、坡度、坡向、阴坡和阳坡等,通过影响气候和土壤,间接地影响植物的生长和分布。

(4)生物因子。生物因子包括生物之间的各种相互关系,如捕食、寄生、竞争和互惠共生等。

(5)人为因子。把人为因子从生物因子中分离出来是为了强调人的作用的特殊性和重要性。人类活动对自然界的影响越来越大、越来越带有全球性,分布在地球各地的生物都直接或间接受到人类活动的巨大影响。

生态因子的划分是人为的,其目的只是为了研究或叙述的方便。实际上,在环境中,各种生态因子的作用并不是单独的,而是相互联系并共同对生物产生影响,因此,在进行生态因子分析时,不能只片面地注意到某一因子,而忽略其他因子。另一方面,各种生态因子也存在着相互补偿或增强作用的相互影响。生态因子影响着生物的生存和生活,同时,生物体也在改变生态因子的状况。

美国植物生态学家道本迈尔(R.F.Daubenmire)将生态因子分为七个并列的项目:土壤、水分、温度、光照、大气、火和生物因子。在研究园林植物与环境的相互关系时,主要考虑除火因子之外的其他六个,因为它们常常直接影响园林植物的生长发育。

3.生物与环境因子的相互作用

1)光因子的生态作用及生物的适应

光是地球上所有生物得以生存和繁衍的最主要的能量源泉,地球上生物存活所必需的全部能量,几乎都直接或间接地源于太阳光能。绿色植物的光合系统是太阳能以化学能的形式进入生态系统的唯一通路,也是食物链的起点。光本身又是一个十分复杂的环境因子,太阳光辐射强度、光质及光的周期性变化等都对生物的生长发育和地理分布产生深刻的影响,而生物本身对光因子的变化也有着极其多样的响应。

(1)光强与生物生长发育和形态建成等的关系。

①光强对生物生长发育和形态建成的作用。光照强度与植物细胞的增长和分化、体积的增长和质量的增加关系密切;光还能促进组织和器官的分化,制约着器官的生长发育速度,使植物各器官和组织发育保持正常比例。暗形态建成,又称黄化现象(Etiolation Phenomenon),是光和形态建成的各种关系中最极端的典型例子,黄化是植物对黑暗环境的特殊适应。

②光照强度与水生植物。光的穿透性限制着植物在海洋和湖泊中的分布。在海洋表层的透光带上部,植物的光合作用量大于呼吸量;在植物的光合作用量与呼吸消耗平衡之处为光合作用补偿层;光合作用补偿层以下,植物不能生存。

③植物对光照强度的适应类型。在一定范围内,光合作用的速率与光强成正比,但是达到一定强度,若继续增加光强,光合作用效率不仅不会提高,反而会下降,这时的光照强度为光饱和点。

当传入的辐射能是饱和的、温度适宜、相对湿度高、大气 CO_2 和 O_2 的浓度正常时的光合作用速率称为光合能力。不同植物的光合能力对光照强度的反应是有差异的,主要差别是在 C_3 和 C_4 植物之间。

根据植物对光照强度的适应不同,一般可将植物分为三大类。

a.阳生植物。在强光环境中才能生育健壮,在荫蔽和弱光条件下生长发育不良的植物称为阳生植物(Heliophyte)。阳生植物对光要求比较迫切,只有在足够光照条件下才能正常生长,其光饱和点、光补偿点都较高,光合作用的速率和呼吸速率都比较高。

b.阴生植物。阴生植物(Skiophyte)是指在较弱的光照条件下要比在强光下生长好的植物。弱光是相对于阳生植物的光强而言,并不是光照强度越弱越好,如果光线太弱以至达不到阴生植物的光补偿点时,它们也不可能正常生长。通常阴生植物可以在全日照的 1/50 的情况下正常生长发育,它们最适的光合作用的光照强度低于全日照。阴生植物多生长在潮湿、背阴的地方或者生于密林内。阴生植物对光的需求远低于阳生植物,光饱和点和光补偿点、光合速率和呼吸速率都比较低。阳生、阴生植物光补偿点位置示意图如图 7-3 所示。

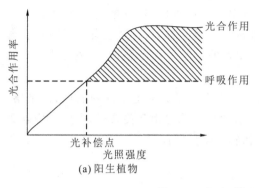
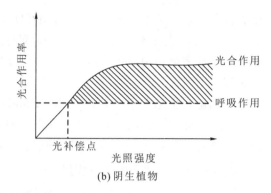

图 7-3　阳生、阴生植物光补偿点位置示意图

c.耐阴植物。耐阴植物(Shade-Enduring Plant)是介于上述两类之间的植物。这类植物对光照强度具有较广的适应能力,但在全日照下生长最好。它们需要的最小光量约等于全光照的 1/15～1/6。一般耐阴性能强弱又因土壤营养条件、温度和水分状况的不同而不同。

(2)光质的生态作用与生物的适应。光质即光的波长组成状况,是随空间发生变化的,其一般规律是随纬度增加短波光减少,随海拔升高短波光增加。一年之中,冬季长波光增多,夏季短波光增多。一天之中,中午短波光最多,早晚长波光较多。不同波长的光对生物有不同的作用,植物叶片对日光的吸收、反射和透射的程度与波长有直接关系。

光合作用的光谱范围只是可见光区。不同的光质对植物的光合作用、色素的形成、向光性及形态建成的诱导等的影响是不同的。可见光区中红、橙光被叶绿素吸收;蓝紫光被叶绿素和类胡萝卜素吸收;绿光则很少被吸收利用。可见光对动物生殖、体色变化、迁徙、毛羽更换、生长及发育等都有影响。不可见光对生物的影响也有是很多方面的。例如,紫外光有致死作用,特别对是细菌、病毒及微生物;紫外光也是昆虫新陈代谢所必需的,与维生素 D 的产生关系密切。

2)温度因子的生态作用及生物的适应

太阳辐射使地表受热,产生气温、水温和土壤温度的变化。温度因子和光因子一样呈周期性变化,称为节律性变温。节律性变温和极端温度都对生物的生长发育有着十分重要的生态学意义。

(1)温度因子的生态作用。

①温度与生物生长。生物的温度三基点是参与生物生命活动中生理生化过程中的酶保持活性的最低温度、最适温度和最高温度,相应的则是生物生长的"三基点"。高温可使蛋白质凝固、酶系统失活,低温将会引起细胞膜渗透性改变、脱水、蛋白质沉淀等不可逆转的化学变化。在一定范围内,生物的生长速率与温度成正比,如可反映为多年生木本植物茎横断面年轮,以及动物的鳞片、耳石等。

②温度与生物发育。生物完成生命周期,通过繁衍后代使种族得到延续,不仅要生长还要完成个体的发育过程。最明显的是某些植物一定要经过一个低温"春化"阶段,才能开花结果。

有效积温法是指生物在生长发育过程中,需从环境中摄取一定的热量才能完成某一阶段的发育,而且某一特定生物类别各发育阶段所需要的总热量是一个常数。生物所需的有效积

温 K 可按公式(7-2)计算。

$$K = N(t - t_0) \qquad (7-2)$$

式中：N 为生长发育所需时间，d；t 为当地该时期的平均温度，℃；t_0 为生物生长活动所需最低临界温度(生物学零度)，℃。

生物的生长和发育常有一个温度下限值，低于这个温度值，生物就停止生长和发育，只有高于这个温度值时，生物才开始生长发育。在生态学中，将这个温度称为生物学零度或发育起点温度。

有效积温法实际应用较多，如预测生物地理分布北界、预测来年害虫发生程度，还可成为制定农业气候区划、安排作物及预报农时的有利根据。

(2)极端温度对生物的影响及生物的适应。

①低温环境对生物的影响和生物对低温环境的适应。在形态方面符合贝格曼规律(Bergman's Rule)和艾伦规律(Allen's Rule)。北极和高山植物的芽和叶片受到油脂类物质的保护，芽具鳞片，植物体表面生有蜡粉和密毛，植物矮小并常呈匍匐状、垫状和莲座状等，这种形态有利于保持温度，减轻严寒的影响。生活在高纬度地区的恒温动物，其身体往往比生活在低纬度地区的同类个体大，因为个体大的动物，其单位体重散热量相对较少，这称为贝格曼规律。恒温动物身体的突出部分如四肢、尾巴和外耳等在低温环境中有变小、变短的趋势，这是减少散热的一种形态适应，称为艾伦规律。

生活在低温环境中的植物常通过减少细胞中的水分和增加细胞中的糖类、脂肪或色素等物质来降低植物的冰点，增加抗寒能力。例如，在寒冷季叶片变红，能吸收更多的红外线；鹿蹄草就是通过在叶细胞中大量贮存五碳糖、黏液等物质来降低冰点的，这可使其结冰温度从0 ℃下降到 -31 ℃。动物则靠增加体内产热量来增强御寒能力和保持恒定的体温。寒带动物由于有隔热性能良好的毛皮，往往能在少增加甚至不增加代谢产热的情况下保持恒定的体温。

②生物对高温环境的适应。生物对高温环境的适应表现在形态、生理和行为三个方面。有些植物生有密绒毛和鳞片，能过滤一部分阳光；有些可以反射红外线；有些植物可减少吸收光的叶面。植物对高温的生理适应主要是降低细胞含水量，增加糖或盐的浓度。动物对高温环境的一个重要适应是适当放松恒温性，在高温时吸收热量，等到环境适当或到阴凉处释放热量。

③温度与生物的地理分布。温度因子包括节律性变温和极端温度，制约着生物的生长发育，而每个地区又都生长繁衍着适应于该地区气候特点，特别是极端温度的生物。极端温度(最高温度、最低温度)是限制生物分布的最重要条件。温度可直接限制动物的分布。一般地，温暖地区生物种类多，寒冷地区生物种类较少。

④变温对生物的影响。一般地，变温处理将有助于种子有效地萌发。变温能提高种子萌发率，是由于降温后可增加氧在细胞中的溶解度，从而改善萌发中的通气条件。变温通过改变植物的生理现象(如呼吸、蒸腾等)，可以造成糖分在体内的大量聚集，如新疆的哈密瓜特别甜就是这个原因。

3)水因子的生态作用及生物的适应

(1)水因子的生态作用。

①水是生物生存的重要条件,也是生物体的重要组成部分。植物体一般含水量达60%~80%,而动物体含水量比植物更高。水是生命的基础,没有水也就没有原生质的生命活动。此外,水有较大的比热容,当环境中温度剧烈变化时,它可以发挥缓和调节体温的作用,以保护原生质免受伤害。

②水对动植物生长发育的影响。植物生长的水分"三基点"是最高、最适合、最低。当水分低于最低点时植物会萎蔫、生长停止;高于最高点时,根系会缺氧、窒息、腐烂;只有处于最适点时才是植物最优的生长条件。对于动物,水分不足可以引起滞育或死亡。

③水对动植物数量和分布的影响。水分状况决定着植被的类型,以及动植物的种类、数量和分布。由于地理纬度、海陆位置、海拔高度的不同,导致地球上的降水分布不均匀。我国从东南到西北可分为三个等雨量区,因而植被类型也可以分为湿润森林区、干旱草原区和荒漠区三个区。水分与动植物的种类以及数量存在着密切的关系。即便是小区域范围内,同一山体的迎风坡和背风坡也会因降水的差异而各自生长不同的植物,分布不同区系的动物。

(2)生物对环境水因子的适应。

①植物对水因子的适应。根据植物对水分的需求量和依赖程度,可把植物分为水生植物和陆生植物。

a.水生植物对水因子的适应。水生植物有发达的通气组织,还有不发达或退化的机械组织及水下带状、线状的叶片。水生植物根据其生长环境中水的深浅不同,又可划分为沉水植物、浮水植物和挺水植物三类。沉水植物整株沉没在水下,为典型的水生植物,其根退化或消失,表皮细胞可直接吸收水中气体、营养物和水分,叶绿素大而多,适应弱光环境,无性繁殖比有性繁殖发达,如狸藻、金鱼藻和黑藻等。浮水植物的叶片漂浮于水面,气孔多分布在叶的表面,无性繁殖速度快,生产力高,如凤眼莲、浮萍和睡莲等。挺水植物的植物体大部分挺出水面,如芦苇和香蒲属植物等。

b.陆生植物对水因子的适应。陆生植物是指生活在陆地上的植物,陆生植物要维持水分平衡,必须增加根的吸收和减少叶的蒸腾,如气孔能够自动开关,当水分充足时便张开交换气体,但当干旱缺水时则关闭减少水分散失。

陆生植物包括湿生、中生和旱生三种类型。湿生植物是指在潮湿环境中生长,不能忍受较长时间的水分不足,抗干旱能力最弱的陆生植物。根据其环境特点,还可以再分为阴性湿生植物和阳性湿生植物两个亚类。中生植物是指生长在水湿条件适中的环境中的植物。该类植物具有一套完整的保持水分平衡的结构和功能,其根系和输导组织均比湿生植物发达。旱生植物是生长在干旱环境中,能耐受较长时间的干旱环境,且能维护水分平衡和正常的生长发育的植物,多分布在干热草原和荒漠区。

②动物对水因子的适应。

a.水生动物的渗透压调节。渗透压调节是水生生物维持体内水分平衡的重要途径。不同类群的水生动物有着各自不同的适应能力和调节机制。渗透压调节可以通过限制体表对盐类和水的通透性,改变所排出的尿和粪便的浓度与体积,逆浓度梯度地主动吸收或主动排出盐类和水等的方法来实现。

b.陆生动物对环境湿度的适应。陆生动物通过特定的形态结构、躲避及迁徙行为、生理调节等方式来适应干旱环境。对陆生动物水平衡影响更大的是环境中的湿度,动物在形态结构上、行为上、生理上都有不同程度的适应。如两栖类动物体表分泌黏液以保持湿润,昆虫、爬行类、啮齿类动物等白天躲在洞内夜里出来活动,荒漠鸟兽具有可重新吸收水分功能的肾脏。

4)土壤因子的生态作用及生物的适应

(1)土壤因子的生态作用。土壤是岩石圈表面能够生长动物、植物的疏松表层,是陆生生物生活的基质,它提供生物存活所必须的矿物质元素和水分,是生态系统中物质与能量交换的重要场所。同时,它本身又是生态系统中生物部分和无机环境部分相互作用的产物。由于植物根系和土壤之间具有极大的接触面,在根系与土壤之间发生着频繁的物质交换,彼此强烈影响,因而土壤是一个重要的生态因子。

土壤中的各种组分以及它们之间的关系,影响着土壤的性质和肥力,从而影响生物的生长。土壤中的有机质类物质能够为植物生长提供足够营养物质,矿物质为植物生长提供必要的生命元素,如果这些元素缺失,植物将发生生理性病变。土壤能为植物生长提供水、热、肥、气,从而满足植物的生长需求。

土壤中生物区系对土壤中有机物质的分解和转化,可促进元素的循环,并能影响、改变土壤的化学性质和物理结构,构成了各类土壤特有的土壤生物作用。根际微生物群依赖植物而获得主要能量和营养,其与植物关系密切的表现是生物固氮和共生。

(2)植物对土壤因子的适应。植物对于长期生活的土壤会产生一定的适应特性。因此,形成了各种以土壤为主导因素的植物生态类型。根据植物对土壤酸度的反应可将其划分为酸性土、中性土、碱性土植物;根据植物对土壤中矿质盐类(如钙盐)的反应可将其划分为喜钙植物和嫌钙植物;根据植物对土壤含盐量的反应可将其划分为盐土植物和碱土植物。

盐碱土是盐土和碱土以及各种盐化、碱化土的统称。在我国内陆干旱和半干旱地区,由于气候干旱,地面蒸发强烈,在地势低平、排水不畅或地表径流滞缓、汇集的地区,或地下水位过高的地区,广泛分布着盐碱化土壤。在滨海地区,由于受海水浸渍,盐分上升到地表形成次生盐碱化。盐碱土所含的盐类,通常最多的是 $NaCl$、Na_2SO_4、Na_2CO_3 以及可溶性的钙盐和镁盐。其中盐土所含的盐类主要为 $NaCl$ 和 Na_2SO_4,这两种盐类都是中性盐,所以一般盐土的 pH 值是中性的,土壤结构尚未破坏。

盐土会提高土壤溶液的渗透压,引起植物的生理干旱,伤害植物组织,尤其在干旱季节,盐类积聚会引起细胞中毒,使原生质受害,蛋白质的合成受到严重阻碍,影响植物的正常营养吸收。土壤的强碱性能毒害植物根系,导致土壤物理性质恶化,土壤结构受到破坏,质地变劣,透水性差。

5)其他环境因子的生态作用及生物的适应

(1)火因子的生态作用及生物的适应。火会促进自然界的物质再循环,刺激了植物的生长。这种作用比通过细菌等微生物的分解要快得多。小面积的火维护了原有的生态环境,利于植被的恢复。在火烧强度低、时间短的情况下,对生态系统的破坏程度小,可维持原有水平。因此,在人为控制下计划用火,安全可靠而且效果显著。

火对植物的作用受火的强度、植物的年龄、茎秆粗细、植物体内易燃性物质(挥发油、油脂和纤维素)的含量、植物生长的环境及植物的品种等多种因素影响。草本植物火烧后返青快,长得更茂盛;灌木在火烧后比乔木更易生长。

(2)雪对生物的生态作用及生物的适应。温带地区和高纬度地区或高山上的冬季降雪常形成稳定的积雪覆盖层,称为雪被。雪被的导热率低,所以在寒冷的季节里,它能够保护土壤,使其不至于结冰或冻结,从而使深雪下的动植物免受冻害。雪被改变了动物的活动及食物条件,所以在长期的进化过程中,动物在行为等方面产生了一系列对雪被的适应对策。在雪环境中生活的动物有着各种各样的适应性,它们毛色大多是白色或浅色。

(3)风对生物的生态作用及生物的适应。风是空气流动的表现。它的形成取决于温度及其引起的气压变化。地球表面风的分布规律,取决于地面太阳热能分布不均而引起的气压分布不均,加之地球自西向东的转动,使地球表面存在有规律的风带和气压带。

风对动物的影响主要表现在地理分布上。大气中的浮游生物大多数都是些被气流控制在不同高度的小型节肢动物。风是动物进行物种传播的重要因素,许多动物都是借助风进行迁徙的。

许多禾本科作物和森林树种的传粉是靠风作媒介,这类植物称为"风媒植物"。

4.环境因子的限制性作用

1)限制因子

生物的生存和繁殖依赖于各种环境因子的综合作用,但是其中必有一种或少数几种因子是限制其生存和繁殖的关键因子,称为限制因子。任何一种环境因子只要接近或超过生物的耐受范围,它就会成为这种生物的限制因子。限制因子常发生在一种生物对某一环境因子的耐受范围很窄,而且这种因子又易于变化的情况下。限制因子使生态学家掌握了研究生物和环境复杂关系的钥匙。因为,各种环境因子对生物来说并非同等重要,生态学家一旦明确了限制因子,就意味着找到了影响生物生存和发展的关键性因子。

2)利比希(Liebig)最低量法则

利比希最低量法则是指植物的生长取决于那些处于最小量状态的营养成分。该法则具有一定的普适性,除适用于营养物质外,也适用于温度和光等其他的环境因子。

1973年,奥德姆(Odum)对此定律进行了补充,认为利比希最低量法则只能用于稳定状态的系统,也就是说如果在一个生态系统中,物质和能量的输入和输出处于不平衡状态,那么植物对于各种营养物质的需要量就会不断变化,在这种情况下就不能应用该法则,必须要考虑各种因子之间的相互作用。如果有一种营养物质的数量很多或容易吸收,它就会影响到数量短缺的那种营养物质的利用率。另外,生物也可以利用相似的替代元素,如果这两种元素化学性质相似,常常可以由一种元素替代另一种元素的作用。

3)谢尔福德(Shelford)耐受性定律

生物对每一种环境因子都有其耐受的上限和下限,上限和下限之间就是生物对这种环境因子的耐受范围,称为生态幅。任何一种环境因子在数量和质量上的不足或过量,即当其接近或达到某种生物的耐受性限度时,都会使该生物衰退或不能生存。谢尔福德耐受性定律可以形象地用一个钟形耐受曲线表示(见图7-4)。

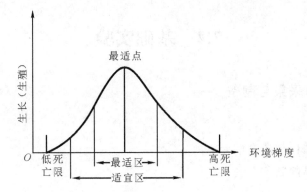

图 7-4　生物对环境因子的耐受曲线

根据生物对温度的耐受范围可将其分为广温性生物和狭温性生物。其中可耐受很广的温度范围的生物（如豹蛙、斑鳟）称为广温性生物；只能耐受很窄的温度范围的生物（如鲑鱼、南极鳕）称为狭温性生物。同样，对于其他的环境因子也可以按此划分，如广湿性、狭湿性，广盐性、狭盐性等。广适性生物属于广生态幅物种，狭适性生物属狭生态幅物种，如图 7-5 所示。濒危物种常是狭生态幅的生物。

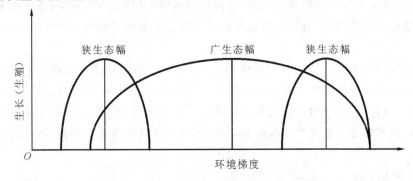

图 7-5　广生态幅和狭生态幅物种的示意图

生物在环境梯度上的位置及所占有的宽度在一定程度上可以改变，这些改变有的是表型的变化，有的是遗传学上的变化。生物对环境条件缓慢而微小的变化具有一定的调整适应能力，甚至能够逐渐适应生活在极端环境中。驯化过程实际上是生物体内决定代谢速率的酶系统的适应性改变过程。

耐受性定律和最低量法则的关系，可从以下三个方面进行理解。

①最低量法则只考虑了因子量的过少，而耐受性定律既考虑了因子量的过少，也考虑了因子量的过多。

②耐受性定律不仅估计了限制因子量的变化，而且估计了生物本身的耐受性问题。生物耐受性不仅因种而异，且在同一种内，耐受性也因年龄、季节、栖息地的不同而有差异。

③耐受性定律充分考虑了环境因子间的相互作用，如因子替换作用和因子的补偿作用。

对这两个定律的正确理解和把握，对于建立环境生态学的学术思维和开拓环境生态学的学术视野是很重要的。

7.2 基础实验

7.2.1 土壤样品的采集与制备

1.实验目的

(1)掌握几种土壤样品的采集方法;

(2)掌握土壤样品的制备方法。

2.实验原理

采集土壤样品的时间和数量要视采集的对象和目的而定。如为了测定某种农药残留量,要在当年施用这种农药前采集,或者在农作物成熟时与植物样品同时采集。由于研究目的的不同,对土壤样品的采集方法也不同。

如研究土壤物理性质,要求采取原状土样,即所采土样应保持其自然结构和水分状态。研究土壤水分和农作物产量的关系,要求在各个生长期采集深 2～3 m 处的土壤样品。为研究土壤形态特征,要求采样层次间界线清楚,能观察到各发生层的结构、质地、新生体和地下水位等。研究土壤化学性质用的土样,只要求在特征深度处能采到足够数量的样品,而不必保持原来的形状。

应在气温为 25～35 ℃,空气相对湿度为 20％～60％,通风且避光的室内进行土壤样品的制备,并防止酸、碱性气体及灰尘的污染。将土样平铺在晾土架或木板上让其自然风干,为防止污染,木板上应衬垫干净的白纸,尤其是供微量元素分析用的土样,严禁用有字的打印纸或旧报纸衬垫。当土样尤其是黏性土壤达到半干状态时,应及时将大土块捏碎,以免结成硬块难以压碎。

3.实验仪器和工具

米尺,布袋,土筛,分析天平,广口瓶,木板或胶板等。

一般常用以下三种取土工具。

(1)小土铲:利用小土铲根据采样深度,采取上下一致均匀的土片,将各点相等的土片混合成一个混合样品。它的适用性较强,除淹水土外,可适合任何条件下样品的采集,特别是混合样品的采集。

(2)管形土钻:下部为一圆柱形开口钢管,上部系柄架。将土钻钻入土中一定土层深度处,可采得一个均匀的土柱。管形土钻取土迅速,混杂少,但它不适用于砾质土壤、干硬的黏重土壤或砂性较重的砂土。

(3)普通土钻:使用方便,能取较深层的土壤,但需土壤较湿润,对偏砂性的土壤也不适用。它取出的土壤易混杂,对有机质和有效养分的分析结果往往低于用其他工具所取的土壤,其原因是表土易掉落。

4.实验步骤

1)土壤样品的采集

土壤样品的采集是土壤分析工作中一个最重要、最关键的环节,它是关系到分析结果是否正确的一个先决条件,特别是耕作土壤,由于差异较大,若采样不当,所产生的误差(采样误差)远比土壤称样分析发生的误差大。因此,要使所取的少量土壤能代表一定土地面积土壤的实际情况,就得按一定的规定采集有代表性的土壤样品,根据分析的目的、要求来决定采样的方法。

(1)混合样品的采集。由于土壤是一个不均匀的体系,为了了解它的养分状况,物理性、化学性,我们不能把整块土地都搬进实验室进行分析,因此,就必须选取若干有代表性的点,取样混合后成为混合样品。混合样品实际上就是一个平均样品,这个平均样品要具有代表性。

要使样品真正有代表性,首先要正确划定采样区,找出采样点。划采样区(采样单元或采样单位)是根据土壤类别、地形部位、排水情况、耕作措施、种植栽培情况、施肥等的不同来决定的。在每一个采样区内,再根据田块面积的大小及被测成分的变异系数,来确定采样点的多少,当然,取的点越多,代表性越强,那就越好,但它会造成工作量的增多,因此一般人为地定为5～10,10～20点,或根据计算确定应取多少点。

①不同田块采样区的划分方法如下。

a.试验田土壤样品的采集。一般试验小区为一采样区。

b.大田(旱地)土壤样品的采集。在进行土壤养分状况的调查时,一般是根据土壤类别、地形、排水、耕作、施肥等的不同来划分采样区;也有的是根据土壤肥力情况,按上、中、下来划分采样区。

c.水田土壤样品的采集。水田土壤样品的采集和大田土壤样品的采集基本一致。

②采样点的布置。在采集多点组成的混合样品时,采样点的分布要尽量做到均匀和随机。均匀分布可以起到控制整个采样范围的作用;随机定点可以避免主观误差,提高样品的代表性。布点以锯齿形或蛇形(S形)较好,直线布点或梅花形布点容易产生系统误差(见图7-6),因为耕作、施肥等农业技术措施一般都是顺着一定方向进行的,如果土壤采样与农业操作的方向一致,则采样点落在同一条件的可能性很大,易使混合土样的代表性降低。

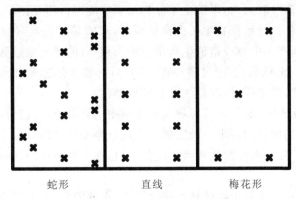

蛇形　　　　　　直线　　　　　梅花形

图 7-6　土壤采样点的方式(×代表样点位置)

③采样方法。采取的深度是根据具体的要求而决定的。采取耕作层时,一般取 0～15 cm或 0～20 cm,其具体方法是在布置好的取样点上,先将表层 0～3 mm 左右的表土刮去,然后再用土铲斜向或垂直按要求深度切取一片片的土壤(见图 7-7)。各点所取的深度、土铲斜度、上下层厚度和数量都要求一致(大致相等)。将各点所取的土壤在塑料布或木盘中混匀,同时去除枯枝落叶、草根、虫壳、石砾等杂质,然后按四分法(见图 7-8)取适量(1 kg)的土壤装入

布袋或塑料袋中,同时用铅笔写好标签,一式两张,一张放入袋内,一张系于袋口,在标签上记好田号,采样地点、深度、日期和采样人,同时在记录本上详细记载前作、当季作物、施肥及作物生长等情况。

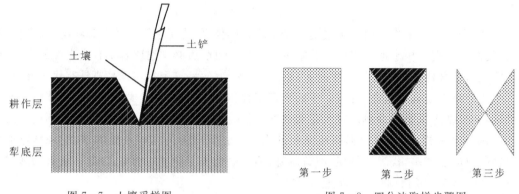

图 7-7 土壤采样图   图 7-8 四分法取样步骤图

在布置采样点时,必须具有代表性。因此,就得避免在田边、地角、路旁、堆肥等没有代表性的地方设点取样。

③采样时间。土壤的化学性质、有效养分的含量不仅随土壤垂直方向和土壤表面延伸的方向有所不同,而且随季节、时间也有很大的变化,特别是温度和水分的影响,如冬季土壤中有效磷钾往往增高,在一定程度上是由于温度的降低,土壤有机酸有所积累,由于有机酸能与铁、铝、钙等离子络合,降低这些阳离子的活性,而增加了磷的活性,同时也有部分非交换性钾转变成交换性钾;另外,由于一天当中,早、中、晚太阳幅射热的影响不同,土壤胶体活化强度有所不同,而导致土壤有效养分含量的变化。

因此,当了解土壤肥力、养分供应情况时,一般都在早春采集土样,若是研究作物生长期中土壤养分的变化供应情况,就必须根据作物的不同生长期,分期采集土壤样品,总之,采样必须注意时间因素,同一个季节时间内,采的土壤分析结果才能进行相互比较。

(2)特殊样品的采集。导致作物生长失常的原因,有的是营养元素或微量元素的不足,有的是某种元素的过剩而产生中毒或造成生理机能的失调,有的是土壤过酸或过碱,或某些有毒物质(如还原性的 S、H_2S、低价铁等)过多存在,还有当土壤水分过多,也会引发作物受害。由于这些局部受害的现象,在采样时,就得注意它的典型性。

当一整块土地都受害时,要了解有害物质在土壤中的含量,也得进行混合样品的采集。可见,采样方法是根据我们的目的要求来确定的。在进行典型样品的分析工作时,一般也要和正常样品进行对照分析。在寻求作物生长与土壤关系时,在采集植株的同时,也要采集它的根际土壤进行分析。

(3)剖面样品的采集。研究土壤的基本理化性能、土壤的分类、土壤的生存发育,必须按土壤的发生层次取样,它是根据地形部位、成土母质、植被类型和土类来确定取样点,挖掘剖面(一般深为 1～2 m),再根据土壤剖面的颜色、土壤结构、质地、松紧度、湿度、植物根系的分布情况等划分层次,然后自下而上采集各发生层次中中部位置的土壤。

(4)物理性质样品的采集。了解土壤的某些物理性质如土壤容重、孔隙等,需用特制的取土器(如钢环刀),采集能保持原田间自然状况的土体来进行分析测定。

(5)盐分动态样品的采集。盐分在土壤中的变化,在垂直方向(上下变化)更为明显,不仅要了解土壤中盐分的多少,而且要了解盐分的分布和变化情况。因此,我们不是按发生层次采样,而是自地表每隔 10 cm 或 20 cm 采集样品。

2)土壤样品的制备

从田间取回的土壤样品,在进行风干、磨细、过筛、混匀、装瓶等操作后,即成为分析测定的样品。

(1)处理样品的目的。

①挑选出非土壤部分,使样品能代表土壤真正的组成;

②磨细混匀,使称取少量样品也有较高的代表性,以减少称样误差;

③将土粒磨细,增大表面积,使测定成分便于溶解、浸提;

④使样品能较长期保存,不致受微生物的作用而变质;

⑤便于工作使用。

(2)土壤样品的制备方法。

①风干剔杂。除了某些项目(例如硝态氮、铵态氮、亚铁、还原性硫等)需要新鲜样品测定外,一般项目都用风干样品进行分析。样品的风干,可在通风橱中进行,也可摊在木板或白纸、塑料布上,放在晾土架上风干。在土样半干时,须将大块土壤粉碎,以免完全干后结成硬块,难以打碎磨细。风室内要求干燥、通风,严防 SO_2、NH_3 和 H_2S 等各种酸、碱蒸气和灰尘等其他物质的浸蚀和污染。应随时翻动、捏碎大土块,剔除根、茎、叶、虫体、新生物、侵入体等,经过 5~7 d 后可达到风干要求。

②磨细和过筛。样品风干后,再次挑选出非土壤部分动植物残体(根、茎、叶、虫体)和石块、结核(石灰、铁、锰),然后在木盘或硬橡胶板上压碎、磨细(不能用铁棒或矿物粉碎机磨细,以防压碎石块或样品沾污铁质)使之全部通过 2 mm 孔径的筛子,混匀后分成两份,一份用作机械分析和水溶性盐的测定,另一份再度进行磨细,使之全部通过 1 mm 的筛子,用作其他项目的化学分析。(近年来,由于很多分析项目采用半微量法,称样减少,则要求样品的细度增加,采用 0.5 mm 的土粒进行分析。)

③装瓶贮存。过筛后的两份土样分别混合后,分别装入具有磨口塞的广口瓶中,内外各附标签一张,标签上写明土壤样品编号、采集地点、土壤名称、深度、筛孔号、采集人及日期等。在保存期间应避免日光、高温、潮湿及酸碱气体的影响和污染,有效期一年。

5.实验结果处理

根据土样处理结果,按公式(7-3)计算土壤砾石含量(百分率)。

$$砾石含量(\%) = \frac{砾石质量}{土壤总质量} \times 100\% \qquad (7-3)$$

6.注意事项

在进行土壤全量分析,测定 Si、Al、Fe 和有机质,以及全氮、全磷、全钾时,样品应研得很细,便于处理样品、分解完全,这时将全部 1 mm 化学分析样品倒出,铺平成薄层,划成许多小方格,用角匙在每一小方格中取出大致相等的一定量样品,共约 20 g 左右,再度磨细,并全部通过 100 号筛(0.149 mm 筛孔)。在测定 Si、Al、Fe 时,样品应放在玛瑙乳钵中研细,以免瓷乳钵影响 Si 的测定。

最后将以上磨细、过筛、混匀的土样分别装入具磨口塞的广口瓶中,写好标签(一式两张),

一张同土样装入瓶中,另一张贴于瓶壁;标签上注明田块号(或样号)、土壤名称、采取地点、采样深度、日期、采样人和孔径(或筛号)等。然后将样品保存在样品架或橱柜中,应壁免日光、高温、潮湿和酸碱气体的影响。

7.思考题

(1)采集土壤样品应注意什么?

(2)土壤化学分析的主要误差来源有哪些?

(3)采集一个代表性的混合样品有哪些要求?

(4)土壤在制备过程中应该注意哪些事项?为什么磨细过筛时必须使土壤全部通过筛子,不得弃去未过筛部分?

(5)土壤样品的采集与制备在土壤分析工作中有什么意义?

7.2.2 土壤含水量的测定

1.实验目的

(1)了解烘干法和酒精燃烧法测定土壤水分的原理;

(2)掌握烘干法和酒精燃烧法测定土壤水分的方法。

2.实验原理

1)烘干法

在 105 ℃的温度下吸湿水蒸发,而结构水不会破坏,土壤有机质也不被分解。因此,将土壤样品置于(105±2)℃下烘干至恒重,根据其烘干前后质量之差,就可以计算出土壤水分含量的百分数。

2)酒精燃烧法

利用酒精在土样中燃烧释放出的热量,使土壤水分蒸发干燥,通过燃烧前后的质量之差,计算出土壤含水量的百分数。酒精燃烧法在火焰熄灭前几秒钟,即火焰下降时,土温才迅速上升至 180~200 ℃。然后温度很快降至 85~90 ℃,再缓慢冷却。由于高温阶段时间短,样品中有机质及盐类损失很少,故此法测定土壤水分含量有一定的参考价值。

3.实验仪器和试剂

分析天平,烘箱,干燥器,称样皿,量筒,无水酒精,滴管,玻璃棒,铝盒,烧杯等。

4.实验步骤

1)烘干法

(1)取有盖的铝盒(或称样皿),洗净,放入干燥器中干燥,然后冷却至室温,在分析天平上称重(W_1),并注意标好号。

(2)用角匙取通过 1 mm 筛孔的风干土样 4~5 g(精确至 0.001 g),铺在铝盒中(或称样皿中)进行称重(W_2)。

(3)将铝盒盖打开,放入恒温箱中,在(105±2)℃的温度下烘干 6 h 左右。

(4)盖上铝盒盖,将铝盒放入干燥器中 20~30 min,使其冷却至室温,取出称重。

(5)打开铝盒盖,将铝盒放入恒温箱中,在(105±2)℃的温度下再烘干 2 h,冷却,称重至恒重(W_3)。

2)酒精燃烧法

(1)将烘干冷却的铝盒用 1/100 分析天平称重(W_1)。

(2)用铝盒称取土样 10 g 左右(精确度 0.01 g),注意操作迅速,取样均匀,称重(W_2)。

(3)用滴管向铝盒中滴加无水酒精,直到浸没全部土面为止,并在桌面上将铝盒敲击几次,使土样均匀分布于铝盒中。

(4)点燃酒精,经数分钟后熄灭,待土样冷却后,再滴加无水酒精 2~3 mL,进行二次燃烧。一般情况下,要经过 3~4 次燃烧后,土样才可以恒重。然后称重(W_3),精确至 0.01 g。

5.实验结果处理

$$土壤含水量(\%) = \frac{W_2 - W_3}{W_3 - W_1} \times 100\% \tag{7-4}$$

式中:W_1 为铝盒质量,g;W_2 为铝盒加湿土质量,g;W_3 为铝盒加烘干土重量,g。

6.注意事项

(1)烘箱温度以(105±2)℃为宜,温度过高,土壤有机质易碳化逸失。在烘箱中,一般土壤烘干 6 h 即可烘至恒重,质地较轻的土壤烘干的时间可较短,5~6 h 即可。

(2)干燥器内的干燥剂(氯化钙或变色硅胶)要经常更换或处理。干燥剂变色硅胶在干燥时呈蓝色,吸湿后呈红色,如呈红色,须重新放在烘箱中烘到呈蓝色再放回干燥器使用。

7.思考题

(1)在计算土壤含水量时,为什么要以烘干土为基数?

(2)在烘干土样时,为什么温度不能超过 110 ℃ 或低于 105 ℃?如果超过 110 ℃ 或低于 105 ℃,实验结果会怎么样?

7.2.3　土壤相对密度、容重及孔隙度的测定

土壤相对密度是指单位体积的固体土粒质量与同体积的水质量之比。土壤相对密度可用来计算土壤的总孔隙度,其数值大小还可以间接反映土壤的矿物组成和有机质含量。土壤容重是指田间自然状态下,每单位体积土壤的干重,通常单位为 g/cm³。土壤容重除用来计算土壤总孔隙度外,还可用于估计土壤的松紧度和结构状况。土壤总孔隙度是指自然状态下,土壤中孔隙的体积占土壤总体积的百分比。土壤孔隙度不仅影响土壤的通气状况,而且反映土壤松紧度和结构状况的好坏。

1.实验目的

(1)了解容量和孔隙度之间的关系;

(2)掌握土壤容重的测定和计算方法。

2.实验原理

通常使用比重瓶法,根据排水称重的原理测量。将已知质量的土样放入容积一定的盛水比重瓶,完全除去空气后,固体土粒所排出的水体积即为土粒的体积,以此去除土粒干重即得土壤相对密度。

土壤容重的测定常用环刀法。环刀是一种特制的圆形钢筒,筒的一端锋利,另一端套有环

盖,便于压筒入土。筒的容积约 100 cm³。测定时将环刀垂直压入土壤,切割自然状态的土体,并使其所切的土体尽量与环刀的体积相等,然后将土壤烘干,称土壤质量,计算单位体积的烘干土质量,以求土壤的容重。

3.实验仪器和工具

比重瓶,万分之一分析天平,环刀,恒温干燥器,削土刀,小铁铲,铝盒,酒精,电热板,滴管,小漏斗,剪刀,滤纸等。

4.实验步骤

1)土壤相对密度的测定

(1)称取通过 1 mm 筛孔、相当于 10 g 烘干土的风干土样,倒入比重瓶中,再注入少量去离子水(约为比重瓶的三分之一),轻轻摇动使水土混匀,再放在电热板上煮沸,不时摇动比重瓶,以驱除土样和水中的空气。

(2)煮沸半小时后取下冷却,加煮沸后的冷去离子水,充满比重瓶上端的毛细管,在万分之一分析天平上称重,记为 B。

(3)将比重瓶内的土倒出,洗净,然后将煮沸的冷去离子水注满比重瓶,盖上瓶塞,擦干瓶外水分,测得质量为 A。

2)土壤容重的测定

(1)检查环刀和环刀托是否配套,并记下环刀的编号,称重(精确至 0.1 g),记为 G。同时,将事先洗净、烘干的铝盒称重,贴上标签。带上环刀、铝盒、削土刀、小铁铲到田间取样。

(2)在田间选择有代表性的地点,将环刀托套安在环刀无刃口的一端,把环刀垂直压入土中,至环刀全部充满土为止(注意保持土样的自然状态)。

(3)用铁铲将环刀周围的土壤挖去,在环刀下方切断,取出环刀,使环刀两端均留有多余的土壤。

(4)擦去环刀周围的土,并用小刀细心地沿环刀边缘削去两端多余的土壤,使土壤与环刀容积相同,盖上环刀盖,立即称重,记为 M。

(5)在田间进行环刀取样的同时,在同层采样处取 20 g 左右的土样放入已知质量的铝盒中,用酒精燃烧法测定土壤含水量(或直接从称重后的环刀内取出 20 g 土样,测定土壤水分含量)。

5.实验结果处理

1)土壤相对密度

$$土壤相对密度 = \frac{10\ g}{(10\ g + A) - B} \quad\quad (7-5)$$

式中:A 为比重瓶+去离子水的质量,g;B 为比重瓶+上端毛细管+去离子水的质量,g。

2)土壤容重

$$土壤容重(g/cm³) = \frac{(M-G) \times 100}{V(100+W)} \quad\quad (7-6)$$

式中:M 为环刀及湿土重,g;G 为环刀重,g;V 为环刀容积,cm³;W 为土壤含水量,%。

此法测定应不少于三次重复,允许绝对误差<0.03 g/cm³,取算数平均值。

3)土壤孔隙度

$$土壤总孔隙度(P_1)=\left(1-\frac{土壤容重}{土壤相对密度}\right)\times100\% \tag{7-7}$$

如果未测定土壤相对密度,可采用土壤相对密度的平均值 2.65 g/cm³ 计算。

$$土壤毛管孔隙度(P_2)\%=土壤田间持水量(含水量\%)\times土壤容重 \tag{7-8}$$

$$土壤非毛管孔隙度(P_3)=P_1-P_2 \tag{7-9}$$

6.实验结果处理

(1)土壤中大、小孔隙比例对土壤的水分、空气状况有什么影响?

(2)为什么不同质地的土壤,其容重和总孔隙度不同?

7.2.4　土壤 pH 的测定

1.实验目的

(1)了解土水比对 pH 的影响;

(2)掌握土壤酸碱度的测定方法;

(3)巩固便携式 pH 计的使用方法。

2.实验原理

pH 值,又名酸碱值、氢离子浓度指数,是溶液中氢离子活度的一种标度,也就是通常意义上溶液酸碱程度的衡量标准。因此 pH 的测定必须在水溶液中进行才有意义。采用电位法测定土壤 pH 是将 pH 玻璃电极和甘汞电极(或复合电极)插入土壤悬浮液或浸出液中构成原电池,测定其电动势值,再换算成 pH。在酸度计上测定,经过标准缓冲溶液校正后则可直接读取 pH。土水比例对 pH 影响较大,尤其对于石灰性土壤,稀释效应的影响更为显著,以采取较小土水比为宜。本方法规定土水比为 1:2.5。同时酸性土壤除测定水浸土壤 pH 外,还应测定盐浸 pH,即以 1 mol/L KCl 溶液浸提土壤 H^+ 后用电位法测定。

3.实验仪器和材料

1)实验仪器

便携式 pH 计,土壤酸碱度计,甘汞电极,磁力搅拌器。

2)实验材料

广泛 pH 试纸和精密 pH 试纸。

4.实验步骤

1)pH 指示剂法

在待测溶液中加入 pH 指示剂,不同的指示剂根据不同的 pH 值会变化颜色,对照标准比色卡就可以确定 pH 值的范围。其过程为:用玻棒蘸一点待测溶液到 pH 试纸上,然后根据试纸的颜色变化并对照比色卡得到溶液的 pH 值。

pH 试纸有广泛试纸和精密试纸两种。广泛 pH 试纸测的溶液 pH 值范围是 1~14,对比比色卡,只能测出 pH 的整数值。精密试纸是按测量区间分的,有 0.5~5.0,0.1~1.2,0.8~2.4 等。超过测量的范围,精密 pH 试纸就无效了。一般可以先用广泛试纸大致测出溶液的酸碱性,再用精密试纸进行精确测量。

2)电极法

利用玻璃电极及参考电极,测定水样中电位变化,可确定氢离子活性,并以氢离子浓度指数(pH)表示之(于 25 ℃、理想条件下氢离子活性改变 10 倍,即改变一个 pH 单位,电位变化为 59.16 mV)。通常所说的 pH 计测定就是最常见的电极测定法。

pH 计是一种测量溶液 pH 值的仪器,它通过 pH 选择电极(如玻璃电极)来测量出溶液的 pH 值。良好的 pH 计可得精密度为 ±0.02,准确度为 ±0.05。其测定过程为:将电极冲洗拭干后置入水样中;以磁子搅拌水样,待稳定后读取 pH 值并记录温度。

在测定土壤的 pH 时,由于土壤常态下是固体,无法直接用以上两种方法进行测量,需要进行处理后再测定,因此,测定土壤 pH 时一般先制成土壤浸出液再行测定。在制作土壤浸出液时要注意如下问题。

(1)土水比的影响。一般土壤悬液愈稀,测得的 pH 愈接近于 7,尤以碱性土的稀释效应较大。为了便于比较,测定 pH 时土水比应当固定。经实验,采用 1∶1 的土水比,碱性土和酸性土均能得到较好的结果,酸性土采用 1∶5 和 1∶1 的土水比所测得的结果基本相似,故建议碱性土采用 1∶1 或 1∶2.5 土水比进行测定。

(2)去离子水中 CO_2 会使测得的土壤 pH 偏低,故应尽量除去,以避免其干扰。

(3)待测土样不宜磨得过细,宜用通过 1 mm 筛孔的土样测定。

注意到这些问题后,一般土壤浸出液的制作方法为:称取通过 2 mm 孔径筛的风干试样 20 g(精确至 0.1 g)于 50 mL 高型烧杯中,加去除 CO_2 的水 20 mL,以搅拌器搅拌 1 min,使土粒充分分散,放置 30 min 后进行过滤,其滤液即可用于测定(制成土壤浸出液后,即可按需要采用以上介绍的电极法和 pH 指示剂法进行测定)。

3)土壤酸碱度计测定法

现在有了专门检测土壤 pH 的仪器——土壤酸碱度计(Soil pH and Moisture Tester)。其测定范围是 pH＝3~8,测定时只要将其插入土壤中并观察读数即可。

4)其他常用测定方法

(1)稀泥糊状物 pH 值。将足够量的去离子水加到土壤样品中搅成很稀的糊状物,放置 5 min 插入 pH 计,经过 15~20 s 后读取仪器示值。注意在两次测量之间要充分洗涤电极。

(2)水分饱和的土壤糊状物 pH 值。在土壤样品中加入少量去离子水,用刮勺搅动混成水分饱和的土壤糊状物,使其均匀,然后在专用的器皿中轻轻敲打糊状物,直至这种糊状物能够反射光线以及稍能流动。当将器皿翻转过来时糊状物应能自由滑出,如有粘附可用刮刀将其刮净。将糊状物放置 1 h 以上,再检查一次样品的水分饱和程度(按照上述方法)。

在放置过程中样品表面不应有游离水分出现,糊状物也不应显著变硬或失去光泽,如果样品变硬或失去光泽,应添加水重新混合,如果糊状物太潮湿则应添加一些干燥的土壤。样品制备后,将电极插入糊状物内不断升高或降低电极的位置直至获得重现的 pH 读数为止。

以上方法都可以进行测定,但对于同一样品不同方法所得数据稍有差异,因此在给出土壤 pH 值时应指明所采用的测定方法。

5.注意事项

(1)pH 指示剂法在测定时要注意以下几个方面:

①pH 试纸在测定前要保持干燥,以免测定结果产生误差;

②玻棒每次使用前都要用去离子水淋洗并擦干;

③待测液滴到 pH 试纸上后时间不可过长,应在接触后半分钟内开始读数,防止时间过长引发后续反应,引起指示剂的其他颜色变化,影响测定结果。

④不要将 pH 试纸浸入待测液,因为试纸浸入待测液会有指示剂流失,从而导致所测值不准,而指示剂流失的同时,会污染待测液。

(2)电极法在测定时要注意以下几个方面:

①每次更换水样均应先将电极淋洗干净并拭干;

②每隔一段时间应用标准缓冲液对 pH 计进行校正(或依照制造商提供的仪器操作手册说明来校正),校正后的 pH 计的有效使用期限一般为四个星期;

③温度影响电极电位和水的电离平衡,温度补偿器、标准缓冲液、待测液温度要一致。

④每批样品量测前必须先校正;连续量测十个样品后,须再量测校正液以确保稳定性。

(3)土壤酸碱度计使用过程中要注意:

①如果测定点的土壤太干燥或肥份过多,无法测土壤的酸碱度时,须先泼水在测定点位置上,待半小时后再行测定。

②使用测定器前,须先用研磨布在金属吸收板的部位完全地擦拭清洁,以防影响测定值。若是未使用新品,金属板表层有保护油,须先插入土壤数次,磨净保护油层后再使用。

③酸碱值测定时,直接插入测试点土内,金属板面必须全部入土约 10 min,所得的才是正确值。土壤的密度、湿度过大和肥份过多都可能影响测定值,故必须在不同的位置测定数次,以求平均值。

6.思考题

(1)pH 指示剂法和电极法测土壤 pH 的原理是什么?

(2)土壤潜性酸有哪些? 如何测定?

7.2.5　土壤有机质的测定

1.实验目的

(1)了解土壤有机质含量作为衡量土壤肥力的重要指标对改善土壤肥力状况,进行培肥、改土的指导意义;

(2)了解土壤有机质测定原理;

(3)初步掌握测定有机质含量的方法及注意事项。

2.实验原理

在加热条件下,用稍过量的标准重铬酸钾-硫酸溶液氧化土壤有机碳,剩余的重铬酸钾用标准硫酸亚铁(或硫酸亚铁铵)滴定,由所消耗标准硫酸亚铁的量计算出有机碳量,从而推算出有机质的含量,其反应式如式(7-10)和式(7-11)所示。

$$2K_2Cr_2O_7 + 3C + 8H_2SO_4 \longrightarrow 2K_2SO_4 + 2Cr_2(SO_4)_3 + 3CO_2 + 8H_2O \qquad (7-10)$$
$$K_2Cr_2O_7 + 6FeSO_4 + 7H_2SO_4 \longrightarrow K_2SO_4 + Cr_2(SO_4)_3 + 3Fe_2(SO_4)_3 + 7H_2O \qquad (7-11)$$

用 Fe^{2+} 滴定剩余的 $Cr_2O_7^{2-}$ 时,以邻啡罗啉($C_2H_8N_2$)为氧化还原指示剂,在滴定过程中指示剂的变色过程如下:开始时溶液以重铬酸钾的橙色为主,此时指示剂在氧化条件下呈淡蓝色,被重铬酸钾的橙色掩盖,滴定时溶液逐渐呈绿色(Cr^{3+}),至接近终点时变为灰绿色。当Fe^{2+}溶液过量半滴时,溶液则变成棕红色,表示滴定已到终点。

3.实验仪器及试剂

1)实验仪器

油浴锅,电炉,硬质试管($\phi18$ mm×180 mm),铁丝笼,温度计(0~200 ℃),分析天平(感量0.0001 g),滴定管(25 mL),移液管(5 mL),漏斗(3~4 cm),三角瓶(250 mL),量筒(10 mL、100 mL),容量瓶,草纸或卫生纸。

2)实验试剂

重铬酸钾($K_2Cr_2O_7$),硫酸亚铁($FeSO_4 \cdot 7H_2O$)或硫酸亚铁铵$[(NH_4)_2Fe(SO_4)_2 \cdot 6H_2O]$,浓硫酸($\rho=1.84$ g/mL),邻啡罗啉,石蜡(固体)或磷酸或植物油。

3)实验溶液配制

(1)硫酸溶液$[c(H_2SO_4)=6$ mol/L]。缓慢地将1体积的浓硫酸($\rho=1.84$ g/mL)加入到2体积的去离子水中,边加入边搅拌。

(2)邻啡罗啉指示剂。称取化学纯硫酸亚铁0.659 g和分析纯邻啡罗啉1.485 g溶于100 mL去离子水中,贮于棕色滴瓶中备用。

(3)重铬酸钾标准溶液$[c(K_2Cr_2O_7)=0.1333$ mol/L]。称取经过130 ℃烘烧3~4 h的分析纯重铬酸钾39.216 g,溶解于400 mL去离子水中,必要时可加热溶解,冷却后转入1000 mL容量瓶中,加去离子水稀释到标线,摇匀。贮存于棕色瓶中备用。

(4)硫酸亚铁或硫酸亚铁铵溶液$[c(FeSO_4)=0.2$ mol/L]。称取化学纯硫酸亚铁55.60 g或硫酸亚铁铵78.43 g,溶于去离子水中,加1.5 mL摩尔浓度为6 mol/L的H_2SO_4溶液,转移至1000 mL容量瓶中,再加去离子水稀释至标线,摇匀。贮存于棕色瓶中备用。

硫酸亚铁溶液的浓度需要标定,具体标定方法如下:

准确吸取3份0.1333 mol/L的$K_2Cr_2O_7$标准溶液各5.0 mL于250 mL三角瓶中,各加5 mL的6 mol/L的H_2SO_4溶液和15 mL去离子水,再加入邻啡罗啉指示剂3~5滴,摇匀,然后用0.2 mol/L $FeSO_4$溶液滴定至棕红色为止,其浓度为

$$c=\frac{6\times0.1333\times5.0}{V} \qquad (7-12)$$

式中:c表示硫酸亚铁溶液的摩尔浓度,mol/L;V为滴定用去硫酸亚铁的体积,mL;6是指6 mol的$FeSO_4$与1 mol的$K_2Cr_2O_7$完全反应的摩尔系数比值。

4.实验步骤

(1)准确称取通过60号筛的风干土样0.1000~0.5000 g(称量多少依据有机质含量而定),放入干燥硬质试管中,用移液管准确加入0.1333 mol/L重铬酸钾溶液5.00 mL,再用量筒加入浓硫酸5 mL,小心摇动。

(2)将试管插入铁丝笼内,放入预先加热至185~190 ℃的油浴锅中,此时温度控制在170~180 ℃之间,自试管内大量出现气泡时开始计时,保持溶液沸腾5 min,取出铁丝笼,待试管稍冷却后,用草纸擦拭干净试管外部油液,放凉。

(3)经冷却后,将试管的内溶物洗入250 mL的三角瓶中,使溶液的总体积达60~80 mL,

酸度为 2～3 mol/L,加入邻啡罗啉指示剂 3～5 滴摇匀。

(4)用标准的硫酸亚铁溶液滴定,溶液颜色由橙色(或黄绿色)经绿色、灰绿色变到棕红色即为终点。

(5)在滴定样品的同时,必须做两个空白实验。取其平均值,空白实验用石英砂或灼烧后的土代替土样,其余操作相同。

5.实验结果处理

$$有机质 = c\frac{(V_0 - V) \times 0.003 \times 10724 \times 1.1}{m \times k} \times 100\% \qquad (7-13)$$

式中:c 表示消耗的硫酸亚铁的摩尔浓度,mol/L;V_0 为空白实验消耗的硫酸亚铁溶液的体积,mL;V 为滴定待测土样消耗的硫酸亚铁的体积,mL;m 为风干土样质量,g;k 为将风干土换算成烘干土的水分系数;0.003 表示 1/4 mmol 碳的质量,g;10174 是将土壤有机碳换算成有机质的换算系数;1.1 为校正系数(用此法氧化率为 90%)。

6.注意事项

(1)土壤有机质含量为 7%～15% 时,可称取 0.1000 g;含量为 2%～4% 时称取 0.3000 g;含量少于 2% 时称取 0.5000 g 以上。

(2)消解时计时要准确,因为对分析结果的准确性有较大的影响。

(3)对含氯化物多的土壤样品,应加入 0.1 mol/L 左右的硫酸银,以消除氯化物的干扰。

(4)测定石灰性土样时,必须缓慢加入浓硫酸,以防止由碳酸钙分解时激烈发泡引起飞溅而损失样品。

(5)在测定还原性强的水稻土时,把已磨细的样品摊成薄层风干十余天,使还原性物质充分氧化后,再测定。

(6)消解完毕后,溶液的颜色为橙黄色或黄绿色。若是以绿色为主,说明重铬酸钾用量不足,或是在滴定时,消耗硫酸亚铁量小于空白 1/3 时,均应弃去重做,因为没有氧化完全。

(7)土壤样品中存留植物根、茎、叶等有机物时,必须用尖头镊子挑选干净。

(8)油浴时,最好选用磷酸代替植物油,它易于洗涤、污染少,同时也便于观察。

7.思考题

(1)在哪些情况下消解液的颜色为绿色? 此时该采取哪些措施?

(2)消解时间和温度对测定结果有无影响? 为什么?

(3)滴定终点时要求 H_2SO_4 的浓度是多少?

7.2.6 土壤有效氮的测定

土壤有效氮是无机的矿物氮和部分易分解的、比较简单的有机态氮、铵态氮、硝态氮、氨基酸、酰胺和易水解的蛋白质氮的总和,通常也称之为水解性氮。实践证明,水解性氮测定结果与作物氮素的吸收量具有一定的相关性。一般认为用碱解扩散法测定土壤水解性氮较为理想,它不仅能测出土壤中氮的供应强度,也能反映氮的供应容量和释放效率,对于了解土壤肥力状况、指导合理施肥具有一定实际意义。

1.实验目的

(1)了解土壤有效氮的存在形态;

(2)掌握土壤有效氮的测定原理及测定方法。

2.实验原理

在密封的扩散皿中,直接加碱于土壤中,于恒温条件下,在一定时间内土壤中部分有机物被碱水解,释放出氨,连同土壤中的铵态氮在碱性条件下转化为氨气,并不断扩散逸出、被硼酸溶液吸收,用标准酸滴定硼酸吸收液中的氨后,可以计算出土壤中的水解氮含量。

化学反应如下:

$$NH_3 + H_3BO_3 \longrightarrow H_2BO_3 \cdot NH_4 \tag{7-14}$$

$$H_2BO_3 \cdot NH_4 + H_2SO_4 \longrightarrow (NH_4)_2SO_4 + H_3BO_3 \tag{7-15}$$

3.实验仪器和试剂

1)实验仪器

扩散皿(11 cm),半微量滴定管(5 mL),分析天平,恒温箱,烧杯,量筒,容量瓶,移液管。

2)实验试剂

氢氧化钠($NaOH$),溴甲酚绿,甲基红,硼酸(H_3BO_3),浓盐酸($\rho = 1.19$ g/mL),阿拉伯胶,甘油,碳酸钾(K_2CO_3),硫酸亚铁($FeSO_4 \cdot 7H_2O$),硫酸银(Ag_2SO_4),95%乙醇。

3)实验溶液配制

(1)$NaOH$ 溶液[$c(NaOH) = 1.8$ mol/L]。称取 72 g 氢氧化钠,用 500 mL 左右的去离子水溶解,冷却后转移至 1000 mL 容量瓶中,用去离子水稀释至标线,摇匀。

(2)$NaOH$ 溶液[$c(NaOH) = 1.2$ mol/L]。称取 48 g 氢氧化钠,用 500 mL 左右的去离子水溶解,冷却后转移至 1000 mL 容量瓶中,用去离子水稀释至标线,摇匀。

(3)甲基红-溴甲酚绿混合指示剂。称取 0.5 g 溴甲酚绿和 0.1 g 甲基红溶解于 100 mL 的 95%乙醇中。

(4)硼酸指示剂溶液[$c(H_3BO_3) = 20$ g/L]。称取 20 g 硼酸溶于 1 L 去离子水中,每升 H_3BO_3 溶液中加入甲基红-溴甲酚绿混合指示剂 20 mL 混匀,并用稀酸或稀碱调节至紫红色(pH 约为 5)。

(5)HCl 溶液[$c(HCl) = 0.1$ mol/L]。量取浓盐酸($\rho = 1.19$ g/mL)8.3 mL,缓慢加入到 300 mL 去离子水中,边加入边搅拌,冷却转移至 1000 mL 容量瓶中,加去离子水稀释至标线,摇匀。

(6)HCl 标准溶液[$c(HCl) = 0.01$ mol/L]。移取 0.1 mol/L 的 HCl 溶液 100 mL 放入 1000 mL 容量瓶中,用去离子水稀释至标线,摇匀。用前用分析纯硼砂标定。具体标定方法如下:

准确称取分析纯硼砂溶解于去离子水中,转移至 1000 mL 容量瓶中,用去离子水稀释至标线,摇匀,得到 0.01 mol/L 标准溶液。吸取 3 份 25 mL 的 0.01 mol/L 标准硼砂溶液于 250 mL 三角瓶中,以甲基红作指示剂,用上述 0.01 mol/L 的 HCl 标准溶液滴定至由黄色变为红色为终点。

$$H^+(mol/L) = 0.01 \times 25/V \tag{7-16}$$

式中:V 为 3 次重复实验的标准硫酸用量的平均值,mL。

(7)碱性胶液。称取 40 g 阿拉伯胶和 50 mL 去离子水于烧杯中,加热至 70～80 ℃搅拌促溶,放冷约 1 h,加入甘油 20 mL 和饱和碳酸钾水溶液 20 mL,搅匀冷却,离心除去泡沫和不溶物,将清液贮于玻璃瓶中备用。

(8)硫酸亚铁粉剂。将硫酸亚铁磨细,装入瓶中密闭保存于阴凉处。

(9)饱和硫酸银溶液。根据硫酸银在水中的溶解度,称取过量的硫酸银(1 g 左右)放入烧杯中,加 100 mL 去离子水,微热搅拌溶解,冷却静置后取上层清液,贮于避光处。

4.实验步骤

称取通过 1 mm 筛孔的风干土样 2.00 g、硫酸亚铁粉剂 0.2 g(水稻土样品不需要加),均匀铺在扩散皿外室。加入 2 mL 浓度为 20 g/L 的硼酸指示剂溶液于扩散皿内室。在扩散皿外室边缘涂上碱性胶液,盖上毛玻璃并旋转几次,使盖片与扩散皿外室边缘完全粘合密闭,再慢慢转开盖片的一边使扩散皿外室露出一条狭缝,迅速加入 10 mL 浓度为 1.8 mol/L 的 NaOH 溶液(水稻土样改加 1.2 mol/L 的 NaOH 溶液)于扩散皿的外室中,立即用盖片盖严。水平旋转扩散皿,使溶液与土样充分混匀,用橡皮筋固定后放入(40±1)℃的恒温箱中,碱解扩散24 h后取出(可以观察到内室应为蓝色),用半微量滴定管以 0.01 mol/L 的 HCl 标准溶液滴定内室硼酸所吸收的氨量,滴定终点为微红色。

同样的方法做空白实验(不加土样)。

5.实验结果处理

$$碱解氮(N)含量(mg/kg) = \frac{c(V-V_0) \times 14.0}{m} \times 10^3 \qquad (7-17)$$

式中:c 为 HCl 标准溶液的摩尔浓度,mol/L;V 为滴定样品所用 HCl 标准溶液的体积,mL;V_0 为滴定空白所用 HCl 标准溶液的体积,mL;14.0 为氮原子的摩尔质量,g/mol;m 为样品质量,g;10^3 表示将 mL 换算成 L。

本实验两次平行测定结果之间允许绝对值相差 5 mg/kg。

6.注意事项

(1)由于胶液的碱性较强,在涂胶液和洗涤扩散皿时,必须特别细心,慎防污染内室,产生误差。

(2)滴定时要用小玻璃棒小心搅动吸收液,切不可摇动扩散皿。

表 7-2　土壤有效氮的诊断指标(碱解扩散法)

土壤水解性氮/(mg·kg⁻¹)	等级
<25	极低
25～50	低
50～100	中等
100～150	高

7.思考题

(1)碱解扩散法测定水解性氮的基本原理是什么?

(2)碱解氮包括哪几种形态的氮?为什么要测定它?

7.2.7 土壤速效磷含量的测定

1.实验目的

(1)了解测定土壤速效磷的基本原理;

(2)掌握土壤速效磷的测定方法。

2.实验原理

土壤速效磷也称为土壤有效磷,包括水溶性磷和弱酸溶性磷,其含量是判断土壤供磷能力的一项重要指标。测定土壤速效磷的含量,可为合理分配和施用磷肥提供理论依据。

用 pH＝8.5 的 0.5 mol/L 的碳酸氢钠($NaHCO_3$)作为浸提剂处理土壤,由于碳酸根的存在抑制了土壤中的碳酸钙的溶解,降低了溶液中 Ca^{2+} 浓度,相应地提高了磷酸钙的溶解度。由于浸提剂的 pH 较高,抑制了 Fe^{3+} 和 Al^{3+} 的活性,有利于磷酸铁和磷酸铝的提取。此外,溶液中存在着 OH^-、HCO_3^-、CO_3^{2-} 等阴离子,也有利于吸附态磷的置换。用碳酸氢钠($NaHCO_3$)作为浸提剂提取的有效磷与作物吸收磷有良好的相关性,其适应范围也广泛。

浸出液中的磷,在一定的酸度下,用硫酸钼锑抗还原显色成磷钼蓝,蓝色的深浅在一定浓度范围内与磷的含量成正比。因此,可用比色法测定其含量。

3.实验仪器和试剂

1)实验仪器

振荡器,紫外分光光度仪,万分之一分析天平,三角瓶(250 mL),容量瓶,布氏漏斗,无磷滤纸,移液管。

2)实验试剂配制

(1)$NaHCO_3$溶液[$c＝0.5$ mol/L]。准确称取 42.0 g 化学纯的碳酸氢钠溶解于 800 mL去离子水中,以 4 mol/L 的 NaOH 溶液调节 pH 至 8.5(用 pH 计测定),然后定容至 1000 mL,保存于试剂瓶中。此溶液暴露于空气中会因失去 CO_2 而使 pH 增高,可于液面加一层矿物油保存。此溶液贮存于塑料瓶中比在玻璃瓶中容易保存。如果贮存期超过 1 个月,使用时应重新调整 pH。

(2)无磷活性炭。将活性炭先用 1∶1(体积比)的盐酸浸泡过夜,在布氏漏斗上抽滤,用蒸馏水冲洗多次,至无 Cl^- 为止,再用 0.5 mol/L 的 $NaHCO_3$溶液浸泡过夜,在布氏漏斗上抽滤,用蒸馏水洗尽 $NaHCO_3$,检查至无磷为止,烘干备用。

(3)1/2 硫酸钼锑抗储备液[$c＝7.5$ mol/L]。在 1000 mL 烧杯中加入 400 mL 去离子水,将烧杯浸在冷水中,然后缓慢注入 208.3 mL 浓硫酸(分析纯),并不断搅拌,冷却至室温。另称取钼酸铵(分析纯)2.0 g 溶于 50 ℃的 200 mL 去离子水中,冷却。再将硫酸溶液慢慢倒入钼酸铵溶液中,不断搅拌,最后加入 100 mL 的 0.5％酒石酸锑钾溶液,用去离子水稀释至1000 mL,摇匀,贮存于棕色试剂瓶中,避光保存。

(4)钼锑抗混合显色剂。称取 1.50 g 抗坏血酸(左旋,旋光度＋21～＋22,分析纯)溶于100 mL 硫酸钼锑抗储备液中,混匀。此试剂有效期为 24 h,宜用前配制,随配随用。

(5)磷标准液。准确称取在 105 ℃烘箱中烘干 2 h 的 KH_2PO_4(分析纯)0.2195 g,溶于400 mL 去离子水中。加浓硫酸 5 mL,转入 1000 mL 容量瓶中,加去离子水定容至标线,摇匀。此溶液为 5.0 mg/L 的磷标准液,此溶液不宜久贮。

(6)氢氧化钠溶液[$c = 0.5$ mol/L]。称取 20 g 氢氧化钠(分析纯)溶于 500 mL 左右的去离子水中,冷却至室温后转移至 1000 mL 容量瓶中,加去离子水稀释至标线,摇匀,静置后使用。

4.实验步骤

1)磷标准曲线绘制

分别吸取 5.0 mg/L 磷标准液 0、1、2、3、4 和 5 mL 于 50 mL 容量瓶(或具塞比色管)中,各加入 0.5 mol/L 的 $NaHCO_3$ 浸提液 10 mL,并沿容量瓶(或具塞比色管)瓶壁慢慢加入钼锑抗混合显色剂 5 mL,充分摇匀,除尽 CO_2 后,加去离子水定容至标线,充分摇匀,即得到浓度分别为 0、0.1、0.2、0.3、0.4 和 0.5 mg/L 的磷系列标准液,30 min 后用紫外分光光度仪于 660 nm 波长处比色,以空白液(即磷标液加入 0)为参比,读取吸光度值。绘制以吸光度为纵坐标、磷浓度(mg/L)为横坐标的磷标准曲线。

2)待测液的制备

称取通过 1 mm 筛孔的风干土样 5.00 g 置于 250 mL 三角瓶中,加入一小勺无磷活性炭(如果土壤中有机质含量少时可不加)和 0.5 mol/L 的 $NaHCO_3$ 浸提液 100 mL,塞紧瓶塞,在振荡器上振荡 30 min,取出后立即用干燥漏斗和无磷滤纸过滤,滤液用另一只三角瓶盛接,若过滤液不清澈,可将滤液倒回漏斗中,重新过滤。同时做空白实验组。

3)样品测定

吸取滤液 10 mL(含磷高时可吸取 2～5 mL,但必须用 0.5 mol/L 的 $NaHCO_3$ 浸提液补足至 10 mL)于 50 mL 容量瓶(或具塞比色管)中,然后沿容量瓶(或具塞比色管)慢慢加入钼锑抗混合显色剂 5 mL,充分摇匀,排出 CO_2 后加去离子水定容至标线,小心摇匀,放置 30 min 后,用紫外分光光度仪于 660 nm 波长处比色测定。颜色稳定时间为 24 h,比色测定必须同时做空白实验(即用 0.5 mol/L 的 $NaHCO_3$ 试剂代替滤液,其他步骤与上面相同)。

5.实验结果处理

$$W_P = c \times \frac{50}{V_0} \times \frac{V_1}{m} \tag{7-18}$$

式中:W_P 为土壤中速效磷含量,mg/kg;c 为从标准曲线上查得的磷浓度,mg/L;50 为显色剂的总体积,mL;V_0 为待测液吸取量,mL;V_1 为提取液总体积,mL;m 为风干土的质量,g。

6.注意事项

(1)钼锑抗混合显色剂的加入量要准确。

(2)加入混合显色剂后,即产生大量的 CO_2 气体,由于容量瓶口小,CO_2 气体不易逸出,在混匀的过程中易造成试液外溢,产生测定误差,因此必须小心慢慢加入,同时充分摇动排放 CO_2,以避免 CO_2 的存在影响比色结果。

(3)活性炭一定要洗至无 Cl^-,否则不能使用。

(4)此法受温度影响很大,一般测定应在 20～25 ℃ 的温度下进行。如室温低于 20 ℃,可将容量瓶(或具塞比色管)放在 30～40 ℃ 的热水中保温 20 min,取出冷却后进行比色。

(5)用 0.5 mol/L 的 $NaHCO_3$ 测定土壤速效磷可参考下列指标(如表 7-3 所示)。

表 7-3　土壤速效磷参考指标

土壤速效磷的含量/(mg·kg^{-1})	<10	10~20	>20
土壤供磷水平	低	中等	高

7.思考题

(1)为什么报告速效磷测定结果时,必须同时说明所用的测定方法?

(2)测定过程中,如要获得比较准确的结果,必须注意哪些问题?

7.2.8　土壤中速效钾的测定

1.实验目的

(1)了解测定土壤中速效钾的含量对判断土壤中钾素供应状况的重要意义;

(2)掌握火焰光度计法测定土壤速效钾的原理和方法。

2.实验原理

钾是作物生长发育过程中所必须的营养元素之一,土壤中钾主要呈无机形态存在,根据钾的存在形态和作物吸收能力,可将土壤中钾素分为四部分:土壤含钾矿物,即难溶性钾,占全部钾的 90%~98%;非交换态钾,属缓效性钾,占全部钾的 1%~10%;交换性钾和水溶性钾,同属于速效性钾,可直接吸收利用,仅占全钾的 1%~2%,其含量从 100 mg/kg 至几百 mg/kg,而水溶性钾只有几 mg/kg。测定土壤中速效性钾含量,对判断土壤肥力、指导合理施肥、满足作物丰产的营养,都有其重要的意义。

以中性 1 mol/L 的乙酸铵溶液为浸提剂,铵离子与土壤胶体表面的钾离子进行交换,连同水溶性钾离子一起进入溶液。浸出液中的钾可以直接用火焰光度计测定。为了抵消乙酸铵的干扰影响,标准钾溶液也需要用 1 mol/L 的乙酸铵配制。本方法测定结果在非石灰性土壤中为交换性钾,而在石灰性土壤中则为交换性钾和水溶性钾的总和。

3.实验仪器和试剂

1)实验仪器

火焰光度计,振荡机,万分之一分析天平,容量瓶,移液管,pH 计。

2)实验试剂

(1)浸提剂(1 mol/L 的乙酸铵,pH=7.0)。准确称取 77.1 g 乙酸铵(CH_3COONH_4)溶解于近 1000 mL 去离子水中,用 pH 计测定 pH,如果 pH 不是 7,则用稀乙酸或稀氢氧化铵调节至 pH=7,最后用去离子水定容至 1000 mL。

(2)钾标准溶液。准确称取 0.1907 g 经 110 ℃烘干 2 h 的氯化钾(KCl)溶于 1 mol/L 的乙酸铵溶液中,并用其定容至 1000 mL,即得到含 100 μg/mL 钾的乙酸铵溶液。

4.实验步骤

1)标准曲线绘制

分别吸取 100 μg/mL 钾标准溶液 0、1、2.5、5、10 和 20 mL 置于 50 mL 容量瓶中,然后用 1 mol/L 的乙酸铵溶液定容,得到 0、2、5、10、20 和 40 μg/mL 钾标准系列溶液。用 0 μg/mL

钾标准系列溶液调火焰光度计上检流计读数到零,然后由稀到浓依次测定钾标准系列溶液的检流计读数。以检流计读数为纵坐标、钾浓度(μg/mL)为横坐标绘制标准曲线。

2)样品测定

称取 5.0 g(精确到 0.01 g)通过 2 mm 筛孔的风干土样于浸提瓶中,加 50 mL 摩尔浓度为 1 mol/L 的乙酸铵溶液,加塞振荡 30 min,用干滤纸过滤,滤液直接供火焰光度计测钾,记录检流计读数。然后从标准曲线上查得待测液的钾浓度(μg/mL)。

5.实验结果处理

$$W_{\text{K}} = \frac{c \times V}{m_1 \times K_2 \times 10^3} \times 1000 \tag{7-19}$$

式中:W_{K} 为速效钾含量,mg/kg;c 为从标准曲线上查得的钾浓度,μg/mL;V 为浸提剂体积,50 mL;K_2 为将风干土样换算成烘干土样的水分换算系数;m_1 为风干土样质量,g。

6.注意事项

(1)加入乙酸铵溶液于土样后,不宜放置过久,否则可能有部分矿物钾转入溶液中,使速效钾量偏高。

(2)土壤中速效钾含量指标可参考表 7-4。

表 7-4　土壤速效钾参考指标

速效钾含量/(mg·kg^{-1})	<30	30~60	60~100	100~160	>160
土壤供钾水平	极低	低	中	高	极高

7.思考题

(1)土壤中的速效钾包括哪几种形态?

(2)土壤钾元素丰缺主要取决于哪些因素?

7.2.9　生态环境中生态因子的观测与测定

1.实验目的

(1)熟悉太阳辐射仪的使用方法;

(2)熟悉风速测定仪的使用方法;

(3)掌握干湿球温度计的测量原理与方法。

2.实验原理

生态学是研究生物与生物之间、生物与环境之间相互关系和相互作用的科学。任何一种生物都生活在错综复杂的生态环境中,不仅受到各生态因子的制约和束缚,同时也能明显地改变各生态因子。通过对不同生态环境中的主要生态因子的观测与测定,通过不同生态环境及同一生态环境中不同位置的比较,了解生态因子的变化规律,从而认识生物与环境的相互作用与相互关系。

3.实验仪器

太阳辐射仪(或照度计),干湿球温度计,风速测定仪,水银温度计,最高温度计,最低温度计,罗盘,竹竿,皮尺,卷尺,记录笔和记录纸等。

4.实验步骤

1)太阳辐射量

调节太阳辐射仪到水平位置,连接辐射仪与辐射电流表,或调整照度计至"0"的位置,测量下列项目。

(1)总太阳辐射量。将太阳辐射仪的探头直接暴露于太阳辐射下,待辐射电流表稳定后,记录读数,通过换算得出总太阳辐射量。

(2)散射辐射量。在太阳辐射仪上面一定高度处,用黑色遮阳板遮住太阳辐射的直射部分,待辐射电流稳定后,记录读数。

(3)直射辐射量。等于总太阳辐射与散射辐射量之差。

(4)地面反射辐射量。将太阳辐射仪探头朝向地面,并与地面平行,待辐射电流表读数稳定后,记录读数。

单位:英尺烛光是指距离一烛光光源(点光源或非点光源)一英尺远而与光线正交的平面上的光照度,记为 1 fc($1 \ lm/ft^2$,流明/平方英尺),即每平方英尺内所接收的光通量为 1 lm 时的照度。1 fc＝10.76 lx。

2)气温和土温

(1)将一根竹竿(长 2～4 m)垂直于地面,从地面起每隔 50 cm 放一支温度计(注意不要让太阳光直射探头或温度计的下部,可用黑色遮阳板遮住阳光)。

(2)用小镐挖 20～50 cm 深的土坑,每隔 5 cm 放一支土壤温度计。

(3)每隔约 10 min 记录一次读数。

3)湿度

测定湿度的常用仪器有通风干湿球温度计和露点温度计。干湿球温度计包括两个温度探头,其球部并排暴露在空气中。一个温度计球是干的,另一个温度计球有可润湿的棉纱套。

在测定温度时,干湿球温度计放置在距地面 1.2～1.5 m 的高处,棉纱套用去离子水湿润。当空气流通时会造成蒸发,而蒸发失热必然造成温度的降低,这样就与实际的温度形成温差。干湿球温度计的读数是在湿球读数已变为稳定的最小值时读取的。

4)风向和风速

测定风有两个参数指标,即风向和风速。风向可以简单地用罗盘或通过云的运动方向或植被弯曲的方向测得。将数字式风速测定仪或手持风速测定仪放置在距地面 0.5 m 和 1.5 m 处,记录风速,注意不同高度风速的变化。

5.实验结果处理

根据干湿球温度计提供的湿球和干球温度,由公式(7-20)可得到该时间的水汽压。

$$e＝e_m-0.00066P(t-t')(1+0.00114t') \tag{7-20}$$

式中:e 为干球温度时的实际水汽压,mmHg;e_m 为湿球温度时的饱和水汽压,mmHg;t 为干球温度,℃;t' 为湿球温度,℃;P 为大气压,mmHg。

相对湿度是在一定温度下实际水汽压与该温度饱和水汽压的比值乘 100,计算公式如式(7-21)所示

$$相对湿度＝100e/e_m \tag{7-21}$$

绝对湿度是在一定温度下每单位体积空气的水汽质量,可按公式(7-22)计算。

$$绝对湿度(g/m^3)＝289.30e/T \tag{7-22}$$

式中:e 为实际水汽压,mmHg;T 为热力学温度,K。

6.注意事项

(1)读出干、湿两球所指示的温度差时,因为湿球外包纱布水分蒸发的快慢,不仅和当时空气的相对湿度有关,还和空气的流通速度有关,所以干湿球温度计所附的对照表只适用于指定的风速,不能任意应用。

(2)当用温度计测定温度的时候,取出或取下温度计时应尽快读数,否则会增大误差。

7.思考题

(1)不同样地各生态因子的变化规律是怎么样的?

(2)各生态因子对于认识生物与环境的相互作用和相互关系有何意义?

7.2.10　叶片缺水程度的鉴定

1.实验目的

(1)熟悉叶片缺水程度的鉴定原理及方法。

(2)掌握电导率仪的使用方法。

2.实验原理

植物细胞膜对维持细胞的微环境和正常的代谢起着重要的作用。在正常情况下,细胞膜对物质具有选择透性能力。当植物受到逆境影响时,如极端温度、干旱、盐渍、重金属(如 Cd^{2+} 等)、大气污染物(如 SO_2、HF、O_3 等)和病原菌侵染后,细胞膜遭到破坏,膜透性增大,从而使细胞内的电解质外渗,以致植物细胞浸提液的电导率增大。膜透性增大的程度与逆境胁迫强度有关,也与植物抗逆性的强弱有关。这样,比较不同作物或同一作物不同品种在相同胁迫下膜透性的增大程度,即可比较作物间或品种间的抗逆性强弱。因此,电导法目前已成为作物抗性栽培、育种时鉴定植物抗逆性强弱的一个精确而实用的方法。

3.实验仪器

电导率仪,电子天平,真空干燥器,恒温设备,摇床等。

4.实验步骤

(1)选取叶龄、层次相同的小麦叶片(或其他植物功能叶),包在湿纱布内,置于烧杯中。用自来水冲洗叶片,除去表面沾污物,再用去离子水冲洗 1～2 次,用干净纱布吸干叶片表面水分,保存在湿纱布中,防止叶片失水。狭长叶片可用刀片切成 1 cm 长段(宽大叶面避开大叶脉,用打孔器打取圆片)。

(2)按甲乙两组分别称取样品 1 g,每组 2～3 个平行样,将样品放入小烧杯中,加 20 mL 重蒸去离子水,浸没样品。

(3)甲组放入真空干燥器中,用真空泵反复抽放气 3～4 次(压力 400～500 mmHg,减压 0.5 h 恢复常压),除去水与叶表面之间和细胞间隙中的空气,使叶组织内电解质渗出。于 20～30 ℃振荡保温 2～3 h。

(4)乙组样品置沸水浴中煮沸 10～15 min,使生物膜变成全透性,用去离子水补足原容量,冷却。

(5)将甲乙两组外渗液分别倾入小烧杯,测电导率。以自来水电导率作为对照。

电导率仪的操作方法详见附录 4。

5.注意事项

(1)使用电极时,保持插接良好,防止接触不良;

(2)测量过程中从甲溶液转移到乙溶液时,先用去离子水清洗,再倒乙溶液,不能用滤纸擦拭;

(3)电极使用完毕应清洗干净,甩干后妥善保存,避免碰撞损坏;

(4)注意保护好电极上的常数标识,以免损毁后遗忘电极常数值。

6.思考题

(1)如何判断植物的缺水程度?

(2)判断植物是否缺水在形态和生理生化方面有哪些主要指标?

7.2.11 重金属污染对植物种子萌发及幼苗生长的影响

1.实验目的

(1)了解重金属污染环境对植物种子萌发的影响;

(2)了解不同处理下植物生物量的变化;

(3)掌握不同浓度的重金属溶液的配制方法。

2.实验原理

种子萌发是植物繁殖后代的关键性步骤,也是决定种子质量的依据。种子萌发程度常用种子发芽率表示。种子发芽率是指在最适宜的条件下,在规定的天数内,发芽的种子数占供试种子数的百分率,它是决定种子品质和使用价值的主要依据。测试种子发芽率的方法很多,如快速测定法,它包括 2,3,5-三苯基氯化四氮唑法(TTC 法)、溴麝香草酚蓝法(BTB 法)和纸上荧光法。本实验采用直接发芽的方法测定种子发芽率。

工业、交通、农业,特别是矿藏的开发和冶金,给环境,特别是水和土壤带去了大量的重金属,严重的情况下会造成对生物的毒害。重金属污染影响植物生长发育和代谢的主要是铜、铬、铅、镉、锌、钴和汞等。铜为人体必需元素,但摄取过多会干扰人体正常的新陈代谢,甚至造成中毒。重金属还能通过抑制作物细胞分裂和生长、刺激和抑制一些酶的活性来影响组织蛋白质合成,降低光合作用和呼吸作用,伤害细胞膜系统,从而影响作物的生长和发育。因此,种子萌发和幼苗生长是检测土壤等环境污染的重要指标。

3.实验仪器和试剂

1)实验仪器

恒温光照培养箱,分光光度计,万分之一分析天平,离心机,恒温水浴锅,试管,培养皿,千分尺,离心管,研钵,具塞刻度比色管,容量瓶,洗耳球,移液管,脱脂棉,漏斗,滴定管。

2)实验试剂

醋酸铅[$(CH_3COO)_2Pb \cdot 3H_2O$]，氯化镉($CdCl_2$)，硫酸锌($ZnSO_4$)，次氯酸钠($NaClO$)，硝酸汞[$Hg(NO_3)_2$]。

4.实验步骤

1)重金属溶液的配制

以氯化镉($CdCl_2$)为例，其他重金属溶液类似。先准确称取 163 mg 氯化镉($CdCl_2$)溶于去离子水中，再转移至 1000 mL 容量瓶中，用去离子水稀释至标线，混匀，即配制出 100 mg/L 的镉溶液，然后再稀释至所需的浓度。

2)种子的预处理

取颗粒饱满、大小均匀的小麦种子置于盆内，用自来水冲洗 2～3 次，用 5% 的次氯酸钠消毒 4～5 min，再用自来水清洗数次，于 30 ℃ 的温水中浸种吸涨 30 min。

3)种子的重金属处理及培养

用 100 mg/L 镉溶液配制成 5、10、25 和 50 mg/L 四个浓度的镉溶液，取干净培养皿 5 套，分别加入去离子水和各个浓度的镉溶液 10.0 mL，在每个培养皿中加入滤纸一张，用镊子放入预处理的水稻种子 50 粒，盖好培养皿，置于 30 ℃ 恒温箱中培养，同时用去离子水作对照实验。

4)结果观察

培养 2、4、6、7 和 11 d，观察小麦种子发芽及幼苗生长情况。测定不同镉处理浓度已发芽的种子的平均数、平均根长和平均芽长。

5.实验结果处理

(1)发芽率。在规定的条件和时间内的正常发芽数占供试种子数的百分率，%[即(种子出芽数/50)×100%]。

(2)根的耐性指数按公式(7-16)计算。

根的耐性指数＝(处理组中根的平均长度/对照组中根的平均长度)×100%　　(7-16)

6.注意事项

当根的耐性指数大于 0.5 时，表明这种植物对此重金属有较强的耐受性，生长得较好。当耐性指数小于 0.5 时，则说明重金属对这种植物的毒害作用明显，这种植物基本难以或不能生长在这种浓度的重金属环境中。

7.思考题

(1)重金属对小麦种子发芽率及幼苗生长发育有什么影响?

(2)不同浓度的重金属溶液对小麦种子发芽率及幼苗生长发育的影响有什么差别? 并加以解释。

7.2.12　温度胁迫对植物过氧化物酶活性的影响

1.实验目的

(1)熟悉温度胁迫对植物损害的鉴定以及植物对温度耐受程度的判断;

（2）掌握过氧化物酶（POD）活性的测定。

2.实验原理

当植物衰老特别是处于逆境的条件下，植物细胞内活性氧的产生和清除的平衡受到破坏，自由基增加，引发和加剧细胞膜脂过氧化。植物细胞内活性氧自由基清除的方式是多样的。超氧化物歧化酶（SOD）是植物体内清除活性氧系统的第一道防线，在活性氧的清除系统中发挥着特别重要的作用，处于保护系统的核心位置，其主要功能是清除 O_2^-，并产生 H_2O_2。而POD 则主要通过催化 H_2O_2 或其他过氧化物来氧化多种底物。

在有过氧化氢存下，过氧化物酶能使愈创木酚氧化，生成茶褐色物质，该物质在 470 nm 处有最大吸收，可用分光光度计测量 470 nm 的吸光度变化测定过氧化物酶活性。

3.实验仪器试剂

1）实验仪器

分光光度计，离心机，万分之一分析天平，秒表，研钵，移液管，烧杯，容量瓶，比色皿。

2）实验试剂

磷酸氢二钠（Na_2HPO_4），磷酸二氢钠（NaH_2PO_4），磷酸二氢钾（KH_2PO_4），磷酸缓冲液，30%过氧化氢，愈创木酚。

3）实验溶液配制

（1）Na_2HPO_4 溶液[$c(Na_2HPO_4)=0.2$ mol/L]称取 28.392 g 的 Na_2HPO_4 溶于适量去离子水中，转移至 1000 mL 容量瓶中，用去离子水稀释至标线，摇匀。

（2）NaH_2PO_4 溶液[$c(NaH_2PO_4)=0.2$ mol/L]。称取 31.202 g 的 $NaH_2PO_4 \cdot 2H_2O$ 或 23.996 g 的 NaH_2PO_4 溶于适量去离子水中，转移至 1000 mL 容量瓶中，用去离子水稀释至标线，摇匀。

（3）100 mmol/L 磷酸缓冲液（pH=6.0）。移取 12.3 mL 的 0.2 mol/L NaH_2PO_4 溶液和 87.7 mL 的 0.2 mol/L NaH_2PO_4 溶液混匀，然后稀释两倍。

（4）KH_2PO_4[$c(KH_2PO_4)=20$ mmol/L]。称取 2.722 g 的 KH_2PO_4 颗粒溶于去离子水中，转移至 1000 mL 容量瓶中，用去离子水稀释至标线，摇匀。

（5）反应混合液。量取 100 mmol/L 的磷酸缓冲液（pH=6.0）50 mL 置于烧杯中，加入愈创木酚 28 μL，在加热磁力搅拌器或磁力搅拌水浴锅上加热搅拌，直至愈创木酚溶解，待溶液冷却后，加入 30%过氧化氢 19 μL，混合均匀，保存在冰箱中。

4.实验步骤

1）样品的制备

各取生长情况相同的小麦幼苗 10 株，分别置于 45 ℃、0～2 ℃和室温下。

2）过氧化物酶的测定

（1）粗酶液的提取。称取植物材料 1 g，加 20 mmol/L 的 KH_2PO_4 溶液 5 mL，于研钵中研磨成匀浆，以 4000 r/min 离心 15 min，倾出上清液保存在冷处，所得残渣再用 5 mL 的 20 mmol/L 的 KH_2PO_4 溶液提取一次，合并两次上清液，保存在冷处备用。

（2）酶活性的测定。取光径 1 cm 比色皿 2 只，于 1 只中加入反应混合液 3 mL 和磷酸缓冲液（或加热煮沸 5 min 的酶液）1 mL，作为校零对照，另 1 只中加入反应混合液 3 mL、上述酶液 1 mL（如酶活性过高可稀释之），立即开启秒表记录时间，于分光光度计上测量吸光度值，每隔 0.5 min 读数一次，连续读数 3 次，读数于波长 470 nm 下进行。

5. 实验结果处理

以每分钟吸光度增加 0.1 作为一个酶活性单位。

$$过氧化物酶活性 [u/(g \cdot min)] = \Delta A_{470} \cdot V_T / (0.1 \cdot W \cdot t \cdot V_s) \qquad (7-23)$$

式中：ΔA_{470} 为反应时间内吸光度的变化；W 为植物鲜重，g；V_T 为提取酶液总体积，mL；V_s 为测定时取用酶液体积，mL；t 为反应时间，min。

6. 注意事项

（1）反应混合液应在用前配制，现用现配。

（2）样品研磨要充分。

（3）酶液的提取要尽量在低温条件下进行。

（4）H_2O_2 要在反应开始前加，不能直接加入。

7. 思考题

逆境胁迫对植物过氧化物酶活性的动态影响？

7.2.13　盐胁迫对植物的影响

1. 实验目的

（1）了解盐胁迫对植物种子萌发的影响；

（2）掌握种子萌发过程中发芽率、发芽势、发芽指数等各项指标的观察、计算方法；

（3）了解各项指标在盐胁迫条件下的变化趋势；

（4）学会绘制盐浓度与生长指标相关曲线。

2. 实验原理

土壤中高浓度的盐分离子不仅造成土壤水势下降，推迟或抑制种子萌发，而且还会抑制环境中植物幼苗根、茎、叶、花和果实等器官的生长发育和新陈代谢过程，使植物生长受到抑制。当盐分离子浓度进一步升高时，除因水势降低而对植物产生渗透胁迫外，还对植物产生离子胁迫，破坏细胞中离子平衡，抑制酶活性的标定，限制营养物质的供应，干扰细胞中离子代谢，改变其组织和细胞的显微和超微结构，此外还限制作物根系对盐分离子的吸收和运输机制，造成离子毒害，降低植物叶绿素含量，进而阻止光合作用的正常进行。同时，盐渍土壤还会对植物呼吸作用造成显著影响，使植物出现中毒现象甚至死亡。

3. 实验仪器和试剂

1）实验仪器

恒温培养箱，万分之一分析天平，培养皿，滤纸，植物种子，烧杯，容量瓶，移液管。

2）实验试剂

磷酸二氢钾（KH_2PO_4），硝酸钾（KNO_3），硝酸钙 [$Ca(NO_3)_2$]，硫酸镁（$MgSO_4$），硼酸

(H_3BO_3)，四水氯化锰$(MnCl_2 \cdot 4H_2O)$，七水硫酸锌$(ZnSO_4 \cdot 7H_2O)$，无水硫酸铜$(CuSO_4)$，钼酸$(H_2Mo_2O_4)$，碳酸钠(Na_2CO_3)，氯化钠$(NaCl)$，乙二胺四乙酸二钠$(Na_2\text{-}EDTA)$，七水硫酸亚铁$(FeSO_4 \cdot 7H_2O)$，10%次氯酸钠，30%双氧水(H_2O_2)。

3）实验溶液配制

（1）磷酸二氢钾溶液$[c(KH_2PO_4)=1\ mol/L]$。称取 13.61 g 磷酸二氢钾溶于去离子水中，转移至 100 mL 容量瓶中，用去离子水稀释至标线，摇匀。

（2）硝酸钾溶液$[c(KNO_3)=1\ mol/L]$。称取 10.11 g 硝酸钾溶于去离子水中，转移至 100 mL 容量瓶中，用去离子水稀释至标线，摇匀。

（3）硝酸钙溶液$[c(Ca(NO_3)_2)=1\ mol/L]$。称取 16.41 g 硝酸钙溶于去离子水中，转移至 100 mL 容量瓶中，用去离子水稀释至标线，摇匀。

（4）硫酸镁溶液$[c(MgSO_4)=1\ mol/L]$。称取 12.037 g 硫酸镁溶于去离子水中，转移至 100 mL 容量瓶中，用去离子水稀释至标线，摇匀。

（5）大量元素营养液配方如表 7-5 所示。

表 7-5　大量元素培养液配方

试剂	浓度/(mol·L^{-1})	每升培养液中加入的体积/mL
磷酸二氢钾	1	1
硝酸钾	1	5
硝酸钙	1	5
硫酸镁	1	2

（6）微量元素溶液配方如表 7-6 所示。

表 7-6　微量元素溶液配方

化合物	每升水加入的量/g	化合物	每升水加入的量/g
硼酸	2.86	五水硫酸铜	0.08
四水氯化锰	1.81	钼酸	0.02
七水硫酸锌	0.22		

（7）Fe-EDTA 溶液。将 7.45 g 的乙二胺四乙酸二钠$(Na_2\text{-}EDTA)$和 5.57 g 的七水硫酸亚铁$(FeSO_4 \cdot 7H_2O)$溶解到 1 L 去离子水中。

（8）霍格兰溶液（Hoagland's Solution）。在每升大量元素培养液中加入 1 mL 的 Fe-EDTA 溶液和 1 mL 微量元素溶液混合均匀。

4.实验步骤

1）实验前期准备

（1）种子的预处理。挑选籽粒大小相当的种子，先用 10%的次氯酸钠消毒 10 min，再用 30%H_2O_2消毒，然后冲洗干净。最后，根据种皮的致密程度将种子浸泡 1~2 d。

（2）器皿准备。于培养皿中分别加入碳酸钠 10、30、90 和 270 mg/L，或氯化钠 10、30、90 和 270 mg/L，以清水为对照。

（3）将每个培养皿底部平铺两片滤纸。做3个平行处理。

2）种子的培养

将预处理的种子播于上述铺有滤纸的培养皿内，将培养皿置于恒温箱中，在25℃无光条件下培养7d。然后，在各培养皿中滴加霍格兰溶液，并将培养皿置于自然光照条件下培养。

3）实验记录

在种子萌发3d后，逐日记录正常萌发种子数、不萌发种子数、腐烂种子数。将观察结果记录于表7-7中。

5.实验结果计算

1）发芽率、发芽势和发芽指数的计算

$$发芽率＝（7d发芽种子数/供实验种子数）×100\%$$
$$发芽势＝（3d发芽种子数/供实验种子数）×100\%$$

发芽指数的计算式为

$$G_i = \sum (G_t/D_t) \tag{7-24}$$

式中：G_i 为发芽指数；G_t 为在 t 日的发芽数，个；D_t 为相应的发芽天数，d。

表7-7 发芽情况记录

碳酸钠（或氯化钠）浓度/(mg·L⁻¹)	平行样	时间/d											
		3	4	5	6	7	8	9	10	11	12	13	14
0	1 2 3												
10	1 2 3												
30	1 2 3												
90	1 2 3												
270	1 2 3												

根据表 7-7 的数据,分别计算发芽率、发芽势和发芽指数,将计算结果记录于表 7-8 中。

表 7-8 种子萌发的发芽率、发芽势以及发芽指数计算结果

指标	碳酸钠(或氯化钠)浓度/(mg·L^{-1})				
	0	10	30	90	270
发芽率/%					
发芽势/%					
发芽指数/(个·d^{-1})					

2)生长发育统计

种子萌发过程中的生长发育指标主要包括芽长、总长、芽重和总重。发芽 3 d 后,用镊子轻轻将其取出,用滤纸吸干,再用刻度尺分别测量芽长和总长,之后,用电子天平测其总重和芽重。以上各量均取平均值,将结果记录于表 7-9 中。

表 7-9 种子萌发中的生长发育指标测定结果

指标	碳酸钠(或氯化钠)浓度/(mg·L^{-1})					
	0	500	1000	2000	3000	4000
发芽个数						
芽长/cm						
总长/cm						
芽重/mg						
总重/mg						

根据观察和测定计算的结果,分析种子萌发过程中各指标在不同盐胁迫条件下的变化,了解盐胁迫对种子萌发的影响。

6.思考题

(1)做盐胁迫实验时,在预处理种子时为什么要浸泡?

(2)试分析盐胁迫对种子萌发的影响。

7.2.14 鱼类的急性毒性实验

鱼类是水生食物链的重要环节,也是水体中重要的经济动物。鱼类的急性毒性实验在研究水污染及水环境质量中占有重要地位。通过鱼类急性毒性实验可以评价受试物对水生生物可能产生的影响,以短期暴露效应表明受试物的毒害性。因此,在人为控制的条件下,所进行的各种鱼类急性毒性实验,不仅可以用于化学品毒性测定、水体污染程度检测、废水及其处理效果检查,而且也可为制定水质标准、评价水环境质量和管理废水排放提供科学依据。

1.实验目的

(1)熟悉和掌握鱼类急性毒性实验的原理、条件、操作步骤;

(2)掌握实验结果的计算和分析的全过程。

2.实验原理

鱼类对水环境的变化反应十分灵敏,当水体中的污染物达到一定程度时,就会出现一系列中毒反应,例如行为异常、生理功能紊乱、组织细胞病变、甚至死亡。在规定的条件下,使鱼接触含不同浓度受试物的水溶液,实验至少进行 24 h,最好以 96 h 为一个实验周期,在 24、48、72 和 96 h 时记录实验鱼的死亡率,确定鱼类死亡 50% 时的受试物浓度。

3.实验仪器和材料

1)实验仪器

(1)实验容器。实验容器一般为用玻璃或其他化学惰性材质制成的水族箱或水槽。容器体积可根据实验鱼的体重确定,通常每升水中鱼的负荷不得超过 2 g(最好为 1 g)。一些小型鱼类幼鱼可选择 500 mL 或 1000 mL 烧杯为实验容器。容器的深度必须超过 16 cm,水体表面积越大越好。同一实验应采用相同规格和质量的容器。为防止鱼类跳出容器,可在容器上加上网罩。实验容器使用后,必须彻底洗净,以除去所有毒性残留物。本实验采用容积2000 mL、规格一致的 5 套小型鱼缸系统。

(2)其他实验仪器。溶解氧测定仪,水硬度计,温度控制仪,pH 计,万分之一分析天平。

2)实验鱼的选择、收集与驯养

实验用的鱼必须对毒物敏感,具有一定的代表性,便于实验条件下饲养,来源丰富,个体健康。我国可采用的实验鱼有四大养殖淡水鱼(青鱼、草鱼、鲢鱼和鳙鱼)、鲤鱼、金鱼、鲫鱼、野生的食蚊鱼等。

在同一实验中要求实验鱼必须同属、同种、同龄、同大小,最好是当年生。鱼的平均体长不超过 7 cm 为宜。金鱼体短、身宽,一般体长 3 cm 较为合适。同组鱼中最大的体长不应超过最小的体长的 1.5 倍。(注意:在毒性实验报告中,鱼类名称要使用正式种名,即拉丁学名。)

选用的实验鱼在实验前必须在实验室内经过驯养,使之适应实验室条件的生活环境并进行健康选择。驯养鱼应该在与实验相同水质水温的水体中至少驯养 7 d,使其适应实验环境,不应长期养殖(<2 个月)。驯养期间,应每天换水,可每天喂食 1~2 次,但在实验前一天应停止喂食,以免实验时剩余饵料及粪便影响水质。驯养期间实验鱼死亡率不得超过 5%,否则,可以认为这批鱼不符合实验鱼的要求,应该继续驯养或者重新更换实验鱼进行驯养。

实验前必须挑选健康的鱼,即选择体色有光泽、鱼鳍完整舒展、行为活泼、逆水性强、尺寸无太大差异、无任何疾病的鱼作为实验鱼。任何畸形鱼、外观上反常态的鱼都不得作实验鱼。

3)实验用水(稀释水)及水质条件

用来驯养和配置实验液的水,必须是未受污染的清洁水。一般可采用天然河水、湖水或地下水,但需过滤以除去大的悬浮物质。也可用自来水代替,但必须进行人工曝气,或放置 3 d 以上脱氯。如果实验目的是评价工业废水或化学物质对接纳水体的影响时,则最好采用接纳水体的污染源上游水作为实验用稀释水。去离子水不适合作稀释水,因为去离子水中已除去了自然界水中的盐类,与实际差距太大,另外,由于蒸馏器的影响,有时去离子水中带有对鱼类不利的金属离子,影响实验结果。

实验用水的水质条件一般是指水的温度、pH、溶解氧、硬度、水中的有机物和水量等。

(1)水温。实验中应保持鱼类原来的适应温度,一般冷水鱼在 12~18 ℃,温水鱼在 21~

25 ℃。为使实验结果可靠,在同一实验中,温度的波动范围不要超过 2 ℃(即±1 ℃)。冬天可以通过加热室内的空气而达到调节水温的目的,也可以采用电热棒直接控制调节水温。

(2)pH。水的 pH 与水生生物的代谢作用有密切关系。对毒物的毒性作用也有一定的影响。因此,在实验中应维持 pH 在鱼类适宜范围内。一般实验液的 pH 在 6.0~8.5 为宜。如需调节 pH,可用 1 mol/L 或 0.1 mol/L 的 HCl 和 NaOH 来调节受试物储备液的 pH。调节储备液的 pH 时不能使受试物浓度明显改变,或发生化学反应和沉淀。

(3)溶解氧。溶解氧是鱼类生存的必要条件,它能影响鱼类对毒物的敏感性。一般温水鱼要求溶解氧在 4 mg/L 以上,冷水鱼要求溶解氧在 5 mg/L 以上,每日光照 12~16 h。

4.实验步骤

1)预实验

用于确定正式实验所需浓度范围,可选择较大范围的浓度系列,如 1000、100、10、1 和 0.1 mg/L。每个浓度放入五条鱼,可用静态方式进行,不设平行组,实验持续 48~96 h。每日至少记录各容器内的死鱼数两次,并及时取出死鱼。求出 24 h 的 100%死亡浓度和 96 h 无死亡浓度。

如果一次预实验结果无法确定正式实验所需的浓度范围,应另选一浓度范围再次进行预实验。

建议本次实验药品为高锰酸钾,预实验浓度取 2、5、10、15 和 20 mg/L。

2)正交试验

根据预实验得出的结果,在包括使鱼全部死亡的最低浓度和 96 h 鱼类全部存活的最好浓度之间至少设置 5 个浓度组,并以几何级数排布。浓度间隔系数应≤2.2。

每个试验浓度组应至少设 2~3 个平行,每一系列设一个空白对照。如使用了助溶剂,应增设溶剂对照组,其浓度与试剂中的最高溶剂浓度相同。实验鱼的数目以每组(浓度组和对照组)至少 7 尾合适,建议取 10 尾。

试验溶液调节至相应温度后,从驯养鱼群中随即取出鱼并随机迅速放入各实验容器中。转移期间处理不当的鱼均应弃除。同一试验,所有实验鱼应 30 min 内分组完毕。

分别在 24、48、72 和 96 h 后检查受试鱼的状况。如果没有任何肉眼可见的运动,如鳃不扇动、碰触尾柄后无反应等,即可判断该鱼已死亡。观察并记录死鱼数目后,将死鱼从容器中取出。应在试验开始后 3 h 或 6 h 观察各组鱼的状况,并记录实验鱼的异常行为(如鱼体侧翻、失去平衡,游泳能力和呼吸能力减弱,色素沉积等)。

试验开始和结束时要测定 pH、溶解氧和温度。试验期间,每天至少测定一次。

至少在试验开始和结束时,测定实验容器中试验液的受试物浓度。

试验结束时,对照组的死亡率不得超过 10%。

建议本次试验药品为高锰酸钾,浓度取 0、3、4、5 和 6 mg/L。

5.实验结果处理

1)数据处理

以暴露浓度为横坐标、死亡率为纵坐标,绘制暴露浓度对死亡率的曲线。用直线内插法或常用统计程序计算出 24、48、72 和 96 h 的半致死浓度(LC_{50})值,并计算 95%的置信限。

如果试验数据不适于计算 LC_{50},可用不引起死亡的最高浓度和引起 100% 死亡的最低死亡浓度估算 LC_{50} 的近似值,即这两个浓度的几何平均值。

2)化学物质急性毒性分级

依据 LC_{50} 值的大小,可以将化学物质的急性毒性分为剧毒、高毒、中等毒、低毒和微毒 5 级,如表 7-10 所示。

表 7-10　化学物质对鱼类急性毒性实验毒性分级标准

$96\ h\ LC_{50}/(mg \cdot L^{-1})$	<1	$1 \sim 100$	$100 \sim 1000$	$1000 \sim 10000$	>10000
毒性分级	剧毒	高毒	中等毒	低毒	微毒

3)实验报告编写

在实验报告中应包括:实验名称、目的、实验原理、实验的准确起止日期,还有如下几项。

(1)实验鱼的种名、来源、体重、体长、健康和驯化状况。

(2)受试物质名称、来源物化性质和保存方法。

(3)实验用水的来源、物化性质和实验前的处理等。

(4)实验溶液的浓度与配置方法、实验温度。

(5)实验条件,如容器形式、实验液的体积与深度、受试生物数目及负荷率。

(6)实验开始后 24、48、72 和 96 h 时的 LC_{50} 值,及其毒性分级。

6.注意事项

(1)实验期间,对照组鱼死亡率不得超过 10%。

(2)实验期间,受试物实测浓度不能低于设置浓度的 80%。如果实验期间受试物实测浓度与设置浓度相差超过 20%,则应该以实测受试物浓度来表达实验结果。

(3)实验期间,尽可能维持恒定条件。

(4)实验期间,实验溶液的溶解氧含量应大于 60% 的空气饱和值。

7.思考题

(1)干扰鱼类 LC_{50} 正常测定的因素有哪些?

(2)对一化学性质稳定的物质,试推测用静态法、半静态法或动态法测定其对鱼类毒性的 LC_{50} 值的可能差别。

7.3　综合实验

7.3.1　土壤可溶盐的测定

1.实验目的

(1)掌握土壤提取液的制备方法;

(2)熟悉土壤中可溶性盐总量的测定方法;

(3)熟悉土壤中可溶性盐的阴、阳离子的分析方法。

2.土壤水浸提液的制备

1）方法原理

土壤样品和水按一定的水土比例混合，经过一定时间振荡后，将土壤中可溶性盐分提取到溶液中，然后将水土混合液进行过滤，滤液可作为土壤可溶盐分测定的待测液。

2）实验仪器

往复式电动振荡机，离心机，真空泵，1/100 扭力天平，巴氏漏斗，广口塑料瓶（1000 mL）。

3）实验步骤

称取 100.0 g 通过 1 mm 筛孔的风干土样放入 1000 mL 广口塑料瓶（浸提瓶）中，加入去 CO_2 水 500 mL，用橡皮塞塞紧瓶口，在振荡机上振荡 3 min，立即用抽滤管（或漏斗）过滤，最初约 10 mL 滤液弃去。如滤液浑浊，则应重新过滤，直到获得清亮的浸出液。清液存于干净的玻璃瓶或塑料瓶中，不能久放。电导、pH、CO_3^{2-}、HCO_3^- 离子等项测定应立即进行，其他离子的测定最好都能在当天做完。如不用抽滤，也可用离心机分离，分离出的溶液也必须清晰透明。

3.可溶性盐总量的测定

1）方法原理

取一定量的待测液，蒸干后在 105～110 ℃下烘干至恒重，称为"烘干残渣总量"，它包括水溶性盐类及水溶性有机质等的总和。用 H_2O_2 除去烘干残渣中的有机质后，即为水溶性盐总量。

2）实验仪器和试剂

(1)实验仪器：电热板，水浴锅，干燥器，瓷蒸发皿，万分之一分析天平。

(2)实验试剂。

①2％Na_2CO_3 溶液。2.0 g 无水碳酸钠（Na_2CO_3）溶于少量水中，稀释至 100 mL。

②15％H_2O_2。

3）实验步骤

吸出清澈的待测液 50 mL，放入已知质量的烧杯或瓷蒸发皿（质量记为 W_1）中，移放在水浴上蒸干后放入烘箱，在 105～110 ℃烘干 4 h。取出，放在干燥器中冷却约 30 min，在分析天平上称重。再重复烘 2 h，冷却，称至恒重（W_2），前后两次重量之差不得大于 1 mg。计算烘干残渣总量。

在上述烘干残渣中滴加 15％的 H_2O_2 溶液，使残渣湿润，再放在沸水浴上蒸干，如此反复处理，直至残渣完全变白为止，再按上法烘干后，称至恒重（W_3），计算水溶性盐总量。

4）实验结果处理

$$水溶性盐总量\% = \frac{(W_3 - W_1)}{W} \times 100 \qquad (7-25)$$

式中：W 为与吸取浸出液相当的土壤样品质量，g。

4.碳酸根和重碳酸根的测定

1）方法原理

在待测液中碳酸根（CO_3^{2-}）和重碳酸根（HCO_3^-）同时存在的情况下，用标准盐酸滴定时，反应按下式进行：

$$Na_2CO_3 + HCl \longrightarrow NaHCO_3 + NaCl(pH=8.2 \text{ 为酚酞终点}) \qquad (7-26)$$

$$NaHCO_3 + HCl \longrightarrow NaCl + H_2CO_3(pH=3.8 \text{ 为甲基橙终点}) \qquad (7-27)$$

当式（7-26）反应完成时，有酚酞指示剂存在，溶液由红色变为无色，pH 为 8.2，所有碳酸根转变为碳酸氢根。当（7-27）式反应完成时，有甲基橙指示剂存在，溶液由橙黄变成桔红，pH 为 3.8。

2）实验仪器和试剂

（1）实验仪器和材料：滴定管，滴定台，移液管（25 mL），三角瓶（150 mL）。

（2）实验试剂。

①盐酸溶液[$c(HCl)=0.1$ mol/L]。量取浓盐酸（$\rho=1.19$ g/mL）8.3 mL，缓慢加入到 300 mL 去离子水中，边加入边搅拌，冷却后转移至 1000 mL 容量瓶中，加去离子水稀释至标线，摇匀。

②盐酸标准溶液[$c(HCl)=0.02$ mol/L]。移取 0.1 mol/L 的盐酸溶液 200 mL 放入 1000 mL 容量瓶中，用去离子水稀释至标线，摇匀。用前用分析纯硼砂标定。具体标定方法如下：

准确称取分析纯硼砂（$Na_2B_4O_7 \cdot 10H_2O$）溶解于去离子水中，转移至 1000 mL 容量瓶中，用去离子水稀释至标线，摇匀，为 0.01 mol/L 标准溶液。

吸取 3 份 25 mL 的 0.01 mol/L 标准硼砂溶液于 250 mL 三角瓶中，以甲基红作指示剂，用上述 0.02mol/L 盐酸标准溶液滴定至由黄色变为红色为终点。

$$H^+(\text{ mol/L})=0.01 \times 25/V \qquad (7-28)$$

式中：V 为 3 次重复实验标准盐酸用量的平均值，mL。

③0.5%酚酞指示剂（95%乙醇溶液）。称取 0.5 g 酚酞，溶于 95%乙醇溶液中，转移至 100 mL容量瓶中，用 95%乙醇稀释至刻度线，摇匀。

④0.1%甲基橙指示剂（水溶液）。称取 0.1 g 甲基橙，溶于 99.9 mL 的去离子水中。

3）实验步骤

吸取待测液 25 mL 于 150 mL 三角瓶中，加酚酞指示剂 2 滴（溶液呈红色），用标准盐酸滴至无色，记下消耗的标准盐酸体积 V_1（mL），若加入酚酞指示剂后溶液不显色，则表示没有 CO_3^{2-} 存在。于上述三角瓶中再加甲基橙指示剂 1 滴，继续用标准盐酸滴定，由橙黄滴至桔红色即达终点，记下消耗的盐酸体积 V_2（mL）。

4）实验结果处理

$$CO_3^{2-}(\text{mmol } 1/2CO_3^{2-}/\text{kg 土})=\frac{2V_1 \times c}{W} \times 100 \qquad (7-29)$$

$$CO_3^{2-}\% = CO_3^{2-}(\text{mmol } 1/2CO_3^{2-}/\text{kg 土}) \times 0.030 \qquad (7-30)$$

$$HCO_3^-(\text{mmol } 1/2CO_3^{2-}/\text{kg 土})=\frac{(V_2-V_1) \times c}{W} \times 100 \qquad (7-31)$$

$$HCO_3^- \% = HCO_3^- (\text{mmol } 1/2 HCO_3^- / \text{kg } \pm) \times 0.061 \qquad (7-32)$$

式中,V_1、V_2 为滴定时消耗标准盐酸体积,mL;c 为标准盐酸的物质的量浓度,mol/L;W 为与吸取待测液的体积(mL)相当的样品质量,g;0.030 为每 1/2 mmol 碳酸根的质量,g;0.061 表示每 1 mmol 重碳酸根的质量,g;100 表示换算成每百克土中的百分数。

5.氯离子的测定(硝酸银滴定法)

1)方法原理

根据生成氯化银比生成铬酸银所需的银离子浓度小得多,利用分级沉淀的原理,用硝酸银滴定氯离子,以铬酸钾作指示剂,银离子首先与氯离子生成氯化银白色沉淀。当待测溶液中的氯离子被银离子沉淀完全后(等当点),过量的硝酸银才能与铬酸钾反应生成砖红色沉淀,即达滴定终点。反应如下:

$$NaCl + AgNO_3 \longrightarrow NaNO_3 + AgCl \downarrow (白色沉淀) \qquad (7-33)$$

$$K_2CrO_4 + 2AgNO_3 \longrightarrow 2KNO_3 + Ag_2CrO_4 \downarrow (砖红色沉淀) \qquad (7-34)$$

由消耗的标准硝酸银用量,即可计算出氯离子的含量。

2)实验仪器和试剂

(1)实验仪器:滴定管,滴定台,移液管。

(2)实验试剂。

①5%铬酸钾指示剂。5 g 铬酸钾溶于少量水中,加饱和的硝酸银溶液到有砖红色沉淀为止,过滤后稀释至 100 mL。

②0.03 mol/L 硝酸银标准溶液。准确称取经 105 ℃烘干的硝酸银 5.097 g 溶于去离子水中,移入 1000 mL 容量瓶,加去离子水稀释至标线,摇匀,保存于暗色瓶中。必要时用 0.0400 mol/L氯化钠标准溶液标定。

③0.0400 mol/L 氯化钠标准溶液。准确称取经 105 ℃烘干的氯化钠 2.338 g,溶于去离子水中,再转移至 1000 mL 容量瓶中,加去离子水稀释至标线,摇匀。

3)实验步骤

吸取待测液 25 mL,加碳酸氢钠(0.2~0.5 g),即可使溶液的 pH 达中性或微碱性。向溶液中加 5 滴铬酸钾指示剂,用标准的硝酸银滴定至溶液出现淡红色为止,记下体积 V(mL)。

4)实验结果处理

$$Cl^- (\text{mmol/kg}) = \frac{V \times N}{W} \times 100 \qquad (7-35)$$

$$Cl^- \% = Cl^- (\text{mmol/kg}) \times 0.0355 \qquad (7-36)$$

式中:V 为滴定时所耗硝酸银的体积,mL;N 为硝酸银的摩尔浓度,mol/L;W 为与吸取待测液的体积(mL)相当的样品质量,g;0.0355 为每 1 mmol/L 氯化钠溶液中氯离子的质量,g。

6.硫酸根离子的测定(容量法)

1)方法原理

先用过量的氯化钡将溶液中的硫酸根沉淀完全。过量的钡在 pH=10 时加钙镁混合指示剂,用EDTA二钠盐溶液滴定。为了使终点明显,应添加一定量的镁。以加入钡、镁所耗EDTA的量(用空白方法求得)减去沉淀硫酸根剩余钡、镁所耗 EDTA 量,即可算出消耗于硫酸根的钡量,从而求出硫酸根量。

2)实验仪器和试剂

(1)实验仪器。滴定管,滴定台,移液管(25 mL),三角瓶(150 mL),调温电炉。

(2)实验试剂。

①EDTA 溶液$[c(EDTA)=0.01 \text{ mol/L}]$。称取乙二胺四乙酸二钠($Na_2$-EDTA)3.72 g 溶于无二氧化碳去离子水中,转移至 1000 mL 容量瓶中,再用去离子水稀释至标线,摇匀。其浓度可用标准钙或镁液标定。

②钡镁混合液$[c(Ba,Mg)=0.01 \text{ mol/L}]$。称取 2.44 g 氯化钡($BaCl_2 \cdot 2H_2O$)和 2.04 g 氯化镁($MgCl_2 \cdot 6H_2O$)溶于去离子水中,再转移至 1000 mL 容量瓶中,用去离子水稀释至标线,摇匀。此溶液中钡、镁浓度各为 0.01 mol/L,每毫升约可沉淀硫酸根 1 mg。

③pH=10 缓冲剂。67.5 g 氯化铵溶于去离子水中,加入 570 mL 浓氢氧化铵(相对密度 0.90,含 25%的 NH_3),转移至 1000 mL 容量瓶中,加去离子水稀释至标线,摇匀。

④钙镁混合指示剂(也称 K-B 指示剂)。称取 0.5 g 酸性铬蓝 K、1 g 萘酚绿 B 与 100 g 氯化钠在玛瑙研钵中研磨均匀,贮于暗色瓶中,密封保存备用。

3)实验步骤

(1)吸取土壤浸出液 25.00 mL 于 150 mL 三角瓶中,加入 2 滴(1+1)HCl,加热煮沸,趁热用吸管缓缓地加入过量 25%~100%的钡镁混合液(5~10 mL),并继续加热 5 min,放置 2 h 以上,加入氨缓冲液 5 mL 摇匀,再加入 K-B 指示剂或铬黑 T 指示剂 1 小勺(约 0.1 g),摇匀后立即用 EDTA 标准液滴定至溶液由酒红色突变成纯蓝色,记录 EDTA 溶液体积 V_3(mL)。

(2)空白标定。取 25 mL 水,加(1+1)HCl 2 滴,钡镁混合液(约 5~10 mL),氨缓冲液 5 mL,K-B 指示剂 1 小勺(约 0.1 g),摇匀后用 EDTA 标准液滴定至溶液由酒红色变为纯蓝色,记录 EDTA 溶液的用量(V_4)。

(3)土壤浸出液中 Ca^{2+}、Mg^{2+} 含量的测定见 7,记录 EDAT 溶液的体积 V_1(mL)。

4)实验结果处理

$$\text{硫酸根}(\text{mmol } 1/2SO_4^{2-}/\text{kg 土}) = \frac{2c(V_4 + V_1 - V_3)}{W} \times 100 \qquad (7-37)$$

式中:W 为与吸取浸出液相当的土样重,g;c 为 EDTA 标准溶液的摩尔浓度,mol/L。

7.钙和镁离子的测定

1)方法原理

EDTA 能与多种金属阳离子在不同的 pH 条件下形成稳定的络合物,而且反应与金属阳离子的价数无关。用 EDTA 滴定钙、镁时,应首先调节待测液至适宜酸度,然后加钙、镁指示剂进行滴定。

在 pH=10 并有大量铵盐存在时,将指示剂加入待测液后,首先与钙、镁离子形成红色络合物,使溶液呈红色或紫红色。当用 EDTA 进行滴定时,由于 EDTA 对钙、镁离子的络合能力远比指示剂强,因此,在滴定过程中,原先为指示剂所络合的钙、镁离子即开始为 EDTA 所夺取,当溶液由红色变为蓝色时,即达到滴定终点。钙、镁离子全部被 EDTA 络合。

在 pH=12,无铵盐存在时,待测液中镁沉淀为氢氧化镁。故可用 EDTA 单独滴定钙,仍用酸性铬蓝 K-萘酚绿 B 作指示剂,终点由红色变为蓝色。

2)实验试剂

(1)氨缓冲液。称取氯化铵(NH_4Cl)33.75 g,溶于 150 mL 无二氧化碳去离子水中,加浓氢氧化铵(相对密度 0.90,含 25%的 NH_3)285 mL 混合,转移至 500 mL 容量瓶中,然后加去离子水稀释至标线,摇匀,此溶液 pH=10。

(2)K-B 指示剂。先称取 50 g 无水硫酸钾(K_2SO_4)放在玛瑙研钵中研细,然后分别称取 0.5 g 酸性铬蓝 K,1 g 萘酚绿 B,放于玛瑙研钵中,继续进行研磨,混合均匀。

(3)铬黑 T 指示剂。0.5 g 铬黑 T 与 100 g 烘干的氯化钠($NaCl$)共同研磨至极细,贮于棕色瓶中。

(4)钙指示剂。0.5 g 钙指示剂($C_{21}H_{14}O_7N_2S$)与 50 g 的氯化钠($NaCl$)研细混匀,贮于棕色瓶中。

(5)NaOH 溶液[$c(NaOH)$=2 mol/L]。0.8 g 的氢氧化钠($NaOH$)溶于 100 mL 无二氧化碳水中。

3)实验步骤

(1)$Ca^{2+}+Mg^{2+}$ 合量的测定。吸取待测液 25.00 mL 于 150 mL 三角瓶中,加 pH=10 氨缓冲液 2 mL,摇匀后加 K-B 指示剂或铬黑 T 指示剂 1 小勺(约 0.1 g),用 EDTA 标准溶液滴定至由酒红色突变为纯蓝色为终点。记录 EDTA 溶液的用量 V_1。

(2)Ca^{2+} 的测定。另吸取土壤浸出液 25 mL 于三角瓶中,加(1+1)HCl 1 滴,充分摇动煮沸 1 min 赶出 CO_2,冷却后,加 2 mol/L 的 NaOH 溶液 2 mL,摇匀,用 EDTA 标准溶液滴定,接近终点时须逐滴加入,充分摇动,直至溶液由酒红色突变为纯蓝色,记录 EDTA 溶液的体积 V_2。

4)实验结果处理

$$土壤钙(mmol\ 1/2Ca^{2+}/kg)=2\times\frac{V_2}{W}\times100 \tag{7-38}$$

$$Ca^{2+}(\%)=土壤钙(mmol\ 1/2Ca^{2+}/kg)\times0.0200 \tag{7-39}$$

$$土壤镁(mmol\ 1/2Mg^{2+}/kg)=\frac{2c(V_1-V_2)}{W}\times100 \tag{7-40}$$

$$Mg^{2+}(\%)=土壤镁(mmol\ 1/2Mg^{2+}/kg)\times0.0122 \tag{7-41}$$

式中:V_1、V_2 为滴定($Ca^{2+}+Mg^{2+}$)和 Ca^{2+} 时所消耗的 EDTA 标准液体积,mL;c 为 EDTA 的摩尔浓度,折合为 $1/2Ca^{2+}$ 或 $1/2Mg^{2+}$ 的摩尔浓度时须乘 2,mol/L;W 为与吸取浸出液相当的样品质量,g;0.0200 和 0.0122 为 Ca^{2+} 和 Mg^{2+} 的摩尔质量,mg/mmol。

8.钠和钾离子的测定

1)方法原理

待测液在火焰高温激发下辐射出钾、钠元素的特征光谱,通过钾、钠滤光片,经光电池或光电倍增管,把光能转换为电能,放大后用微电流表指示其强度;从钾钠标准液浓度和检流计读数的工作曲线即可查出待测液的钾、钠浓度,然后计算样品的钾、钠含量。

2)实验仪器和试剂

(1)实验仪器:火焰光度计。

(2)实验试剂。

①Na 标准溶液[$c(Na)=1000$ mg/L]。称取 2.542 g 氯化钠(NaCl,105 ℃烘干 2 h),溶于少量去离子水中,转移至 1000 mL 容量瓶中,加去离子水稀释至标线,摇匀。

②K 标准溶液[$c(K)=1000$ mg/L]。称取 1.907 g 氯化钾(KCl,105 ℃烘干 2 h),溶于少量去离子水中,转移至 1000 mL 容量瓶中,加去离子水稀释至标线,摇匀。

③Na、K 混合标准液。将 1000 mg/L Na 和 K 标准溶液等体积混合,即得 500 mg/L 的 Na、K 混合液,贮于塑料瓶中,应用时配制成 0、5、10、20、30、50 和 70 mg/L 的 Na、K 混合标准系列溶液。

3)实验步骤

将配制好的 Na、K 混合标准系列溶液在火焰光度计上分别测定 Na 和 K 的发射光强度,以水为空白参比液,分别绘制 Na 和 K 的工作曲线。

吸取土壤浸出液 5.00～10.00 mL(视 Na$^+$ 含量而定)于 25 mL 容量瓶中,用水定容,用火焰光度计测定 Na 和 K 的发射光强度。由测得结果分别在 Na 和 K 工作曲线上查 Na、K 的浓度(mg/L)。

4)实验结果处理

$$土壤\ Na^+(\%)=\frac{查得\ Na\ 浓度(mg/L)\times25}{V}\times5\times10^{-4} \tag{7-42}$$

$$Na^+(mmol/kg)=Na^+\%\times1000/23.0 \tag{7-43}$$

$$土壤\ K^+(\%)=\frac{查得\ K\ 浓度(mg/L)\times25}{V}\times5\times10^{-4} \tag{7-44}$$

$$K^+(mmol/kg)=K^+\%\times1000/39.1 \tag{7-45}$$

式中:V 为吸取土壤浸出液的体积,mL;25 为定容体积,mL;5 为水土比例;10^{-4} 为将 mg/L 换算成%的因数;23.0 和 39.1 分别为每毫摩尔 Na$^+$ 和 K$^+$ 的质量,mg/mmol。

7.3.2　腐殖质组分的分离、形状观察及其含碳量的测定

土壤有机质是土壤的重要组成部分,在土壤肥力、环境保护、农业可持续发展等方面都具有重要意义。腐殖质作为土壤有机质的主体,其研究一直是地质学、土质学和土壤科学的研究热点。

土壤腐殖质是土壤有机质的重要组成部分,经微生物作用后,土壤中形成一种特殊类型的高分子化合物,其分子结构复杂,性质稳定,较难被微生物分解。土壤腐殖质是一种黑色或棕色胶体,主要由胡敏酸、富里酸、胡敏素组成,其中研究较多的是胡敏酸,其次是富里酸。土壤中的腐殖酸具有胶体性质,能吸附较多的阳离子,而使土壤具有保肥力和缓冲性,它还能使土壤疏松,从而改善土壤的物理性质。它也是土壤微生物必不可少的碳源和能源,所以是土壤肥力高低的一个重要指标。

腐殖质能与金属离子、氧化物、氢氧化物、矿物质和包括毒性污染物在内的有机物发生相互作用,形成具有千差万别的化学和生物稳定性的溶于水和不溶于水的缔合物。这些性质对于土壤养分的保蓄、土壤良好的结构形成以及有害物质的毒性消除具有重大的作用。研究腐殖质的性质,必须先把它从土壤中分离出来,目前一般的方法是先把土壤中未分解的动植物残体用机械方法分离,然后用不同溶剂来浸提土壤,把土壤腐殖质各组分先后分离出来。

腐殖质的组成及其形状与土壤的形成与发生过程、土壤物理化学性质密切相关,同时具有重要的环境学意义。腐殖质的不同组成既可以影响土壤对污染物的吸附、络合、沉淀反应,也会形成饮用水三卤甲烷的前驱物质。

1.实验目的

(1)掌握土壤中腐殖质的概念、分类依据、组成的性质和功能;

(2)熟悉腐殖质的分类方法和性状观察。

2.实验原理

根据土壤腐殖质在酸碱中的溶解能力不同,可以用 0.5 mol/L 氢氧化钠作为混合提取剂,将土壤中的胡敏酸和富里酸与胡敏素分离。而后通过胡敏酸与富里酸的不同酸碱溶解性,将两者加以分离。

用重铬酸钾的方法测定 COD,进而换算成 TOC 值,再换算成土壤中的含碳量。用总有机碳 TOC-V 分析仪测胡敏酸与富里酸的 TOC 值。

3.实验仪器和试剂

1)实验仪器和材料

250 mL 碘量瓶,烧杯,电炉,250 mL 全玻璃回流装置,50 mL 酸式滴定管,离心机,总有机碳 TOC-V 分析仪。

2)实验试剂

氢氧化钠(NaOH),浓硫酸($\rho=1.84$ g/mL),重铬酸钾($K_2Cr_2O_7$,优级纯),试亚铁灵指示剂,硫酸亚铁铵[$(NH_4)_2Fe(SO_4)_2 \cdot 6H_2O$],硫酸银($Ag_2SO_4$),硫酸汞晶体($HgSO_4$)。

3)实验溶液配制

(1)0.5 mol/L 氢氧化钠提取剂。称取 20.0 g 氢氧化钠固体溶于 300 mL 去离子水中,待冷却至室温,转移至 1000 mL 容量瓶中,用去离子水稀释至标线,摇匀,贮存于塑料瓶中。

(2)6 mol/L 硫酸和 1 mol/L 硫酸溶液。根据浓硫酸($\rho=1.84$ g/mL)的摩尔质量和密度,计算所需取的体积。用量筒量取 320 mL 浓硫酸($\rho=1.84$ g/mL),再缓慢倒入盛有 500 mL 左右去离子水的烧杯中,边倒边搅拌,待冷却后移入 1000 mL 容量瓶中,用去离子水稀释至标线,摇匀,即得到 6 mol/L 硫酸溶液。同样量取 53 mL 浓硫酸($\rho=1.84$ g/mL),缓慢倒入盛有 500 mL 左右去离子水的烧杯中,边倒入边搅拌,待冷却后转移至 1000 mL 容量瓶中,用去离子水稀释至标线,摇匀,即得到 1 mol/L 硫酸溶液。

(3)重铬酸钾溶液[$c(1/6)=0.2500$ mol/L]。称取优级纯重铬酸钾 12.58 g 溶于去离子水中,移入 1000 mL 容量瓶中,用去离子水稀释至标线,摇匀。

(4)硫酸亚铁铵标准溶液。称取 39.5 g 硫酸亚铁铵溶于去离子水中,边搅拌边缓慢加入 20 mL 浓硫酸,冷却后移入 1000 mL 容量瓶中,加去离子水稀释至标线,摇匀。

(5)硫酸-硫酸银溶液。称取 5.0 g 硫酸银倒入 500 mL 浓硫酸中,不时摇动使其溶解,于暗处放置 1~2 d。

4.实验步骤

1)腐殖质组分的分离和性状观察

(1)称取土样 1.0 g,放入干净的 250 mL 三角瓶中,加入 20 mL 的 0.5 mol/L 氢氧化钠溶液,在 70 ℃水浴条件下浸出 10 min,然后离心,用 100 mL 烧杯盛上清液,如此重复,共提取 3 次。用氢氧化钠提取后,得到的黑色残余物为胡敏素,所得上清液含富里酸和胡敏酸。

(2)在上清液中逐滴加入 6 mol/L 硫酸中和至 pH=7(采用精密试纸或便携式 pH 计测定),再用 1 mol/L 硫酸溶液酸化至 pH=2 左右。

(3)将滤出液移至离心管中,离心 20 min。上清液转移至 100 mL 容量瓶中,用去离子水稀释至标线,定容。用少量去离子水逐滴淋洗沉淀物,观察到沉淀物完全溶解,溶液转移到 100 mL 容量瓶中,用去离子水稀释至标线,定容。至此,完成了富里酸和胡敏酸的分离,分别得到了提取的富里酸和胡敏酸溶液。

2)COD 的测定

(1)硫酸亚铁铵标准溶液的标定。准确量取 10.00 mL 重铬酸钾溶液于 500 mL 锥形瓶中,加去离子水稀释至 110 mL 左右,缓慢加入 30 mL 浓硫酸,混匀。冷却后加入三滴试亚铁灵指示剂,用硫酸亚铁铵滴定,溶液的颜色由黄色经蓝绿色至红褐色即为终点。

(2)分别取富里酸和胡敏酸溶液 20 mL 置于磨口瓶中,并分别加入 20 mL 去离子水,各加入 0.4 g 硫酸汞,混匀,加入 10.00 mL 重铬酸钾标准溶液和数粒玻璃珠,连接磨口回流装置,自冷凝管上口缓慢加入 30 mL 硫酸-硫酸银溶液,混匀,加热回流 2 h。

(3)将分离出的胡敏素放于磨口瓶中,并加入 20 mL 去离子水和 0.4 g 硫酸汞,混匀,加入 20.00 mL 重铬酸钾标准溶液和数粒玻璃珠,连接磨口回流装置,自冷凝管上口缓慢加入 30 mL 硫酸-硫酸银溶液,混匀,加热回流 2 h。

(4)取 0.1020 g 原土样放入磨口瓶中,并加入 20 mL 去离子水,加 0.4 g 硫酸汞,混匀,加入 20.00 mL 重铬酸钾标准溶液和数粒玻璃珠,连接磨口回流装置,自冷凝管上口缓慢加入 30 mL 硫酸-硫酸银溶液,混匀,加热回流 2 h。

(5)随后,停止加热,冷却后,用 70 mL 去离子水冲洗冷凝管,再用少许水冲洗磨口处,待溶液再度冷却后,分别加入 3 滴试亚铁灵指示剂,用硫酸亚铁铵标准溶液滴定,溶液的颜色由黄色经蓝绿色至红褐色为终点,记录体积。

3)TOC 的测定

分别取 10 mL 富里酸和胡敏酸溶液,于 50 mL 容量瓶中,用去离子水稀释至标线,样品过 0.45 μm 的滤头,连接总有机碳 TOC-V 分析仪,测定样品的总有机碳含量。

5.实验记录与结果处理

1）实验记录

表 7 - 11　消耗硫酸亚铁铵体积　　　　　　　　　　单位:mL

空白实验	胡敏素	胡敏酸	富里酸	原土样

2）实验结果处理

（1）硫酸亚铁铵浓度的计算

$$c = \frac{(0.2500 \times 10.00)}{V} \qquad (7-46)$$

式中:c 为硫酸亚铁铵标准溶液的浓度，mol/L;V 为硫酸亚铁铵标准溶液的用量,mL。

（2）土壤腐殖质提取液 COD 的计算

$$COD(O, mg/L) = \frac{(V_0 - V) \times c \times 8 \times 1000}{v} \qquad (7-47)$$

式中:c 为硫酸亚铁铵标准溶液的浓度，mol/L;V_0 为空白实验中硫酸亚铁铵标准溶液的耗用量，mL;V 为滴定水样时,硫酸亚铁铵标准溶液的用量,mL;v 为水样的体积,mL;8 是氧（1/2O$_2$）的摩尔质量,g/mol。

（3）理论 TOC 值＝3/8COD 值。

6.思考题

（1）富里酸、胡敏酸和胡敏素在酸碱溶液中溶解状况如何？

（2）原土样所测的 TOC 比富里酸、胡敏酸和胡敏素三者所测的总有机碳之和小的原因是什么？

7.3.3　重金属在农业生态系统中的迁移、积累和分布

1.实验目的

（1）了解重金属在农田生态系统中的迁移、积累和分布特征;

（2）掌握样品消化前处理方法;

（3）掌握火焰原子吸收分光光度计的原理和使用方法。

2.实验原理

重金属进入大气、水体或土壤环境，被动植物吸收后,有一个不断积累和逐渐放大的过程。生物积累包含两个过程:①生物浓缩,指生物直接从环境中摄取毒物,在体内积累,使体内毒物浓度超过环境中浓度的现象;②生物放大,指生物从食物中摄取毒物,毒物浓度随生物营养等级升高而增加的现象。因此,重金属在生物组织中的浓度要比其在周围环境中的浓度高出许多倍。在农业生态系统中,植物吸收、积累水或土壤中的重金属,使其迁移分布于植株的各个部位,当动物或人体取食植物的根、茎、叶、花或果实时,重金属就在食物链中积累起来,达到较

高的浓度,从而直接危害人体健康。

3.实验仪器和试剂

火焰原子吸收分光光度计,育苗盆,植物培养液,铜离子标准储备液。

4.实验步骤

(1)植物培养预实验。分别盆栽水稻、蔬菜或牧草,每种植物做 3 个重复,定期浇水或培养液,正常管理,使其生长良好。

(2)重金属处理。植株长到合适大小时,连续几天施入预先配好的一定浓度的重金属溶液,培养一段时间后分根、茎、叶、花、果实分别取样。

(3)重金属浓度测定。将样品进行消解预处理后,直接用原子分光光度计测定植株各部位及生活水体或土壤中的重金属的浓度。

(4)分析比较植物体不同部位及其生活环境中重金属浓度的差异。

5.思考题

(1)分析重金属在不同植物体中的迁移、积累和分布的异同。

(2)分析不同植物对其生活环境中重金属的吸收性能。

(3)分析重金属在生态系统中的积累过程有什么规律。

7.3.4　水体初级生产力的测定

1.实验目的

(1)了解测定水生生态系统中初级生产力的意义;

(2)掌握水体初级生产力的测定方法。

2.实验原理

生态系统中的生产过程主要是植物通过光合作用生产有机物的过程,水生生态系统的生产过程中起主要作用的是浮游植物。在光合作用与呼吸作用两个过程中,在单位时间、单位体积内所生产的有机物量,即为该生态系统的初级生产力。测定水体初级生产力最常用的方法是黑白瓶测氧法,在黑瓶内的浮游植物,在无光条件下只进行呼吸作用,瓶内氧气会逐渐减少,而白瓶在光照条件下,瓶内植物进行光合作用与呼吸作用两个过程,但以光合作用为主,所以白瓶中的溶解氧量会逐渐增加。

光合作用的过程可以用下列化学反应式来表示:

$$6CO_2 + 12H_2O \longrightarrow C_6H_{12}O_6 + 6H_2O + 6O_2 \qquad (7-48)$$

也可用化简式表示

$$CO_2 + H_2O \longrightarrow (CH_2O) + O_2 \qquad (7-49)$$

由反应式可以看出氧气的生成量与有机质的生成量之间存在着一定的当量关系,所以可以通过测定瓶中溶解氧的变化,用 O_2 量间接表示生产量,也可以将 O_2 量转移成 C 量(转换系数是 0.375)。

水中溶解氧的测定,一般用碘量法。在水中加入硫酸锰及碱性碘化钾溶液,生成氢氧化锰沉淀。此时氢氧化锰性质极不稳定,迅速与水中溶解氧化合生成锰酸锰。

$$2MnSO_4 + 4NaOH = 2Mn(OH)_2 \downarrow + 2Na_2SO_4 \qquad (7-50)$$

$$2Mn(OH)_2 + O_2 = 2H_2MnO_3 \qquad (7-51)$$

$$H_2MnO_3 + Mn(OH)_2 = MnMnO_3 \downarrow (棕色沉淀) + 2H_2O \qquad (7-52)$$

加入浓硫酸使棕色沉淀与溶液中所加入的碘化钾发生反应,而析出碘。溶解氧越多,析出的碘也越多,溶液的颜色也就越深。

$$2KI + H_2SO_4 = 2HI + K_2SO_4 \qquad (7-53)$$

$$MnMnO_3 + 2H_2SO_4 + 2HI = 2MnSO_4 + I_2 + 3H_2O \qquad (7-54)$$

$$I_2 + 2Na_2S_2O_3 = 2NaI + Na_2S_4O_6 \qquad (7-55)$$

用移液管移取一定量的反应完毕的水样,以淀粉作指示剂,用标准溶液滴定,计算出水样中溶解氧的含量。

3.实验仪器和试剂

溶解氧仪,照度计,电导率仪,采水器,透明度盘,黑白瓶,水桶,pH 计,洗瓶,洗耳球,乳胶管,滤纸,卷尺。

4.实验步骤

(1)本实验可以在室内大水族箱内进行模拟,也可以到现场(湖或河)进行模拟。

(2)挂瓶。用采水器采取 0~1 m 深度的水样(采样深度分别取 0.00、0.05、0.10、0.15、0.20、0.25、0.30、0.35、0.40、0.50、0.60 和 1.00 m),装满实验瓶,灌水时要使水满溢出 2~3 倍。每组实验瓶 3 个,其中一瓶应立即进行溶解氧测定(称 I_B 瓶),测定原初溶解氧量,另一白瓶(称 L_B 瓶)与一黑瓶(称 D_B 瓶)装满水后挂入与采水深度相同的水层中,然后经一定时间分别测定黑白瓶两瓶中的溶解氧量。如测定光照强度与生产力的关系,可每 2~4 h 测定一次;如测定全天初级生产力,则可在挂瓶后 24 h 测一次。本实验挂瓶时间为 6 h。

5.实验结果处理

(1)溶解氧量单位均为 mg/(L·h)。

$$呼吸量(R) = I_B - D_B \qquad (7-56)$$

$$总生产量(P_G) = L_B - D_B \qquad (7-57)$$

$$净生产量(P_N) = L_B - I_B \qquad (7-58)$$

式中,I_B 为原初溶解氧量;L_B 为白瓶溶解氧量;D_B 为黑瓶溶解氧量。

(2)计算日总产量和日净产量,单位为 mg/(L·d)。

(3)将 O_2 量转换成 C 量。

6.注意事项

(1)在野外测定时,要选择晴天。在室内进行时,水族箱应放在靠窗位置,或加人工光源。不论室内或室外,均可用照度计定时测定光强度。还要测定水温、pH、透明度(或浊度)、电导等水质参数状态。野外工作还要详细记录当天的天气状况,如晴、阴、雨、风向、风力等,以备实验分析时参考。

(2)6 h 后取瓶,用溶解氧仪分别测定黑瓶、白瓶的溶解氧(先测黑瓶,再测白瓶)。在取瓶的同时还要将实验步骤(2)再测定一遍。

7.思考题

(1)初级生产力的测定方法还有哪些?

(2)水生生态系统初级生产力的限制因素有哪些?

(3)分析用黑白瓶法测定水生生态系统初级生产力的优缺点。

第8章　土体污染修复与工程处理技术

8.1　基础知识

8.1.1　挥发性与半挥发性有机物污染土体修复技术

1.挥发性与半挥发性有机物及其污染土壤的特性

挥发性有机物(Volatile Organic Compounds,VOC)是指室温下饱和蒸气压超过 70.91 Pa、沸点小于 260 ℃的有机物,是石油、化工、制药、印刷、建材、喷涂等行业排放的最常见污染物。半挥发性有机污染物(Semi-Volatile Organic Compounds,SVOC),是指沸点一般在 170~350 ℃(由于分类依据模糊,经常与挥发性有机物有交叉)、蒸气压在 $1.0 \times 10^{-5} \sim 13.3$ Pa 的有机物,部分 SVOC 容易吸附在颗粒物上。

挥发性与半挥发性有机物污染土壤具有以下特性。

(1)隐蔽性。和其他土壤污染一样,VOC 及 SVOC 造成的土壤污染也不像大气与水体污染那样容易为人们所发觉。因为土壤是复杂的三相共存体系,各种有害物质在土壤中总是与土壤相结合。

(2)挥发性。土壤污染的危害主要是通过其产品植物来表现。但和其他大多数土壤污染物不同的是,VOC 及 SVOC 具有一定的挥发性。

(3)毒害性。VOC 及 SVOC 大多具有毒性,对人体健康的影响主要是刺激眼睛和呼吸道,使人产生头疼、咽痛、乏力及皮肤过敏等症状。

(4)累积性。在 VOC 及 SVOC 污染土壤中的一些难降解有机物(通常是 5、6 元杂环化合物),至今仍大量存在于土壤中。

(5)多样性。VOC 并非单一的化合物,它由 900 多种有机物组成,不同地点、不同时间在土壤中所测得的组分也是不相同的。

2.常用挥发性与半挥发性有机物污染土壤的工程修复技术

1)热解吸技术

热解吸技术是以加热方式将受有机物污染的土壤加热至有机物沸点以上,使吸附在土壤中的有机物挥发成气态后再分离处理,该技术适用于 PAHs、苯系物、有机农药、除草剂以及卤代有机物等有机污染物的去除。尽管热解吸技术在欧美等国家已工程化应用近 30 年,但是对于国内研究和工程技术人员而言,还属于一项正在探索发展的新技术。

热解吸技术对有机物污染土壤的修复效率受多种因素的影响,国内外学者对此进行了一些研究。例如,王瑛等[57]通过实验研究认为不同污染水平的污染土壤中,滴滴涕(dichlorodiphenyltrichloroethane,DDT)的总去除率差异不显著,而土壤粒径越大越有利于 DDT 脱附。

而 Qi 等[58]研究发现土壤中多氯联苯（polychlorinated biphenyls，PCB）残余量随热解吸温度的升高而降低，细土颗粒中 PCB 的去除率和破坏率高于粗颗粒，认为 PCB 从颗粒中解吸受传质作用的影响。傅海辉等研究发现污染土壤中多溴联苯醚（polybrominated diphenyl ethers，PBDE）去除率随着温度和停留时间的增加而增大。综上所述，提高热解吸温度、增加停留时间和减小土壤颗粒粒径对于有机物污染土壤的修复是有利的。而初始污染程度对于污染土壤中有机物的总体去除率影响不明显，这也说明热解吸技术在修复有机物污染程度较大的土壤中具有广阔的应用前景。

2）土壤淋洗技术

土壤淋洗技术是指借助能够促进土壤中污染物溶解或者迁移的溶剂，在重力作用下或通过水压推动淋洗液注入到被污染土层中与污染物反应，然后再把包含有污染物的液体从土层中抽提出来进行处理的技术。土壤淋洗技术已被广泛用于修复有机污染物和重金属污染土壤。按照处置土壤的位置是否改变可将土壤淋洗技术分为原位土壤淋洗技术和异位土壤淋洗技术两种。这两种土壤淋洗技术的一般工艺流程如图 8-1 所示。

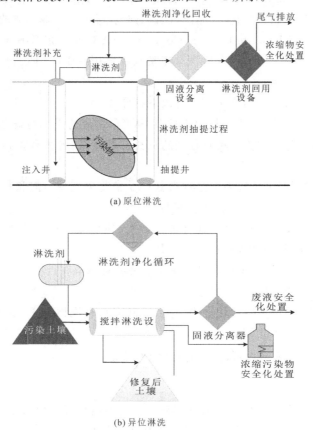

(a) 原位淋洗

(b) 异位淋洗

图 8-1　土壤淋洗修复技术

土壤淋洗技术主要受污染物的类型、土壤孔隙率、淋洗剂的种类、淋洗剂的可循环性及洗脱次数等的影响。Wilton 等[59]研究评估了一种绿色的化学溶剂（生物聚合物-聚苯乙烯泡沫球）系统修复重油侵蚀土壤的能力，结果显示该技术对沙子、淤泥和黏土颗粒中的 TPH 的降解率分别可以达到 97%、91% 和 75%。Rivero-Huguet 等[60]在研究中发现，使用含有乙二胺二琥珀酸和非离子型表面活性剂的混合溶液连续洗涤土壤三次,可以有效地从污染土壤中萃取出持久性有机污染物和特定的重金属。而 Trellu 等[61]认为通过使用萃取剂(表面活性剂、生物表面活性剂和环糊精等)来增强土壤淋洗过程的效率是可行、有效的。以上研究结果表明,多孔隙、高渗透的污染土壤采用土壤淋洗法处理效果更好。此外,选择合适的淋洗剂,采用多级连续洗脱或循环洗脱的方法可大幅提高污染土壤的修复效率。

土壤淋洗技术不仅可以用于处理有机物污染土壤,而且能够处理地下水位以上较深层次的重金属污染土壤,且具有修复周期短、淋洗液经过处理后可进行循环使用等优点。但是,淋洗过程中容易造成二次污染,而且会破坏土壤的理化性质,使土壤中大量养分流失,造成土壤肥力下降。此外,对低渗透性土壤、复杂的污染混合物及污染物浓度较高的土层处理相对困难。

3)土壤气相抽取技术

土壤气相抽提技术(Soil Vapor Extraction,SVE)是强制新鲜空气流过污染区域,降低土壤空隙的蒸气压,利用土壤固相-液相-气相之间的浓度梯度,将土壤中的易挥发有机污染物转化为气态,从不饱和土壤中解吸出来,抽取到地面集中收集处理的一种原位修复技术(见图 8-2)。SVE 对土壤中有机物的去除主要受以下物理化学过程控制:①污染物气体在大孔隙或中孔隙的水平层流运移;②有机物从微孔隙向中孔隙/大孔隙的扩散、挥发过程,吸附解吸、生物降解以及扩散作用过程。

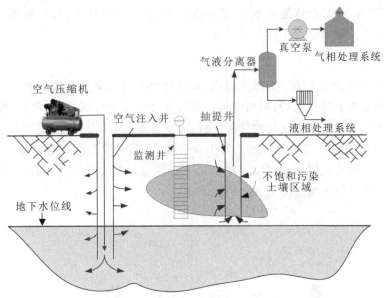

图 8-2　土壤气相抽提技术

SVE 对污染土壤中有机物的去除效果主要受有机污染物的饱和蒸气压、环境温度、气体抽提速率、土壤通透性和土壤湿度等因素影响。Albergaria 等[62]采用 SVE 技术对含六种常见有机污染物(苯、甲苯、乙苯、二甲苯、三氯乙烯和全氯乙烯)的砂质土壤进行修复研究,结果表明,所有修复过程中有机污染物的去除效率都在 92% 以上,且土壤含水率的增加会导致修复时间的延长。Yang 等[63]利用沙箱实验和 TMVOC 数值模型研究了低温条件下(−10～5 ℃)苯系物在 SVE 修复过程中的迁移。结果表明,苯、甲苯、乙苯和邻二甲苯的去除率分别是

89.8%、71.3%、29.7%和14.4%。殷甫祥等[64]发现土壤颗粒的大小对甲苯、乙苯、正丙苯的去除影响都很大。土壤颗粒粒径变小,堆积紧密度增加,降低了非水相液体与气相间的传质系数,污染物去除难度增大。此外,还发现饱和蒸气压高的污染物去除速度快,SVE去除效率高。对于可在水中完全混溶的一些有机污染物污染的土壤,采用传统的SVE修复效果通常较差。因此,采用强化SVE修复技术成为了研究的新方向。Hinchee等[65]采用强化的SVE对1,4-二恶烷污染土壤进行修复,运行14个月后1,4-二恶烷约减少了94%,土壤水分约减少了45%。总之,SVE适合用于去除通透性较高的土壤中饱和蒸气压较高的有机污染物,提高抽提温度和降低土壤含水率有利于SVE技术对有机污染物的去除。

原位SVE修复周期较长,难以在工程应用中推广。而杨乐巍等[66]采用异位SVE修复技术对北京某地铁污染土壤进行修复,并根据场地污染物特性及修复场地实际情况设计了异位SVE系统。工程实施结果表明,异位SVE技术对土壤中1,2-二氯乙烷、氯乙烯、氯仿和总石油烃(Total Petroleum Hydrocarbon,TPH)等污染物的去除率达到92.02%~99.07%。证明异位SVE可以成功应用到有机物污染土壤修复工程中,这为SVE技术工程化应用的进一步发展提供了借鉴。

SVE技术具有成本低、可操作性强、处理有机物的范围宽、不破坏土壤结构、处理周期短及易与其他技术联合使用等优点。但该修复技术受温度影响较大,对含水率高和透气性差的土壤处理效率低且连续操作时的去除速率随时间下降,同时还存在二次污染、达标困难等问题。因此,为了提高SVE的修复效率,双相抽提技术、直接钻进技术、风力和水力压裂技术和热强化技术等蒸汽浸提增强技术也发展起来。

4)电动修复技术

对于去除低渗透污染土壤中的污染物,电动修复技术具有其独特的优越性。电动修复技术是依靠在污染土壤上施加电场,利用电场产生的各种电动效应(包括电渗析、电迁移和电泳等),驱动土壤中的污染物发生定向的迁移,使污染物富集至电极区,然后进行集中处理或分离(见图8-3)。或者通过电动效应增加土壤中有机物、营养物质和降解菌之间的传质作用,强化生物降解反应。在实验室已经证实了电动修复技术在修复重金属、PAHs、PCBs等有机物以及放射性核素等污染土壤方面是有效的。

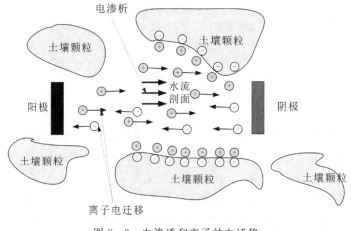

图8-3 电渗透和离子的电迁移

电动修复技术对污染土壤的修复效率主要受土壤性质、电压梯度、电极材料和两极 pH 等因素影响。倪茂飞等[67]研究表明 HCHs 可以在外加电场条件下进行有效迁移，其迁移效果随反应时间增加而增强，最佳电压梯度、pH 和电解质质量分数分别为 3.0 V/cm、5.07 和 2%。此外，李娜等[68]研究认为 DDTs 也在 3.0 V/cm 电压梯度时迁移效果最佳，且电流和土壤温度随电动实验时间的增加呈现先增后减的趋势。

近年来，污染形势变得复杂，污染源也不断增加，单纯电动修复效率不高，对土壤的修复效果十分有限。因此，研究者将电动修复技术与其他技术进行耦合，用于处理某一类或几类污染物。例如，张海鸥等[69]采用电动-化学氧化联合修复 PAHs 污染土壤，PAHs 的去除率较电动修复或化学氧化单一技术提高了 6.53%~27.46%。Rodrigo 等[70]采用土壤淋洗辅助的电动修复耦合颗粒活性炭组成的可渗透反应墙（Permeable Reactive Barrier, PRB）去除黏土中的氯吡嗪，电动吸附墙和 PRB 在运行 30 天后对氯吡嗪的去除率分别为 45% 和 57%。Wan 等[71]采用表面活性剂强化电动修复与 Pb/Fe 组成的 PRB 联合修复六氯苯（HCB）污染土壤，去除率增加了 4 倍。随着污染物种类和污染程度的增加，电动修复技术耦合其他物理化学修复技术是一种具有研究潜力的修复有机物污染土壤的方法。

5）生物修复技术

生物修复技术是利用生物（包括动物、植物和微生物），通过人为调控，吸收、分解或转化土壤中污染物，使污染物的浓度降低到可接受水平的过程。生物修复技术一般可分为微生物修复、植物修复和动物修复三种，常用的是前两种。

（1）微生物修复技术。土壤微生物修复技术是一种利用土著微生物或人工驯化的具有特定功能的微生物，在适宜环境条件下，通过自身的代谢作用，降低土壤中有害污染物活性或使其降解成无害物质的修复技术。微生物通常主要依靠氧化作用、还原作用、基团转移作用、水解作用以及其他机制降解和转化土壤中的有机污染物。

影响土壤微生物修复的关键因素是菌株的选择，不同类型的微生物对土壤的修复机理各不相同。首先是新菌株的筛选和培育，例如，Zhao 等[72]从活性污泥中分离出一种新型菌株嗜吡啶红球菌（Rhodococcus pyridinivorans XB）。在最佳培养条件下，该菌株能够高效降解邻苯二甲酸酯，且去除效率高。除了筛选分离具有特定功能的新型菌株外，生物修复主要是通过对土壤曝气和添加营养物质等措施来加快土著微生物的生长，促进有机污染物的生物降解。陈月芳等[73]认为有机/无机营养物质可加快土著微生物的生长，促进了莠去津污染土壤的修复。Chorom 等[74]也认为施用农业化肥（N、P、K）增加了石油烃类的降解。也有研究者认为短期的生物强化修复并不能显著提高 TPH 的生物降解。比如，Wu 等[75]通过 112 天的生物强化（同时添加营养物质和细菌群落）修复石油烃，实验结果表明，与自然衰减相比，生物强化修复并没有显著提高 TPH 的生物降解。但土壤微生物活性和微生物群落结构却可以在短期的生物强化修复治理后得到很大程度的改善。总之，通过添加营养物质可以提高土著微生物的活性和数量。但是，对于生物强化修复石油烃污染土壤的效果需要进一步探讨。

生物修复技术的主要优势是修复技术应用成本低，对土壤肥力和代谢活性负面影响小，可以避免因污染物转移而对人类健康和环境产生影响。但是微生物遗传稳定性差、易发生变异，一般不能将污染物全部去除，受环境影响显著。由于土壤复合污染的普遍性、复杂性和特殊性，单独依靠微生物修复很难彻底解决污染土壤的修复问题，因此在加强具有高修复能力微生物研究的同时，往往需要和其他修复技术联合使用。在充分了解污染物和微生物降解的物理、化学和生物相互作用之前,开展广泛的野外生物修复工作是不明智的。

(2)植物修复技术。植物修复技术是通过在污染土壤中栽种对污染物质吸收能力强、耐受性高的植物,利用生物吸收及根际修复机理,从污染土壤中去除或者固定污染物的方法。植物修复技术可用于有机物污染土壤及有机物和重金属复合污染土壤的修复及治理。其中,丛枝菌根真菌辅助植物修复是一种很有潜力的植物修复方法,这种方法不仅能保护植物免受持久性有机污染物的毒害,而且还能刺激微生物活性、改善土壤结构,从而促进土壤的生物修复。植物修复技术的原理如图 8-4 所示。

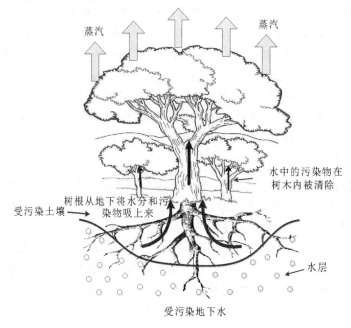

图 8-4　植物修复技术

有机污染土壤植物修复的影响因素主要有植物种类、植物生长的土壤类型及环境等。近年来研究者在植物修复有机物污染土壤方面进行了一些研究。例如,Ingrid 等[76]认为接种丛枝菌根的植株明显可以改善其对老化污染土壤中烃类的修复效果。Shi 等[77]采用雀麦草+淀粉+镰刀菌联合修复对苯并[k]荧蒽、苯并[a]芘、茚并[1,2,3-cd]嵌二萘和苯并芘的最大去除率分别达到 42.64%、51.01%、62.29% 及 74.85%。而 Sivaram 等[78]研究了 14 种不同的 C_3、C_4植物对苯并芘等 PAHs 污染土壤的修复潜能,认为 C_4植物对 PAHs 污染土壤的修复效果要优于 C_3植物。

植物修复技术对环境影响小,操作简便,对操作人员的危害较小。但植物生长率低、修复周期长、污染物吸收能力有限、受环境因素影响比较大,植物收获部分如果处置不当也会造成二次污染。植物修复技术往往也很难单独用于土壤修复,需要联合其他修复技术(如生物修复、物理/化学修复等)来提高修复效率。

8.1.2　难挥发性有机物污染土体修复技术

1.溶剂浸提技术

溶剂浸提技术是利用溶剂的相似相溶原理,将有害的有机物从污染土壤中提取出来或去除的修复技术。该修复技术可以有效去除土壤中的有机物，是公认的修复有机物污染土壤的方法之一。溶剂浸提技术的原理如图 8-5 所示。

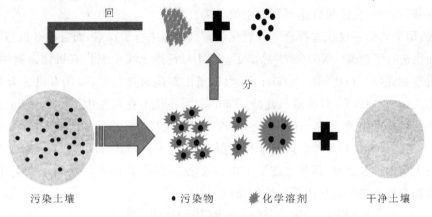

图 8-5　溶剂浸提技术原理示意图

近年来该方法应用于石油类污染土壤修复的实验研究取得了一定的进展。Li 等[79]采用己烷和丙酮混合溶剂去除土壤中的重质原油，约 90% 的饱和烃、环烷烃、极性芳烃和 60% 的 nC_7-沥青质被去除。而 Wu 等[80]研究认为，水洗法回收萃取石油烃污染土壤的己烷和戊烷有机复合溶剂是可行的。此外，Wu 等[81]也认为，溶剂浸提是快速、有效的，但是一些极难降解碳氢化合物不溶于正己烷和戊烷有机复合溶剂，生物降解可以进一步去除残余油和有机溶剂。因此，单纯的溶剂浸提技术修复石油类污染土壤不仅可能会使一些极难降解的碳氢化合物无法去除，而且还会在土壤中残留一些溶剂造成二次污染。而生物降解技术与溶剂浸提技术联用可以进一步去除残余的石油类化合物和有机溶剂。

溶剂浸提技术的关键是浸提溶剂的选择，浸提溶剂不仅要能很好地溶解污染物，且本身在土壤环境中的溶解度较小。该技术适用于修复被 PCBs、石油烃、PAHs 以及多氯二苯呋喃等有机物污染的土壤，浸提溶剂可以回收重新利用，是一种具有潜力的修复难挥发有机物污染土壤的技术。但是，对于湿度超过 20% 的土壤该技术提取效率降低，黏粒含量高于 15% 的土壤也不适用该技术。

2.化学氧化-还原技术

化学氧化-还原技术分为化学氧化修复技术和化学还原修复技术，是将化学氧化/还原药剂通过一定设备和方法与被污染土壤充分反应，将土壤中的有害污染物氧化或还原为化学性质稳定、迁移能力弱而且易于分离的无害或毒性较低的化合物。

化学氧化-还原技术在有机物污染土壤的场地修复中具有广泛应用，该技术的关键在于氧化剂与还原剂的选择。目前，研究最多的新型还原剂和氧化剂是纳米级零价铁（Nanoscale Zero Valent Iron，nZVI）、过硫酸盐等。Mitchell 等[82]对比零价铁、钯催化剂和乳化零价铁（Emulsified Zero Valent Iron，EZVI）对 PCBs 污染土壤的修复情况，认为 EZVI 是这三种还原剂中唯一能明显提高 PCBs 脱氯的还原剂，可使 PCB 浓度降低超过 50%。而 Peluffo[83]使用活化的过硫酸盐修复 PAHs 污染的土壤，可使蒽和苯并芘的去除效率接近 100%。此外，Usman 等[84]使用磁催化化学氧化降解受污染沉积物中的石油碳氢化合物，结果显示，中性条件下磁铁矿具有较强的催化氧化能力，H_2O_2/磁铁矿和 $Na_2S_2O_8$/磁铁矿对碳氢化合物的降解率可达到 $40\%\sim70\%$。综上所述，针对土壤中有机污染物的理化特性，选择合适的氧化/还原剂，对于单一污染物的去除可以达到较理想的效果。

近年来，研究者们不仅在选择合适的氧化还原剂方面进行了探索，而且在有机污染物的去除机理方面也进行了深究。Xue 等[85]总结了 nZVI 对污染土壤中氯代有机化合物的修复，脱氯过程的机理如式(8-1)所示。而 Tian 等[86]也指出在还原过程中，氯代有机化合物可以用 Fe^0 脱氯，如式(8-2)和(8-3)所示。此外，Tian 等[86]还认为在液相中 H^+ 是由 Fe^0 去除氯代有机化合物的反应产生的，溶液 pH 值变为酸性可以实现目标污染物的协同脱氯，如式(8-4)所示。nZVI 对氯代有机物可能的降解途径如图8-6所示。修复机理的研究不仅能够从源头上提供污染土壤的修复思路，而且也健全了化学氧化-还原技术的体系，为化学氧化-还原技术在修复有机物污染土壤中的应用提供理论支撑。

$$RCl_n + Fe^0 + H^+ \longrightarrow RCl_{n-1}H + Fe^{2+} + Cl^- \tag{8-1}$$

$$Fe^0 + RCl + H_2O \longrightarrow Fe(OH)_2 + RH + Cl^- + H^+ \tag{8-2}$$

$$Fe^0 + 2H^+ + RCl \longrightarrow Fe^{2+} + Cl^- + H_2 \tag{8-3}$$

$$RCl + H^+ + 2e^- \longrightarrow RH + Cl^- \tag{8-4}$$

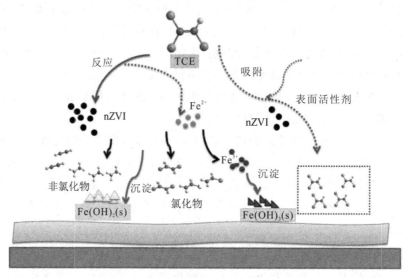

图8-6　可能降解途径

随着氧化还原反应技术在土壤修复方面的发展与成熟，国内外学者对化学氧化-还原修复有机物污染土壤的工艺也进行了一系列研究。例如，Correa-Torres 等[87]提出通过添加 $NaHCO_3$ 溶液把美国国家环境保护局开发的碱基催化分解的化学脱卤技术进行改良，用于氯代有机化合物脱卤，可以将土壤中有机氯浓度降低 81.8%。Wang 等[88]研究了纳米二氧化钛（TiO_2）光催化氧化工艺，可将土壤中的二苯胂酸去除 82.7%。此外，Santos 等[89]研究认为，在矿物铁含量高的土壤中芬顿法对有机污染物去除率较高，其中对总可回收烃和苯系物的去除效果显著。苗竹等[90]发现，采用原位注入的化学氧化修复技术，对目标污染物的平均去除率可以达到 93%。

化学氧化-还原技术具有化学反应速度快,修复时间短,对污染物性质和浓度不敏感,化学氧化过程只产生水、CO_2 等无毒的反应产物,对环境的二次风险低等优点,对于某些难以用其他方法处理的有机物具有良好的效果。但是,由于有些反应速率较快,在地下的持久性不够,且加入氧化剂后可能生成有毒副产物,使土壤生物量减少。而且化学氧化-还原修复技术的修复对象一般是饱和层的土壤和地下水,对于非饱和层的土壤在修复过程中需添加一定的水。

8.1.3　重金属污染土体修复技术

1.重金属污染土体的特性

土壤重金属污染是指由于人类活动将重金属加入到土壤中,致使土壤中重金属明显高于原生含量、并造成生态环境质量恶化的现象。重金属是指密度大于 $4.5~g/cm^3$ 的金属,如 Fe、Mn、Zn、Cd、Hg、Ni 和 Co 等;As 是一种准金属,但由于其化学性质和环境行为与重金属多有相似之处,故在讨论重金属时往往包括砷,有的则直接将其包括在重金属范围内。

重金属污染土壤主要有形态多变,金属有机态毒性大于无机态,价态不同毒性不同,金属羰基化合物常有剧毒,迁移化形式多,物理化学行为多具可逆性,属于缓冲型污染,产生毒性效应的浓度范围低,微生物不能降解、反而会毒害微生物或者使之转化为有机态重金属,增强毒性,对人体的毒性有积累性等特点。

2.重金属污染土壤修复技术与工艺

1)客土、换土、去表土、深耕翻土法

此类方法适合于小面积污染土壤的治理。客土法是在污染土壤表层加入非污染土壤,或将非污染土壤与污染土壤混匀,使得重金属浓度降低到临界危害浓度以下,从而达到减轻危害的目的。换土法是将污染土壤部分或全部换去,换入非污染土壤。客土或换土的厚度应大于土壤耕层厚度。去表土是根据重金属污染表层土的特性,耕作活化下层的土壤。深耕翻土是翻动土壤上下土层,使得重金属在更大范围内扩散、浓度降低到可承受的范围。这些方法最初在英国、荷兰、美国等国家被采用,达到了降低污染物危害的目的,是一类切实有效的治理方法。但该方法需耗费大量的人力、财力和物力,成本较高,且未能从根本上清除重金属,存在占用土地、渗漏和二次污染等问题,因此不是一种理想的治理土壤重金属污染的方法。

2)土壤淋洗

土壤淋洗是指用淋洗剂去除土壤中重金属污染物的过程,选择高效的淋洗剂是淋洗成功的关键。淋洗法可用于大面积、重度污染土壤的治理,尤其是在轻质土和砂质土中效果较好,但对渗透系数很低的土壤效果不太好。影响土壤淋洗效果的因素主要有淋洗剂种类、淋洗浓度、土壤性质、污染程度、污染物在土壤中的形态等。

8.1.4　复合污染土体修复技术

联合修复技术是指协同两种或两种以上的修复方法(物理、化学和生物等)而形成联合的修复技术。联合修复技术不仅可以提高单一污染土壤的修复速率与效率,还可以克服单项修复技术的局限性。有机物污染土壤的联合修复技术主要包括微生物/动物-植物联合修复技术、物理/化学-生物联合修复技术和物理-化学联合修复技术等。由于实际污染场地的污染物种类多,复合污染普遍且污染物组成复杂,使得单项修复技术常常难以达到修复目标。因此,发展土壤联合修复技术成为未来土壤修复的重要研究方向。

近年来,有研究者发现选择合适的真菌与植物联合修复有机物污染土壤,可以大幅降低污染土壤中有机污染物的含量。比如,郭杨认为与单纯的植物修复相比,接种棒束梗霉属真菌可使土壤中酞酸酯(Phthalic Acid Esters,PAEs)的平均含量降低20.67%,且使植物中的PAEs的平均含量降低28.66%。刘鑫等[91]的研究结果也表明,接种微生物菌株对紫花苜蓿具有明显的促生作用,且微生物-植物联合修复比单独微生物或植物修复能更有效地降解PAHs。

物理-化学联合修复技术因具有可操作性强、效果好、周期性短等优点,获得了研究者们的广泛关注。例如,Hung等[92]采用电动修复耦合铁/铝氧化电极对布洛芬(Ibuprofen,IBP)污染土壤进行修复,IBP的降解效率为70.1%~94.6%。Huon等[92]使用蒸汽抽提与射频加热联合体系修复汽油污染土壤,在总耗能保持不变的情况下,修复时间减少了80%左右。

虽然物理/化学修复方法具有其自身的优势,但容易带来二次污染且破坏土壤的结构已是不争的事实。因此,人们又将视野聚焦到了物理/化学-生物联合修复技术的研究。Wu等[93]认为与传统的物理/化学修复相比,微生物电化学系统(Microbial Electrochemical System,MES)为土壤修复提供了一种可持续、环保的解决方案,MES具有多种固有的优点,已广泛应用于石油烃、氯化有机物和重金属污染土壤的修复。此外,Liao等[94]通过研究发现,土壤原生微生物数量在添加化学氧化剂后呈下降趋势,在添加营养物质后呈上升趋势。不同的化学氧化剂的添加对2~4环和5~6环的PAHs的去除率可以分别达到52%~85%和78%~90%,随着营养物质的添加,土壤中2~4环PAHs的去除率进一步提高。同时,Kastanek等[95]研究发现,在受污染的土壤中添加有机过氧化物,可以加快生物降解过程作为热解吸后连续步骤的应用进程。Soares等[96]通过研究SVE和生物修复技术联合修复苯污染土壤,认为生物修复技术是SVE技术的良好补充,该联合修复技术可用于修复有机物含量较高的土壤。Rocio等[97]也发现,氧化和生物联合修复技术不仅提高了土壤中脂肪烃组分和PAHs的去除率,还弥补了氧化修复对土壤中生物种群结构的破坏。

随着有机污染物种类和污染程度的增加,单一的物理、化学或生物修复技术都很难达到修复目标,联合修复技术将是未来土壤修复发展的趋势,特别是物理/化学-生物联合修复技术将是未来研究者研究的重点。物理/化学修复技术的修复速度快,可操作性强,但是成本高,易带来二次污染且破坏土壤的结构,而生物修复技术是物理/化学修复技术的良好补充,二者相辅相成,为污染土壤的治理及修复技术的发展起到了巨大的推动作用。

8.2　综合实验

8.2.1　气相抽提技术修复挥发性有机物污染土壤实验

1.实验目的

(1)了解气相抽提技术修复挥发性有机物污染土壤的影响因素;

（2）掌握气相抽提技术修复挥发性有机物污染土壤的原理；

（3）掌握气相抽提技术修复挥发性有机物污染土壤的操作方法。

2.实验原理

利用空气泵强制新鲜空气流过污染土壤,降低土壤空隙的蒸气压,使得土壤中易挥发的有机物转化为气态,随空气一起流出,含有有机污染物的空气通过活性炭吸附柱,将其吸附去除。

3.实验设备和材料

1）实验装置

实验装置包括土柱和通风系统两部分。

（1）土柱。土柱是直径为 14 cm、高 25 cm 的有机玻璃柱,土柱底部为多孔板,侧壁有 2 个取样口(1,2)距多孔板分别是 92 mm 和 184 mm。

（2）通风系统。通风系统是由空气泵、玻璃转子流量计、有机玻璃柱、活性炭吸附柱和气体管道等组成,如图 8-7 所示。空气在空气泵作用下经玻璃转子流量计调节流量后,由土柱底部进气孔进入,通过底部锥形口和底部多孔板均匀注入土柱。土壤中的污染物在一定流速的空气流吹脱携带作用后,经活性炭吸附尾气方可排放到空气中。

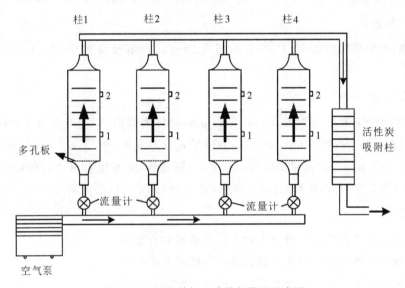

图 8-7　气相抽提土壤修复装置示意图

2）实验仪器

玻璃转子流量计,空气泵,分析天平,移液针,样品瓶,自动加样器,气相色谱-质谱联用仪(GC-MS),吹扫捕集器,激光粒度仪。

3）实验试剂

甲苯(含量≥99.5%),乙苯(含量≥98.5%),正丙苯(含量≥98%),甲醇(色谱纯)。

4）实验土样

实验用土采样深度为 0~50 cm。土壤类型为黄棕壤,质地为粉质壤土。土样自然风干后过筛去除植物残留，取 10 目土。

4.实验步骤

1）污染土壤制备

将 4.5 g 土和 50 mL 甲苯、乙苯、正丙苯的混合溶液（1∶1∶1）等分层装入 4 L 的玻璃瓶，密封静置 1 周后将土倒入直径 20 cm、高 90 cm 的有机玻璃桶内，密闭，迅速混匀，取平行土样装入样品瓶待测。再向有机玻璃土柱内分别装土 3.7 kg，土层高度为 22 cm。分组实验。

2）实验设计

研究不同通风流量、不同含水率和间歇通风等参数对土壤中挥发性有机物去除效果的影响。

3）采样

通风前后取混合土样，每隔 12 h 从土柱侧、取样口取样，装入样品瓶待测。

4）样品预处理

取样后转移入样品瓶中加入 10 mL 甲醇后盖紧瓶盖，振荡，冷藏静置，用 1 mL 微量进样器取 1 mL 上清液迅速注入装有 39 mL 超纯水的样品瓶中，通过吹扫捕集器、GC-MS 测定。

5）吹扫捕集条件

吹扫捕集，吸附阱温度为 40 ℃，吹脱时间为 15 min，热解吸温度 190 ℃（4 min），传输管线温度 100 ℃。

6）GC-MS 检测条件

色谱柱为 DB-VRX 30 m×0.25 mm×1.4 μm，载气为高纯氦气，流量为 1 mL/min，恒流模式。程序升温：40 ℃保持 5 min，以 8 ℃/min 的速度升温至 200 ℃，以 10 ℃/min 的速度升温至 230 ℃，保持 2 min。进样口温度为 200 ℃，分流进样，分流比为 50∶1；传输线为 250 ℃；离子源（EI 源）为 230 ℃；四极杆（Quadrapole）温度为 150 ℃；扫描范围为 35～260 u。

5.思考题

（1）通风流量对土壤中挥发性有机物去除率的影响有哪些？
（2）含水率对土壤中挥发性有机物去除率的影响有哪些？
（3）间歇通风对土壤中挥发性有机物去除率的影响有哪些？
（4）污染物性质对土壤中挥发性有机物去除率的影响有哪些？

8.2.2　活化过硫酸盐修复难挥发有机物污染土壤实验

1.实验目的

（1）掌握过硫酸盐活化的四种方法；
（2）掌握红外测油仪的工作原理和使用方法。

2.实验原理

通过热能、紫外线、碱条件下、添加过渡金属和碳材料等方法和药剂，可将过硫酸盐进行活化产生硫酸根自由基($SO_4^-\cdot$)(氧化还原电位为 $2.5\sim3.1$ V)。过硫酸盐活化产生的 $SO_4^-\cdot$ 氧化还原电位比·OH 高,可以降解大多数的有机污染物,包括苯酚、药物、染料和多氯联苯等难降解的有机物。$SO_4^-\cdot$ 还可以与 H_2O 或 OH^- 产生·OH(氧化还原电位为 2.8 V)。$SO_4^-\cdot$ 和 ·OH 均具有较高的氧化还原电位,能够氧化降解大多数的难降解有机物,使其生成 CO_2 和 H_2O,对环境无二次污染,且降解速度快。

本实验采用热活化、碱活化、亚铁离子活化和过氧化氢活化四种活化方法,活化过硫酸盐修复石油烃污染土壤。

3.实验仪器和试剂

1)实验仪器

红外测油仪,紫外可见分光光度计,离心机,便携式 pH 计,水浴恒温振荡器,分析天平,量筒,烧杯,容量瓶,移液管。

2)实验试剂

过硫酸钠($Na_2S_2O_8$)、硫酸亚铁($FeSO_4\cdot7H_2O$)、柠檬酸(CA,$C_6H_8O_7\cdot H_2O$)、四氯化碳(CCl_4,红外测油专用)、硝基苯($C_6H_5NO_2$)、乙醇(C_6H_5OH)、六氯乙烷(HCA,C_2Cl_6)、石油类标准品(1 mg·mL^{-1})、30% H_2O_2、氢氧化钠(NaOH)、硫酸亚铁铵[$(NH_4)_2Fe(SO_4)_2\cdot6H_2O$]、浓硫酸($\rho=1.84$ g/mL)、硫氰酸铵(NH_4SCN)。

3)实验溶液配制

(1)NaOH 溶液[$c(NaOH)=3$ mol/L]。称取 12 g 氢氧化钠溶解于去离子水中,冷却至室温,转移至 100 mL 容量瓶中,加去离子水稀释至标线,摇匀,贮存于塑料瓶中。

(2)硫酸溶液[$c(H_2SO_4)=1.25$ mol/L]。量取 68 mL 浓硫酸($\rho=1.84$ g/mL)缓慢加入到盛有 300 mL 左右去离子水的 500 mL 容量瓶中,轻微振荡,待冷却至室温后,用去离子水稀释至标线,摇匀。

(3)硫酸亚铁铵溶液[$c((NH_4)_2Fe(SO_4)_2\cdot6H_2O)=0.4$ mol/L]。称取 15.69 g 硫酸亚铁铵溶于去离子水中,转移至 100 mL 容量瓶中,加入去离子水稀释至标线,摇匀。

(4)硫氰酸铵溶液[$c(NH_4SCN)=0.6$ mol/L]。称取 45.67 g 硫氰酸铵溶于去离子水中,转移至 1000 mL 容量瓶中,加入去离子水稀释至标线,摇匀。

4.实验步骤

1)实验设计

实验共涉及 4 种活化方法,每种活化方法 3 个处理,每个处理重复 3 次。除了热活化实验,其他均在室温下进行。称取 10 g 风干土壤样品置于 150 mL 锥形瓶中,按表 8-1 加入过硫酸钠和活化剂,按水土比 5∶1(质量比)加入去离子水,然后将锥形瓶放在振荡器中旋涡振荡 4 h,使其充分混匀。静置 20 h,使其反应完全。将反应液转移到玻璃离心管中,3000 r/min 离心 10 min,将上清液移入 50 mL 比色管中,土壤样品于室温下风干,分别测定上清液和土壤样品中的总石油烃(TPH)含量。反应过程中,定期监测反应液的 pH 及过硫酸钠浓度变化,时间间隔分别为 5、30、60、120、240、480 min 和 24 h。

表 8-1 不同活化方法的 TPH 降解

序号	活化方法	活化剂：过硫酸钠	pH	温度/℃	备注
1	未活化		7.1	20	空白,不加过硫酸钠
2	未活化		7.1	20	添加未活化的过硫酸钠
3	热活化		7.1	40	水浴
4	热活化		7.1	70	水浴
5	热活化		7.1	100	水浴
6	碱活化		9	20	pH,NaOH(3 mol/L)调节
7	碱活化		11	20	pH,NaOH(3 mol/L)调节
8	碱活化		12	20	pH,NaOH(3 mol/L)调节
9	亚铁离子活化(CA/Fe²⁺,0.5 mol/L)	1:10	7.1	20	先加入过硫酸钠(2.5 mmol/g 土),再加入活化剂(Fe²⁺与 CA),振荡混合
10	亚铁离子活化(CA/Fe²⁺,0.5 mol/L)	1:4	7.1	20	同上
11	亚铁离子活化(CA/Fe²⁺,0.5 mol/L)	1:2	7.1	20	同上
12	过氧化氢活化(30% H₂O₂)	1:100	7.1	20	先加入过硫酸钠(2.5 mmol/g 土),再加入活化剂(30%H₂O₂),振荡混合
13	过氧化氢活化(30%H₂O₂)	1:10	7.1	20	同上
14	过氧化氢活化(30% H₂O₂)	1:1	7.1	20	同上

2)样品分析

(1)红外测油仪测定条件。使用 40 mm 石英比色皿,以四氯化碳作为参比溶液,在波数分别为 3030、2960 和 2930 cm⁻¹ 谱带处,测定吸光度。

(2)溶液中过硫酸钠含量测定。取 0.1 mL 反应液置于 25 mL 比色管中,加入 0.9 mL 的去离子水、10 mL 1.25 mol/L 的硫酸溶液、0.1 mL 的 0.4 mol/L 的硫酸亚铁铵溶液,反应 40 min,再加入 0.2 mL 的 0.6 mol/L 的硫氰酸铵溶液,用紫外分光光度计测定 450 nm 处吸光度。

5.思考题

(1)不同活化方式处理下的过硫酸钠对土壤中 TPH 的去除情况及影响因素有什么不同?

(2)进一步提高土壤中 TPH 去除率的有效方法有哪些?

第9章 环境地学实验

9.1 基础知识

环境地学主要研究人类活动和地质环境的相互关系,包括由地质因素引起的环境问题,如火山爆发、地震、山崩、泥石流等灾害,以及因地壳表面化学元素分布不均引起的地方病;由人类活动引起的环境地质问题,包括化学污染引起的环境地质问题、大型工程和资源开发引起的环境地质问题,以及城市化引起的环境地质问题等。

9.1.1 岩石圈的结构和特征

岩石圈是人地复合系统的有机组成部分,它既是固体地球的外壳,又是地表环境系统的重要物质基础,同时还是外力与内力持续交互作用的场所。岩石圈一般是指由地壳和上地幔顶部坚硬岩石所组成的地球圈层之一,厚度为 $60\sim120$ km。

1.岩石圈的结构

岩石圈由各种类型的岩石组成,是一个力学性质基本一致的刚性整体。垂直结构上包括全部地壳和上地幔顶部的橄榄岩层。在水平结构上地壳层包括大陆地壳和大洋地壳,地幔层也在横向的各种构造环境中具有明显的不均一性结构。

从人为活动对岩石圈的影响来看,目前人类能直接涉及的岩石圈深度约为 5 km,最深的钻探取样深度尚不超过 13 km。从岩石圈对人类的作用看,人类生存与发展的环境是位于地壳上部的地球表层系统,但地幔的组成、结构、状态,以及在地幔中进行的各种作用对人类环境有重要作用。人类从地壳中获取的多种资源、能源直接或间接源自于地幔,地幔中的岩浆活动、构造运动既可能形成有用矿产,有利于发展地貌,也可能带来地质灾害,尤其是上地幔与地壳之间持续进行的物质与能量交换,是地表环境形成的重要驱动力。

2.地球系统中岩石圈的特征

1)内力与外力交互作用的层面

作用于岩石圈的地质引力,因能量的来源不同可以分为内力作用与外力作用。内能包括地内热能、重力能、地球旋转能、化学能和结晶能;外能包括太阳辐射能、日月潮汐能。内力作用与外力作用是相对独立又相互依存的对立统一体,二者的结合是促使地球演化、更新的动力。地表岩石组成及地貌特征的时空分布格局是内力与外力共同作用的结果。

2)地球表层系统的重要物质基础

在地球表层系统中,岩石圈与大气圈、水圈、生物圈等其他自然圈层紧密交错,它们之间存在着极为多样的非线性相互作用,整合形成复杂的自然综合体,并且从赤道到极地覆盖整个地球,构成地理壳。

9.1.2　岩石圈的物质组成

构成岩石圈的基本单位是不同类型的岩石,这一圈层的基本状态决定于主要岩石类型的组合。组成岩石的基本成分是矿物,即由各种化学元素组成的化合物或单质,它们具有相对固定的化学成分和物理性质。

岩石的物质组成可以分为化学元素、矿物和岩石三个不同层次进行研究。地壳中含有化学元素周期表中所列的绝大部分元素,而其中 O、Si、Al、Fe、Ca、Na、K、Mg 等 8 种主要元素占98%以上,其他元素共占 1%~2%。组成岩石主要成分的矿物称造岩矿物,最常见的造岩矿物有长石、石英、云母、角闪石、辉石、橄榄石。它们也是组成岩石圈的主要矿物。

岩石组成包括岩浆岩、沉积岩和变质岩。其中,岩浆岩是由岩浆凝结形成的岩石,约占地壳总体积的 65%,分为酸性岩、中性岩、基性岩和超基性岩。沉积岩是暴露在地壳表部的岩石,经过风化、剥蚀在原地或经搬运堆积下来,经过成岩作用而形成的岩石,分为碎屑岩类、黏土岩类、生物化学岩类。由地球内力作用引起的岩石性质的变化过程总称为变质作用。由变质作用形成的岩石就是变质岩。变质作用的因素包括温度、压力和化学因素。

如果根据变质母岩的性质,把变质岩归属于沉积岩和岩浆岩,那么在整个地壳的岩石组成中,岩浆岩占 95%,而沉积岩只占 5%;但是沉积岩却覆盖了整个地球表面的 75%,岩浆岩只覆盖了地球表面的 25%。在岩石圈表层的大陆及其邻近海域,分布面积占比分别为:沉积岩占 70%、岩浆岩占 20%、变质岩占 10%;从全球表层的分布情况看,占比分别为:沉积岩占20%、岩浆岩占 86%、变质岩占 4%;从岩石圈的体积上看,占比分别为:沉积岩占 5%、岩浆岩占 35%、变质岩占 60%。

1.岩浆岩

岩浆岩由于冷凝结晶的条件不同,尽管有同样的成分,所形成的岩石主要矿物成分也差不多,但是在岩貌和组构上有明显区别,成为不同的岩石。主要结构有:显晶质结构、隐晶质结构、玻璃质结构、斑状结构和似斑状结构。主要构造有块状构造、流动构造和气孔构造。

2.沉积岩和矿床

据 19 届国际地质大会统计资料显示,世界资源总储量 75%~85%的沉积岩是沉积和沉积变质成因的。石油、天然气、煤、油页岩等可燃性有机矿产以及盐类矿产几乎均为沉积成因。铁矿的 90%、铅锌矿的 40%~50%、铜矿的 5%~30%、锰矿和铝矿的绝大部分以及其他许多金属和非金属矿产均为沉积或沉积变质成因的。

沉积岩按原始物质成分来源可分为主要由母岩风化产物形成的沉积岩(按母岩风化产物的类型和其搬运沉积作用可划分为碎屑岩和化学岩两类),以及主要由火山碎屑物质组成的沉积岩和主要由生物遗体组成的沉积岩。

3.变质作用与变质岩

1)变质作用的相关作用

变质作用是先成岩在地下高温高压和化学活动性流体的参与下,在固态状态下改变其结构、构造或化学成分,从而形成新岩石的作用过程。一般说来,岩石是否变质,是以有无重结晶现象或者是否出现变质矿物为标志(特别在温度升高的情况下)。根据观察判断,变质作用的温度在 150~900 ℃之间(低于 150 ℃属于成岩作用的范畴,高于 900 ℃ 则又属于岩浆作用的范畴)。岩石在变质过程中基本保持固体状态,一般不经过熔融。变质作用不仅形成各种变质岩,而且还形成多种类型的变质矿产。

2)变质作用的因素

(1)温度。温度是引起变质的基本因素。温度的变化来源于地热、放射性元素的衰变、岩浆活动及地壳运动诸方面。出现高温的地区有:侵入岩体的周围、断裂带附近、地壳深处的放射热和地热区、现代的岛弧和大洋中脊等地区。

(2)压力。压力可以使重结晶矿物产生定向排列,而形成变质岩特有的片理结构。压力包括静压力、定向压力和流体压力。

①静压力。静压力是上覆地层引起的负荷压力。静压力有利于塑性变形和高压矿物的产生。

②定向压力。定向压力的特征是具有定向性,主要由地壳运动引起,在地壳中分布不均,在地壳的上部发育,使岩层产生褶皱、断裂,使矿物的晶格变形,使片状矿物和柱状矿物垂直于定向压力的方向排列而成片理结构。由于定向压力出现在地壳浅处,这些地方往往有水分存在,所以在定向压力条件下产生的变质矿物多含 OH^-,如白云母、绿泥和滑石等。

③流体压力。流体压力是 H_2O、CO_2 和 O_2 等挥发性流体占据岩石粒间空隙而产生的。在地下深处,全部负荷压力都传递给流体,这时负荷压力与流体压力相等。在地壳浅处,岩层裂隙发育,并与地表沟通,这时流体压力小于负荷压力。只有在岩浆侵入体周围,岩浆结晶时析出大量流体,才可能出现流体压力大于负荷压力的状况。

(3)变质作用的方式。

①重结晶作用和变质结晶作用。重结晶作用就是使非结晶质的岩石变成结晶质的岩石,结晶小的岩石变为结晶粗大的岩石。重结晶作用是在固态条件下进行的,一般不改变原岩成分。变质结晶作用是指原岩总成分不变,而有新的结晶矿物形成,这说明原岩成分不纯。

温度是重结晶作用的主要因素,每一种变质矿物的生成和稳定都有一个特定的温度区间,只要温度变化超过该区间,原矿物就会消失,新的矿物就开始形成,如纯石灰岩($CaCO_3$),温度升高将变成大理岩,温度继续升高则结晶颗粒有变粗的趋势,如无外来物质的参与不会有新矿物出现,只是结构发生变化。如果是硅质灰岩(含 SiO_2 的灰岩),温度升高则出现新的变质矿物(硅灰石),反应式如下:

$$SiO_2CaCO_3 \longrightarrow CaSiO_3 + CO_2$$

当压强为 0.1 MPa 时,上述反应式的平衡温度为 273 ℃;当压强为 100 MPa 时,上述反应式的平衡温度是 580～680 ℃;当压强为 200 MPa 时,上述反应式的平衡温度是 610～750 ℃。

上述硅灰石反应说明了压强在重结晶作用中是影响温度平衡的重要因素。另外,压强增大有利于形成分子体积小而密度大的矿物。

②交代作用。在变质作用过程中,由于外来流体(热气、热液)的加入,与岩石中的某种成分起化学反应,发生置换,使岩石中出现新矿物,这种作用叫交代作用。交代作用的特点是:在固态下进行;交代前后岩石总体积不变;原矿物的成分被置换与新矿物的形成同时发生。交代作用的强度和范围取决于围岩性质、化学活动性流体的成分、岩石裂隙的多少及作用时间的长短。

(4)变质作用的基本类型。变质作用根据地质环境、变质因素及产物的特征可划分为接触变质作用、碎裂变质作用、区域变质作用、混合岩化作用和洋底变质作用。其中主要的是接触变质作用、碎裂变质作用和区域变质作用三种基本类型。

①接触变质作用。接触变质作用发生在岩浆岩体与围岩的接触带上,是岩浆散发的热量和流体引起的变质作用。一般接触变质作用发生在 3～8 km 深度范围内。上覆岩层的负荷压强在 80～210 MPa(以 27.5 MPa/km 计)。按侵入体可以上升到 1 km 浅处计,接触变质作用的有效压强范围是 20～200 MPa。这个压强与区域变质及碎裂变质的压强(几十至 1000 MPa)相比是很小的。可见接触变质作用是一种低压高温的变质作用。温度和化学活动性流体是接触变质作用的主要原因。

按照变质因素和围岩变质特征,又可分为接触热变质作用和接触交代变质作用。其中,接触热变质作用是岩浆岩体散发的热引起围岩的变质,所形成的变质岩不具备片理结构,称为角岩,如红柱石角岩、大理岩等。接触交代变质作用是岩体中的挥发组分与围岩发生作用引起的变质,产生新矿物组合的岩石,例如中酸性岩体与碳酸盐类的岩石(石灰岩)接触而形成夕卡岩(含多种金属,如 Fe、Cu、W、Sn、Mo、Pb 和 Zn 等)。

一般岩浆类型不同,温度也不一样。花岗岩侵入体的温度为 700～800 ℃,正长岩为 900 ℃,辉长岩为 1200 ℃。这说明基性岩体外围的变质温度比酸性岩外围的变质温度高,而且接近岩体的围岩变质深,远离岩体的围岩变质浅,最后过渡为原岩。从平面上看,组成的环状接触变质带,称为变质晕或变质圈。

②碎裂变质作用(或动力变质作用)。动力变质作用是在定向压力作用下发生的一种变质作用。这种变质由于动力作用的时间短暂,又可能多次叠加,结果使岩石发生破碎。其变质程度由岩石的破裂程度反映,这种岩石称为碎裂岩。如果由大小不等的岩块嵌在一起,叫断层角砾岩。在韧性条件下形成的动力变质岩叫糜棱岩。这种作用常出现在断层带上,多伴有重晶作用和变晶作用(如出现绿泥石、绿帘石、蓝晶石等),有时出现构造透镜体。

③区域变质作用。这种变质作用常在大范围内发生,呈带状。变质带长几百到几千千米;宽几十到几百千米;深度从几千米到几十千米;压强在 200～1000 MPa 以上。引起这种变质作用的除负荷压力以外,构造运动引起的应力常叠加其上。

区域变质的温度范围在 150～900 ℃之间。热量来源于地幔的热流和局部的动力热和岩浆热。局部地方常因热量不均匀积累,而有"超高热囊"出现,使岩石发生重熔。从整体看温度是比较均匀的,即使有侵入体的插入和碎裂带的切割,也没有改变区域变质带的特征。所以,引起区域变质作用的温度与侵入岩体和构造作用关系较小。化学活动性流体的作用普遍,主要来源于岩石和矿物的脱水和脱碳反应。总地来说,区域变质作用是变质因素综合引起的,区域变质岩与原岩相比,在化学成分上、矿物成分上以及结构、构造上都有改变。

从历史发展角度看,区域变质作用过程是长期的、复杂的,也是周期性叠加的。在空间上,变质程度随温度的升高而逐渐加深,从而反映出变质作用由低级到高级的排列规律。区域变质岩普遍具有矿物定向排列的片理结构,由低级到高级依次显示为板状、千枚状、片状和片麻状结构。区域变质岩在高温高压下,因产生塑性变形,且多次叠加,所以变质岩中常见复杂的小型结构。

4.三大类岩石的相互关系

岩石所处的环境一旦改变,其将随之发生改造,转化为其他类型的岩石。出露到地表的岩浆岩、变质岩与沉积岩,经过风化、剥蚀、搬运作用而变成沉积物,沉积物埋到地下浅处就硬结成岩,重新形成沉积岩。埋到地下深处的沉积岩或岩浆岩,在温度不太高的条件下,可以以固态的形式发生变质,变成变质岩。不管何种岩石,一旦进入高温(大于 800 ℃)状态,就将逐渐熔融成岩浆。岩浆在上升的过程中降低自身的温度,使自身的成分复杂化,并在地下浅处冷凝成侵入岩,或喷出地表而形成火山岩。在岩石圈内形成的岩石,由于地壳抬升,上覆岩石遭受剥蚀,它们又有机会变成出露到地表的岩浆岩,如图 9-1 所示。

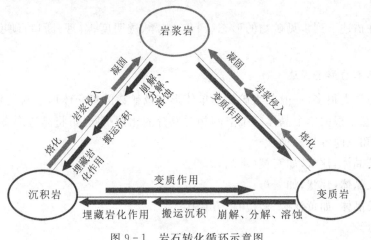

图 9-1　岩石转化循环示意图

9.2　基础实验

9.2.1　矿物的肉眼观察与描述

1.实验目的

(1)学习常见矿物的形态和物理性质;

(2)初步学习鉴定矿物形态和物理性质的方法,并掌握系统描述矿物标本的一般方法,为以后鉴定矿物打下基础;

(3)学习肉眼鉴定矿物的方法并进行详细观察;

(4)掌握主要矿物的特征;

(5)重点掌握各种矿物与类似的其他矿物的区别。

2.实验原理

矿物是地壳中天然形成的单质或化合物,具有一定的化学成分和内部结构,具有一定的物理性质、化学性质及外部形态。

3.实验仪器、试剂和标本

1)实验仪器和材料

莫氏硬度计,瓷板,小刀,放大镜,磁铁。

2)实验试剂

5%稀盐酸。

3)矿物标本

石英,正长石,斜长石,黑云母,方解石,白云石,普通辉石,普通角闪石,橄榄石,石膏,黄铁矿。

4.实验步骤

肉眼观察并描述下列常见矿物的形态、颜色、光泽、透明度、解理、断口、硬度、其他性质特征与综合定名。

1)矿物手标本的形态描述

矿物的形态种类很多,一般分为矿物的单体形态及矿物的集合体形态两类来描述。

(1)单体形态。根据单个晶体三维空间相对发育的比例不同,可将晶体形态特征分为一向延长、二向延长和三向等长三种。

①一向延长晶体:柱状,如石英(水晶)。

②二向延长晶体:片状,如云母。

③三向等长晶体:如黄铁矿、橄榄石、方铅矿。

(2)集合体形态。

①柱状集合体:如普通角闪石、电气石。

②纤维状集合体:如石膏。

③片状集合体:如云母。

④粒状集合体:如橄榄石。

⑤晶簇:如石英、方解石。

2)矿物手标本光学性质的观察

(1)颜色。根据颜色产生的原理不同可分为自色、他色、假色,但具有鉴定意义的主要为自色。通常描述矿物颜色的方法有以下两种。

①标准色谱法。此种方法是按红、橙、黄、绿、蓝、靛、紫标准色,或白、灰、黑对矿物的颜色进行描述。若矿物为标准色中的某一种,则直接用其描述,如蓝铜矿为蓝色、辰砂为红色;若矿物不具某一标准色,则以接近标准色中的某一种颜色为主体,用两种颜色进行描述,并把主体颜色放在后面。例如绿帘石为黄绿色,说明此矿物是以绿色为主,黄色为次。

②实物对比法。把矿物的颜色与常见实物颜色相比进行描述。例如,黄铜矿为铜黄色,正长石为肉红色,磁铁矿为铁黑色,橄榄石为橄榄绿色等。

(2)条痕。条痕是指矿物粉末的颜色,一般是指矿物在白色无釉瓷板上擦划所留下的痕迹的颜色。条痕色可能深于、等于或浅于矿物的自色。条痕色对不透明的金属、半金属光泽矿物的鉴定很重要,而对透明、玻璃光泽矿物来说意义不大,因为它们的条痕都是白色或近于白色。其描述方法与颜色相似。

(3)光泽。根据矿物表面反光的强度,可将矿物的光泽分为金属光泽、半金属光泽、非金属光泽(玻璃光泽、金刚光泽)三类。非金属光泽中,由于矿物表面不平整,在某些集合体表面会产生特殊的变异光泽。注意观察油脂光泽、丝绢光泽、珍珠光泽、土状光泽等。

(4)透明度。矿物透明度是指矿物透过光线的程度,一般是以矿物厚度 1 mm 的片状标本为准。分为透明、半透明和不透明三级。

3)矿物手标本力学性质

(1)解理。解理是矿物的重要鉴定特征之一。解理按其发育程度分为极完全解理、完全解理、中等解理、不完全解理和极不完全解理五级。

①观察解理等级。根据解理面的完好和光滑程度以及大小,确定其解理等级。注意观察云母、方解石、普通角闪石、石英的解理发育情况。

②观察解理组数。矿物中相互平行的一系列解理面称为一组解理。注意观察云母、正长石、方解石的解理组数。

③观察解理面间的夹角。两组或两组以上的解理,其相邻两解理面间的夹角亦是鉴定矿物的标志之一。注意观察正长石、辉石、角闪石的解理夹角。

(2)断口。根据矿物受力后不规则裂开的形态,可将断口分为贝壳状断口、参差状断口、土状断口、锯齿状断口等类型。观察石英、黄铁矿断口,并确定其类型。

(3)硬度。肉眼观察的是矿物的相对硬度,通过莫氏硬度计测得的不同矿物的硬度见表9-1。

表 9 - 1　不同矿物硬度

硬度	1	2	3	4	5	6	7	8	9	10
矿物名称	滑石	石膏	方解石	萤石	磷灰石	正长石	石英	黄玉	刚玉	金刚石

野外工作中为了方便,常采用指甲(硬度为 2.5 左右)、小刀(硬度为 5.5 左右)等作为标准测定相对硬度。

4)其他物理性质的观察

矿物的其他物理性质可包括磁性、导电性、发光性、放射性、延展性、脆性、弹性、挠性和吸水性等。

5.注意事项

(1)描述矿物颜色时,应以矿物新鲜面的颜色为准。

(2)观察矿物光泽时,一定要在新鲜面上观察,主要观察晶面和解理面上的光泽。

(3)观察和描述矿物光学性质时,一定要注意掌握颜色、条痕、光泽和透明度四者之间的关系(见表9-2)。金属光泽的矿物,其颜色一定为金属色,条痕为黑色或金属色,不透明;半金属光泽的矿物颜色为金属色或彩色,条痕呈深彩色或黑色,不透明至半透明;非金属光泽的矿物颜色为各种彩色或白色,条痕呈浅彩色到白色,半透明至透明。

表 9 - 2　颜色、条痕、光泽和透明度四者之间关系表

矿物	颜色	条痕	透明度	光泽
非金属矿物	无色	无色或白色	透明	玻璃-金刚光泽
	浅色	浅色或无色	半透明	半金属光泽
	彩色	浅彩或深彩	不透明	
金属矿物	黑色或金属色	黑色或金属色		金属光泽

（4）肉眼观察矿物的解理只能在显晶质矿物中进行。确定解理组数和解理夹角时，必须在一个矿物单体上观察。

（5）刻划矿物时用力要均匀，测试时须选择新鲜面，并尽可能选择单体矿物。

常见矿物的一般特征详见附录5。

9.2.2 常见岩浆岩的肉眼观察与描述

1.实验目的

（1）熟悉岩浆岩的一般特征；

（2）掌握岩浆岩手标本肉眼鉴定的基本方法；

（3）掌握一些常见岩浆岩的肉眼鉴定特征。

2.实验原理

岩浆岩是岩浆冷凝固结形成的岩石。岩浆岩由于产状不同，其岩性特征也不同，而产状与岩浆岩的结构往往有一定的联系。因此，常把产状和结构作为岩浆岩的分类依据。

3.实验仪器和标本

1）实验仪器

小刀和放大镜。

2）实验手标本

辉长岩，玄武岩，闪长岩，安山岩，花岗岩，似斑状花岗岩，流纹岩，花岗闪长岩，正长岩，伟晶岩。

4.实验步骤

在肉眼鉴定岩浆岩的手标本时，观察描述的内容包括岩石的颜色、结构、构造和矿物成分，最后综合定名，具体内容如下。

1）颜色

岩石的颜色是指组成岩石的矿物颜色之总和，而非某一种或几种矿物的颜色。如灰白色的岩石，可能是由长石、石英和少量暗色矿物（黑云母、角闪石等）形成的总体色调。因此，观察颜色时，宜先远观其总体色调，然后用适当颜色形容之。岩浆岩的颜色也可根据暗色矿物的百分含量，即"色率"来描述。按色率可将岩浆岩划分为以下几种。

暗（深）色岩：色率为60～100，相当于绿色、灰黑色、黑色等；

中色岩：色率为30～60，相当于灰色、红褐色、褐灰色等；

浅色岩：色率为0～30，相当于白色、灰白色、肉红色等。

反过来，我们亦可以根据色率大致推断暗色矿物的百分含量，从而推知岩浆岩所属的大类（酸、中、基性）。这种方法对结晶质，尤其是隐晶质的岩石特别有效。

实验时注意把岩石新鲜面的颜色和岩石风化面的颜色区分开来。

2）结构与构造

岩浆岩按结晶程度可分为结晶质结构和非晶质（玻璃质）结构，按颗粒绝对大小又可分为粗（>5 mm）、中（5～1 mm）、细粒（1～0.1 mm），以及微晶、隐晶等结构。其中应特别注意微晶、隐晶和玻璃质结构的区别。微晶结构用肉眼(包括放大镜)可看出矿物的颗粒,而隐晶质和玻璃质结构,则用肉眼(包括放大镜)看不出任何颗粒来,但两者可用断口的特点来区分。隐晶质的断口粗糙,呈瓷状断口;玻璃质结构的断口平整,常具贝壳状断口。按岩石组成矿物颗粒的相对大小,岩浆岩又可分为等粒、不等粒、斑状和似斑状等结构。因此,观察描述结构时,应注意矿物的结晶程度、颗粒的绝对大小和相对大小等特点。

通过岩石的构造可以确定岩石形成环境(侵入或喷出的)和具体的岩石名称。岩浆岩常见的构造为块状构造,其次为气孔、杏仁和流纹状构造等。

3)矿物成分

对于显晶质结构的岩石,应注意观察描述各种矿物,特别是主要矿物的颜色、晶形、解理、光泽、断口等特征,并目估其含量(观察时注意对岩石中的每一种矿物都要进行认真鉴定,应选择其最具特征的性质进行描述),确定所属大类。尤其应注意以下几个方面。

(1)观察有无长石。若有则应鉴定长石的种类,并分别目估其含量。

(2)观察有无石英、橄榄石的出现。若有石英石出现,则为酸性岩;若有橄榄石出现,则为超基性和基性岩。

(3)鉴定暗色矿物的成分,并目估其含量,抓住颜色特征缩小鉴定范围。特别注意辉石和角闪石,以及它们和黑云母的区别。

(4)对具斑状结构或似斑状结构的岩石则应分别描述斑晶和基质的成分、特点和含量。基质若为隐晶质,则可用色率和斑晶推断其成分;若为玻璃质,则只能用斑晶来推断其成分。

4)岩石的命名

岩浆岩的命名一般为颜色＋构造＋结构＋基本名称,如肉红色块状粗粒花岗岩。喷出岩有时仅用颜色＋构造＋基本名称,如气孔杏仁状玄武岩。

常见岩浆岩的一般特征详见附录 6。

9.2.3　常见变质岩的肉眼观察与描述

1.实验目的

(1)熟悉变质岩的一般特征;

(2)掌握变质岩手标本肉眼鉴定的基本方法;

(3)掌握几种典型变质岩的肉眼鉴定特征。

2.实验原理

变质岩是在高温、高压和矿物质的混合作用下由一种岩石自然变质成的另一种岩石。质变可能是重结晶、纹理改变或颜色改变。变质岩是由地球内力作用引起的岩石构造的变化和改造产生的新型岩石。上述内力包括温度、压力、应力的变化、化学成分。

3.实验仪器、试剂和标本

1)实验仪器和材料

小刀;放大镜。

2)实验试剂

5％稀盐酸。

3)实验手标本

红柱石角(板)岩,云英岩,板岩,千枚岩,片岩,花岗片麻岩,大理岩。

4.实验步骤

肉眼观察描述下列常见变质岩的颜色、结构、构造、矿物成分特征与综合命名。

1)区域变质岩肉眼观察描述

变质岩肉眼观察、描述的内容、方法与岩浆岩大体相似,包括岩石的颜色、结构、构造和矿物成分,最后综合定名。具体内容和注意事项如下。

(1)颜色。变质岩的颜色比较复杂,它既与原岩有关又与变质岩矿物成分有关。因此,颜色虽可帮助鉴定矿物成分,但与其他两大类岩石相比,则重要性较低。变质岩的颜色常不均匀,应注意观察其总体色调。

(2)结构、构造。区域变质岩的结构主要为变晶结构,仅少数为变余结构。变晶结构用肉眼很难与结晶质结构相区分。描述变晶结构时同样应注意矿物的结晶程度、颗粒大小、形状等特点。区域变质岩最主要的特征构造是矿物按一定方向排列而构成的定向构造,即片理。片理是变质岩特有的一种构造。根据其剥开的难易,剥开面的平整程度和光泽,结合矿物重结晶程度等特征,可将片理中的板状、千枚状、片状和片麻状四种构造区分开。区域变质岩中亦有块状构造。

板状构造是页岩或泥岩(黏土岩)经轻微变质所形成的一种构造。原岩组分基本上没有重结晶,岩石中出现一组互相平行的劈理面,劈理面光滑而具微弱的丝绢光泽。

千枚状构造矿物初步具有定向排列,但重结晶不强烈,矿物颗粒肉眼不能分辨,仅在片理面上有强烈的丝绢光泽,裂开面不平整而且有小褶皱。

片理构造主要由片状、柱状矿物(云母、绿泥石、角闪石等)平行排列连续形成面理,其粒度较千枚岩矿物为粗,肉眼可分辨。为各种片岩特有的构造。

片麻状构造是由变质形成的粒状矿物(长石、石英)和定向排列的片状、柱状矿物(云母、角闪石等)断续相间排列而成,往往形成片麻理,如片麻岩的构造。

上述几种构造主要是在定向压力作用下形成的。

块状构造的岩石中,矿物成分和结构都很均匀,无定向排列。如石英岩、大理岩等就具有这种构造。

(3)矿物成分。变质岩石由岩浆岩或沉积岩等岩石变化而来,其矿物成分既保留有原岩成分,也出现了一些新的矿物。如岩浆岩中的石英、钾长石、斜长石、白云母、黑云母、角闪石、辉石等,由于本身是在高温、高压条件下形成的,所以在变质作用下依然保存。在常温常压下形成于沉积岩中的特有矿物,特别是岩盐类矿物,除碳酸盐矿物(方解石、白云石)外,一般很难保存在变质岩中。

变质岩除了保存着上述原岩中的共有继承矿物外,变质岩中还有它特有的矿物,如石榴石、红柱石、蓝晶石、夕线石、硅灰石、石墨、金云母、透闪石、阳起石、透辉石、蛇纹石、绿泥石、绿帘石、滑石等。

描述变质岩的成分时,应注意主要矿物、次要矿物和特征变质矿物。一般按矿物含量从多到少的顺序进行描述。

(4)岩石的命名。区域变质岩中具有定向构造的岩石,以定向构造为基本名称。若肉眼可识别出主要矿物或特征变质矿物,亦应将其作为定名内容。一般命名原则可概括为:颜色(＋矿物成分)＋基本名称。如蓝灰色蓝晶石片岩、黑色红柱石板岩、灰白色角闪石斜长片麻岩、白色石英岩。

2)接触变质岩与动力变质岩的观察描述

(1)接触变质岩。接触交代变质岩,颜色成分均较复杂多变,与原岩成分及交代有密切关系,典型岩石为夕卡岩,常含多种金属矿物。接触热变质岩的典型岩石有云英岩和大理岩,具有典型的致密变晶结构,块状构造。注意观察两者的硬度。

(2)动力变质岩石。此类岩石的基本类型是根据变形行为、破碎程度和重结晶程度确定的,如角砾岩、糜棱岩、千糜岩。破碎程度和重结晶程度增加。

常见变质岩的一般特征详见附录 7。

9.2.4　常见沉积岩的肉眼观察与描述

1.实验目的

(1)熟悉沉积岩的一般特征;

(2)掌握沉积岩手标本肉眼鉴定的基本方法;

(3)观察、熟悉主要的沉积构造(原生构造);

(4)掌握碎屑岩(火山碎屑岩)、碳酸盐岩的肉眼鉴定特征。

2.实验原理

风化的岩石颗粒,经大气、水流、冰川的搬运作用,到一定地点沉积下来,受到高压的成岩作用,逐渐形成的岩石称为沉积岩。沉积岩保留了许多地球的历史信息,包括古代动植物化石,其层理中包含地球气候环境变化的信息。沉积岩的物质来源主要有几个渠道,风化作用是一个主要渠道;此外,火山爆发喷射出的大量火山物质也是沉积物质的来源之一;植物和动物有机质在沉积岩中也占有一定比例。沉积岩的结构是指组成沉积岩的成分的大小、形状和排列方式,它既是沉积岩分类命名的基础,也是确定沉积岩形成条件的重要特征和参数。

3.实验仪器、试剂和标本

1)实验仪器

小刀、放大镜。

2)实验试剂

5％稀盐酸。

3)实验手标本

砾岩,石英砂岩,长石砂岩,岩屑砂岩,火山角砾岩,粉砂岩,页岩,灰岩,白云岩,竹叶状灰岩,鲕粒灰岩,介壳灰岩。

4.实验步骤

肉眼观察、描述下列常见变质岩的颜色、结构、构造、矿物成分特征并综合定名。

1)主要沉积构造(原生构造)类型及观察内容

许多沉积构造可在野外大范围出露,应做宏观描述。对于室内手标本,应注意观察较微细的构造部分。

(1)层理。描述手标本上水平层理、小型交错层理的识别特征,注意观察小型交错层理中细层与层理的关系。

(2)层面构造。包括波浪、雨痕、泥裂、生物痕迹等。注意观察泥裂痕和延伸方向,泥裂痕的"V"形特点,识别上层面与下层面。

(3)缝合线。仔细观察灰岩中的缝合线,注意"面"与"线"的关系,了解缝合线的成因和意义。

(4)结核。观察钙质结核、铁质结核,注意结核的物质成分及形态的差异。

2)碎屑岩的肉眼鉴定

(1)颜色。颜色在一定程度上反映了岩石的组分和形成环境。如石英砂岩,由于成分单一,颜色多为浅色;岩屑砂岩则因成分复杂,颜色多为灰绿、灰黑色等。另外,对次生(风化)色有时亦需描述。

(2)结构。若为砾状结构的岩石,可用尺子直接测量颗粒的大小、圆度、球度。目估各种粒径砾石的含量,以确定其分选性。对具砂状结构的岩石应尽量目估其颗粒大小,同时估计各粒级的百分含量以确定其分选性。在目估粒度时,可用已知粒级的砂粒管进行对比。用肉眼(包括放大镜)观察并确定碎屑的磨圆程度。对磨圆度的观察描述,一般对中砂和大于中砂粒级的岩石才具有意义。

分选性:肉眼观察、描述时,目估同一粒级颗粒的含量,>75%为分选好;75%~50%为分选中等;<50%为分选差。

(3)构造。尽量描述手标本上能见到的层面和层理构造;若手标本上见不到特殊的构造,则表明该岩石的岩层厚度较大,常称其为块状构造。

(4)成分。描述碎屑岩的成分时主要描述碎屑颗粒和胶结物两部分的物质成分。

①碎屑成分。碎屑岩中的碎屑物质包括石英、长石、岩屑和少量白云母等。岩屑多出现在较粗的碎屑岩中,常见硅质、各类砂岩、粉碎岩、燧石、中酸性岩浆岩(侵入岩)、喷出岩、脉岩、千枚岩、泥岩等的岩屑。在观察鉴定岩石时,要求鉴定出石英、长石和岩屑(原岩名称)及其含量。

②胶结物成分。常见的胶结物成分有钙质(碳酸盐岩)、硅质、铁质、泥质四种,主要区别如表 9-3 所示。

表 9-3　不同成分胶结物的区别

胶结物成分	颜色	岩石固结程度	硬度	加稀盐酸
钙质	灰白	中度	<小刀	剧烈起泡
硅质	灰白	致密、坚硬	>小刀	无反应
铁质	褐红、褐	致密、坚硬	≈小刀	无反应
泥质	灰白	松软	<小刀	无反应

(5)碎屑岩的命名。碎屑岩主要是根据碎屑粒级确定岩石的基本名称(砾岩、砂岩、粉砂岩

等),再根据岩石的颜色和成分(碎屑成分和胶结物成分)予以定名。即:颜色+(胶结物成分)+(次要碎屑成分)+主要碎屑成分+基本名称,如:黄褐色钙质石英粗砂岩、灰色长石石英细砂岩等。

3)碳酸盐岩的观察描述

碳酸盐岩主要是由钙镁的碳酸盐岩组成,分布广泛,在沉积岩中仅次于页岩和砂岩,结构以碎屑结构和化学结构两种为主。最主要的岩石有石灰岩和白云岩。

(1)颜色。碳酸盐类岩石一般为浅色,且以灰色、灰白色为主,但因混入物成分和含量不同,可呈现不同的颜色。如混入有机质者为深灰色或黑色;混入氢氧化铁者为紫色、褐红色等;含铁白云石者呈米黄色或褐色。据此,可大致推测其混入物的成分。描述颜色要以其总体色调为准。

(2)成分。碳酸盐类岩石的主要矿物成分是方解石和白云石。由此而将其划分为石灰岩(方解石>50%)和白云岩(白云石>50%)两大类,有时因含有较多的黏土矿物,可形成与泥质岩过渡的泥灰岩。因此,确定碳酸盐岩的矿物成分,对岩石的定名是很重要的。碳酸盐类岩石的矿物成分一般是根据与 5%稀盐酸反应实验确定的。

①加 5%稀盐酸出现剧烈起泡并嘶嘶作响者,主要成分为方解石,应为石灰岩。

②加 5%稀盐酸微弱起泡或不起泡的,主要由白云石组成,应为白云岩。

③加 5%稀盐酸剧烈起泡后,留下泥质物质者,应为泥灰岩。

(3)结构和构造。盐酸盐岩中石灰岩类结构类型复杂,主要是化学结构,有一些碳酸盐岩具碎屑结构(如竹叶状灰岩、鲕状灰岩),可分为碎屑结构、生物结构和晶粒结构等三类。白云岩一般为晶粒结构。

碎屑结构:可见到明显的碎屑颗粒,如竹叶状内碎屑、鲕粒、核形石、生物碎片等。

生物结构:可见到大量生物骨架。生物骨架较少见,多为均匀的非晶质或隐晶质岩石,用肉眼看不出矿物颗粒(通过滴盐酸来鉴别)。

晶粒结构:方解石晶粒粒径>1 mm 为粗晶,1~0.25 mm 为中晶,0.25~0.05 mm 为细晶,<0.05 mm 为泥晶。

(4)碳酸盐岩定名。碳酸盐岩的基本名称由矿物成分确定,然后加上颜色、结构则为岩石的全称,即颜色+结构+基本名称,如灰色鲕状灰岩、浅灰色泥晶灰岩、深灰色粗晶白云岩等。

常见沉积岩岩石的一般特征见附录 8。

9.3　综合实验

铷-锶同位素年代学方法

1.实验目的

(1)了解铷-锶同位素年代学方法的基本原理;

(2)掌握岩石样品溶解及样品带处理和点样的方法;

(3)掌握质谱分析仪的操作流程及维护方法。

2.实验原理

铷-锶(Rb-Sr)年龄测定是近年同位素地质年代学中的主要方法之一。它是基于^{87}Rb经过一次β衰变生成稳定的^{87}Sr而进行的。

$$^{87}_{37}Rb_{放} \longrightarrow ^{87}_{38}Sr + \beta^- \qquad (9-1)$$

式中:β$^-$表示多余的中子变为质子+中子。

根据放射性衰变定律,可将计算年龄的一般公式表示为

$$^{87}Sr_{放} = ^{87}Rb(e^{\lambda t} - 1) \qquad (9-2)$$

$$^{87}Sr_{样} = ^{87}Sr_{初} + ^{87}Sr_{放} = ^{87}Sr_{初} + ^{87}Rb(e^{\lambda t} - 1) \qquad (9-3)$$

式中:λ为衰变常数;t为衰变时间。用固定值^{86}Sr作为基准。等式两边同时除以^{86}Sr,按照式(9-3)即可得到单个岩石或矿石的年龄,但目前都是用等时线法[如式(9-4)所示]计算年龄及锶的初始比值。

$$(\frac{^{87}Sr}{^{86}Sr})_{样} = (\frac{^{87}Sr}{^{86}Sr})_{初} + (\frac{^{87}Rb}{^{86}Sr})_{样}(e^{\lambda t} - 1) \qquad (9-4)$$

$$Y = a + X \quad b$$

由式(9-4)可得到式(9-5)

$$t = \frac{1}{\lambda}\ln(1 + b) \qquad (9-5)$$

式中:$\lambda = 1.42 \times 10^{-11}$a。

样品测年代方式包括单矿物、岩石地质年代测试(单点)和等时线地质年代测试。

1)单矿物、岩石地质年代测试(单点)

使用白云母、黑云母、钾长石等,以及花岗岩等酸性样品、全岩。

2)等时线地质年代测试

等时线法测定地质年代,要求样品点在等时图上有良好的线性分布,选取 Rb/Sr 比值不同的样品是必要的。

有些岩石可以同时含有两种以上适用于铷-锶法测定年龄的矿物,例如白云母、黑云母和钾长石。理想的情况是,这些矿石测得一致的年龄,但实际上往往不一致。因为岩石形成之后常遭受多次后期地质作用,从而导致放射成因^{87}Sr的丢失或获得,此时矿物年龄就不能代表岩石年龄,而岩石年龄常采用铷-锶等时线法求得。

3.实验仪器和试剂

1)实验仪器和材料

石英亚沸蒸馏器,双瓶蒸馏器,烧杯,量筒,容量瓶,移液管。

2)实验试剂

浓盐酸(HCl,$\rho = 1.19$ g/mL)、氢氟酸(HF,$\rho = 1.15$ g/mL)、高氯酸(HClO$_4$,$\rho = 1.76$ g/mL)、85%磷酸(H$_3$PO$_4$,$\rho = 1.69$ g/mL)。

3)实验溶液配制

(1)盐酸及水的提纯。水先经过去离子化,然后用烧瓶进行蒸馏,再用石英蒸馏器(见图9-2)进行亚沸蒸馏。盐酸也要用石英蒸馏器进行亚沸蒸馏,必要时可做两次亚沸蒸馏。

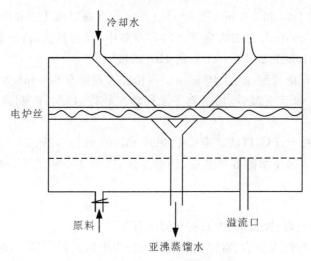

图 9-2　石英亚沸蒸馏器示意图

亚沸蒸馏是指从液面上方加热,使被加热的液态试剂对流不强烈,且加热温度不超过试剂的沸点,这样试剂不沸腾,从而防止气泡飞沫形成(飞沫可能把未经蒸发纯化的试剂带到接收容器中)。亚沸蒸馏形成的蒸汽在冷指上冷凝,并收集在接收容器中。

亚沸蒸馏的步骤:①亚沸蒸馏出的初液弃去;②接取中间段蒸馏液留作实验用;③亚沸蒸馏瓶底液弃去。

(2)HF 的提纯。HF 试剂须在密封的双瓶容器中进行亚沸蒸馏(如图 9-3 所示),双瓶蒸馏器由两个聚四氟乙烯塑料瓶和一个聚四氟乙烯接口组成。一个瓶子装原料试剂,用红外灯、电热丝或热水加热,另一个放在循环冷却水中接收纯化冷凝后的试剂。由于双瓶蒸馏在密封容器中进行,试剂可纯化到更高纯度。

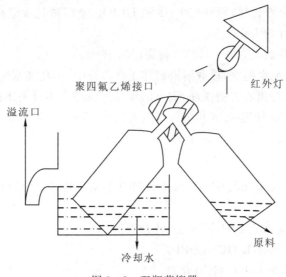

图 9-3　双瓶蒸馏器

(3)HClO$_4$ 的提纯。HClO$_4$ 是试剂中杂质最多的一种,但在整个实验流程中,所用的 HClO$_4$ 总量仅几小滴,必要时可在石英容器中进行减压蒸馏。

(4)1.5 mol/L 的 HCl 和 2.5 mol/L 的 HCl 配制。准确量取 126 mL 浓盐酸($\rho=1.19$ g/mL)缓慢加入到盛有 500 mL 左右去离子水的容量瓶中,轻微振荡,待冷却至室温后,加去离子水稀释至标线,摇匀,配制成 1.5 mol/L 的 HCl 溶液。

准确量取 168 mL 浓盐酸($\rho=1.19$ g/mL)缓慢加入到盛有 500 mL 左右去离子水的容量瓶中,轻微振荡,待冷却至室温后,加去离子水稀释至标线,摇匀,配制成 2.0 mol/L 的 HCl 溶液。

(5)0.25 mol/L 的 H_3PO_4 溶液。准确量取 17 mL 的 85% 磷酸($\rho=1.69$ g/mL)缓慢加入到盛有 500 mL 左右去离子水的容量瓶中,轻微振荡,待冷却至室温后,加去离子水稀释至标线,摇匀。

(6)样品的选择。

矿石:黑云母、白云母、锂云母、钾长石和海绿石等。

岩石:花岗岩类、酸性火山岩、富钾变质岩和沉积岩中的页岩、泥质粉砂岩、黏土等。

4.实验步骤

1)溶样

在稀释法测定中,溶样的目的除了分解样品外,还可以使样品中的铷、锶与稀释剂中的铷、锶混合均匀。

(1)将电热板打开至低挡(低于 100℃)。

(2)样品中加入 5 滴纯化过的 $HClO_4$,置于电热板上,注意观察是否有气泡逸出(此时可能有有机物),并加热使其尽量分解,补充 1～2 滴 $HClO_4$ 使有机物完全破坏。

(3)然后加入 3～5 mL 高纯 HF 于样品中,在 70～80 ℃的电热板上继续加热,不断摇动,待样品全部溶解。

(4)剩余的 HF 蒸干,并用 2～3 滴 $HClO_4$(高纯)将氟离子全部赶净,此时酸分解出现大量的白烟,加热至白烟全部冒尽,再补充 1～2 滴 $HClO_4$,全部转化成湿盐状(高氯酸盐),中温下微热蒸干,直至不再冒烟为止。

(5)将电热板温度升高至 300～350℃,灼烧样品 15 min。

(6)取下后冷却,用纯水提取,提取溶液转移至离心管中,用高纯水洗三次坩埚。离心管总体积约 2 mL,用高纯水将离心管壁洗净,剩余的样品残渣转移不过去不影响测定,可弃去。

(7)离心分离 20 min(转速 4000 r/min),离去沉淀(除去高氯酸铷、高氯酸钾),将溶液转入 5 mL 小烧杯。

2)Rb、Sr 化学分离

准备好的交换柱加入 20 mL 的 1.5 mol/L HCl 平衡交换柱,然后将离心后的上部倒入交换柱中。

(1)加 18 mL 的 1.5 mol/L HCl,弃去、洗杂质。

(2)加 8 mL 的 1.5 mol/L HCl,洗 Rb。

(3)再加 8 mL 的 1.5 mol/L HCl,弃去。

(4)加 5 mL 的 2.5 mol/L HCl,弃去。

(5)加 8 mL 的 2.5 mol/L HCl,洗 Sr。

(6)再加 8 mL 的 2.5 mol/L HCl,弃去。

(7)改用 20 mL 的 6 mol/L HCl 洗稀土,将解吸下的 Rb-Sr 置于电热板上蒸干。用 HCl 洗涤,然后用高纯水洗至中性,准备进行质谱测试。树脂用 40 mL 的 6 mol/L HCl 洗涤,然后用高纯水洗至中性。

3)样品带处理及点样

Rb、Sr 质谱测定时一般采用 Ta 带。Ta 带是由高纯的金属 Ta 制作而成,它具有质纯、耐高温的特点。

把 Ta 带用电焊机焊到灯座上,先用超纯水加几滴 HCl 煮沸 10 min,清洗烘干,在真空中加热去气,除去其表面的杂质,备用。

一般 Rb-Sr 采用的发射剂为 0.25 mol/L 的 H_3PO_4。使用时先滴 1~2 滴(用微量移液枪取样)H_3PO_4,微干时把样品点到 H_3PO_4 上,带电流控制在 2 A,蒸干样品。再一次加热去气,准备进行质谱测试。

4)质谱测试

质谱测试前需先抽真空,当真空度达到 5×10^{-8} Pa 时方可测试。在 8 kV 高压下先在灯丝两端加上电流,开始电流增长较快,以 0.025 A·s^{-1} 递增。Rb 大约在 1.6~1.8 A 时即可发射。当离子流增长到一定程度以后,计算机控制磁场扫描,寻找峰中心,而后继续增长电流,同时调整聚焦参数。计算机控制每个峰的扫描时间为 5 s,根据每一预期离子流强度指标给出各自的数据块。

附　录

附录 1　光学显微镜的构造

普通光学显微镜的构造。普通光学显微镜由机械系统和光学系统两部分组成(图 S-1)。

(1)机械系统。机械系统包括镜座、镜臂、镜筒、物镜转换器、载物台、调节器等。

①镜座。它是显微镜的基座,可使显微镜平稳地放置在平台上。

②镜臂。用以支持镜筒,也是移动显微镜时手握的部位。

③镜筒。它是连接接目镜(简称目镜)和接物镜(简称物镜)的金属圆筒。镜筒上端插入目镜,下端与物镜转换器相接。镜筒长度一般固定,通常是 160 mm。有些显微镜的镜筒长度可以调节。

④物镜转换器。它是一个用于安装物镜的圆盘,位于镜筒下端,其上装有 3～5 个不同放大倍数的物镜。为了使用方便,物镜一般按由低倍到高倍的顺序安装。转动物镜转换器可以选用合适的物镜。转换物镜时,必须用手旋转圆盘,切勿用手推动物镜,以免物镜松脱损坏。

⑤载物台。载物台又称镜台,是放置标本的地方,呈方形或圆形。载物台上装有压片夹,可以固定被检标本;有标本移动器、转动螺旋可以使标本前后和左右移动。有些标本移动器上刻有标尺,可指示标本的位置,便于重复观察。

⑥调节器。调节器又称调焦装置,由粗调螺旋和细调螺旋组成,用于调节物镜与标本间的距离,使物像更清晰。粗调螺旋转动一圈可使镜筒升降约 10 mm,细调螺旋转动一圈可使镜筒升降约 0.1 mm。

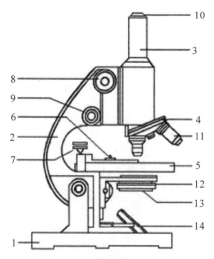

1—镜座;2—镜壁;3—镜筒;4—物镜转换器;5—载物台;6—压片夹;7—标本移动器;8—粗调螺旋;
9—细调螺旋;10—目镜;11—物镜;12—虹彩光阑（光圈）;13—聚光器;14—反光镜

图 S-1　普通光学显微镜的构造

（2）光学系统。光学系统包括目镜、物镜、聚光器、反光镜等。

①目镜。目镜的功能是把物镜放大的物像再次放大。目镜一般由两块透镜组成。上面一块称接目透镜，下面一块称场镜。在两块透镜之间或在场镜下方有一光阑。由于光阑的大小决定着视野的大小，故它又称为视野光阑。标本成像于光阑限定的范围之内，在光阑上粘一小段细发可用作指针，指示视野中标本的位置。在进行显微测量时，目镜测微尺被安装在视野光阑上。目镜上刻有 5×、10×、15×、20×等放大倍数，可按需选用。

②物镜。物镜的功能是把标本放大，产生物像。物镜可分为低倍镜（4 或 10×）、中倍镜（20×）、高倍镜（40～60×）和油镜（100×）。一般油镜上刻有 OI（Oil Immersion）或 HI（Homogeneous Immersion）字样，有时刻有一圈红线或黑线，以示区别。物镜上通常标有放大倍数、数值孔径（Numerical Aperture, NA）、工作距离（物镜下端至盖玻片间的距离，mm）及盖玻片厚度等参数（图 S-2）。以油镜为例，100/1.25 表示放大倍数为 100 倍，NA 为 1.25；160/0.17 表示镜筒长度 160 mm、盖玻片厚度等于或小于 0.17 mm。

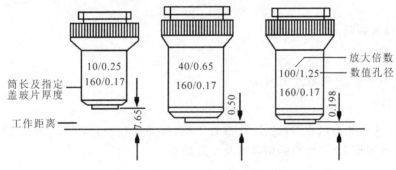

图 S-2　显微镜物镜的主要参数

③聚光器。聚光器又称聚光镜，它的功能是把平行的光线聚焦于标本上，增强照明度。聚光器安装在镜台下，可上下移动。使用低倍物镜（简称低倍镜）时应降低聚光器，使用油镜时则应升高聚光器。聚光器上附有虹彩光阑（俗称光圈），通过调整光阑孔径的大小，可以调节进入物镜光线的强弱（物镜焦距、工作距离与光圈孔径之间的关系见图 S-3）。在观察透明标本时，光圈宜调得相对小一些，这样虽会降低分辨力，但可增强对比度，便于看清标本。

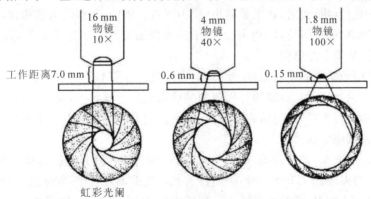

图 S-3　物镜焦距、工作距离与光圈孔径之间的关系

④反光镜。反光镜是普通光学显微镜的取光设备，其功能是采集光线，并将光线射向聚光器。反光镜安装在聚光器下方的镜座上，可以在水平与垂直两个方向上任意旋转。反光镜的

一面是凹面镜,另一面是平面镜。一般情况下选用平面镜,光量不足时可换用凹面镜。

附录 2　常见灭菌技术

1.实验目的

了解消毒和灭菌的原理,并掌握各种灭菌方法的操作步骤。

2.实验原理

在微生物实验中,需要进行纯培养,不能有任何杂菌污染,因此必须对所用器材、培养基和工作场所进行灭菌和消毒。灭菌是指杀死一定环境中的所有微生物,包括微生物的培养体、芽孢和孢子。实验室常用的灭菌方法包括直接灼烧、恒温干燥箱灭菌、高压蒸汽灭菌、间歇灭菌、煮沸灭菌等方法。这些方法的基本原理是通过加热使微生物体内蛋白质凝固变性,从而达到灭菌的目的。

3.实验仪器和材料

1)实验仪器

电热鼓风干燥箱,高压蒸汽灭菌锅。

2)实验材料

按实验 1.2.4 包扎的培养皿,试管,移液管等;微孔滤膜过滤器,0.22 μm 滤膜,注射器,镊子,玻璃涂棒;按实验 1.2.4 配制的培养基及生理盐水。

4.实验步骤

1)干热灭菌法

干热灭菌是在电热干燥箱内利用高温干燥空气(160～170 ℃)进行灭菌,它是利用高温使微生物细胞内的蛋白质凝固变性从而达到灭菌目的。此法适用于玻璃器皿,如移液管、试管和培养皿的灭菌。培养基、橡胶制品、塑料制品不能采用干热灭菌。

细胞内的蛋白质凝固性与其本身的含水量相关,在菌体受热时,当环境和细胞内含水量越高,则蛋白质凝固就越快;反之,含水量越小,凝固越慢。因此,与湿热灭菌相比,干热灭菌所需温度高(160～170 ℃),时间长(1～2 h)。但干热灭菌温度不能超过 180 ℃,否则包器皿的纸或棉塞就会烧焦,甚至引起燃烧。

干热灭菌使用的是电热干燥箱(干燥箱)。具体操作步骤如下。

(1)装入待灭菌物品。将包好的待灭菌物品放入电热干燥箱内,关好箱门。堆积时要留有空隙,物品不要摆放得太挤,以免妨碍空气流通;灭菌物品不要接触电热干燥箱内壁的铁板、温度探头,以防包装纸烧焦起火。

(2)升温。接通电源,打开开关,适当打开电热干燥箱顶部的排气孔,旋动恒温调节器,使温度逐步上升。当温度升至 100 ℃时,关闭排气孔。在升温过程中,如果红灯熄灭,绿灯亮,表示电热干燥箱内停止加温,此时如果还未达到所需的 160～170 ℃,则需要转动温度调节器使红灯亮,如此反复调节,直至达到所需的温度。

(3)恒温。当温度升到 160～170 ℃时,借助恒温调节器的自动控制,保持此温度 2 h。干热灭菌过程中,严防恒温调节的自动控制失灵而造成安全事故。

（4）降温。切断电源，自然降温。

（5）开箱取物。待电热干燥箱内温度降到 60 ℃ 以下后，才能打开箱门，取出灭菌物品。同时，应将温度调节旋钮调到零点，并打开排气孔。电热干燥箱内温度未降到 60 ℃ 以前，切勿自行打开箱门，以免骤然降温导致玻璃器皿炸裂。

2）高压蒸汽灭菌

高压蒸汽灭菌是将物品放在密闭的高压蒸汽灭菌锅内，在一定的压力下保持 15～30 min 进行灭菌。此法适用于培养基、无菌水、工作服等物品的灭菌，也可用于玻璃器皿的灭菌。

将待灭菌的物品放在一个密闭的加压灭菌锅内，通过加热，使灭菌锅夹套间的水沸腾而产生蒸汽。待水蒸气急剧地将锅内的冷空气从排气阀中排尽，关闭排气阀，继续加热，此时由于蒸汽不能溢出，而增加了灭菌锅内的压力，从而使沸点增高，获得高于 100 ℃ 的温度，导致菌体蛋白质凝固变性而达到灭菌的目的。

在相同的温度下，高压蒸汽灭菌的效果好于干热灭菌。主要原因如下：在高压蒸汽灭菌时菌体吸收水分，蛋白质容易凝固变性，随着含水量的增加，蛋白质所需凝固温度降低；高压蒸汽灭菌中蒸汽的穿透力比干燥空气大；蒸汽在被灭菌物体表面凝结，释放出大量的汽化潜热，能迅速提高灭菌物体表面的温度，从而增加灭菌效力。

实验室常用的灭菌锅有非自控手提式高压灭菌锅和自控式灭菌锅，其结构和工作原理是相同的。高压蒸汽锅的具体操作步骤可参考厂家提供的使用说明书。

3）过滤除菌

有些物质，如抗生素、血清、维生素、糖溶液等采用加热灭菌法时，容易受热分解而被破坏，因而要采用过滤除菌法。过滤除菌是通过机械作用滤去液体或气体中细菌的方法，该方法最大的优点是不破坏溶液中各种物质的化学成分。过滤除菌法除用于实验室溶液、试剂的除菌外，在微生物学实验中使用的净化工作台也是根据过滤除菌的原理设计的，可根据不同的需要来选用不同的过滤器和滤板材料。应用最广泛的过滤器种类有微孔滤膜过滤器、蔡氏（Seitz）过滤器和玻璃过滤器三类。

（1）微孔滤膜过滤器。微孔滤膜过滤器是一种新型过滤器，它由上下两个分别具有出口和入口连接装置的塑料盒组成，出口处可连接针头，入口处可连接针筒。使用时将滤膜装入两塑料盒之间，旋紧盒盖，当溶液从针筒注入滤器时，各种物生物被阻留在微孔滤膜上面，而液体和小分子物质通过滤膜，从而达到除菌的目的。其滤膜是由硝化纤维素、醋酸纤维素等制成的薄膜，有不同孔径的多种规格（如 0.1、0.22、0.3 和 0.45 μm 等），实验室中用于除菌的微孔滤膜孔径一般为 0.22 μm。根据待除菌溶液量的多少，可选用不同大小的滤器。该过滤器的优点是吸附性小，即溶液中的物质损耗少，过滤速度快，每张滤膜只使用 1 次，不用清洗。

（2）蔡氏过滤器。蔡氏过滤器是一种金属制成的过滤漏斗，其过滤部分是一种用石棉纤维和其他填充物压制成的片状结构。溶液中的细菌通过石棉纤维的吸附和过滤而被去除，但对溶液中其他物质的吸附性也大，每张纤维板只能使用 1 次。

（3）玻璃过滤器。玻璃过滤器是一种玻璃制成的过滤漏斗，其过滤部分是由细玻璃粉烧结成的板状结构。玻璃滤器的规格很多，5 号（孔径 2～5 μm）和 6 号（孔径 <2 μm）适用于过滤细菌，其优点是吸附量少，但每次使用后要洗净再用。

附录 3　培养基的配制

1.乳糖蛋白胨培养基(供多管发酵法的复发酵和滤膜法用)

1)配方

蛋白胨 10 g、牛肉膏 3 g、乳糖 5 g、氯化钠 5 g、1.6％溴甲酚紫乙醇溶液 1 mL、去离子水 1000 mL、pH＝7.2～7.4。

2)制备

按配方分别称取蛋白胨、牛肉膏、乳糖及氯化钠加热溶解于 1000 mL 去离子水,调整 pH 为 7.2～7.4。加入 1.6％溴甲酚紫乙醇溶液 1 mL,充分混匀后分装于试管内,每管 10 mL,另取一小导管装满培养基倒放入试管内,塞好棉塞、包扎,置于高压灭菌锅内以 0.7 kg/cm² (115 ℃)灭菌 20 min,取出置于阴冷处备用。

2.三倍浓缩乳糖蛋白胨培养液(供多管发酵法初发酵用)

按上述乳糖蛋白胨培养液浓缩三倍配制,分装于试管中,每管 5 mL。再分装大试管,每管装 50 mL,然后在每管内倒放装满培养基的小导管、塞棉塞、包扎,置高压灭菌锅内以 0.7 kg/cm² (115 ℃)灭菌 20 min,取出置于阴冷处备用。

3.品红亚硫酸钠培养基(即远滕氏培养基,供多管发酵法的平板划线用)

1)配方

蛋白胨 10 g、乳糖 10 g、磷酸氢二钾 3.5 g、琼脂 20～30 g、去离子水 1000 mL、无水亚硫酸钠 5 g 左右、5％碱性品红乙醇溶液。

2)制备

先将琼脂加入 900 mL 去离子水中加热溶解,然后加入磷酸氢二钾及蛋白胨,混匀使之溶解,加去离子水补足至 1000 mL,调整 pH 为 7.2～7.4,趁热用脱脂棉或绒布过滤,再加入乳糖,混匀后定量分装于锥形瓶内,置高压灭菌锅内以 0.7 kg/cm² 灭菌 20 min,取出置于阴冷处备用。

现市场上有售配制好的乳糖发酵培养基,使用方便。

4.伊红亚甲基蓝培养基

1)配方

蛋白胨 10 g、乳糖 10 g、磷酸氢二钾 2 g、琼脂 20～30 g、蒸馏水 1000 mL、2％伊红水溶液 10 ml、0.5％亚甲基蓝水溶液 13 mL。

2)制备

按品红亚硫酸钠的制备过程制备。

现市场上有售配制好的伊红亚甲基蓝培养基,使用方便。

5.品红亚硫酸钠培养基(供滤膜法用)

配方:蛋白胨 10 g、酵母浸膏 5 g、牛肉膏 5 g、乳糖 10 g、磷酸氢二钾 3.5 g、琼脂 15～20 g、无水亚硫酸钠 5 g 左右、5％碱性品红乙醇溶液 20 mL、去离子水 1000 mL,pH＝7.2～7.4。

6.乳糖蛋白胨半固体培养基(供滤膜法用)

配方:蛋白胨 10 g、牛肉膏 5 g、酵母浸膏 5 g、乳糖 10 g、琼脂 5 g、去离子水 1000 mL,pH＝7.2～7.4。

附录 4　电导率仪的操作

1.工作原理

电导率反映了物体传导电流的能力。电导率测量仪的测量原理是将两块平行的极板放到被测溶液中,在极板的两端加上一定的电势(通常为正弦波电压),然后测量极板间流过的电流。根据欧姆定律,电导率(γ)＝电阻率(ρ)的倒数,由导体本身的材料、截面积和长度决定。

电导率的基本单位是西门子(S),原来被称为姆欧,取电阻单位欧姆倒数之意。因为电导池的几何形状影响电导率值,标准测量中用单位电导率(S/cm)来表示,以补偿各种电极尺寸造成的差别。单位电导率(C)简单地说是所测电导率(γ)与电导池常数($L/A=l$,这里的 L 为两块极板之间的液柱长度,A 为极板的面积)的乘积。

$$C=\gamma l=l/\rho \qquad\qquad (S-1)$$

电阻率的倒数为电导率,$\gamma=1/\rho$。在国际单位制中,电导率的单位是 S/m(西门子/米)。电导率的物理意义是反映物质导电的性能,电导率越大则导电性能越好,反之越差。

2.操作步骤

(1)安装,开机预热 10 min。

(2)校正。按"mode"键,置于校正功能,将电极置于空气中,调节"调节旋钮",使仪器显示电导池实际常数值。如当 $J_{实}=0.95$ 时,使仪器显示95.0,此时 $J_0=1$。

(3)测量。按"mode"键,置于测量功能,选择适当量程,将清洗干净的电极插入被测溶液中,仪器显示值乘以 J_0 即为被测液电导率值。

附录 5　常见矿物的一般特征

1)石英(SiO_2)

六方柱体和锥状晶体较常见,呈晶簇状、粒状、致密块状集合体。纯净的石英无色透明(水晶),或因含杂质而呈各种浅的颜色,如紫水晶、乳石英(乳白色),无条痕,玻璃光泽,断口为油脂光泽,无解理,平坦状断口,有时呈贝壳状断口,硬度 7,相对密度 2.65。

2)橄榄石($(Mg,Fe)_2SiO_4$)

单晶体少见,常呈粒状集合体。橄榄绿色,无条痕,透明,玻璃光泽,断口油脂光泽,硬度为6～7,极不完全解理,贝壳状断口,性脆。

3)普通辉石($(Ca,Mg,Fe,Al)_2[(Si,Al)_2O_6]$)

单晶体为短柱状,横切面呈近正八边形,集合体为粒状,绿黑色或黑色,玻璃光泽,硬度为5～6,有平行柱状的两组解理,交角为 87°或 93°,相对密度为 3.02～3.45(随着含 Fe 量增高而加大)。

4)普通角闪石 $NaCa_2(Mg,Fe,Al)_5[(Si,Al)_4O_{11}]_2(OH)_2$

单晶体为短柱状、柱状、针状,横切面呈近正八边形,集合体为粒状、束状、放射状,绿黑色或黑色,条痕浅灰色,半透明,玻璃光泽或丝绢光泽,硬度为5～6,有平行柱状的两组解理,交角为56°,不平坦或参差状断口。

5)白云母 $KAl_2[AlSi_3O_{10}](OH,F)_2$

单晶体为短柱状及板状,横切面常为六边形,集合体为鳞片状,其中晶体细微者称为绢云母,薄片无色透明,具珍珠光泽,硬度为2.5～3,有平行片状方向的极好解理,易撕成薄片,具有弹性,相对密度为2.77～2.88。

6)黑云母 $K(Mg,Fe)_3[AlSi_3O_{10}](OH,F)_2$

单晶体为短柱状、板状,横切面常为六边形,集合体为鳞片状,棕褐色或黑色,随含Fe量增加而变暗,其他光学性质同白云母相似,相对密度2.7～3.3。

7)长石

长石包括三个基本类型:钾长石 $K[AlSi_3O_8]$,钠长石 $Na[AlSi_3O_8]$,钙长石 $Ca[Al_2Si_2O_8]$。其中,钾长石与钠长石常称为碱性长石;钠长石与钙长石常按不同比例混溶在一起,组成类质同象系列,统称为斜长石(包括钠长石、更长石、中长石、拉长石、培长石、钙长石)。

斜长石有许多共同的特征,如单晶体为板状或板条状;常为白色或灰白色,玻璃光泽;硬度为6～6.52;有两组解理,交角近于86°;相对密度为2.61～2.75,随钙长石成分增大而变大。

正长石是常见的钾长石的变种,单晶体为柱状或板柱状,常为肉红色,有时具较浅的色调,玻璃光泽,硬度为6,有两组方向近于垂直的解理,相对密度为2.54～2.57。

8)黄铁矿 FeS_2

常见单晶体为立方体状,立方体的晶面上常有平行的细条纹,大多呈块状集合体,颜色为浅黄铜色,条痕为绿黑色,金属光泽,硬度为6～6.5,性脆,断口参差状,相对密度为5。

9)赤铁矿 Fe_2O_3

常为致密块状、鳞片状、鲕状,为暗红色,条痕呈樱红色;金属、半金属到土状光泽,不透明,硬度为5～6(土状者硬度低),无解理,相对密度为4.0～5.3。

10)磁铁矿 Fe_3O_4

常为致密块状或粒状集合体,也常见八面体单晶;颜色为铁黑色,条痕为黑色,半金属光泽,不透明,硬度为5.5～6.5,无解理,相对密度为5,具强磁性。

11)褐铁矿 $FeO(OH)_n \cdot H_2O$

实际上这不是一种矿物而是多种矿物的混合物,主要成分是含水的氢氧化铁,并含有泥质及二氧化硅等;褐至褐黄色,条痕黄褐色,常呈土块状、葡萄状,硬度不一。

12)方解石 $CaCO_3$

常发育成单晶或晶簇、粒状、块状、纤维状及钟乳状等集合体;纯净的方解石无色透明,因杂质渗入而常呈白、灰、黄、浅红(含Co、Mn)、绿(含Cu)、蓝(含Cu)等色;玻璃光泽,硬度为3,解理好,易沿解理面分裂成菱面体,相对密度为2.72,遇到冷稀盐酸强烈起泡。

13）白云石 $CaMg(CO_3)_2$

单晶体为菱面体,通常为块状或粒状集合体;一般为白色、因含 Fe 常呈褐色,玻璃光泽,硬度为 3.5～4,解理好,相对密度为 2.86,含 Fe 高者可达 2.9～3.1。白云石因在冷稀盐酸中反应微弱、硬度稍大而与方解石相区别。

14）石膏 $CaSO_4 \cdot H_2O$

常为板状、纤维状集合体,晶簇状,白色、少量无色透明,白色条痕,玻璃光泽,硬度为 2,相对密度小,一组极完全解理,易溶于水。

附录6　常见岩浆岩的一般特征

1）辉长岩

灰色到灰黑色,块状构造,中粒-粗粒等粒、全晶质粒状结构,深成侵入岩,主要矿物成分为斜长石和辉石,还可有橄榄石、角闪石等其他深色矿物。肉眼观察时,深色矿物含量超过斜长石的,即可确定为辉长岩。

2）玄武岩

黑色至深灰色隐晶质的喷出岩,斑状构造,斑晶主要为针状基性斜长石,其次有橄榄石(多变为伊丁石),常见气孔构造、杏仁构造、块状构造,其成分与辉长岩相当。

3）闪长岩

颜色多为灰色,块状构造,全晶质中粒或粗粒等粒结构,深成侵入岩,其主要成分为斜长石(70％左右)和角闪石(30％左右),其次可含一些辉石、黑云母以及钾长石、石英等。岩石常遭受次生变化,斜长石可变为绿帘石,角闪石则会变成绿泥石。

4）安山岩

颜色从白色至黑色都出现,一般多呈褐色或紫红色;块状构造,喷出岩,斑状构造,斑晶成分为板状的斜长石(具聚片双晶)和少量针柱状角闪石,成分与闪长岩相当,但不含石英。

5）花岗岩

常呈浅色(灰白、肉红色),块状构造,深成侵入岩,全晶质粗中粒结构,主要由钾长石、石英、斜长石组成、其中钾长石含量多于斜长石(2：1)、石英含量一般为 25～30％,此外常含少量黑云母、角闪石,若没有或少有暗色矿物时,则称白岗岩。

6）流纹岩

常呈粉红色、淡紫红色、浅棕色,流纹构造,斑状结构,斑晶成分为长石(常为矩形、无色透明、解理面明显、具珍珠光泽的结晶颗粒——透长石)和石英,基质为隐晶质,是成分与花岗岩相当的喷出岩。

7）花岗闪长岩

常呈灰白色,是与花岗岩成分及结构、构造相似的中酸性深成侵入岩,但其中斜长石含量多于钾长石,石英含量在 20％～25％,暗色矿物含量一般也比花岗岩多,可达 10％～20％。

8）花岗伟晶岩

常呈灰白色、浅红色，块状构造，显晶质中的伟晶结构，脉岩，是成分与花岗岩相当的浅成岩，由矿物颗粒直径大于 5 mm 的钾长石和石英构成，有时有斜长石、白云母等。

附录 7　常见变质岩的一般特征

1）大理岩碳酸盐类岩石（石灰岩和白云岩）

在热变质或区域变质后，因受热重结晶形成的变质岩一般呈白色，块状构造，粒状变晶结构。

当碳酸钙处在压力下受热时，二氧化碳被保留，矿物仅仅再结晶为粒状变晶的集合体。此时，虽有重结晶但无明显褪色现象的称结晶灰岩，有明显褪色者称大理岩。

大理岩可以主要由方解石组成方解石大理岩，也可以由白云石组成白云石大理岩。由于碳酸盐岩石中常有许多不同的混入物，如石灰岩中二氧化硅的存在可促使形成硅灰石，白云岩中二氧化硅的存在可促使形成透闪石或蛇纹石，因此就成为硅灰石大理岩、透闪石大理岩、蛇纹石大理岩等。

2）石英岩

石英岩是石英砂岩等硅质岩石在充分热力影响下重结晶而成的块状岩石，主要是区域变质，部分是由热变质作用而形成的。岩石具粒状变晶结构，还因重结晶而失去原有的碎屑构造，其颗粒大小取决于原来岩石的粒度及重结晶程度。石英岩主要由石英组成，并有云母、绿泥石等矿物混入，其重要变种是含铁石英岩。含铁石英岩，除有石英岩外并发育有薄片状赤铁矿及粒状磁铁矿，当铁质矿物占主要地位时，岩石就转变为矿石。

3）角岩（角页岩）

角岩是一种常见的泥质岩石的热变质产物，常产于侵入体周围。岩石呈深色、细粒，致密块状，坚硬，断口光滑平整或呈贝壳状，颜色取决于母岩成分。高铝的黏土岩变质而形成的角岩常有红柱石斑晶，当岩石中镁铁质高时形成堇青石，此时分别称为红柱石角岩和堇青石角岩。角岩主要为斑状变晶结构及变余泥质结构。

4）云英岩

云英岩常呈浅色，鳞片及花岗变晶结构，块状构造，主要矿物为石英、白云母，常产于花岗岩顶部。主要是由高温气体及热液交代作用产生的，故有交代结构。

5）板岩

板岩是由泥质的沉积岩变质而成。岩石由细小的云母、绿泥石、石英等组成，隐晶质，有大量的泥质残余，并具板状劈理，片理面平整。变余泥质结构，板状构造。

6）千枚岩

千枚岩由板岩进一步变质而成，成分与板岩相同，但结晶程度较好，在稍有弯曲的片理面上常可见云母小片，呈丝绢光泽，有时可见红柱石、石榴石斑晶。变余及变晶结构，千枚状构造。

7)片岩

可以由各种岩石在高温高压下变质而成,也可以是千枚岩进一步变质,矿物重结晶而形成。矿物成分不定,但经常有大量片状矿物(云母、绿泥石、滑石等)或柱状矿物(角闪石等),它们呈定向排列,故具明显的片状构造。片岩可按其主要成分分为石英片岩、云母片岩、绿泥石片岩等。片岩中一般不含或很少含长石变晶结构。

8)片麻岩

片麻岩也是一种变质较深的岩石,可由各种岩石变质而成。由石英、长石及某些暗色矿物所组成,岩石中片状或条状矿物较少,矿物常呈断续条带状定向排列,形成典型的片麻构造。片麻岩可按长石种类分成钾长石片麻岩和斜长石片麻岩。然后再按所含其他矿物进一步详细定名,如黑云母钾长石片麻岩等。

9)变粒岩

变粒岩主要矿物为长石、石英,有少量的暗色变质矿物,如石榴子石、夕线石等。粒状矿物含量在 $50\%\sim85\%$,因而具有明显的粒状或不明显的片麻构造。细-中粒变晶结构,多为凝灰岩、粉砂岩和含较多黏土矿物成分的砂岩经区域变质而成。

10)碎裂岩

碎裂岩由动力变质作用形成。其主要特点是随着动力强度的不同而产生不同程度的碎裂结构。压碎不很强、压碎残余较多的岩石称碎裂岩;岩石中的矿物大部分压得很碎,并有条带构造产生时称糜棱岩。

附录8　常见沉积岩的一般特征

1)砾岩

具有砾状构造,即 50% 以上的碎屑颗粒大于 2 mm。砾石滚圆者称为砾岩,砾石呈棱角状者称角砾岩。砾石主要由一种成分组成的称单成分砾岩,如石英砾岩;砾石成分复杂者称为复成分砾岩。

2)砂岩

具有砂状构造,即 50% 以上的碎屑颗粒介于 $0.01\sim2$ mm 之间。根据砂粒大小又可分为粗砂岩、中粒砂岩和细砂岩。按组成砂岩的主要成分不同又可分为很多种类,如石英砂岩、长石砂岩、岩屑砂岩、长石质石英砂岩、含长石岩屑质石英砂岩。粉砂岩不易分辨碎屑颗粒,但断面较黏土岩为粗糙。砂岩也有单成分粉砂岩和复成分砂岩之分。定名时如考虑胶结物的成分时,则在名称前加胶结物作为形容词,如铁质石英砂岩(胶结物为铁质)、海绿石石英砂岩。

3)页岩

泥质构造,主要由各种黏土矿物组成,为黏土岩类固结程度很好的一种岩石,呈页片状,无吸水性和可塑性,水中不能泡软。页岩可根据所含的次要成分来命名,如灰质页岩、铁质页岩、油页岩等。

4)石灰岩

由碳酸钙组成的岩石,常为灰色,由于含有机质多少不等,颜色可由浅灰到黑色。一般比较致密,断口呈贝壳状,硬度不大,加盐酸起泡,常因构造不同而给予不同名称,如鲕状灰岩和竹叶状灰岩等。同时,若灰岩中含有黏土矿物、硅质等杂质,分别称为泥灰岩和硅质灰岩。石灰岩可用作冶金熔剂和建筑材料。

5)白云岩

白云岩为白云石组成的岩石。与灰岩相似,不同之处是白云岩加盐酸起泡很微弱,肉眼不易观察,但粉末加盐酸则起泡强烈。白云岩可用作冶金熔剂和耐火材料等。

6)火山角砾岩

具有砾状构造,50%以上的碎屑颗粒大于 2 mm,砾石呈棱角状,是主要由火山碎屑(含量90%以上)组成的岩石,填隙物也多为火山物质(凝灰质)。

参考文献

[1] 王家玲.环境微生物学[M]. 2 版.北京:高等教育出版社,2004.

[2] 乐毅全,王士芬.环境微生物学[M].3 版.北京:化学工业出版社,2019.

[3] 贺延龄,陈爱侠.环境微生物学[M].北京:中国轻工业出版社,2002.

[4] 张清敏,李洪远,王兰.环境生物学实验技术[M].北京:化学工业出版社,2005.

[5] 丁林贤,盛贻林,陈建荣.环境微生物学实验[M]. 北京:科学出版社,2020.

[6] 陶雪琴,肖相政,郭琇,等. 环境微生物学实验与题解[M].北京:科学出版社,2016.

[7] 王兰,王忠.环境微生物学实验方法与技术[M].北京:化学工业出版社,2009.

[8] 陈兴都,刘永军. 环境微生物学实验技术[M].北京:中国建筑工业出版社,2018.

[9] 孔志明,杨柳燕,尹大强,等.现代环境生物学实验技术与方法[M].北京:中国环境科学
    出版社,2005.

[10] 张清敏. 环境生物学实验技术[M].北京:化学工业出版社,2005.

[11] 沈萍,陈向东.微生物学实验[M].4 版.北京:高等教育出版社,2007.

[12] 国家环境保护总局,水和废水监测分析方法[M]. 4 版.北京:中国环境科学出版
    社,2002.

[13] 张新英,张超兰,刘绍刚,等.环境监测实验[M]. 北京:科学出版社,2016.

[14] 孙成.环境监测实验[M]. 北京:科学出版社,2003.

[15] 张俊秀.环境监测[M]. 北京:中国轻工业出版社,2006.

[16] 陈玉娟.环境监测实验教程[M]. 广州:中山大学出版社,2012.

[17] 郑力燕,王佳楠,王喆.环境监测实验教程[M].天津:南开大学出版社,2014.

[18] 吉芳英,高俊敏,何强. 环境监测实验教程[M].重庆:重庆大学出版社,2015.

[19] 陈建荣,王方圆,王爱军.环境监测实验教程[M]. 北京:科学出版社,2017.

[20] 奚旦立.环境监测实验[M].北京:高等教育出版社,2011.

[21] 孙成,于红霞.环境监测实验[M].2 版.北京:科学出版社,2010.

[22] 雷中方,刘翔.环境工程学实验[M]. 北京:化学工业出版社,2007.

[23] 刘娟. 环境工程学实验[M].北京:化学工业出版社,2011.

[24] 卞文娟,刘德启.环境工程实验[M].南京:南京大学出版社,2011.

[25] 王娟.环境工程实验技术与应用[M].北京:中国建材工业出版社,2016.

[26] 戴树贵.环境化学[M]. 北京:高等教育出版社,2006.

[27] 高廷耀,顾国维,周琪.水污染控制工程[M]. 3 版.北京:高等教育出版社,2010.

[28] 孙体昌,娄金生.水污染控制工程[M]. 北京:机械工业出版社,2009.

[29] 吕松,牛艳.水污染控制工程实验[M].广州:华南理工大学出版社,2012.

[30] 王云海,杨树成,梁继东,等.水污染控制工程实验[M]. 西安:西安交通大学出版
    社,2013.

[31] 郝吉明,马广大,王书肖.大气污染控制工程[M].3 版.北京:高等教育出版社,2010.

［32］ 郭静,阮宜纶.大气污染控制工程［M］.2 版.北京:化学工业出版社,2008.

［33］ 陆建刚,陈敏东,张慧.大气污染控制工程实验［M］.2 版.北京:化学工业出版社,2016.

［34］ 郝吉明,段雷.大气污染控制工程实验［M］.北京:高等教育出版社,2004.

［35］ 许宁,闵敏.大气污染控制工程实验［M］.北京:化学工业出版社,2018.

［36］ 蔡俊.噪声污染控制工程［M］.北京:中国环境科学出版社,2011.

［37］ 庄伟强,刘爱军.固体废物处理与处置［M］.3 版.北京:化学工业出版社,2015.

［38］ 杨治广.固体废物处理与处置［M］.上海:复旦大学出版社,2020.

［39］ 宋立杰,赵天涛,赵由才.固体废物处理与资源化实验［M］.北京:化学工业出版社,2008.

［40］ 张辉.环境土壤学［M］.2 版.北京:化学工业出版社,2018.

［41］ 陈怀满.环境土壤学［M］.3 版.北京:科学出版社,2021.

［42］ 胡学玉.环境土壤学实验与研究方法［M］.武汉:中国地质大学出版社,2011.

［43］ 李洪远.环境生态学［M］.2 版.北京:化学工业出版社,2012.

［44］ 李铭红.生态学实验［M］.杭州:浙江大学出版社,2010.

［45］ 陈静生,王晋三.地学基础［M］.北京:高等教育出版社,2001.

［46］ 王宇,李婷婷,魏小娜,等.污染土壤电动修复技术研究进展［J］.化学研究,2016,27(1):34 - 42.

［47］ 李玉双,胡晓钧,孙铁珩,等.污染土壤淋洗修复技术研究进展［J］.生态学杂志,2011,30(3):596 - 602.

［48］ PARK S W, LEE J Y, KIM K J, et al. Alkaline enhanced-separation of waste lubricant oils from railway contaminated soil［J］. Separations Science and Technology,2010,45(12 - 13):1988 - 1993.

［49］ 叶茂,杨兴伦,魏海江,等.持久性有机污染物场地土壤淋洗法修复研究进展［J］.土壤学报,2012,49(4):803 - 814.

［50］ 何爱红.土壤环境污染化学与化学修复研究［J］.中国资源综合利用,2018,36(12):96 - 98.

［51］ 张海林,刘甜甜,李东洋,等.异位土壤淋洗修复技术应用进展分析［J］.环境保护科学,2014,40(4):75 - 80.

［52］ WILTON N, LYON-MARION B A, KAMATH R,et al. Remediation of heavy hydrocarbon impacted soil using biopolymer and polystyrene foam beads［J］. Journal of Hazardous Materials,2018(349):153 - 159.

［53］ RIVERO-HUGUET M, MARSHALL W D. Scaling up a treatment to simultaneously remove persistent organic pollutants and heavy metals from contaminated soils［J］. Chemosphere,2011,83(5):668 - 673.

［54］ TRELLU C, MOUSSET E, PECHAUD Y, et al. Removal of hydrophobic organic pollutants from soil washing/flushing solutions:A critical review［J］. Journal of Hazardous Materials,2016(306):149 - 174.

［55］ 杜永亮.高浓度石油污染土壤溶剂萃取过程的研究［D］.天津:天津大学,2012.

［56］ 骆永明.污染土壤修复技术研究现状与趋势［J］.化学进展,2009,21(2):558 - 565.

［57］ 王瑛,李扬,黄启飞,等.污染物浓度与土壤粒径对热脱附修复 DDTs 污染土壤的影响

[J]. 环境科学研究，2011，24(9):1016 - 1022.

[58] QI Z，CHENT，BAI S，et al. Effect of temperature and particle size on the thermal desorption of PCBs from contaminated soil[J]. Environmental Science Pollution Research，2014，21(6):4697 - 4704.

[59] WILTON N，LYON-MARION B A，KAMATH R，et al. Remediation of heavy hydrocarbon impacted soil using biopolymer and polystyrene foam beads[J]. Journal of Hazardous Materials，2018(349):153 - 159.

[60] RIVERO-HUGUET M，MARSHALL W D. Scaling up a treatment to simultaneously remove persistent organic pollutants and heavy metals from contaminated soils[J]. Chemosphere，2011，83(5):668 - 673.

[61] TRELLU C，MOUSSET E，PECHAUD Y，et al. Removal of hydrophobic organic pollutants from soil washing/flushing solutions：A critical review[J]. Journal of Hazardous Materials，2016(306):149 - 174.

[62] ALBERGARIA J T，ALVIM-FERRAZ M DA C M，DELERUE-MATOS C. Remediation of sandy soils contaminated with hydrocarbons andhalogenated hydrocarbons by soil vapor extraction[J]. Journal of Environmental Management，2012(104):195 - 201.

[63] YANG Y，LI J，XI B，et al. Modeling BTEX migration with soil vapor extraction remediation under low-temperature conditions [J]. Journal of Environmental Management，2017，203(pt1):114 - 122.

[64] 殷甫祥，张胜田，赵欣，等. 气相抽提法(SVE)去除土壤中挥发性有机污染物的实验研究[J]. 环境科学，2011，32(5): 1454 - 1461.

[65] HINCHEE R E，DAHLEN P R，JOHNSON P C，et al. 1,4-dioxane soil remediation using enhanced soil vapor extraction：Ⅰ. field demonstration [J]. Groundwater Monitoring & Remediation，2018，38(2):40 - 48.

[66] 杨乐巍，张晓斌，郭丽莉，等. 异位土壤气相抽提修复技术在北京某地铁修复工程中的应用实例[J]. 环境工程，2016(5):170 - 172.

[67] 倪茂飞，田书磊，黄启飞，等. 电动力学作用下污染土壤中 HCHs 的迁移特征[J]. 环境科学研究，2015,28(11): 1693 - 1701.

[68] 李娜，倪茂飞，余哲彬，等. 农药污染土壤中 DDTs 的电动力学迁移去除特性[J]. 环境科学研究，2016,29(12): 1904 - 1912.

[69] 张海鸥，郭书海，李凤海，等. 焦化场地 PAHs 污染土壤的电动-化学氧化联合修复[J]. 农业环境科学学报，2014,33(10):1904 - 1911.

[70] RODRIGO S，SAEZ C，CAIZARES P，et al. Reversible electrokinetic adsorption barriers for the removal of organochlorine herbicide from spiked soils[J]. Science of the Total Environment，2018(640 - 641):629 - 636.

[71] WAN J，LI Z，LU X，et al. Remediation of a hexachlorobenzene-contaminated soil by surfactant-enhanced electrokinetics coupled with microscale Pd/Fe PRB[J]. Journal of Hazardous Materials，2010，184(1 - 3):184 - 190.

[72] ZHAO H，HU R，CHEN X，et al. Biodegradation pathway of di-(2-ethylhexyl)

phthalate by a novel Rhodococcus pyridinivorans XB and its bioaugmentation for remediation of DEHP contaminated soil[J]. Science of the Total Environment，2018 (640 – 641)：1121 – 1131.

[73] 陈月芳，张超兰，黄河，等. 有机无机营养物料对莠去津污染土壤微生物量磷和可溶性无机磷的影响[J]. 安徽农业科学，2015，43(11)：81 – 84.

[74] CHOROM M，HOSSEINI SS，MOTAMEDI H，et al. Bioremediation of a crude oil - polluted soil by application of fertilizers[J]. Iranian Journal of Environmental Health Science & Engineering，2010,7(4)：319 – 326.

[75] WU M，YE X，CHEN K，et al. Bacterial community shift and hydrocarbon transformation during bioremediation of short-term petroleum-contaminated soil[J]. Environmental Pollution，2017(223)：657 – 664.

[76] INGRID L，LOUNES HADJ S A，FREDERIC L，et al. Arbuscular mycorrhizal wheat inoculation promotes alkane and polycyclic aromatic hydrocarbon biodegradation：Microcosm experiment on aged-contaminated soil[J]. Environmental Pollution，2016(213)：549 – 560.

[77] SHI W，GUO Y，NING G，et al. Remediation of soil polluted with HMW-PAHs by alfalfa or brome in combination with fungi and starch[J]. Journal of Hazardous Materials,2018(360)：115 – 121.

[78] SIVARAM A K，LOGESHWARAN P，LOKINGTON R，et al. Impact of plant photosystems in the remediation of benzo[α]pyrene and pyrene spiked soils[J]. Chemosphere，2018(193)：625 – 634.

[79] LI X，DU Y，WU G，et al. Solvent extraction for heavy crude oil removal from contaminated soils[J]. Chemosphere，2012，88(2)：245 – 249.

[80] WU G，LI X，COULON F，et al. Recycling of solvent used in a solvent extraction of petroleum hydrocarbons contaminated soil[J]. Journal of Hazardous Materials，2011 (186)：533 – 539.

[81] WU G，COULON F，YANG Y，et al. Combining solvent extraction and bioremediation for removing weathered petroleum from contaminated soil [J]. Pedosphere，2013，23(4)：455 – 463.

[82] MITCHELL R，BLOTEVOGEL J，BORCH T，et al. Long-term potential of in situ chemical reduction for treatment of polychlorinated biphenyls in soils [J]. Chemosphere，2014(114)：144 – 149.

[83] PELUFFO M，PARDO F，SANTOS A，etal. Use of different kinds of persulfate activation with iron for the remediation of a PAH-contaminated soil[J]. Science of The Total Environment，2016(563 – 564)：649 – 656.

[84] USMAN M，HANNA K，FAURE P. Remediation of oil-contaminated harbor sediments by chemical oxidation[J]. Science of The Total Environment，2018(634)：1100 – 1107.

[85] XUE W，HUANG D，ZENG G. et al. Performance and toxicity assessment of nanoscale zero valent iron particles in the remediation of contaminated soil：A review

[J]. Chemosphere，2018(210):1145 - 1156.

[86] TIAN H，LLIANG Y，ZHU T，et al. Surfactant-enhanced PEG-4000-nZVI for remediating trichloroethylene-contaminated soil[J]. Chemosphere, 2018(195): 585 - 593.

[87] CORREA-TORRES S N, KOPYTKO M, AVILA S. Efficiency of modified chemical remediation techniques for soil contaminated by organochlorine pesticides [J]. Materials Science and Engineering，2016(138):1 - 8.

[88] WANG A，TENG Y，HU X，et al. Diphenylarsinic acid contaminated soil remediation by titanium dioxide (P25) photocatalysis: Degradation pathway, optimization of operating parameters and effects of soil properties[J]. Science of The Total Environment，2016(541):348 - 355.

[89] SANTOS A，FIRAK D S，EMMEL A，et al. Evaluation of the Fenton process effectiveness in the remediation of soils contaminated by gasoline: Effect of soil physicochemical properties[J]. Chemosphere，2018(207):154 - 161.

[90] 苗竹，魏丽，吕正勇，等. 原位化学氧化技术在有机污染场地的应用:2015 年中国环境科学学会学术年会[R].深圳: 中国环境科学学会,2015.

[91] 刘鑫，黄兴如，张晓霞，等. 高浓度多环芳烃污染土壤的微生物-植物联合修复技术研究[J]. 南京农业大学学报，2017，40(4):632 - 640.

[92] HUON G, SIMPSON T, HOLZER F, et al. In situ radio-frequency heating for soil remediation at a former service station: Case study and general aspects[J]. Chemical Engineering & Technology，2012,35(8): 1534 - 1544.

[93] WU Y, JING X, GAO C, et al. Recent advances in microbial electrochemical system for soil bioremediation[J]. Chemosphere，2018(211):156 - 163.

[94] LIAO X，WU Z，LI Y. et al. Enhanced degradation of polycyclic aromatic hydrocarbons by indigenous microbes combined with chemical oxidation [J]. Chemosphere，2018(213):551 - 558.

[95] KASTANEK F, TOPKA P, SOUKUP K, et al. Remediation of contaminated soils by thermal desorption: Effect of benzoyl peroxide addition[J]. Journal of Cleaner Production，2016(125):309 - 313.

[96] SOARES A A , ALBERGARIA J T, DOMINGUES V F, et al. Remediation of soils combining soil vapor extraction and bioremediation: Benzene [J]. Chemosphere, 2010，80(8):823 - 828.

[97] ROCIO M，GARA P M D, ANTONIO J F, et al. Remediation of a soil chronically contaminated with hydrocarbons through persulfate oxidation and bioremediation[J]. Science of the Total Environment，2018(618):518 - 530.